普通高等教育“十四五”规划教材

工程制图

张平　秦然　主编

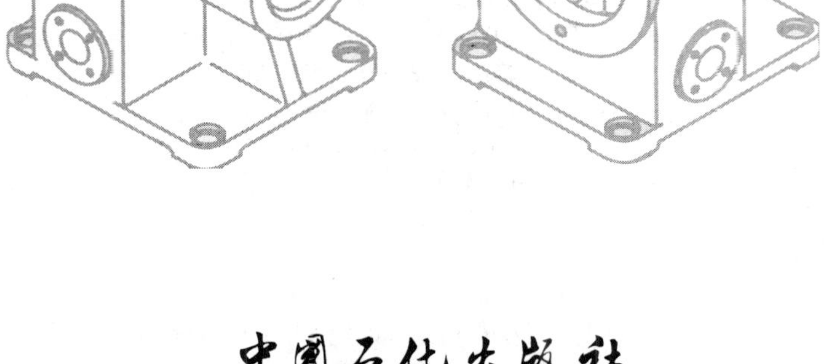

中国石化出版社

内容提要

本书共分为10章，主要内容包括：制图的基本知识与技能、正投影基础、立体的投影、组合体、轴测图、机件的表达方法、尺寸标注、标准件和常用件、零件图和装配图。内容编写全部采用最新颁布的技术制图与机械制图等相关标准。

本书论述详细，结构合理，既可作为高等院校工程制图课程的教材，也可作为工程技术人员及相关专业人员的参考书。

图书在版编目（CIP）数据

工程制图 / 张平，秦然主编 . —北京：中国石化出版社，2021.4

ISBN 978-7-5114-6234-3

Ⅰ. ①工…　Ⅱ. ①张…　②秦…　Ⅲ. ①工程制图　Ⅳ. ① TB23

中国版本图书馆 CIP 数据核字（2021）第 074033 号

中国石化出版社出版发行

地址：北京市东城区安定门外大街 58 号

邮编：100011　电话：(010)57512500

发行部电话：(010)57512575

http://www.sinopec-press.com

E-mail：press@sinopec.com

北京富泰印刷有限责任公司印刷

全国各地新华书店经销

*

787×1092 毫米 16 开本 18.5 印张 333 千字

2021 年 6 月第 1 版　2021 年 6 月第 1 次印刷

定价：56.00 元

前　言

“工程制图”是理工科院校各专业的必修技术基础课程，本书内容符合教育部工程图学教学指导委员会审定的《普通高等院校工程图学课程教学基本要求》，总结了多年来工程图学教学改革和研究的经验，是由一线教学经验丰富的教师和专家编写而成。

全书编写注重理论联系实际，结构从浅入深，内容全面丰富，重点突出，语言严谨凝练。编写过程中作者参考了部分相关教材，所选用图例和例题大多来自生产实践，部分选自相关资料和标准。本书全部插图采用计算机生成，平面图形清晰正确，立体图形象逼真，便于学生理解。在指导思想上，强调工程制图课程对学生知识、能力和素养的培养；在体系结构上，重视知识的科学性与系统性，强调横向拓宽；在内容前沿上，强调内容更新，与时俱进。

本书由沈阳化工大学张平、秦然任主编，沈阳化工大学张姝任副主编。参加编写工作的人员及分工情况为：张平负责编写绪论、第 1 章、第 2 章、第 3 章、第 5 章、第 7 章，秦然负责编写第 6 章、第 9 章、第 10 章，张姝负责编写第 4 章、第 8 章、附录，沈阳化工大学沙沙、朱骄阳参与了部分内容和资料的收集，沈阳化工大学张静参与了校对，秦然负责全书统稿。

沈阳化工大学龚斌教授和战洪仁教授担任本书的主审，对本书提出了许多宝贵的意见和建议，在此表示衷心感谢。

本书在编写过程中得到了沈阳化工大学制图教研室的大力支持。

由于编者水平有限，书中难免存在缺点和不足，敬请读者批评指正。

目　　录

绪　论

1. 课程的性质和研究对象

自人类社会产生以来，最先使用的就是语言和图形，后来才产生了文字，文字的原始形态也是图。图是人类交流的三大媒介（语言、文字和图）之一，三大媒介各有特色且相互联系，从而构成人类交流的基本形态。图具有形象性、象形性、整体性和直观性，还具有审美性、抽象性等特性，它既可以是客观事物的形象记录，又可以是人们头脑中想象力形象的表现，既可记录过去，又可反映未来。

工程是一切与生产、制造、建设、设备相关的重大工作门类的总称。工程的基本特性主要体现为实用性和实效性，它以理论为基础和指导，但必须落实到具体工程问题的解决上。工程的核心概念是设计和规划，而设计和规划的表达形式都离不开工程图样。工程图样是指根据投影原理、标准或有关规定表示工程对象，并有必要的技术说明的图。工程图样是工业生产中的重要文件，起着表达和交流技术思想的作用，被称为“工程界的语言”。

本课程就是研究根据投影理论和有关规定，绘制和阅读工程图样的一门重要的技术基础课程。工程图学不仅为某些特定专业提供基础，而且也是作为“工程教育”的一部分，为一切涉及工程领域的人才提供空间思维和形象思维表达的理论及方法。

2. 课程的教学目标和要求

本课程是我国普通高等学校工科各专业的必修技术基础课程之一。学习正投影法的基本原理，掌握空间基本几何元素的绘制方法；学习工程图样的绘制方法及国家标准规定，掌握技术制图、机械制图等相关标准中关于图样绘制、尺寸标注、规定画法；学习标准件和其他常用件的图样表达方法，掌握与这些零件相关的技术资料的查阅方法。

（1）掌握正投影基本理论和方法，具有丰富的投影和空间想象能力。

（2）能正确、完整、清晰、合理地表达机件，具有较强的表达能力。

（3）能熟练、准确地绘制规范、合格的图样，具有扎实的绘图能力。

（4）能查阅有关国家标准，看懂并正确理解工程图样，具有熟练的读图能力。

通过本课程的学习，学生具有空间想象能力、表达能力、绘图能力，为进一步的专业课学习和实践打下坚实的基础，塑造一代具有丰富空间想象能力和创新、创造能力的现代工程技术人才。

通过本课程的学习，使学生树立良好的学习和工作作风，让学生具备优秀的思想品德和高尚的职业道德，培养学生具有工程师应该具备的职业操守与文化内涵，学习先进技术，激发学生的爱国热情。

3. 课程的学习方法

本课程既有投影理论，又有较强的工程实践性。学习的过程中，必须以“图”为中心，坚持理论联系实际。

（1）学习投影理论部分时，应注意对基本概念、基本理论的掌握，将投影分析、几何作图同空间想象、逻辑推理和分析判断结合起来，建立起平面图形与空间形象的对应关系。

（2）在学习机件表达方法时，注意掌握和运用形体分析法和线面分析法等构形分析的理论和方法，善于把复杂的问题转化为简单的问题。做到细心观察、勤于思考、不断尝试，就能不断提高空间分析能力和构思能力。

（3）在学习绘制图样时，应注意绘图工具的使用方法和技巧，自觉遵守技术制图、机械制图等相关标准中的有关规定。

（4）对于平时的作业，应该有耐心，多摸索、多看、多画、多练，以严谨、认真、负责、细致的态度，按时、优质地完成每一幅图样。

（5）注重理论联系实际，对本课程的学习需要在掌握理论的基础上，反复进行画图和读图的实践训练，积累和掌握理论和实践知识，以后服务于工程实际。

4. 工程图学的发展

工程图学在中国和世界的形成和发展都经历了漫长的历史岁月，随着科学技术的不断进步而向前发展。

我国工程图学经历了几千年的发展，中国古代工程图学有非常高的成就，如明代宋应星所著的《天工开物》系统地用图示法向人们展示了造纸技术，已经具有了绘制生产工艺过程图样的思想和方法。1795 年，法国学者蒙日（Gaspard Morge）全面总结了前人经验，用几何学原理，提供了在二维平面上图示三维空间形体和图解空间几何问题的方法，奠定了工程图学的基础。

从手工制图到计算机绘图，从二维图纸到三维模型，工程图学经历了丰富的演变，也为社会发展做出了很大贡献，同时也提出了全新的挑战。

随着计算机科学的发展，进一步打通了图与数之间的关联，使图与数之间的转化成为可能，从而揭示出了图的更深层特性。计算机辅助设计（Computer Aided Design，CAD）也得到了迅猛发展，并在各行各业中得到广泛的应用，引起了工程制图技术的一次根本性变革。计算机辅助绘图速度快，精确度高，而且绘图质量大大高于手工绘图，因此，计算机绘图最终取代手工绘图是制图技术的发展趋势。

第 1 章　制图的基本知识与技能

在工程产品的设计、制造、贸易、使用、维修，甚至产品回收等工作中，很多的工作量是制图和读图，故“工程图样”被称为工程界的“技术语言”，而指导制图和读图的灵魂是制图标准。为了便于进行技术交流，必须对工程图样的表达方法、通用术语、尺寸标注等方面建立统一的规定，每一个工程技术人员都必须树立标准化的概念，认真执行国家制定的标准。

本章重点介绍机械制图和技术制图国家标准中的基本规定，同时介绍绘图工具的使用、绘图基本技能、几何作图方法以及平面图形的绘图步骤。

1.1　国家标准的基本规定

国家标准简称“国标”，其代号是“GB”，现行机械制图和技术制图标准共 60 多项，基本等同或等效于国际标准。GB/T 13361—2012，其中“T”为推荐性标准，“13361”是标准顺序号，“2012”是标准颁布或修订的年代号。本章只介绍技术制图和机械制图的一般规定。

1.1.1　图纸幅面和格式（GB/T 14689—2008）

1. 图纸幅面

图纸的宽度和长度组成的图面称为图纸幅面，简称图幅，即图纸的有效范围。图幅通常用细实线绘制，称为图纸边界或裁纸线。绘制技术图样时，优先采用表 1–1 所规定的基本幅面。

表 1-1　图纸幅面及图框尺寸

图幅代号	A0	A1	A2	A3	A4
$B \times L$	841 × 1189	594 × 841	420 × 594	297 × 420	210 × 297
a	25				
c	10			5	
e	20		10		

必要时，也允许选用由基本图幅的短边成整数倍增加后所得的加长幅面，如图 1–1 所示。图中，粗实线所示为第一选择，细实线为第二选择，虚线为第三选择。

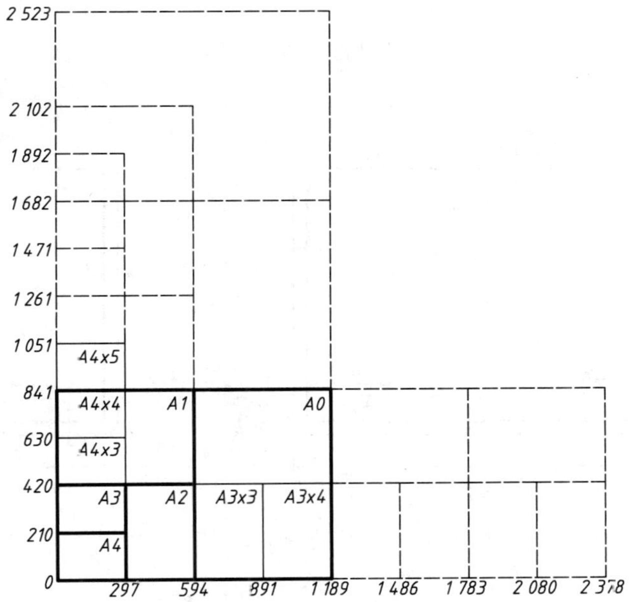

图 1–1　图纸幅面

2. 图框格式

图纸上限定绘图区域的线框称为图框，即绘图的有效范围，图框用粗实线绘制。绘图时，图纸可以横放（X 型）或竖放（Y 型），其中格式又分为有装订边和无装订边两种，如图 1–2 和图 1–3 所示。同一产品的图样只能选用同一种格式。

图框尺寸的选择按照表 1–1 所示，加长幅面的图框尺寸，按所选的基本幅面大一号的图框尺寸确定。例如，A3 × 3 的图框尺寸，按 A2 的图框尺寸确定。

3. 标题栏

标题栏是每张图样必有的内容，用来填写图样上的综合信息。标题栏的格式和尺寸执行 GB/T 10609.1 的规定，如图 1–4 所示。

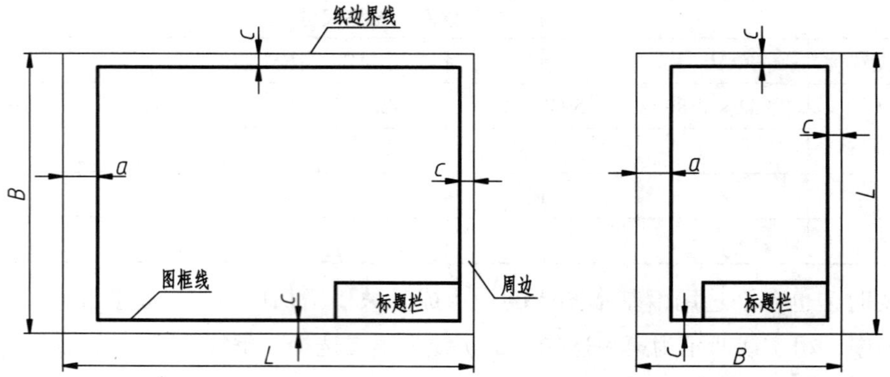

（a）X型　　（b）Y型

图 1–2　有装订边图纸的图框格式

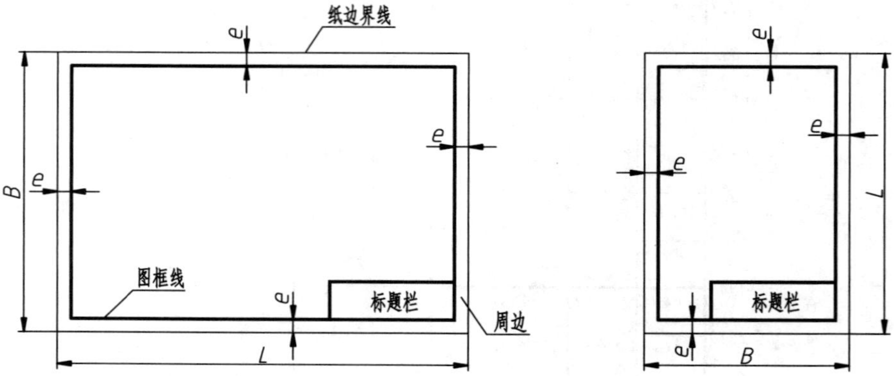

（a）X型　　（b）Y型

图 1–3　无装订边图纸的图框格式

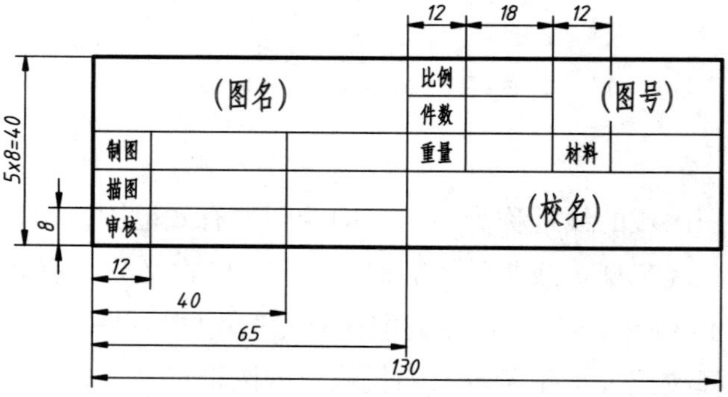

图 1–4　简化的标题栏

标题栏的位置位于图样的右下角。标题栏的长边置于水平方向并与图纸的长边平行时，则构成 X 型图样［图 1–2（a）、图 1–3（a）］，若标题栏的长边与图样的长边垂直时，则构成 Y 型图样［图 1–2（b）、图 1–3（b）］，看图的方向与看标题栏的方向一致。

学校的制图作业中，标题栏可以采用简化的格式，图 1–4 为一种简化的标题栏格式，可供参考。

4. 明细栏

只有装配图中才有明细栏，其一般配置在装配图中标题栏的上方，按由下而上的顺序填写，格数由需要确定。明细栏的格式和尺寸执行 GB/T 10609 的规定，如图 1–5 所示。

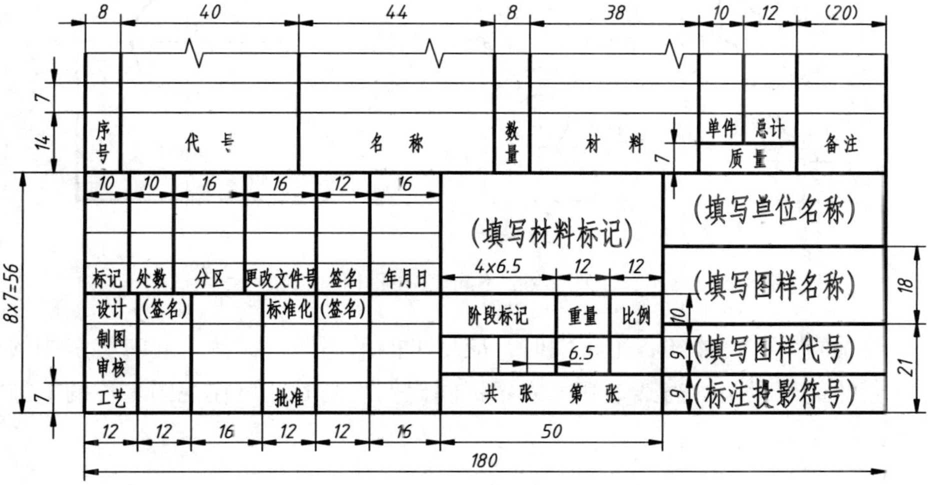

图 1–5　标准标题栏及明细栏

1.1.2　比例（GB/T 14690—1993）

1. 比例的概念

图样的比例指的是图样中图形与其实物相应要素的线性尺寸之比。比例符号用“:”表示，分为原值比例、放大比例、缩小比例。为了便于读图和进行空间想象，尽量采用原值比例绘制图样，需要放大或缩小比例时，优先选用表 1–2 中不带括号的数值。

表 1-2　图样的比例

种类	比例
原值比例	1 : 1
放大比例	2 : 1　（2.5 : 1）　（4 : 1）　5 : 1　1×10^n : 1 2×10^n : 1　（2.5×10^n : 1）　（4×10^n : 1）　5×10^n : 1
缩小比例	（1 : 1.5）　1 : 2　（1 : 2.5）　（1 : 3）　（1 : 4）　1 : 5 （1 : 6）　1 : 1×10^n　（1 : 1.5×10^n）　1 : 2×10^n　1 : 5×10^n

注：n 为正整数。

2. 标注方法

（1）不管选用的是哪个种类的比例，图样上标注的尺寸为机件的实际尺寸大小，如图 1–6 所示。

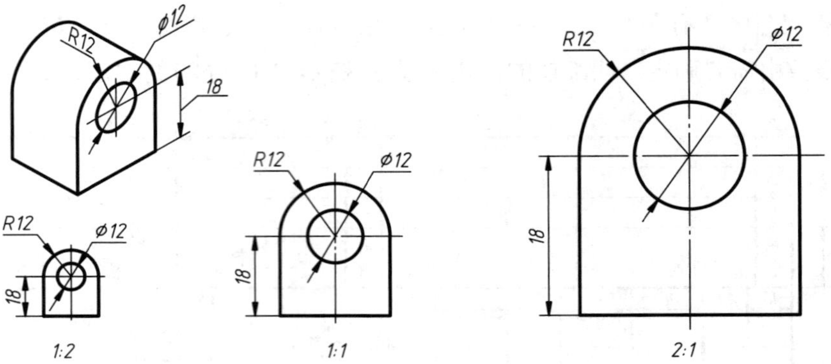

图 1–6　不同比例的图形

（2）绘制同一个物体的各个视图时，应尽可能采用同一比例，此时将采用的比例填写在标题栏的比例栏中。当某个视图采用不同比例绘制时，可在视图名称的下方或右侧标注比例，如图 1–7 所示。

$\frac{I}{2:1}$　$\frac{A}{1:100}$　$\frac{B-B}{2.5:1}$　平面图1:100

图 1–7　视图采用不同比例的标注

1.1.3　字体（GB/T 14691—1993）

图样上除了表达物体形状的图形外，还要用数字和文字说明物体的大小、技术要求和其他内容。国家标准规定了汉字、字母和数字的书写形式。工程图中的文字必须遵循国标规定。

（1）字体书写必须做到：字体端正、笔画清楚、排列整齐、结构均匀。

（2）字体号数，代表字体的高度（用 h 表示，单位 mm），其公称尺寸系列为：1.8、2.5、3.5、5、7、10、14、20 共八种。如需要书写更大的字，其字体高度应按 $\sqrt{2}$ 的比率递增。

（3）汉字应写成长仿宋体，并采用国务院正式公布推行的简化字。汉字的高度 h 不应小于 3.5mm，其字宽一般为 $h/\sqrt{2}$（约 $0.7h$）。长仿宋汉字示例如图 1–8 所示，书写要领是：横平竖直、注意起落、结构均匀、填满方格。

10号字　字体工整 笔画清楚 间隔均匀 排列整齐

7号字　横平竖直 结构均匀 注意起落 填满方格

5号字　制图描图审核工艺重量比例材料图号技术要求

图 1–8　长仿宋体汉字示例

（4）字母和数字分 A 型和 B 型。A 型字体的笔画宽度为 $h/14$，B 型字体的笔画宽度为 $h/10$。在同一张图样上，只允许采用同一种形式的字体。

（5）数字和字母可写成斜体和直体。斜体的字头向右倾斜，与水平基准线成 75°。

（6）用作指数、分数、极限偏差、注脚等的数字和字母一般采用小一号字体。

字母、数字以及字母和数字综合应用的书写示例如图 1–9 所示。

ABCDEFGHIJKLMNOPQRSTUVWXYZ

abcdefghijklmnopqrstuvwxyz

0123456789　Ⅰ Ⅱ Ⅲ Ⅳ Ⅴ Ⅵ Ⅶ Ⅷ Ⅸ Ⅹ

R3　$\phi 30H7$　*2X45°*　$\phi 30h6$

$\phi 50\frac{H7}{m6}$　$\phi 20^{+0.020}_{-0.033}$　50 ± 0.01

M24-6H　*Q235*　*HT200*

图 1–9　字母、数字以及综合应用示例

1.1.4　图线（GB/T 4457.4—2002）

1. 图线宽度

所有线型的图线宽度（d）应按图样的类型和尺寸大小在 0.13mm、0.18mm、0.25mm、0.35mm、0.5mm、0.7mm、1.0mm、1.4mm、2.0mm 数系中选择，该数系的递增公式为 $1:\sqrt{2}\approx 1:1.4$。

2. 图线的类型

GB/T 4457.4—2002《机械制图　图样画法　图线》中规定了机械制图中常用的 9 种图线：粗实线、细实线、波浪线、双折线、细虚线、细点画线、粗点画线、细双点画线和粗虚线，其画法和应用如表 1–3 所示。图 1–10 给出的是上述 9 种图线的应用举例。

机械制图中，通常粗线宽度不小于 0.25mm，优先选择 0.5mm 和 0.7mm，粗线和细线的宽度比率为 2∶1。在同一图样中，同类图线的宽度应一致。

表 1-3　基本线型及其应用

图线名称	图线形式及画法	线宽	一般应用
粗实线		d	可见的轮廓线、可见的棱边线、螺纹牙底线、齿轮齿顶线
细实线		$d/2$	尺寸线及尺寸界线、投影线、剖面线、重合断面的轮廓线、可见过渡线、螺纹的牙底线及齿轮的齿根线、指引线、短中心线
波浪线		$d/2$	断裂处的边界线、视图与剖视的分界线
双折线	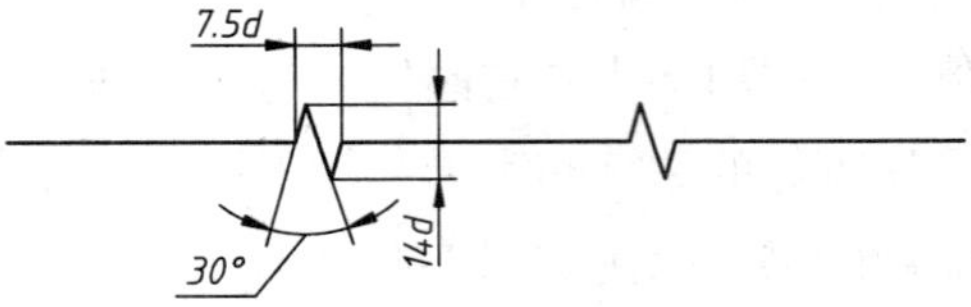	$d/2$	断裂处的边界线、视图与剖视的分界线
细虚线	（间隔 3d，画 12d）	$d/2$	不可见的轮廓线、不可见的棱边线
细点画线	（点≤ 0.5d，间隔 3d，画 24d）	$d/2$	轴线、对称中心线、分度圆（线）、孔系分布的中心线、剖切线
粗点画线	（点≤ 0.5d，间隔 3d，画 24d）	d	限定范围表示线
细双点画线	（点≤ 0.5d，间隔 3d，画 24d）	$d/2$	相邻辅助零件的轮廓线、可动零件的极限位置的轮廓线、成形前轮廓线、轨迹线
粗虚线	（间隔 3d，画 12d）	d	允许表面处理的表示线

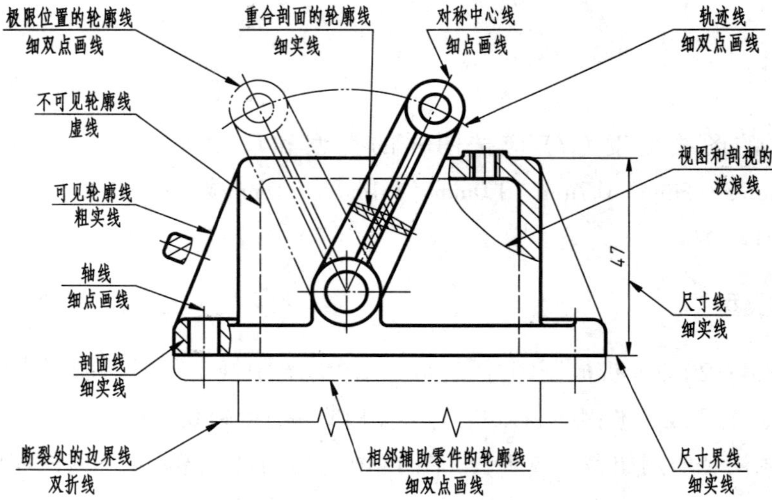

图 1–10　图线及其应用

3. 图线的画法

图线的画法举例如图 1–11 所示。

（1）同一图样中同类图线的宽度应基本一致。虚线、点画线及双点画线中的点、画及间隔应各自大致相等。

（2）绘制圆的对称中心线时，圆心应为“画”的交点，首末两端超出图形外 2~5mm。

（3）画线长度较短，绘制细点画线和细双点画线有困难时，可用细实线代替。

（4）虚线、点画线、双点画线与实线相交或它们互相相交时，应以“画”相交，而不是“点”或“间隔”。

（5）细虚线、细点画线或细双点画线为粗实线的延长线时，不得与粗实线相连。

（6）两条平行线之间的最小间隙应不小于 0.7mm。

（7）当各种线型重合时，应按粗实线、虚线、点画线优先顺序画出。

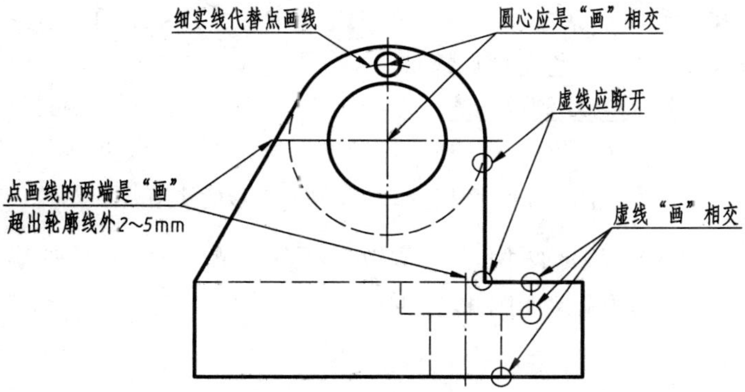

图 1–11　图线的画法

1.2　制图的工具及其使用方法

制图工具的正确使用能提高制图效率和图面的质量，熟练掌握制图工具的使用方法是一个工程技术人员必备的基本素质。常用的制图工具有：图板、丁字尺、三角板、绘图铅笔、绘图橡皮、圆规、分规、比例尺、曲线板、胶带纸、擦图片等。

1.2.1　图板、丁字尺和三角板

图板用于铺贴图纸，四周为硬木镶边，其短边为导边。图板的大小有不同的规格，可根据需要选用。固定图纸时，一般应将图纸置于图板的左下方，但需保证图纸与图板

底边有稍大于丁字尺宽度的距离，以保证绘制图纸上最下面的水平线的准确性。用丁字尺对正后，用胶带纸将图纸固定在图板上。

丁字尺由尺头和尺身两部分组成，尺身上沿为工作边。画图时，丁字尺尺头始终紧靠图板左侧的导边，可以上下移动，在图纸不同位置沿丁字尺自左向右画水平线，如图 1–12（a）所示。三角板和丁字尺配合使用，可画垂直线，应将三角板一直角边紧靠在丁字尺上，可以左右移动，在图纸不同位置沿三角板另一直角边从下向上画垂直线，如图 1–12（b）所示。画线时，铅笔在与图纸垂直的平面内移动，向画线前进方向倾斜 30°。

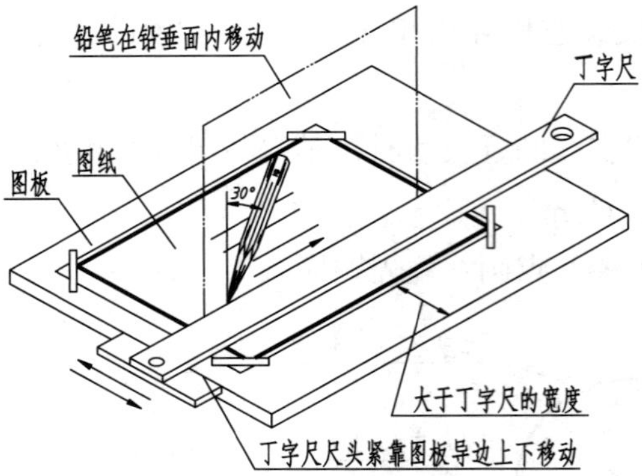

（a）画水平线

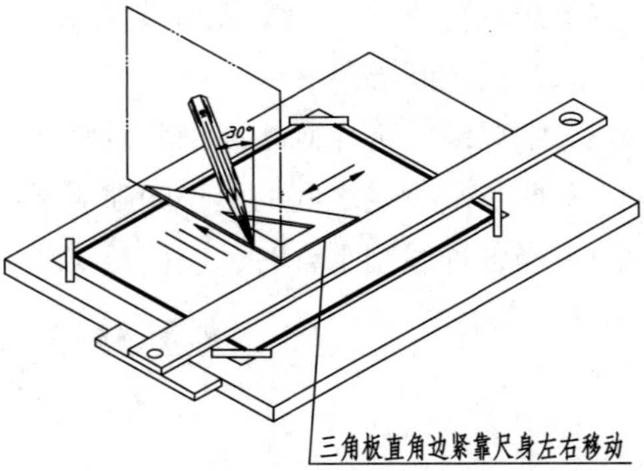

（b）画垂直线

图 1–12　图板、丁字尺和三角板的使用

三角板有 45° 和 30° /60° 两块。三角板与丁字尺配合使用可画出垂直线及 75°、60°、45°、30°、15° 的斜线，如图 1–13 所示。

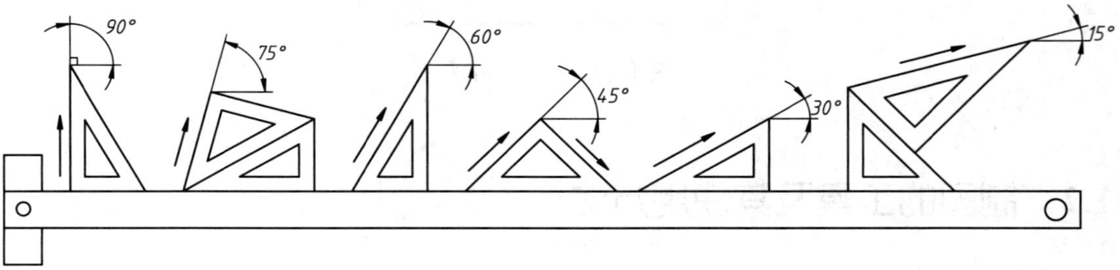

图 1–13　丁字尺和三角板的配合使用

1.2.2　铅笔和铅芯

在绘制工程图样时要选择专用的绘图铅笔，一般需要准备以下几种型号的绘图铅笔。

H 或 2H——用来画底稿；

HB——用来画细线、写字以及画箭头；

HB、B、2B——用来画粗实线。

H 前的数字越大，铅芯越硬，画出来的图线就越淡；B 前的数字越大，铅芯越软，画出的图线就越黑。用于画粗实线的铅笔应磨成矩形断面，如图 1–14（a）所示。打稿、画细线以及写字的铅笔应磨成圆锥形，如图 1–14（b）所示。画各类细线圆时，用 H 或 HB 的铅芯，并磨成铲形，如图 1–14（c）所示。画粗实线圆时，为了使粗实线的深浅一致，圆规的铅芯应比画直线的铅芯软一个等级，一般可用 B 或 2B，并磨成方形截面，如图 1–14（d）所示。

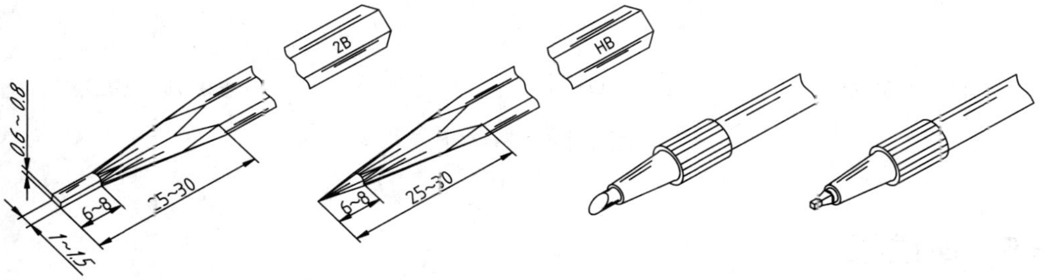

（a）矩形　（b）圆锥形　（c）铲形　（d）矩形

图 1–14　铅笔和笔芯

1.2.3　圆规

圆规用来画圆和圆弧，圆规常用的有大圆规、弹簧圆规和点圆规。圆规的一脚装有钢针，称为针脚，用来确定圆心。圆规的另一脚可装上铅芯，称为笔脚，用来画线。笔脚可替换使用铅芯、鸭嘴插脚和用作分规的圆锥形钢尖。

画图时，注意调整针脚的位置，针尖略长于铅芯。打草稿时，可用不带台阶的钢尖，如图 1–15（a）所示。加深粗线圆时，避免钢尖插入图板太深，应该用带台阶的钢针，如图 1–15（b）所示。

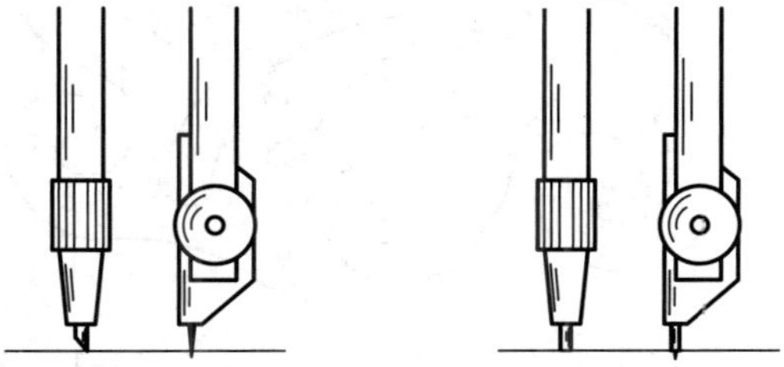

（a）不带台阶钢针　（b）带台阶钢针

图 1–15　圆规的用法

画圆时，针脚与铅芯均保持与纸面垂直，沿顺时针方向旋转，圆规稍向前倾斜。画大圆时，可以使用加长杆；画小圆时，可以用点圆规或弹簧圆规。

1.2.4　分规

分规用于量取线段长度和等分线段。分规两针脚并拢时，两针尖应平齐，其用法如图 1–16 所示。

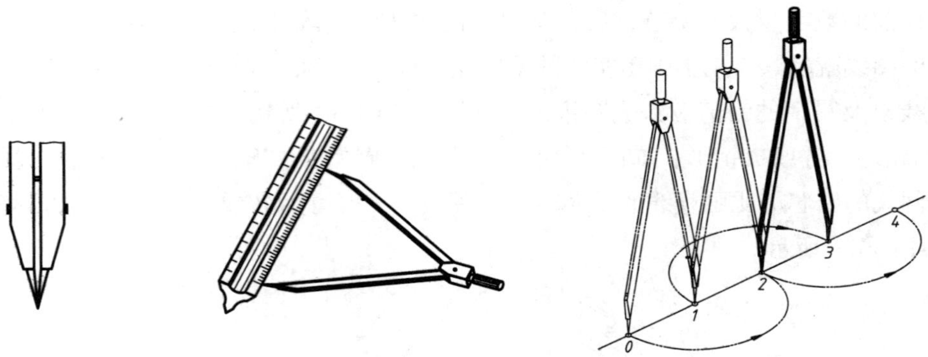

（a）针尖并拢于一点　（b）量取长度　（c）连续截取等长线段

图 1–16　分规的用法

1.2.5　曲线板

曲线板是用来绘制非圆曲线的常用工具。画图时，先徒手把曲线上已求出的各个点轻轻地勾画出来，然后从曲线的一端开始找出曲线板上与已知点相吻合的线段，一般应不少于四个点。如图 1–17 中，已求出一段曲线上的八个点，先在曲线板上找到与 *1*、*2*、*3*、*4* 点吻合的曲线，画出 *1*、*2*、*3* 点之间的曲线，留出 *3*、*4* 之间曲线不画，然后从 *3* 点开始再找出后面连续的四个点分段将曲线光滑连接。

图 1–17　曲线板的使用

1.2.6　其他绘图工具

绘图模板是一种快速绘图工具，上面有多种镂空的常用图形、符号或字体等，如图 1–18 所示。擦图片是用来帮助擦掉多余线条或错画线条的工具，如图 1–19 所示。使用时，将擦图片上的缺口对准要擦的线条用橡皮擦拭，这样可不影响图形中相邻的其他线条。

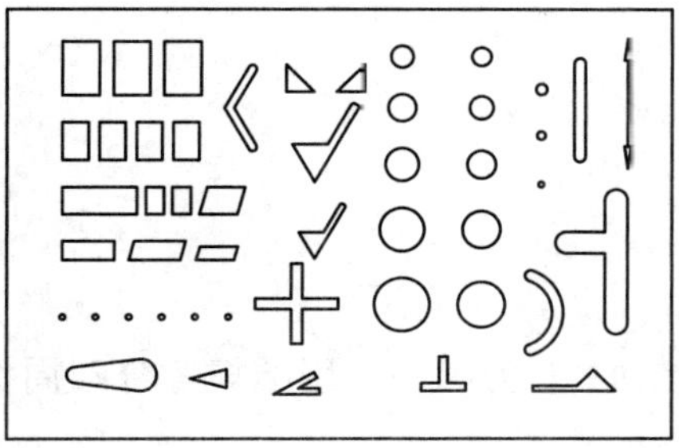

图 1-18　模板

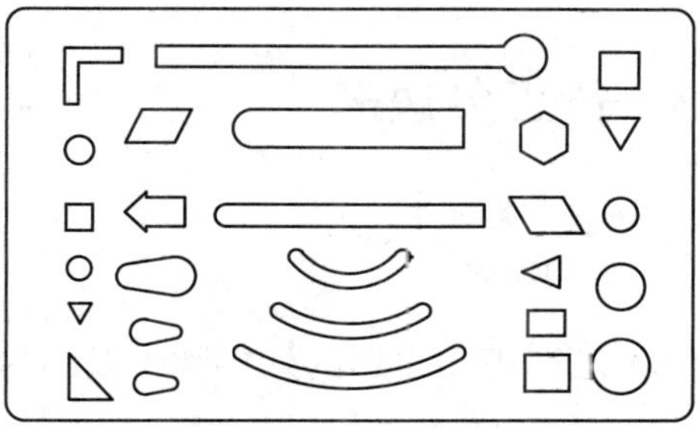

图 1-19　擦图片

1.3　几何作图

在制图过程中，常常遇到画平行线、等分线段、作正多边形及圆弧连接等几何作图问题。

1.3.1　画平行线

两块三角板配合使用，一块固定，一块移动，可画出任意倾斜方向的平行线，如图 1-20 所示。

1.3.2　等分线段

等分线段可以用平行线法。已知线段 *AB*，需要将其进行 5 等分。

（1）过线段 *AB* 的一个端点 *A* 作一条任意方向的直线 *AC*，用分规以任意距离在线段 *AC* 上量得 *1*、*2*、*3*、*4*、*5* 等分点，如图 1-21（a）所示。

（2）连接线段 *AC* 上的等分点 *5* 和线段 *AB* 的端点 *B*，然后通过线段 *AC* 上的其他等分点作线段 *5B* 的平行线，与 *AB* 的交点即为线段 *AB* 的各等分点，如图 1-21（b）所示。

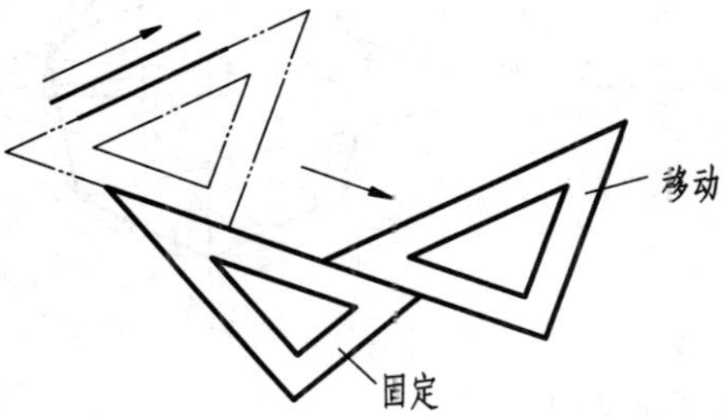

图 1-20　画平行线

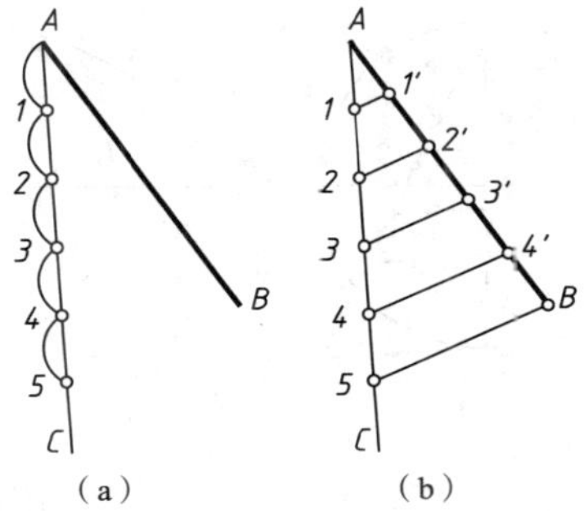

图 1-21　等分线段的画法

1.3.3 作正多边形

1. 正六边形

（1）已知正六边形的外接圆，以圆的象限点 *A*、*B* 为圆心，用圆规等分圆周作正六边形，如图 1–22（a）所示。

（2）已知正六边形的外接圆或内切圆，利用 30° /60° 三角板和丁字尺配合使用作正六边形，如图 1–22（b）（c）所示。

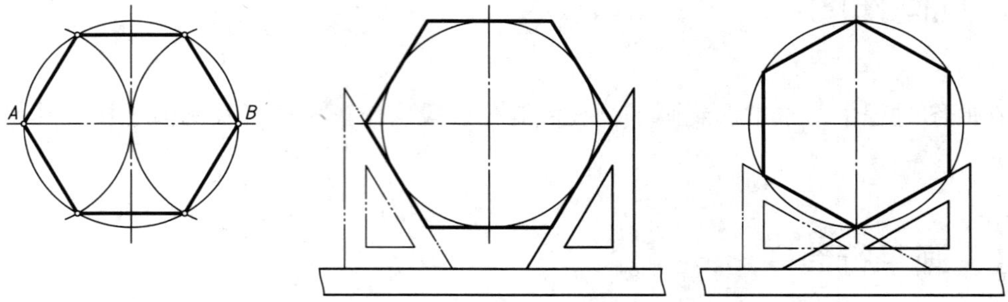

（a）　（b）　（c）

图 1–22　正六边形的画法

2. 正 *n* 边形

已知正 *n* 边形的外接圆，以 *n*=7 为例说明正 *n* 边形的画法。

（1）作正 *n* 边形外接圆直径 *AB* 的 7 等分点，如图 7–23（a）所示。

（2）以点 *B* 为圆心，*AB* 为半径画弧交外接圆水平直径延长线于 *M*、*N* 两点。连接 *1N*、*3N*、*5N*（也可连接直径上的偶数点），如图 7–23（b）所示。

（3）延长 *1N*、*3N*、*5N* 分别与外接圆相交，同理连接 *1M*、*3M*、*5M* 并延长与外接圆相交，连接交点和 *B* 点得到正七边形，如图 7–23（c）所示。

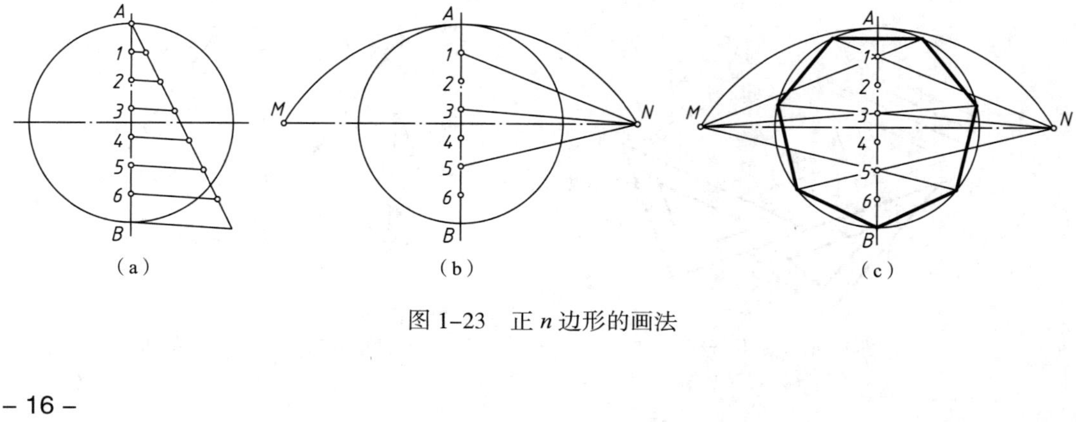

（a）　（b）　（c）

图 1–23　正 *n* 边形的画法

1.3.4　圆弧连接

1. 圆弧连接的原理

圆弧连接，是指用一段已知半径的圆弧将两已知线段（圆弧）光滑连接的作图方法。这里讲的连接，指圆弧与线段或圆弧与圆弧的连接处是相切的，在作图的时候，应准确地求出连接圆弧的圆心和切点的位置。

（1）半径为 R 的圆弧与已知直线相切，其圆心轨迹是距离直线为 R 的平行线。若连接圆弧的圆心为 O 时，由 O 向直线作垂线，垂足 T 即为切点，如图 1–24（a）所示。

（2）半径为 R 的圆弧与已知圆弧（圆心为 O_1，半径为 R_1）相切，其圆心轨迹是已知圆弧的同心圆。当两个圆弧外切时，半径等于 R_1+R，如图 1–24（b）所示。当两个圆弧内切时，半径等于 R_1-R，如图 1–24（c）所示。连接圆弧的圆心为 O 时，连接两圆心的直线 O_1O 与已知圆弧的交点 T，即为切点。

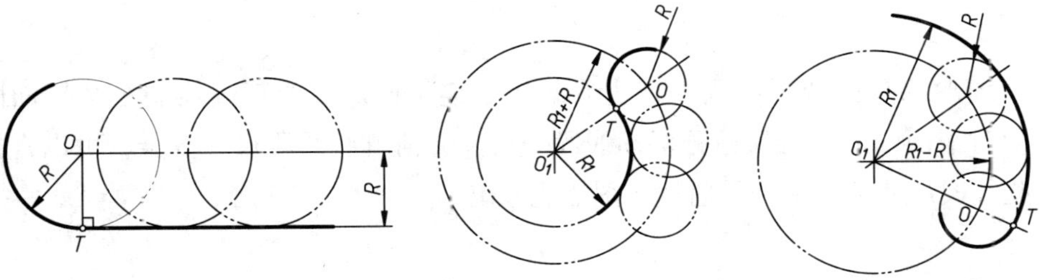

（a）　（b）　（c）

图 1–24　圆弧的连接

2. 圆弧连接的作图方法

表 1–4 给出的是已知连接圆弧半径为 R 的四种连接形式的作图方法。

表 1-4　圆弧连接

连接类型	已知条件	求圆心、切点	画连接圆弧
两条相交直线	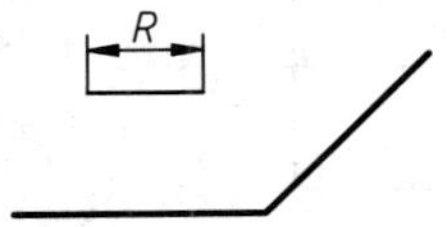	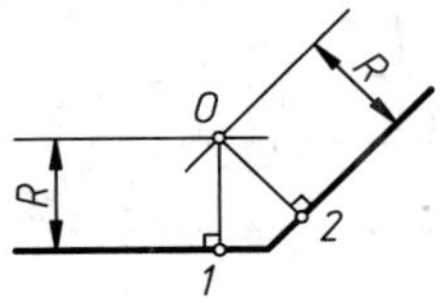	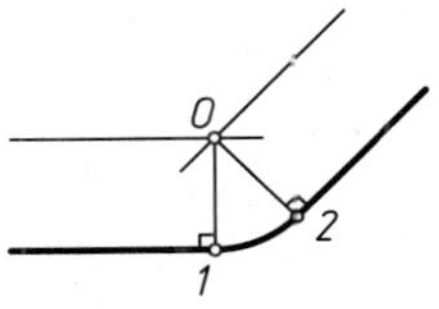
直线与圆弧	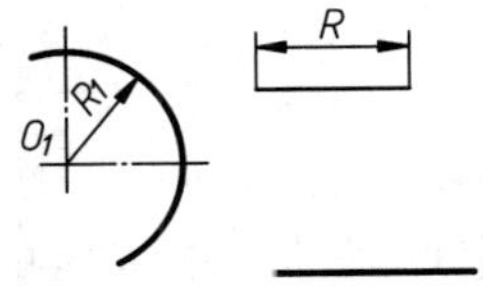	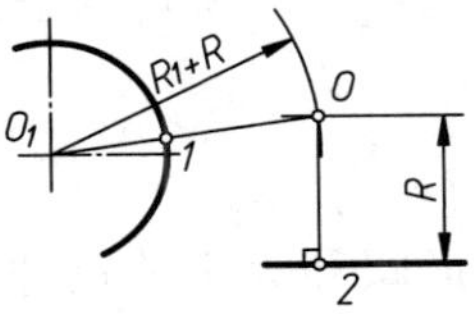	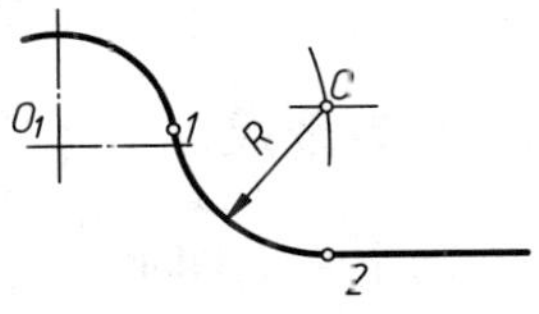

续表

连接类型	已知条件	求圆心、切点	画连接圆弧
外切两圆弧	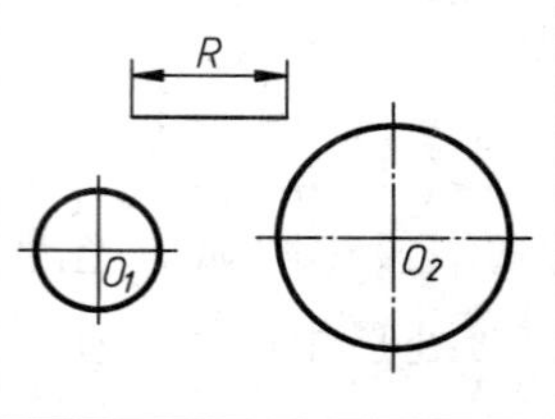	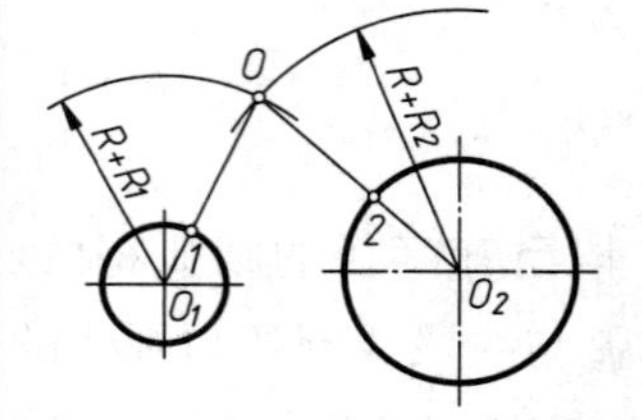	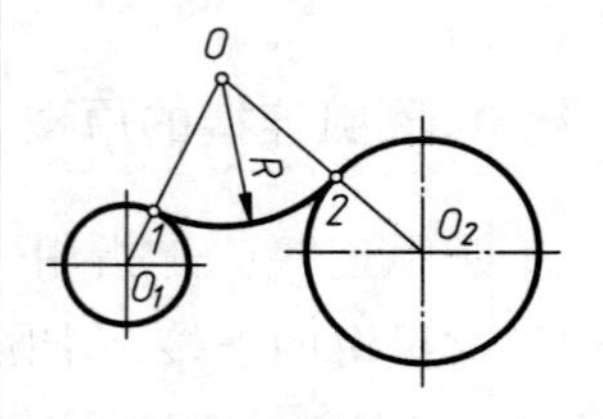
内切两圆弧	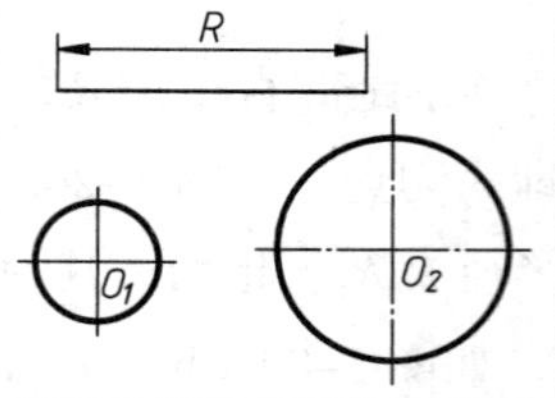	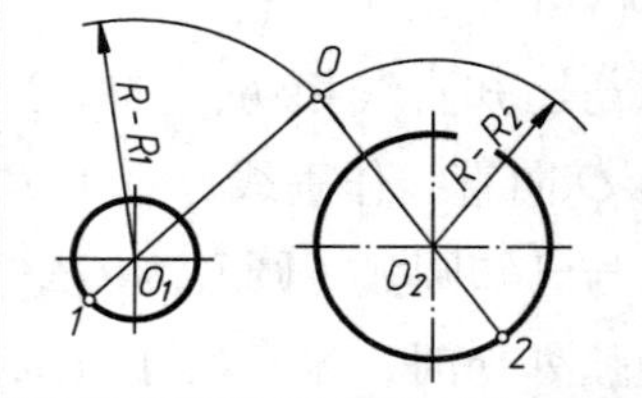	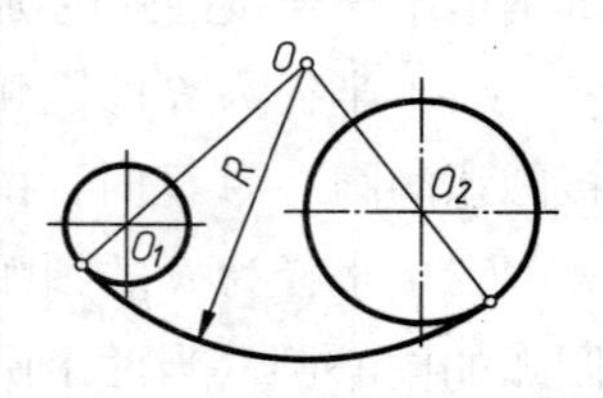

1.4 平面图形的画法

平面图形都是由若干线段（直线或曲线）连接而成。要正确绘制一个平面图形，首先必须对平面图形进行尺寸分析和线段分析，弄清哪些线段尺寸齐全，可以直接画出来；哪些线段尺寸不齐全，需通过作图才能画出。

1.4.1 尺寸分析

平面图形的尺寸可分为定形尺寸和定位尺寸两类，以图 1–25 所示的手柄为例进行分析。

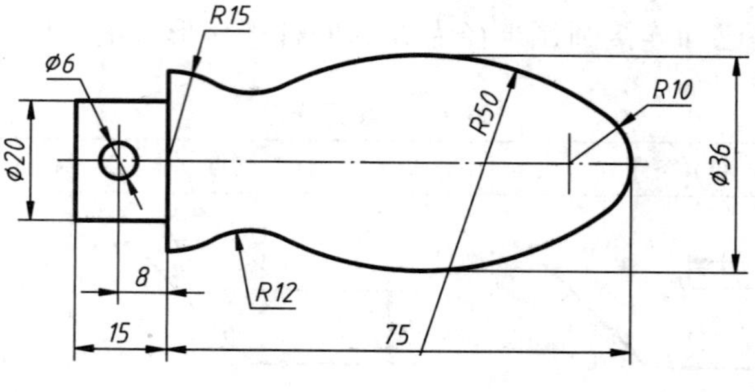

图 1–25　手柄

1. 定形尺寸

确定平面图形上各元素形状和大小的尺寸称为定形尺寸。如线段的长度、圆的直径、圆弧的半径以及角度的大小等，如图 1–25 中的 75、ϕ20、*R*15 等。

2. 定位尺寸

确定平面图形上各元素之间相对位置的尺寸称为定位尺寸。如圆心的位置、直线的位置等，如图 1–25 中的尺寸 8、75 为定位尺寸。

有些尺寸即是定形尺寸，又是定位尺寸，如图 1–25 中的 75、*R*50。

3. 尺寸基准

尺寸基准就是标注尺寸的起点。对于平面图形，常用的尺寸基准是对称图形的对称线、圆的中心线和较长的直线等，如图 1–25 中的对称线和中心线。

1.4.2　线段分析

平面图形中的线段（直线或圆弧），可分为已知线段、中间线段和连接线段。

1. 已知线段

定形尺寸和定位尺寸标注齐全，能够直接画出的线段，称为已知线段。图 1–25 中直线段 15、圆弧 *R*10、圆弧 *R*15 等为已知线段。

2. 中间线段

只给出定形尺寸和一个定位尺寸，必须依靠其与一端相邻线段的连接关系才能画出的线段，称为中间线段。图 1–25 中圆弧 *R*50 为中间线段。

3. 连接线段

只有定形尺寸，而无定位尺寸，必须依靠其与两端线段的连接关系才能确定画出的线段，称为连接线段。图 1–25 中圆弧 *R*12 为连接线段。

画图时，先画已知线段，再画中间线段，最后画连接线段。

1.4.3　绘图的一般步骤

1. 准备工作

（1）分析图形的尺寸和线段，拟定绘图步骤。

（2）确定比例，选定图幅，固定图纸。

（3）画出图框和标题栏。

2. 绘制底稿（以图 1–25 的手柄为例）

（1）画底稿步骤：根据图形及其尺寸布置好图形位置，画作图基准线，如图 1–26（a）所示；依次画出已知线段、中间线段和连接线段，如图 1–26（b）（c）（d）所示。

（2）要求：图线细淡、准确、清晰，图面整洁。

3. 加深描粗

（1）加深描粗前，检查底稿，修正错误，擦除多余图线。

（2）先粗后细、先曲后直、先实后虚、先上后下、先左后右、先水平后垂直，最后描斜线。

（3）标注尺寸。

（4）校对，填写标题栏。

（5）要求：所有图线浓淡一致，同类图线粗细一致，连接光滑，字体工整，图面整洁。

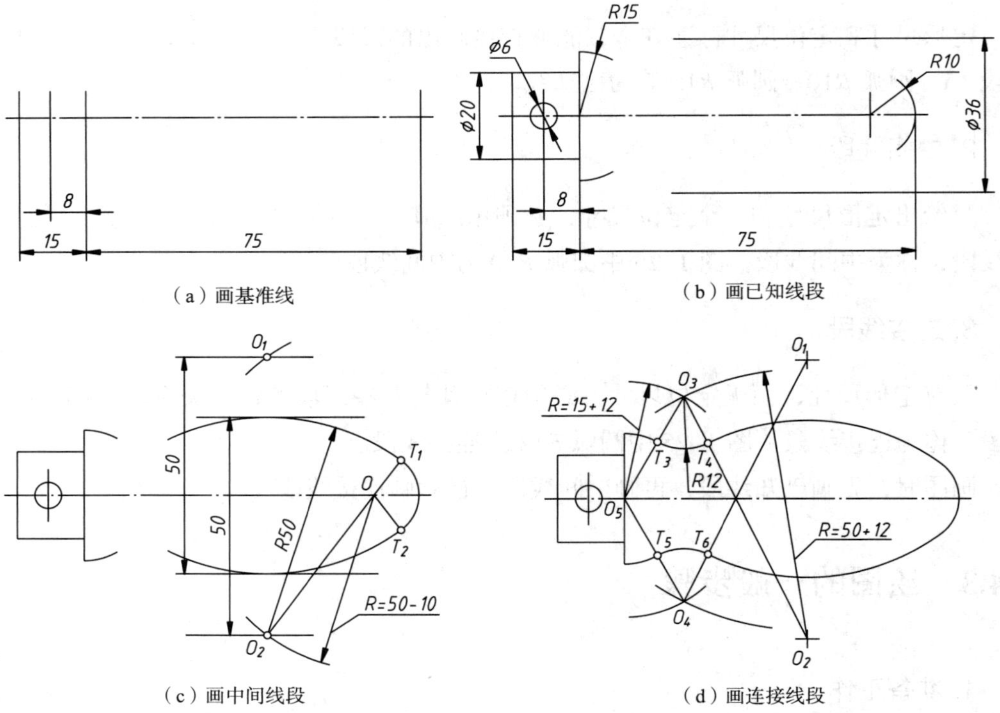

（a）画基准线　（b）画已知线段　（c）画中间线段　（d）画连接线段

图 1–26　画手柄底稿的步骤

第 2 章　正投影基础

空间形体的表面总是由点、线、面围成的，要正确画出空间形体的投影，就必须了解投影的基本知识，研究组成空间形体的基本几何元素点、线、面的投影特性和画图方法，以便准确地将空间形体表现在平面图样上。

2.1　投影法的基本知识

2.1.1　投影法

在日常生活中，当阳光和灯光照射物体时，会在地面上和墙壁上出现该物体的影子。人们根据这个现象，加以科学地抽象，提出利用投影来表达物体，即为投影法。

图 2–1 中，空间有一个平面 P 以及不在该平面上的点 A 及点光源 S，自点光源 S 经过 A 点向平面 P 作线，与平面交于 a 点。a 称为空间点 A 在平面 P 上的投影，S 称为投射中心，P 称为投影面，直线 SAa 称为投影线。投影法是投影线通过物体，向选定的平面投射，并在该面得到投影的方法。

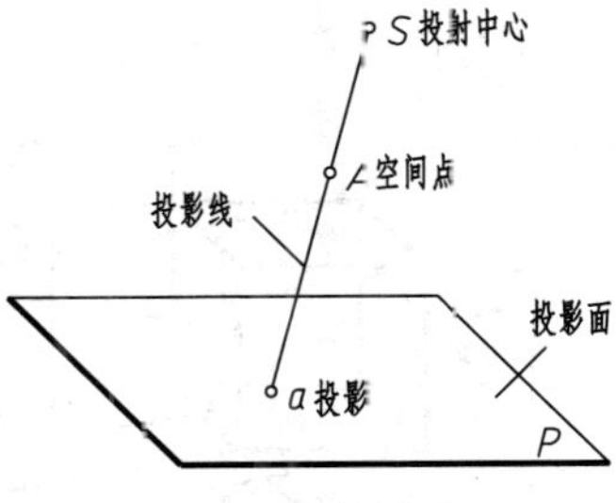

图 2–1　投影法

2.1.2　投影法的分类

1. 中心投影法

投影线汇交于一点的投影法称为中心投影法，如图 2–2（a）所示。中心投影法得到投影的大小随着物体与投影面之间距离的变化而改变，一般不反映物体的实际大小，

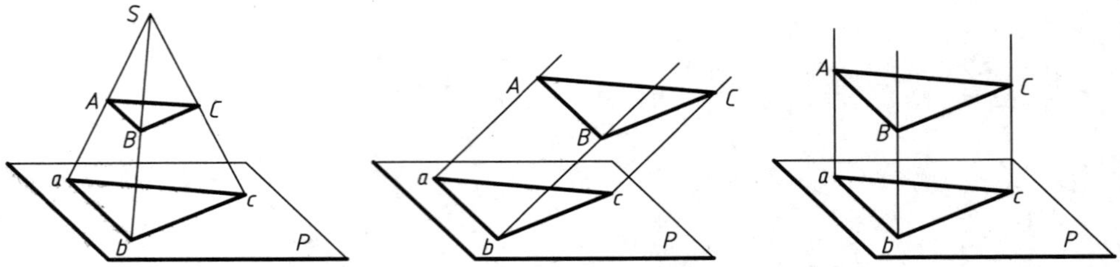

(a) 中心投影法　　(b) 斜投影法　　(c) 正投影法

图 2–2　投影法的分类

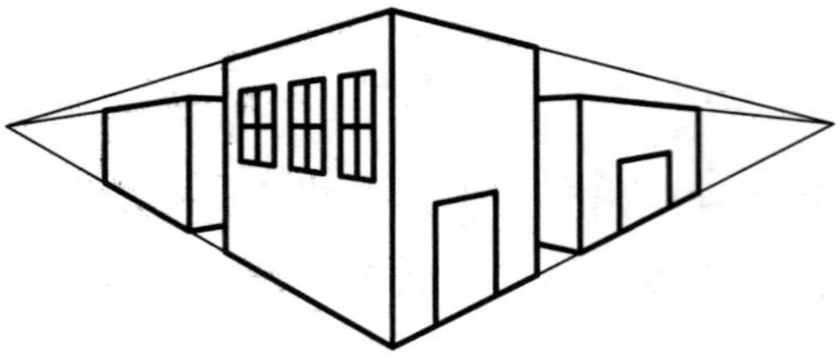

图 2–3　透视图

中心投影法多用于绘制建筑上的透视图，如图 2–3 所示。

2. 平行投影法

投影线互相平行的投影法称为平行投影法。投影线与投影面倾斜的平行投影法，称为斜投影法，如图 2–2（b）所示。投影线与投影面垂直的平行投影法，称为正投影法，如图 2–2（c）所示。

与中心投影法不同，平行投影法得到的投影大小同物体与投影面的距离没有关系，投影的度量性比较好。轴测投影图中利用斜投影法绘制轴测图，如图 2–4 所示。正投影能够真实地表达空间物体的形状和大小，因此在工程技术上使用的工程图样多采用正投影绘制，如图 2–5 所示，通常将“正投影”简称为“投影”。

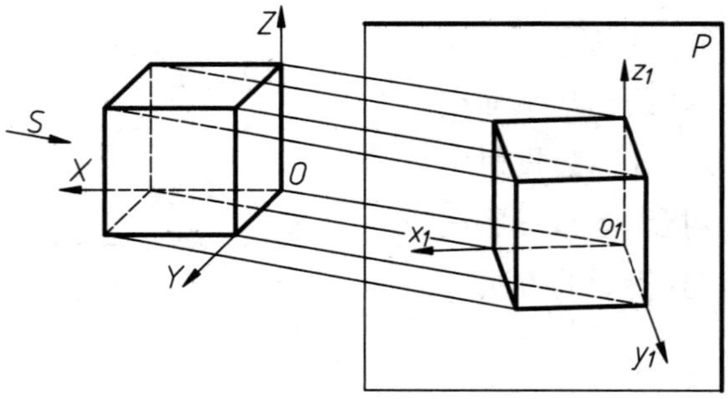

图 2–4　轴测投影

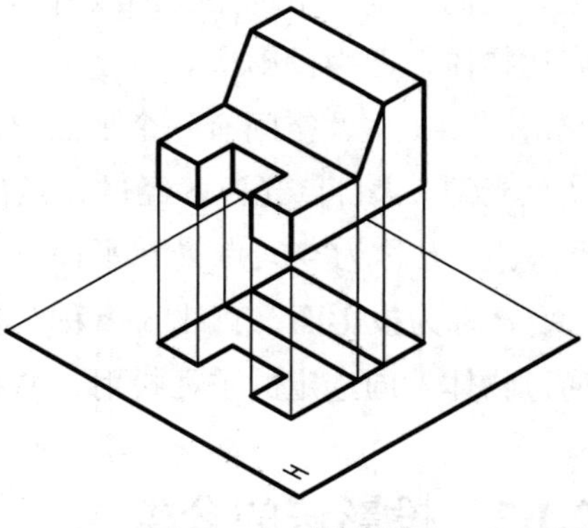

图 2–5　正投影视图

2.1.3　正投影法的基本性质

一般情形，点的投影仍为点，直线（线段）的投影可能是直线（线段）或点，平面

（平面图形）的投影可能是平面（平面图形）或直线。在正投影法的情况下，点、直线、平面等基本几何元素的投影具有如下几种基本性质。

1. 积聚性

直线垂直于投影面，其投影积聚成点；平面图形垂直于投影面，其投影积聚成一条直线，这种投影的性质称为积聚性，如图 2–6（a）所示。

2. 实形性

直线平行于投影面，其投影反映直线的实长；平面图形平行于投影面，其投影反映平面图形的实形，这种投影的性质称为实形性，如图 2–6（b）所示。

3. 类似性

直线倾斜于投影面，其投影的长度短于直线实际的长度；平面图形倾斜于投影面，其投影为平面图形的类似形，各边在投影中的顺序保持不变，投影面积小于实形面积，这种投影的性质称为类似性，如图 2–6（c）所示。

4. 平行性、从属性、定比性

空间互相平行的直线，其投影一定平行，即 $AB /\!/ CD$，则 $ab /\!/ cd$，这种投影的性质称为平行性；直线上的点，其投影也一定位于直线同面投影上，即 $E \in CD$，则 $e \in cd$，这种投影的性质称为从属性；直线上的点分线段所成长度之比，与其投影后长度之比保持不变，即 $CE : ED = ce : ed$，这种投影的性质称为定比性，如图 2–6（d）所示。

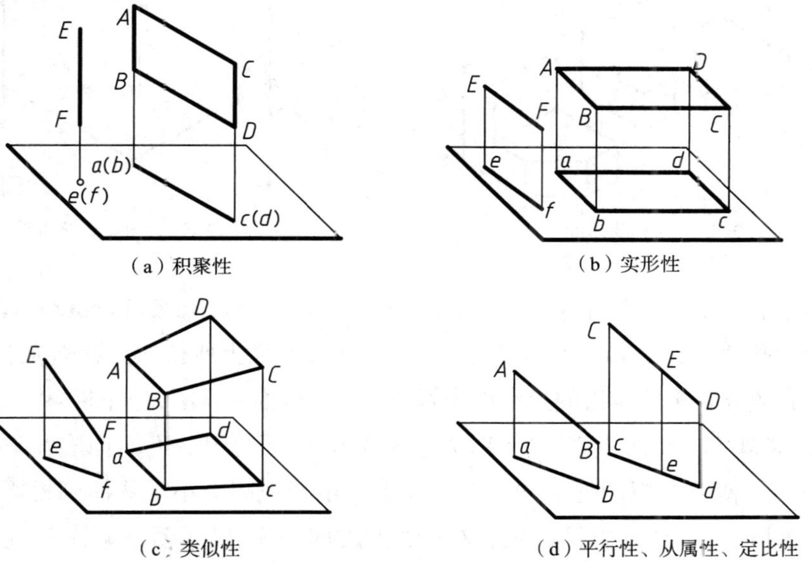

（a）积聚性　（b）实形性

（c）类似性　（d）平行性、从属性、定比性

图 2–6　正投影的基本性质

上述投影的基本性质均可用初等几何知识加以证明，它们是用正投影法作图的重要依据。

2.2　三视图的形成及其投影规律

2.2.1　三视图的形成

用正投影法绘制物体投影所得的图，称为该物体的视图。物体的一个视图只能表达物体两个方向的形状和位置等空间信息，不能完全地表达物体，如图 2–7 所示，故工程图样中采用多面投影。

在图 2–8 所示的三个两两互相垂直的投影面体系中，*H* 面在水平位置，称为水平投影面（简称水平面）；*V* 面在正面直立的位置，称为正立投影面（简称正面）；*W* 面在侧立位置，称为侧立投影面（简称侧面）。三个投影面两两相交，交线称为投影轴，分别记作 *X* 轴、*Y* 轴和 *Z* 轴，三条投影轴交于原点 *O*。三个投影面把空间分成八个分角，左侧分别是Ⅰ、Ⅱ、Ⅲ、Ⅳ 分角，右侧按左侧同样的顺序，分别为Ⅴ、Ⅵ、Ⅶ、Ⅷ 分角。我国和欧洲一些国家多采用第一分角投影绘制工程图样，也有一些国家采用第三分角，如美国、英国。

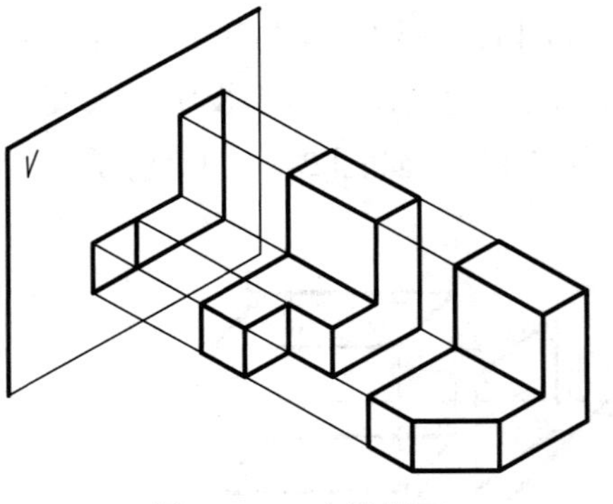

图 2–7　一个投影面

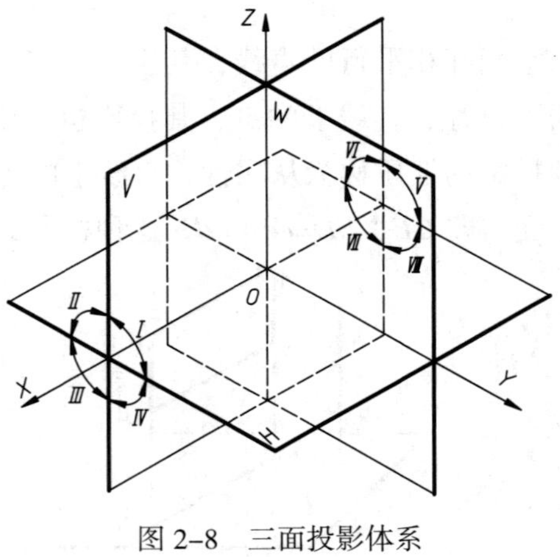

图 2–8　三面投影体系

把物体放在三面投影体系中，然后将物体分别向三个投影面进行投影，在正立投影面上所得的投影称为正面投影，也称主视图；在水平投影面上所得的投影称为水平投影，也称俯视图；在侧立投影面所得的投影称为侧面投影，也称左视图，如图 2–9（a）所示。

国家标准规定：*V* 面不动，沿 *Y* 轴把 *H* 面和 *W* 面分开，*W* 面向右翻转 90°，*H* 面向下翻转 90°，使三个视图处于同一个平面上。由于视图大小与物体到投影面的距离无关，画三视图时，不必画出投影轴，视图之间的距离可根据图纸幅面和视图大小来确定，如图 2–9（b）所示。

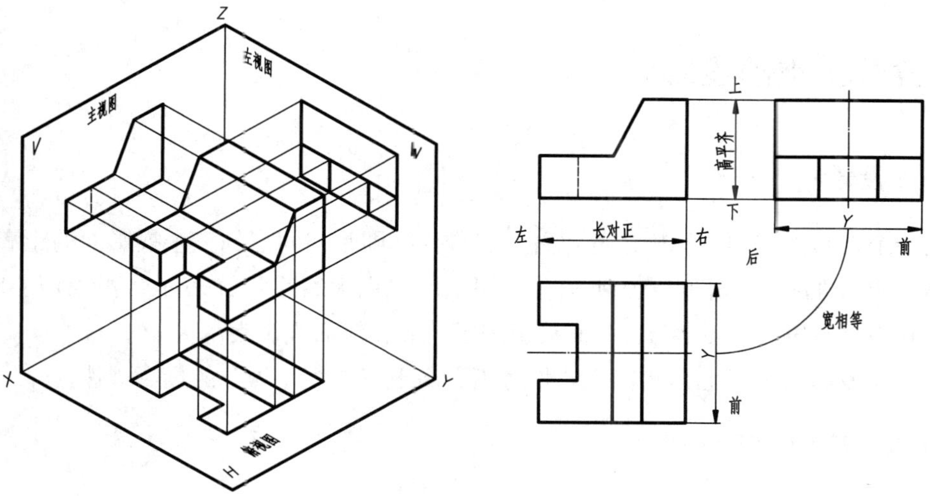

（a）　　（b）

图 2–9　三视图的形成

2.2.2　三视图的投影规律

由图 2–9 可以看出：

（1）主视图反映了物体上下、左右的位置关系，反映了物体的高度和长度；

（2）左视图反映了物体上下、前后的位置关系，反映了物体的高度和宽度；

（3）俯视图反映了物体左右、前后的位置关系，反映了物体的长度和宽度。

由此得到三视图的投影规律：主视图与俯视图长对正；主视图和左视图高平齐；俯视图和左视图宽相等。

“长对正、高平齐、宽相等”是画图和看图必须遵循的投影规律，不仅整个视图的投影要符合这一规律，而且物体局部结构的投影亦必须符合这条规律。

俯视图和左视图都能反映物体的宽度，在这两个视图中，离主视图远的那一面是物体的前面，离主视图近的那一面是物体的后面。“宽相等”是容易出错的地方，切记不要把俯视图的宽度方向和左视图的高度方向弄混淆了。

2.3　立体上点、线、面的投影

任何立体的表面都是由点、线、面围成，要画出立体的投影，必须先明确组成立体的基本几何元素点、线、面的投影特性和画图方法。这里结合立体，介绍立体上点、线、面的投影特性。

2.3.1 立体上点的投影

1. 点的投影

空间一个点是由三维坐标确定的位置，三维坐标即是空间点到三个投影面的距离。

立体上点 *A* 的投影如图 2–10 所示。空间上的点用大写字母 *A* 表示，投影用小写字母表示：其中水平投影表示为 *a*，正面投影表示为 *a*′，侧面投影表示为 *a*″。

点的三面投影的位置也必然符合“长对正、高平齐、宽相等”的投影规律。

2. 立体上两点的相对位置

立体上两点的相对位置是指这两个点在空间的左右、前后、上下三个方向的位置关系。主视图反映上下、左右的关系，如图 2–11 中的 *B* 点在 *A* 点的左、下方。俯视图反映左右、前后的关系，分析图中 *B* 点在 *A* 点的后方。任意两个投影均能反映两点的相对位置。

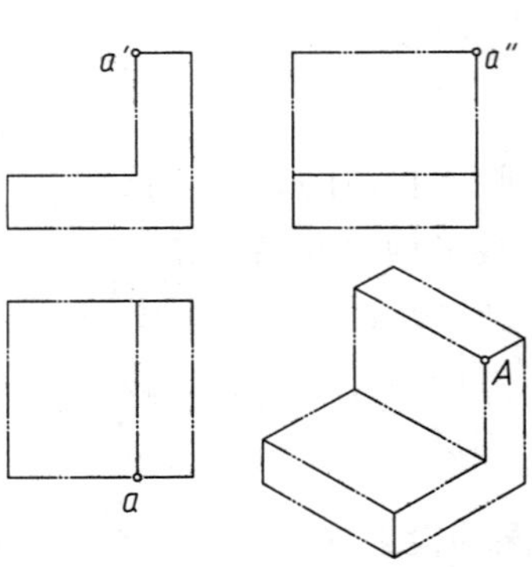

图 2–10 立体上点的投影

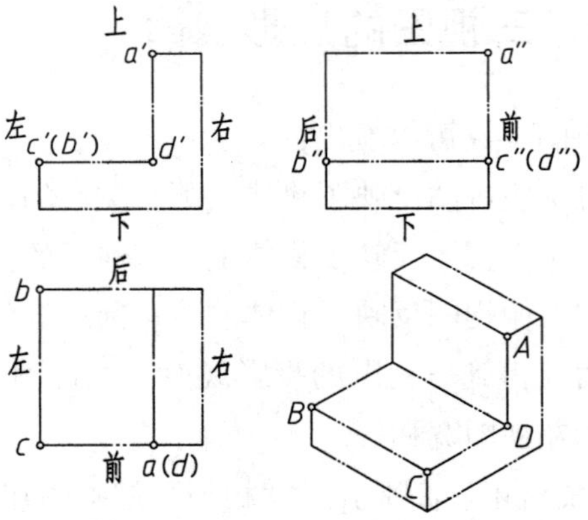

图 2–11 立体上两点相对位置及重影点

3. 重影点

图 2–11 中 *A*、*D* 两点的水平投影重合为一点，则此点成为 *A*、*D* 两点的上下重影点。*B*、*C* 是正面的前后重影点，*C*、*D* 是侧面的左右重影点。对于重影点可见性的判断原则是：前遮后、上遮下、左遮右。被遮挡的点的投影需要用括号括起来，如图中 *a*（d）表示 *A* 点在上，*D* 点在下，*D* 点被遮挡。

2.3.2 立体上直线的投影

任何直线都可由该直线上的任意两点（或由直线上一点以及该直线的方向）所确

定。因此，直线的投影可由直线上两个点（通常取线段的端点）的同名投影来确定。

根据直线在三面投影体系中的相对位置，直线分为三类，即投影面的平行线、投影面的垂直线和一般位置直线。前两类线统称为特殊位置直线。立体上直线的投影如表 2–1、表 2–2、图 2–12 所示。

直线与投影面的夹角，称为该直线对投影面的倾角，与水平面、正面、侧面的倾角分别用 α、β、γ 表示。

1. 投影面垂直线

垂直于一个投影面的直线称为投影面的垂直线。垂直正立投影面的直线称为正垂线，垂直于水平投影面的直线称为铅垂线，垂直于侧立投影面的直线称为侧垂线。投影面垂直线的投影特性如表 2–1 所示。

表 2-1　投影面垂直线

直线名称	铅垂线	正垂线	侧垂线
直观图	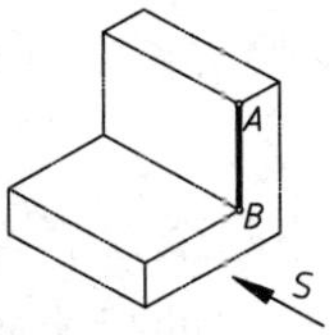	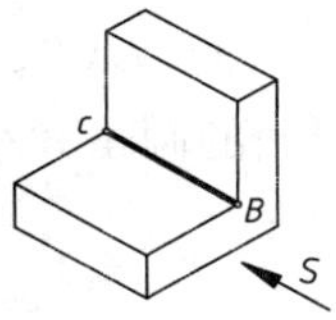	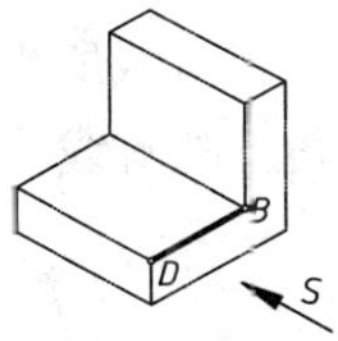
投影图	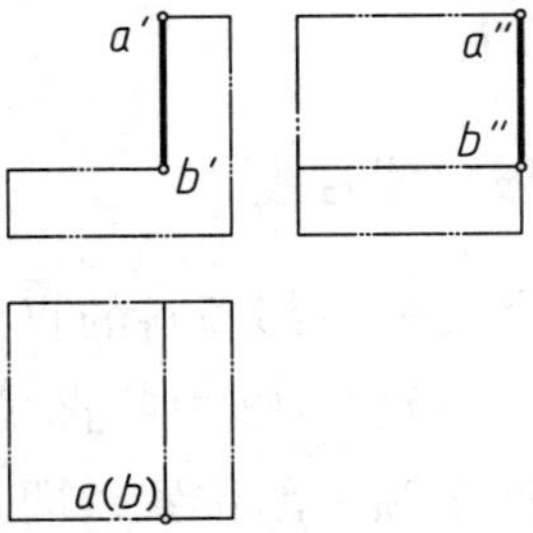	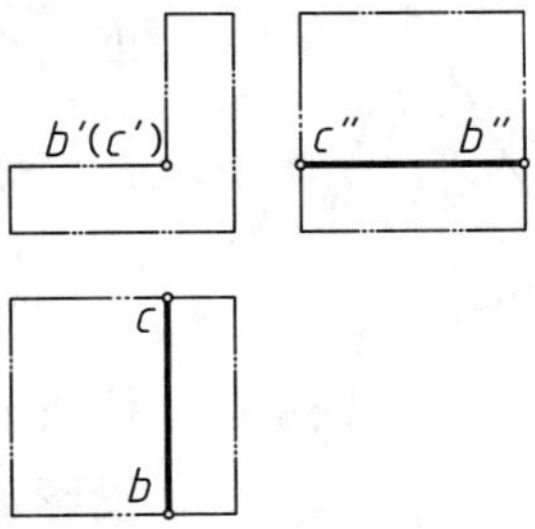	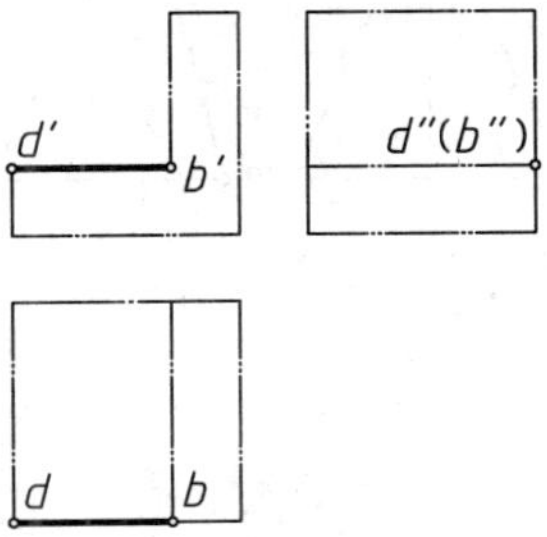

从表 2–1 可以得出投影面垂直线的投影特性：

（1）在直线所垂直的投影面上，直线的投影积聚成一点；

（2）在另外两个投影面上，直线的投影分别垂直于相应的投影轴，且反映直线（线段）的实长。

2. 投影面平行线

平行于一个投影面而与另外两个投影面倾斜的直线称为投影面平行线。平行于正立投影面的直线称为正平线，平行于水平投影面的直线称为水平线，平行于侧立投影面的直线称为侧平线。投影面平行线的投影特性如表 2–2 所示。

表 2-2　投影面平行线

直线名称	水平线	正平线	侧平线
直观图	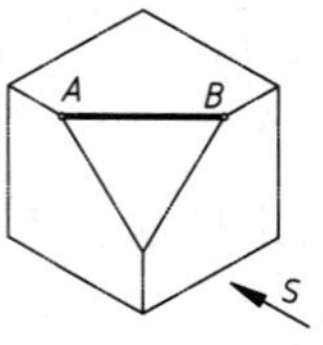	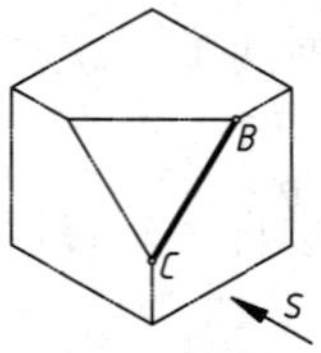	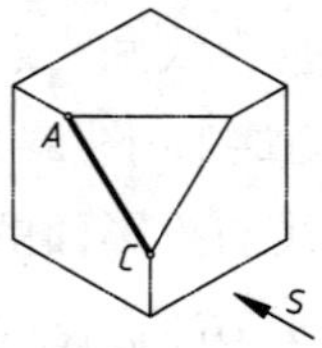
投影图	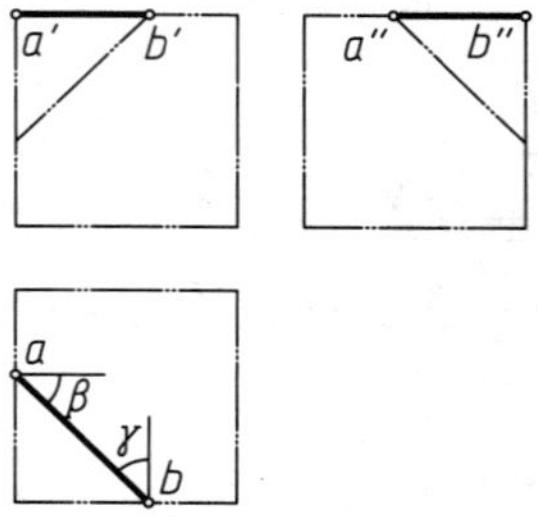	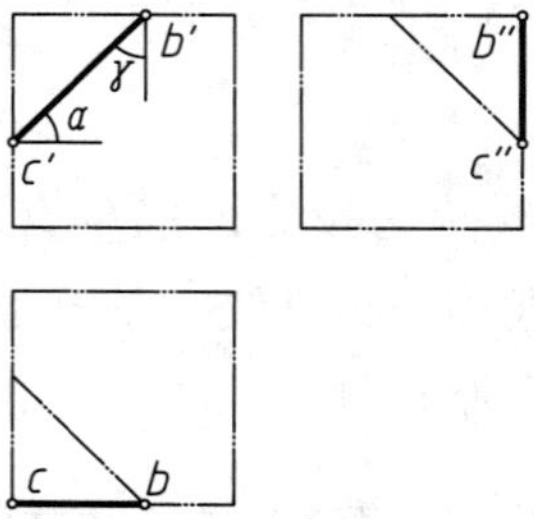	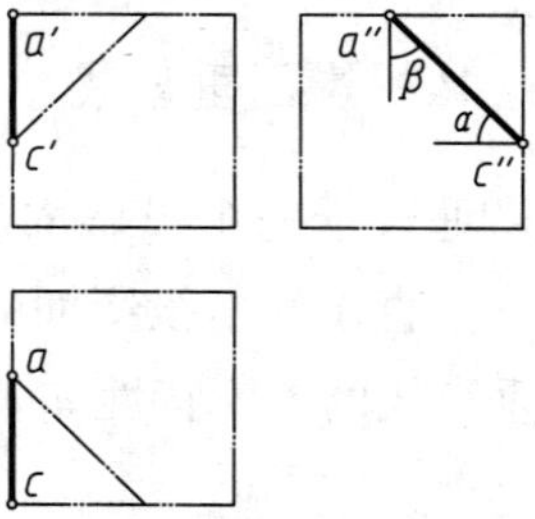

从表 2–2 可以得出投影面平行线的投影特性：

（1）在直线所平行的投影面上，直线（线段）的投影反映实长，直线的投影与投影轴的夹角反映直线对另外两个投影面的倾角大小；

（2）在另外两个投影面上，直线的投影分别平行于相应的投影轴，且其投影长度均小于实长。

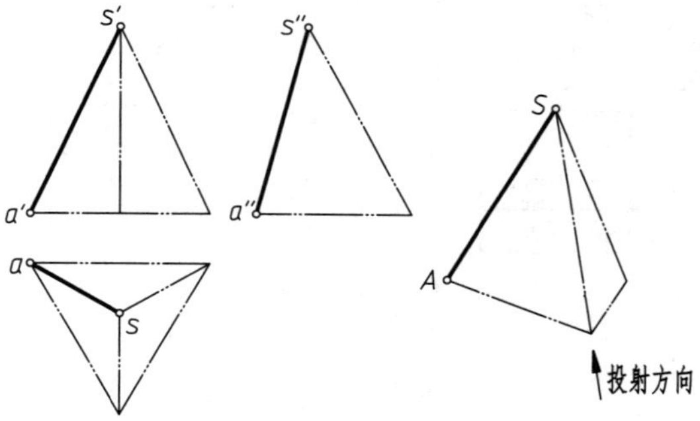

图 2–12　一般位置直线

3. 一般位置直线

与三个投影面都倾斜的直线称为一般位置直线。在图 2–12 中，直线 *SA* 与三个投影面都处于倾斜的位置，即为一般位置直线。

一般位置直线的投影特性：

（1）在三个投影面上，直线的投影都与投影轴倾斜，且其投影长度均小于实长；

（2）直线的三个投影与投影轴的夹角都不反映直线与投影面倾角的真实大小。

2.3.3　立体上平面的投影

平面可以由下列任意一组几何元素确定：

（1）不属于同一直线的三点；

（2）一直线及直线外一点；

（3）相交两直线；

（4）平行两直线；

（5）任意平面图形（如三角形、平行四边形等）。

因此，平面的投影可由上述的一组几何元素的投影表示，较多的是采用平面图形表示平面的投影。

根据平面在三面投影体系中的相对位置，平面分别三类，即投影面的垂直面、投影面的平行面和一般位置平面，前两类平面统称为特殊位置平面。立体上平面的投影如表 2–3、表 2–4、图 2–13 所示。

平面与投影面的夹角，称为该平面对投影面的倾角，与水平面、正面、侧面的倾角分别用 α、β、γ 表示。

1. 投影面垂直面

垂直于一个投影面而与另两个投影面都倾斜的平面称为投影面的垂直面，垂直于正立投影面的平面称为正垂面，垂直于水平投影面的平面称为铅垂面，垂直于侧立投影面的平面称为侧垂面。投影面垂直面的投影特性如表 2–3 所示。

表 2-3　投影面垂直面

平面名称	正垂面	侧垂面	铅垂面
直观图	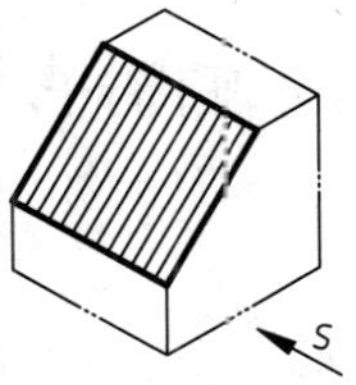	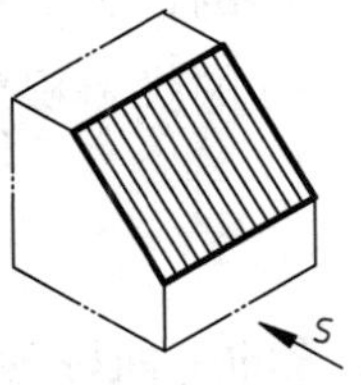	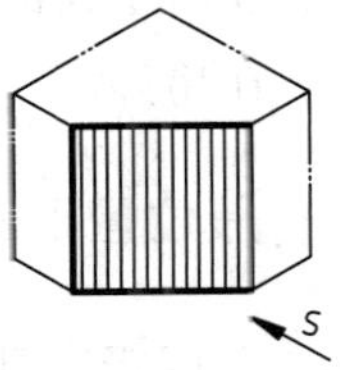
投影图	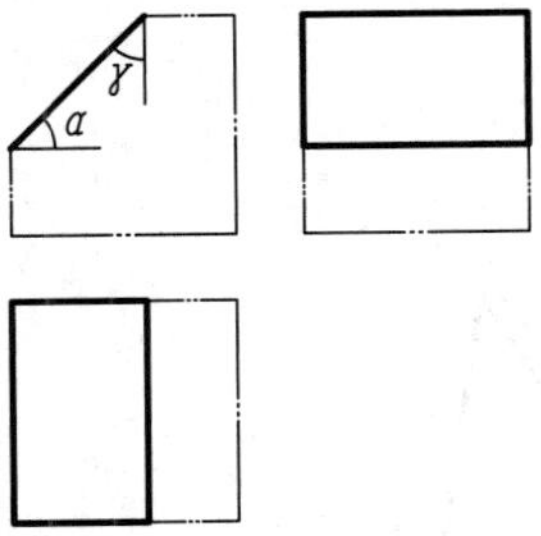	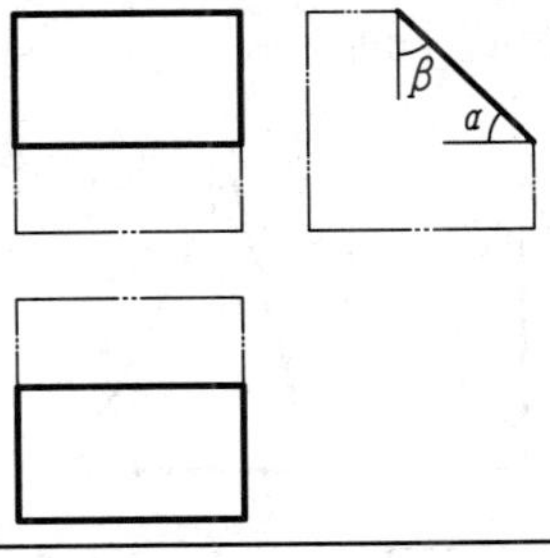	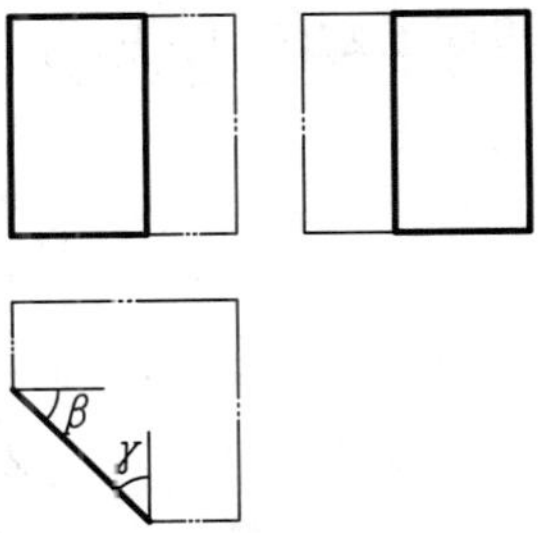

从表 2–3 可以得出投影面垂直面的投影特性：

（1）在所垂直的投影面上，平面的投影积聚成一条直线，积聚的投影与投影轴的夹角，分别反映平面和另两个投影面的倾角；

（2）在另外两个投影面上，平面的投影均是平面的类似形。

2. 投影面平行面

平行于一个投影面即同时垂直于其他两个投影面的平面称为投影面平行面。平行于正立投影面的平面称为正平面，平行于水平投影面的平面称为水平面，平行于侧立投影面的平面称为侧平面。投影面平行面的投影特性如表 2–4 所示。

表 2-4　投影面平行面

平面名称	水平面	正平面	侧平面
直观图	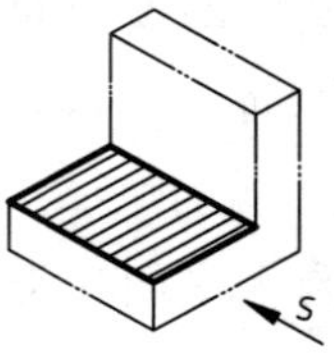	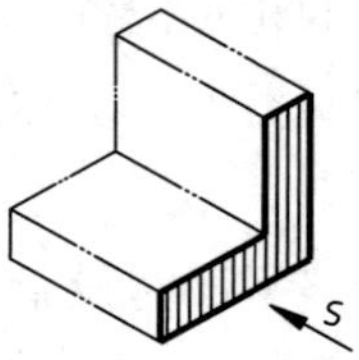	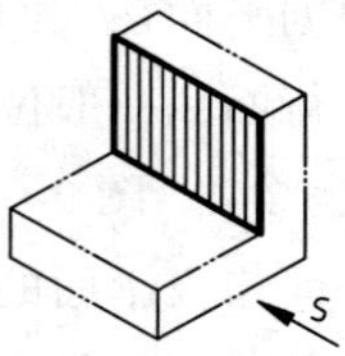
投影图	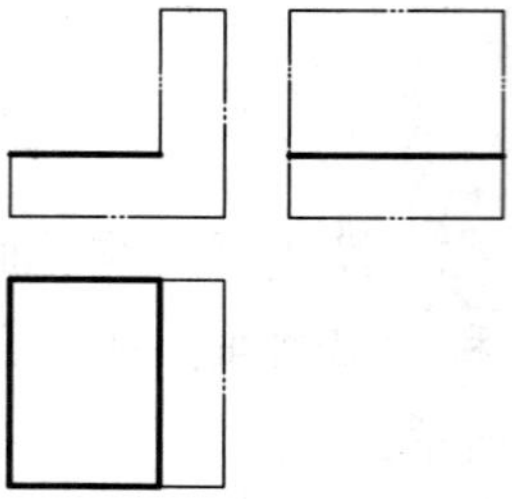	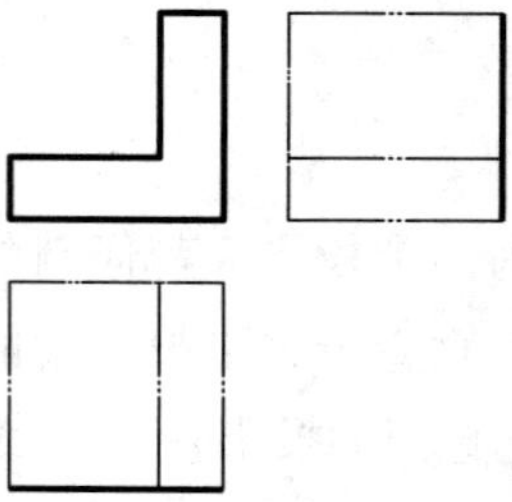	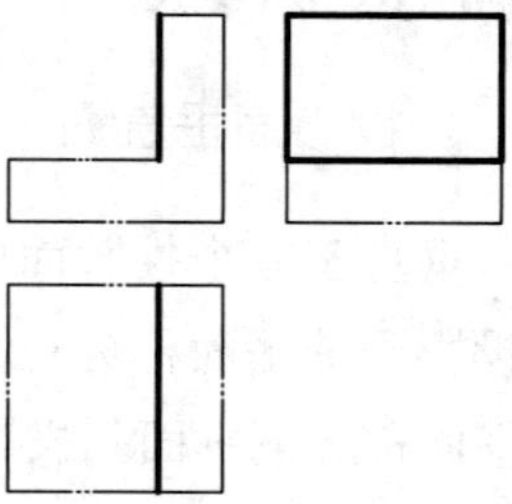

从表 2–4 可以得出投影面平行面的投影特性：

（1）在所平行的投影面上，平面的投影反映实形；

（2）在另外两个投影面上，平面的投影积聚成直线，且分别平行于对应的投影轴。

3. 一般位置平面

与三个投影面都处于倾斜位置的平面称为一般位置平面。图 2–13 中平面 *SAB* 与三个投影面都倾斜，即为一般位置平面。

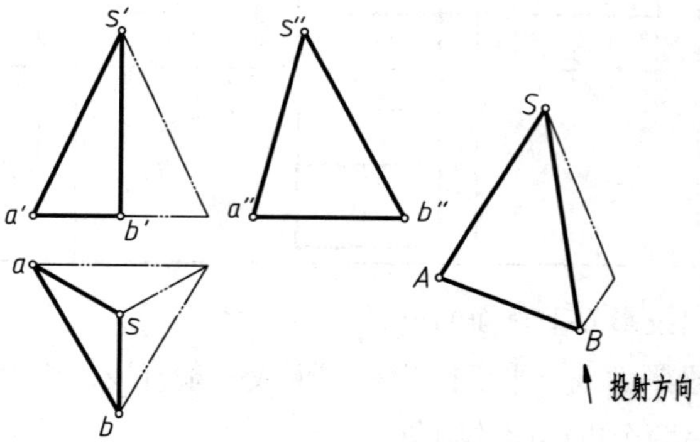

图 2–13　一般位置平面

一般位置平面的投影特性：

（1）在三个投影面上，平面（平面图形）的投影均是平面的类似形；

（2）平面的三个投影都不反映平面与投影面倾角的真实大小。

2.3.4　平面上的点和直线的投影

点和直线在平面上的几何条件是：

（1）若一点在平面内的一条直线上，则该点在该平面内；

（2）若一条直线通过平面内的两个点，则该直线必在平面内，或一条直线通过平面内一点且平行于平面内的另一直线，则该直线必在平面内。

上述情况说明了在平面上取点和取直线的方法：在平面上取点时，应先取平面上的直线，在该直线上取点；在平面上取直线时，应先取平面上的两点连线或取平面上一点并平行于平面上的另一直线画出直线。平面上取点、取直线的方法是立体投影作图的基本方法和作图基础。

例 2–1　在一般位置平面 *SAB* 上有一点 *M*，已知 *M* 点的正面投影，求作 *M* 点的水平投影，如图 2–14（a）所示。

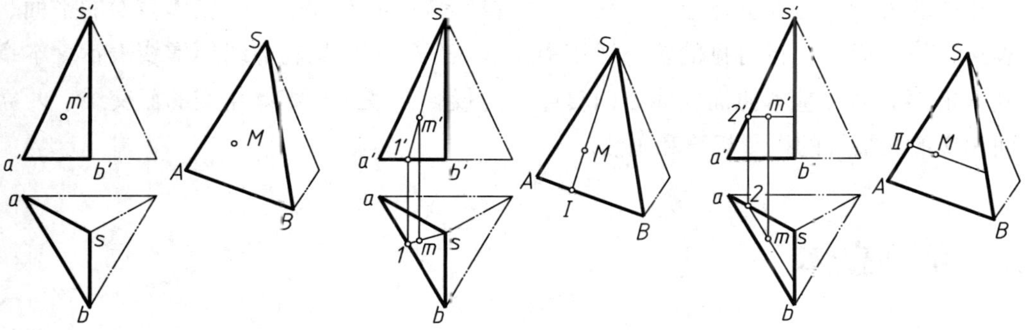

（a）　　（b）　　（c）

图 2–14　平面上的点和直线

方法一：

分析　*S*、*M* 两点在平面 *SAB* 上，过两点作一条直线，该直线一定在平面 *SAB* 上。*M* 点在直线 *SM* 上，*M* 的投影一定在直线 *SM* 的同名投影上。

作图　连接 *s′m′* 并延长交 *a′b′* 于 *1′*，作出点 *I* 的水平投影 *1*，连接 *s1*，*M* 点水平投影在 *s1* 上，如图 2–14（b）所示。

方法二：

分析　点 *M* 在平面 *SAB* 上，过点 *M* 作一条与平面 *SAB* 内的直线 *AB* 平行的直线，该直线一定在平面 *SAB* 上，*M* 的投影一定在所作直线的同名投影上。

作图　过 *m′* 作直线与 *a′b′* 平行交 *s′a′* 于 *2′*，作出点 *II* 的水平投影 *2*，过点 *2* 作直线 *ab* 的平行线，点 *M* 的水平投影在所作的平行线上，如图 2–14（c）所示。

第 3 章　立体的投影

立体就是由面围合而成的实体和空间。立体按照其表面的性质，可分为平面立体和曲面立体两大类。表面全部由平面围成的立体称为平面立体，表面由平面和曲面围成或全部由曲面围成的立体称为曲面立体。形状单一的立体称为基本体。

立体的投影就是在立体上点、线、面的投影特性的基础上，把立体表面的平面、曲面表达在投影面上，将可见的轮廓线用粗实线表示，不可见轮廓线用虚线表示。本章介绍基本平面立体、基本曲面立体（回转体）的投影，平面与立体相交的截交线、两立体表面相交的相贯线的投影规律和画法。

3.1　平面立体

平面立体多种多样，最常见的基本平面立体是棱柱和棱锥。

平面立体的投影是平面立体各表面投影的集合，其表面都是平面多边形，多边形的边即为各表面的交线（棱线），因此，绘制平面立体的投影可归结为绘制所有棱边及它们的交点（顶点）的投影。画图时，应首先分析立体上各表面、棱线、顶点相对于投影面的位置，然后运用前述立体上点、线、面的投影特性进行作图。

3.1.1　棱柱

棱柱是由一个平面多边形沿一条不与其平行的直线进行等截面拉伸形成的，如图 3-1 所示。平面多边形形成的两个互相平行的面称为端面或底面，其余各面称为侧面，相邻侧面的交线称为侧棱，各侧棱互相平行。侧棱与端面垂直的棱柱称为直棱柱，端面是正多边形的直棱柱称为正棱柱，侧棱倾斜于端面的棱柱称为斜棱柱。

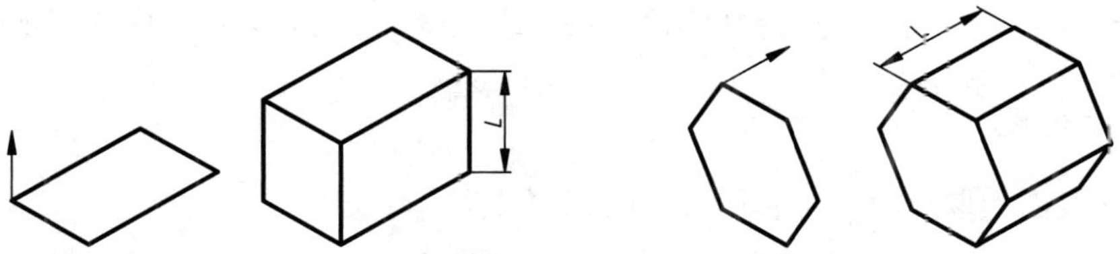

（a）四棱柱的形成　　　　（b）六棱柱的形成

图 3–1　棱柱的形成

1. 棱柱的三视图

如图 3–2 所示，为方便画图，使棱柱的端面平行于投影面。这样正六棱柱的上、下端面为水平面，六个棱面中，前、后两个棱面为正平面，其余四个为铅垂面，故水平投影为正六边形，正面投影与侧面投影分别为矩形的组合。

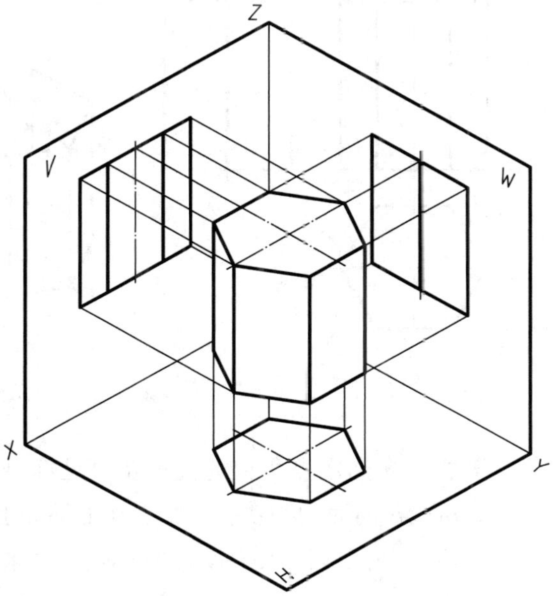

图 3–2　正六棱柱的三视图

正六棱柱三视图的作图过程如图 3–3 所示。

（1）画端面　如图 3–3（a）所示，图形对称需要画对称中心线（细点画线）。端面在俯视图反映原形，在主视图和左视图分别积聚成直线，注意两条直线长度的不同。

（2）连侧棱　如图 3–3（b）所示，由端面多边形的端点画出侧棱，侧棱与端面积聚的直线垂直，且互相平行，注意判断棱线的可见性，虚线与粗实线重合画成粗实线，粗

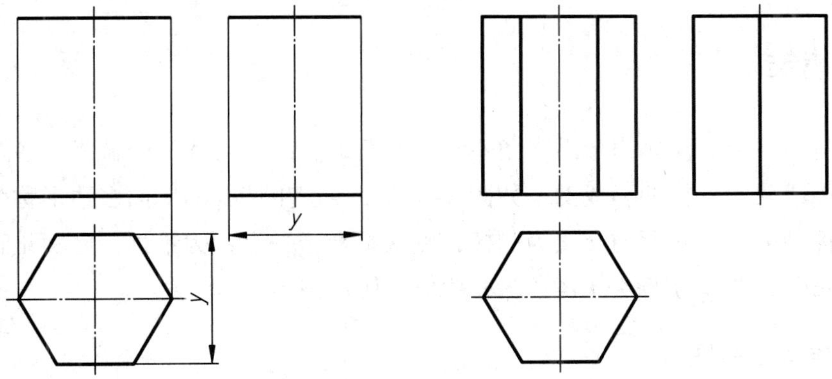

（a）　　　　（b）

图 3–3　正六棱柱三视图的作图过程

实线（或虚线）与细点画线重合画成粗实线（或虚线），完成正六棱柱的三视图。

2. 棱柱表面上取点

在棱柱表面上取点时，可利用表面的积聚性进行作图。

例 3–1　图 3–4（a）所示的正六棱柱的表面上有三个点 *A*、*B*、*C*。已知 *A* 点的正面投影 *a*′，*B* 点的正面投影 *b*′，*C* 点的水平投影 *c*，求作三个点的其他两个投影。

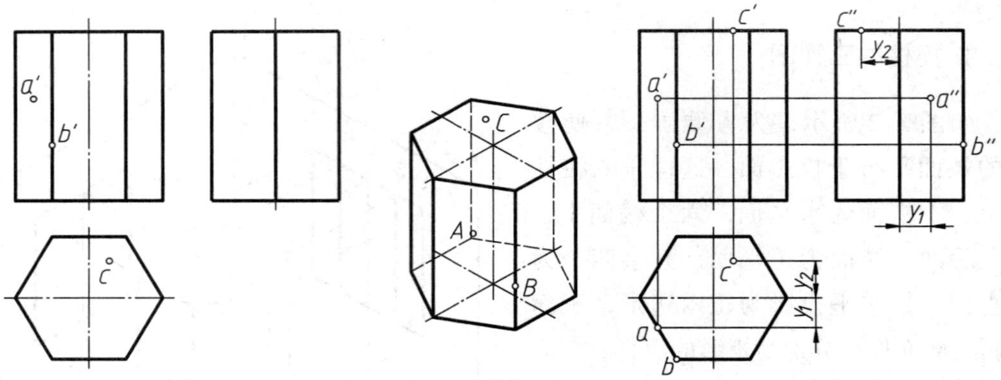

图 3–4　正六棱柱的表面取点

分析　先确定点所在的位置及可见性。*A* 点在左侧棱面上，*a*′ 可见，说明在前面棱面上，*B* 点在前面的棱线上，*C* 点在上端面上，如图 3–4（b）所示。

作图　利用棱面水平投影的积聚性，求出点 *A* 的水平投影 *a*。*B* 点在棱线上，水平投影 *b* 在正六边形的端点上。利用端面正面投影的积聚性，求得点 *C* 的正面投影 *c*′。利用高平齐、宽相等分别求出三个点的侧面投影 *a*″、*b*″、*c*″。*A*、*B* 两点在正六棱柱的左侧，故 *a*″、*b*″ 为可见，*C* 点虽然在右侧，但侧面投影 *c*″ 在图形的边界上，边界上的点都视为可见。作图过程如图 3–4（c）所示。

3.1.2　棱锥

棱锥是由一个平面多边形沿一条不与其平行的直线进行线性变截面（各边按相同比例线性缩小或放大）拉伸形成的，如图 3–5 所示。产生棱锥的平面多边形称为底面，其余各平面称为侧面，侧面的交线为侧棱，侧棱都交于一点称为锥顶。底面是正多边形，且锥顶在底面的投影为正多边形中心的棱锥称为正棱锥。

1. 棱锥的三视图

如图 3–6 所示，使正三棱锥的底面平行于水平面，底面的一条边为侧垂线。棱锥的

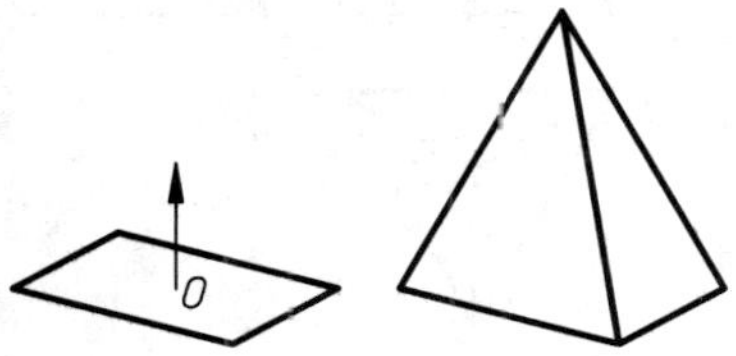

图 3-5 棱锥的形成

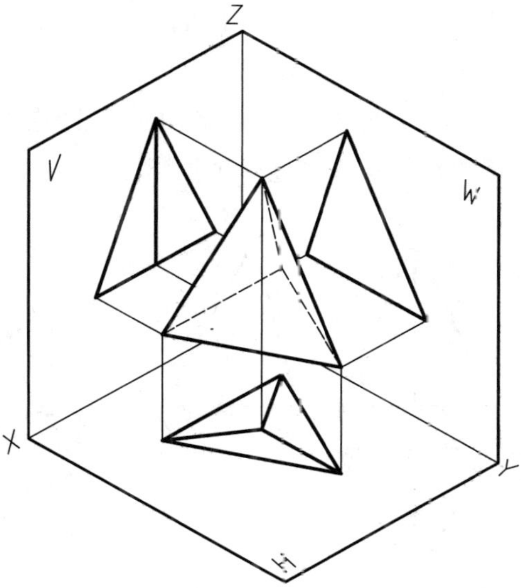

图 3-6 正三棱锥的三视图

底面在俯视图反映原形，在主视图和左视图分别积聚成直线；侧面中有一个侧面为侧垂面，其余两个侧面为一般位置平面，侧面的三个视图分别是三角形或三角形的组合。

正三棱锥三视图的作图过程如图 3-7 所示。

（1）画底面 如图 3-7（a）所示，图形对称需要画对称中心线（点画线）。底面在俯视图反映原形，在主视图和左视图分别积聚成直线，注意两条直线长度的不同。

（2）确定锥顶 如图 3-7（b）所示，锥顶在俯视图的投影为等边三角形的中心。

（3）连侧棱 连接锥顶和底面多边形的各个端点，注意判断侧棱的可见性，完成正三棱锥的三视图，如图 3-7（c）所示。

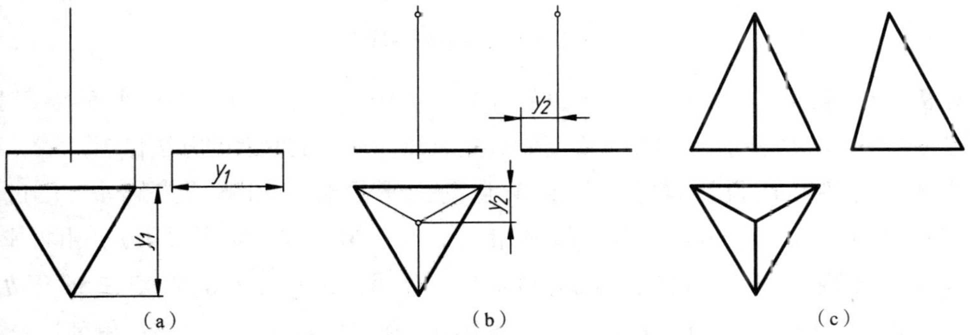

图 3-7 正三棱锥三视图的作图过程

2. 棱锥表面上取点

取棱线上的点可运用点的投影具有在棱线的同名投影上的从属性作图；在具有积聚

性的表面上取点可利用平面的积聚性作图；一般位置侧面上的点需要在该平面上作辅助线来确定。

例 3–2 图 3–8（a）所示的正三棱锥的表面上有四个点 M、N、P、Q。已知四个点的正面投影，求作其他两个投影。

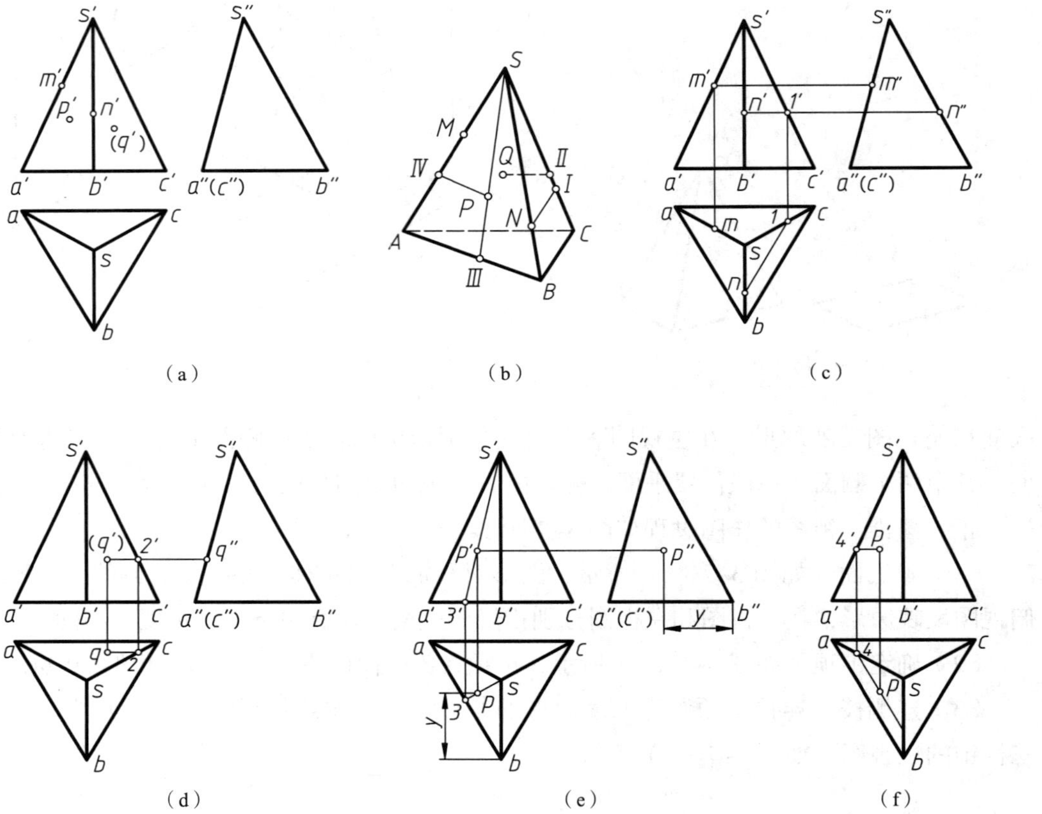

图 3–8　正三棱锥表面取点

分析　在图 3–8（b）中，M、N 分别在棱线 SA 和 SB 上，Q 点在侧垂面 SAC 上，P 在一般位置平面 SAB 上，利用在平面上取点先取线，在线上取点的方法作图。

作图　直接利用投影规律，得到 M 点的水平投影 m 和侧面投影 m''；过 N 作 $N\mathit{I} /\!/ BC$ 交 SC 于 I 点，$n1 /\!/ bc$ 与直线 sb 相交，交点为 N 点的水平投影 n，由投影规律求得 N 点的侧面投影 n''，作图过程如图 3–8（c）所示；过 Q 作 $Q\mathit{II} /\!/ AC$ 交 SC 于 II 点，$q2 /\!/ ac$ 与投影线相交，交点为 Q 点的水平投影 q，利用投影规律求 Q 点的侧面投影 q''，作图过程如 3–8（d）所示。

P 点的水平投影有两种作图方法，利用平面上取点、取线的方法。

方法一：过两点 S、P 作直线与边线 AB 交于 III 点，在辅助线 $S\mathit{III}$ 上求取 P 点的水平投影 p 和侧面投影 p''，作图过程如图 3–8（e）所示。

方法二： 过点 P 作直线与边线 AB 平行且交侧棱 SA 于Ⅳ点，在辅助线 PⅣ上求取 P 点的水平投影 p 和侧面投影 p''，作图过程如图 3-8（f）所示。

3.1.3　平面与平面立体相交

平面截切立体，与立体表面产生的交线称为截交线，截切立体的平面称为截平面，截交线围成的图形称为截断面。平面立体的截交线是截平面和平面立体表面的共有线，是由直线（线段）组成的平面多边形，多边形的边是截平面与平面立体表面的交线，多边形的顶点是截平面与平面立体棱线的交点或截平面之间交线的端点，如图 3-9 所示。

平面立体截交线的作法：求出平面立体各个棱线与截平面的交点，然后依次连接成封闭多边形。当几个截平面截切平面立体时，需要先作出各个截平面与平面立体的截交线，然后画出截平面之间的交线。

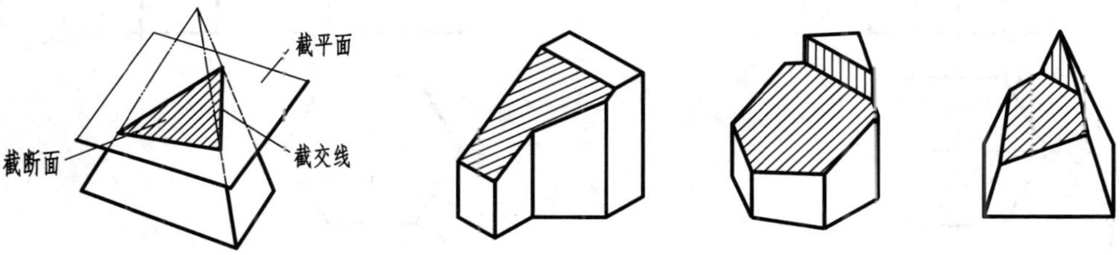

图 3-9　平面与平面立体

例 3-3　正垂面截切正六棱柱，已知立体的主视图和俯视图，求作立体左视图，如图 3-10（a）所示。

分析　截平面与正六棱柱的六条棱线相交，截交线为六边形，其六个顶点是截平面与六条棱线的交点。因为截平面是正垂面，所以截交线的正面投影积聚在截平面 P 上，水平投影为正六边形，侧面投影为类似六边形。

作图

（1）作出未截切的正六棱柱的左视图，如图 3-10（b）所示。

（2）在正面投影上依次标出 P 面与棱柱棱线的交点 $1'$、$2'$（$6'$）、$3'$（$5'$）、$4'$，对应在水平投影的顶点上标出 1、2、3、4、5、6，根据投影关系求得左视图中这些点的投影 $1''$、$2''$、$3''$、$4''$、$5''$、$6''$，依次连接得到截交线的侧面投影，如图 3-10（c）所示。

（3）整理立体轮廓线。棱线在 P 面以上的部分被截切，左视图不必画出，注意棱线的可见性。

例 3-4　已知正三棱锥被水平面 P、正垂面 Q 截切，补全俯视图并求作左视图，如

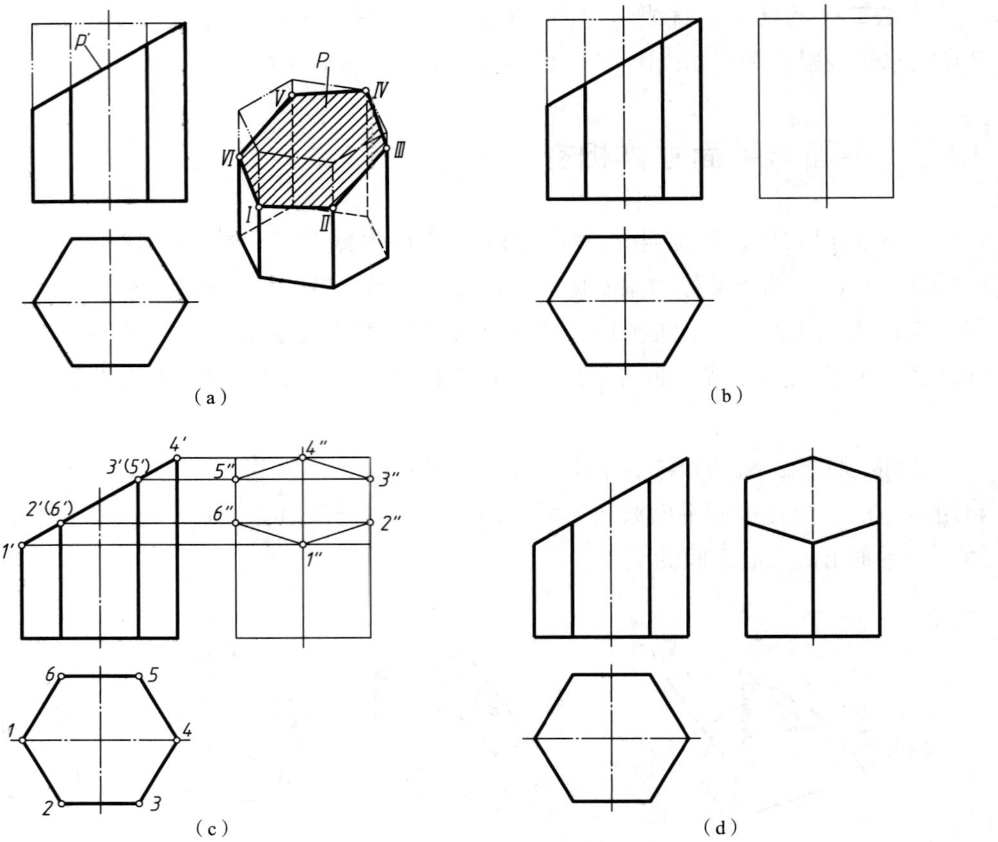

图 3-10　平面与正六棱柱截交

图 3-11（a）所示。

分析　截平面 *P* 与正三棱锥的两条棱线相交，截平面 *Q* 与一条棱线相交，*P*、*Q* 两个截平面相交有交线的两个端点，故截平面 *P* 形成的截交线为四边形，截平面 *Q* 形成的截交线为三角形，如图 3-11（a）所示。

作图

（1）作出完整的正三棱锥的左视图，在截平面 *P* 的截交线的正面投影标记 *1′*、*2′*、*3′*、（*4′*），在截平面 *Q* 的截交线的正面投影标记 *3′*、（*4′*）、*5*，如图 3-11（b）所示。

（2）因为截平面 *P* 是水平面，则 $1'2' /\!/ a'b'$，$2'3' /\!/ b'c'$，$1'4' /\!/ a'c'$，对应的同名投影平行，故先求出 *1*，进而可以求出俯视图的 *2*、*3*、*4* 点，左视图的 *3″* 点利用俯视图的宽相等求得，如图 3-11（c）所示。

依次连接 *1*、*2*、*3*、*4* 得到截平面 *P* 的水平投影，连接 *3*、*4*、*5* 得到截平面 *Q* 的水平投影。截平面 *P* 的侧面投影积聚成线，连接 *3″*、*4″*、*5″* 形成截平面 *Q* 的侧面投影，注意判断可见性。

（3）整理立体轮廓线。棱线在 *P* 面和 *Q* 面以上的部分被截切，左视图不必画出，注

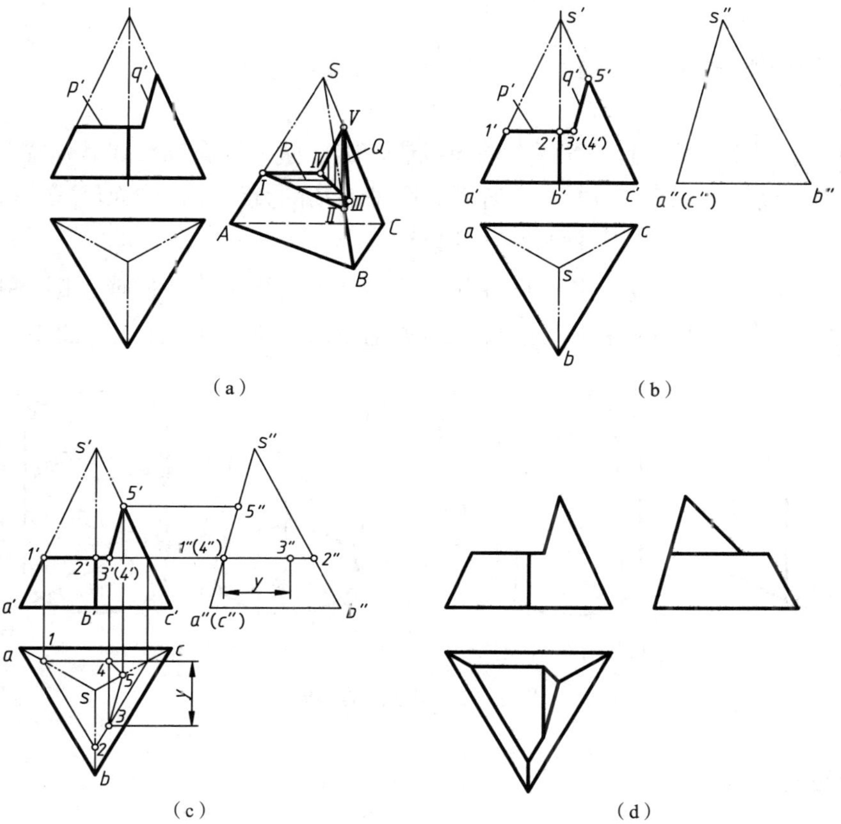

图 3–11　平面与正三棱锥截交

意棱线的可见性，画出 *P* 面和 *Q* 面的交线，进而完成整个立体的俯视图和左视图，如图 3–11（d）所示。

3.2　曲面立体

表面由平面和曲面围成或全部由曲面围成的立体称为曲面立体，曲面是由一条线（直线或曲线）在空间连续运动所形成的轨迹。运动的线称为母线，母线在曲面上的任一位置称为素线，曲面是所有素线的集合。母线绕一条固定直线旋转所成的曲面称为回转曲面，如圆柱面、圆锥面、球面等；母线通过非旋转的运动方式形成的曲面称为非回转体曲面，如马鞍面、螺旋面等。

完全由回转曲面或回转曲面和平面组成的立体称为回转体，工程中常见的曲面立体是回转体。掌握常见回转体的形成、投影及表面交线，可以为后续复杂形体的学习打下扎实的基础。

3.2.1 圆柱体

圆柱体是由圆柱面和上、下两个端面组成，圆柱面可以看成直线 AA_1 绕与它平行的轴线 OO_1 旋转而成，如图 3–12（a）所示。图中运动的直线 AA_1 称为母线，圆柱面上任意一条平行于轴线 OO_1 直线，称为圆柱的素线。

圆柱体可以看成由矩形 AA_1O_1O 绕其一边 OO_1（轴线）旋转而成［图 3–12（a）］，也可以看成是由一个圆截面沿着与该圆平面垂直的轴线 OO_1 拉伸而成［图 3–12（b）］。

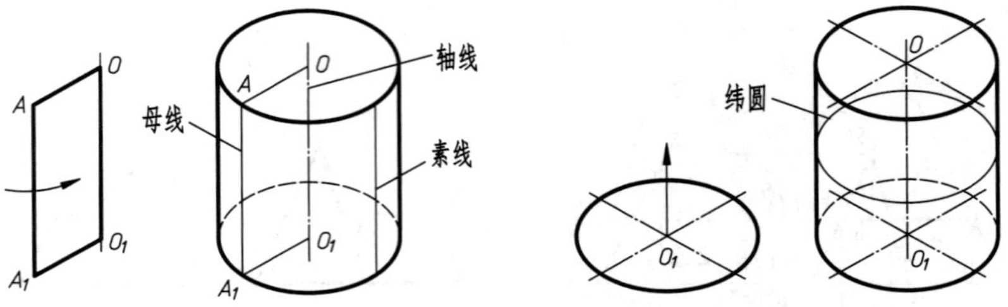

（a）旋转　　（b）拉伸

图 3–12　圆柱面的形成

1. 圆柱的三视图

如图 3–13（a）所示，当圆柱体的轴线垂直于水平投影面时，圆柱的上、下端面在俯视图反映原形——圆，在主视图和左视图积聚成直线，圆柱面上的水平投影也积聚成同一个圆，圆柱面的主视图和左视图为两个相同的矩形线框。主视图上矩形的左、右两边是圆柱面上最左、最右两条素线 AA_1 和 CC_1 的投影，左视图上矩形的左、右两边是圆柱面上最后、最前两条素线 DD_1 和 BB_1 的投影。

如图 3–13（b）所示，圆柱体画图时，主视图和左视图需要画出轴线的投影，俯视图需要画圆的对称中心线，都用细点画线绘制。主视图上，最左、最右素线 AA_1 和 CC_1 的投影 $a'a'_1$ 和 $c'c_1'$ 称为圆柱面最左、最右转向轮廓线，其在左视图上对应的投影 $a''a_1''$ 和 $c''c_1''$ 与轴线的投影重合，画图时不必画出。左视图上，最前、最后素线 BB_1 和 DD_1 的投影 $b''b_1''$ 和 $d''d_1''$ 称为圆柱面最前、最后转向轮廓线，其在主视图上对应的投影 $b'b_1'$ 和 $d'd_1'$ 与轴线的投影重合，画图时不必画出。主视图以 $a'a_1'$ 和 $c'c_1'$ 为分界线，前半圆柱面为可见，后半圆柱面不可见；左视图以 $b''b_1''$ 和 $d''d_1''$ 为分界线，左半圆柱面为可见，右半圆柱面不可见。

2. 圆柱体表面上取点

在圆柱体表面上取点时，可利用表面的积聚性进行作图。

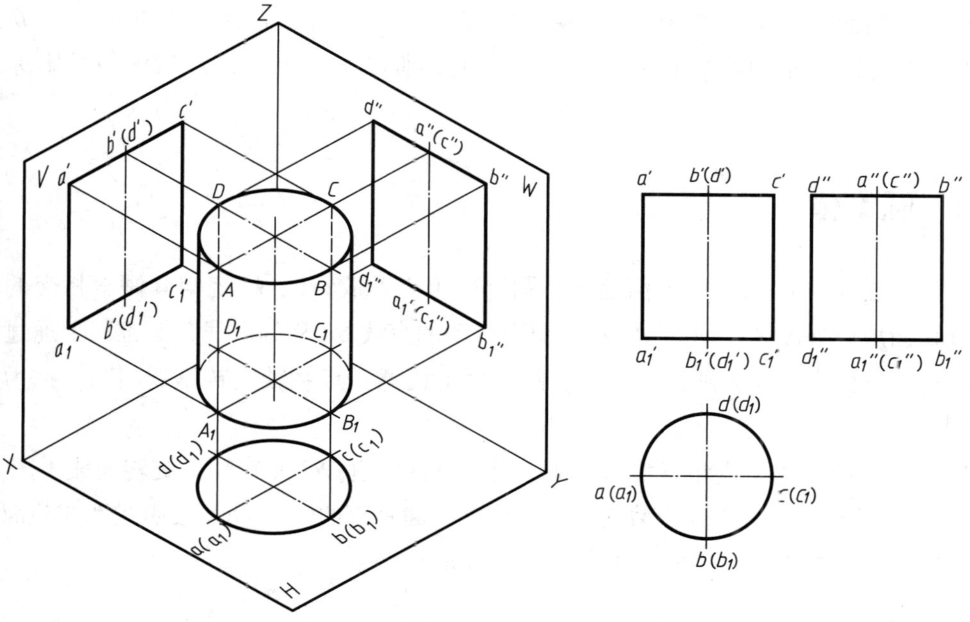

（a）　　　　　　　　　　　　　　　（b）

图 3-13　圆柱体三视图

例 3-5　图 3-14（a）所示的圆柱体的表面上有四个点 *A*、*B*、*C*、*D*。已知四个点的正面投影 *a*′、*b*′、（*c*′）、*d*′，求作四个点的其他两个投影。

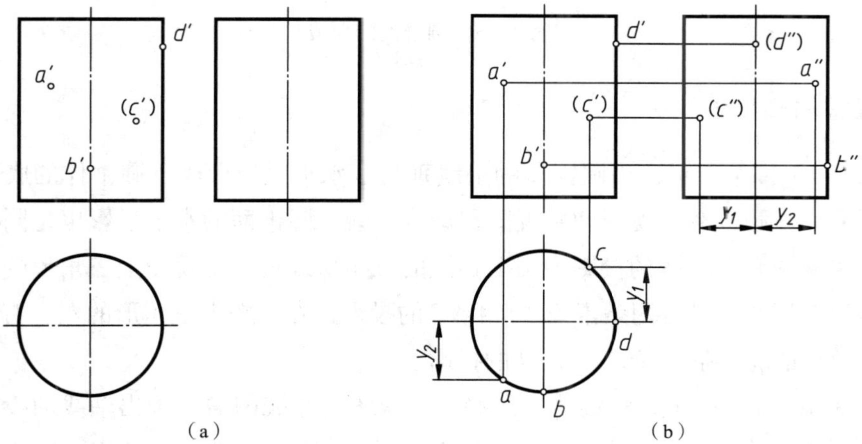

（a）　　　　　　　　　　　　　　　（b）

图 3-14　圆柱体表面上取点

分析　*A* 点在圆柱体的前半柱面上，*C* 点在后半圆柱面上，柱面上的点积聚在圆上。*B*、*D* 点是转向轮廓线上的点，水平投影在圆的象限点上。

作图　作图过程如图 3-14（b）所示。过 *a*′ 引作图线与俯视图的前半圆相交，过（*c*′）引作图线与俯视图后半圆相交，分别得到 *A*、*C* 点的水平投影 *a*、*c*；对于左视图，

A 点在左半柱面，*C* 点在右半柱面，故 a'' 可见，c'' 不可见，需要标记“(c'')”。*B* 点在最前转向轮廓线上，*D* 点在最右转向轮廓线上，所以左视图上 *D* 点的侧面投影标记为“(d'')”。

3.2.2 圆锥体

圆锥体是由圆锥面和底平面组成，圆锥面可以看成直线 *SA* 绕与其倾斜相交的轴线 OO_1 旋转而成，如图 3–15（a）所示。图中运动的直线 *SA* 称为母线，圆锥面上通过锥顶 *S* 的任意一条直线，称为圆锥的素线。圆锥面上任意一点绕轴旋转得到的圆，称为圆锥的纬圆。

圆锥体可以看成由直角三角形 AO_1O 绕其一直角边 OO_1（轴线）旋转而成［图 3–15（a）］，也可以看成是由一个圆截面沿着与该圆平面垂直的轴线 OO_1 按照线性变截面（直径按相同比例线性缩小）拉伸而成［图 3–15（b）］。

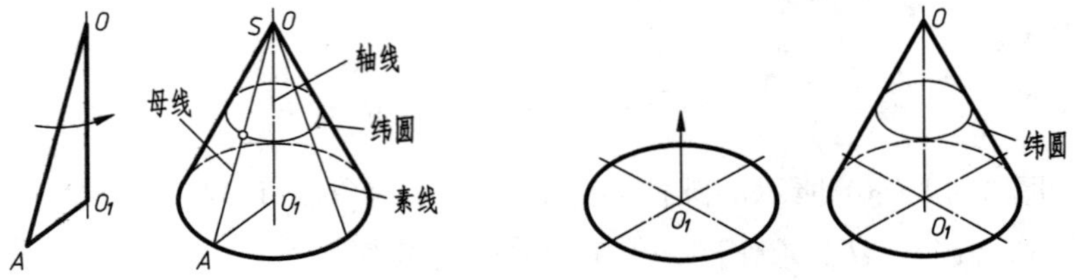

图 3–15　圆锥面的形成

1. 圆锥的三视图

如图 3–16（a）所示，当圆锥体的轴线垂直于水平投影面时，圆锥体的底面在俯视图反映原形——圆，在主视图和左视图积聚成直线，圆锥面的水平投影也是同一个圆，圆锥面在主视图和左视图的投影为两个相同的三角形线框。主视图上三角形的左、右两边是圆锥面上最左、最右两条素线 *SA* 和 *SC* 的投影，左视图上三角形的左、右两边是圆锥面上最后、最前两条素线 *SD* 和 *SB* 的投影。

如图 3–16（b）所示，圆锥体画图时，主视图和左视图需要画出轴线的投影，俯视图需要画圆的对称中心线。主视图上，最左、最右素线 *SA* 和 *SC* 的投影 $s'a'$ 和 $s'c'$ 称为圆锥面最左、最右转向轮廓线，其在左视图上对应的投影 $s''a''$ 和 $s''c''$ 与轴线的投影重合，在俯视图上对应的投影 *sa* 和 *sc* 与对称中心线重合，画图时都不必画出。左视图上，最前、最后素线 *SB* 和 *SD* 的投影 $s''b''$ 和 $s''d''$ 称为圆锥面最前、最后转向轮廓线，其在主视图上对应的投影 $s'b'$ 和 $s'd'$ 与轴线的投影重合，在俯视图上对应的投影 *sb* 和 *sd* 与对称中心线重合，画图时都不必画出。主视图以 $s'a'$ 和 $s'c'$ 为分界线，前半圆锥面为可见，

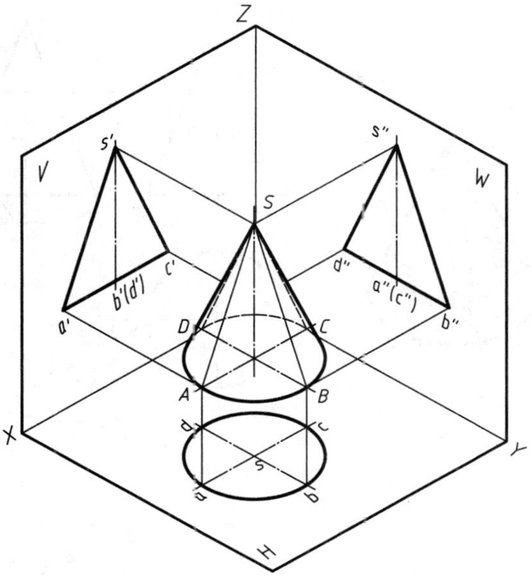

(a)

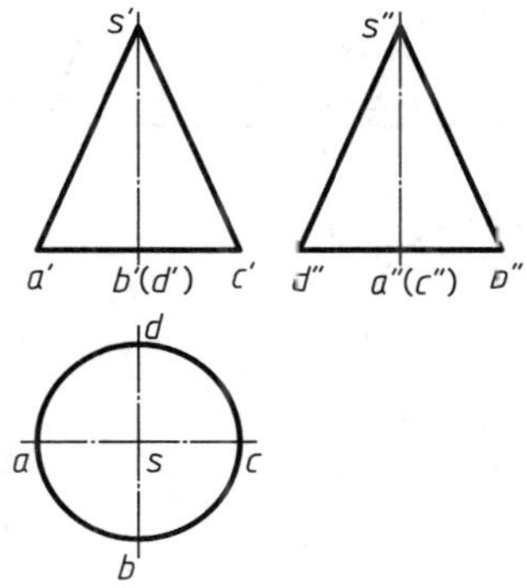

(b)

图 3-16　圆锥体三视图

后半圆锥面不可见；左视图以 $s''b''$ 和 $s''d''$ 为分界线，左半圆锥面为可见，右半圆锥面不可见。

2. 圆锥体表面上取点

例 3-6　图 3-17（a）所示的圆锥体的表面上有三个点 *A*、*B*、*C*。已知三个点的正面投影 a'、b'、c'，求作三个点的其他两个投影。

分析　如图 3-17（b）所示，*A* 点在圆锥体的最左转向轮廓线上，*C* 点在圆锥体的最前转向轮廓线上。*B* 点在圆锥面的左前区域一般位置上，过 *B* 点可以做出一条素线和一个纬圆，利用曲面上取点先取线，在线上取点的方法。

作图　*A* 点和 *C* 点的作图过程如图 3-17（c）所示。*B* 点的水平投影有两种作图方法。

方法一：素线法　作出经过点 *B* 的素线，在素线的投影上作出点 *B* 的投影。连接 $s'b'$ 并延长与底面相交于 $1'$，找到其对应的水平投影 *1*，连接 *s1*，*B* 点的水平投影 *b* 在 *s1* 上，如图 3-17（d）所示；*B* 点的侧面投影 b'' 利用高平齐、宽相等求得。

方法二：纬圆法　作出经过点 *B* 的纬圆，在纬圆上的投影上作出点 *B* 的投影。过 b' 作平行于底面的直线与转向轮廓线相交于 $2'$，找到其对应的水平投影 *2*，以 *s* 为圆心，以 *s2* 为半径画圆，即为 *B* 点所在的纬圆，*B* 点的水平投影 *b* 在纬圆上，如图 3-17（e）所示；*B* 点侧面投影 b'' 作图同方法一。

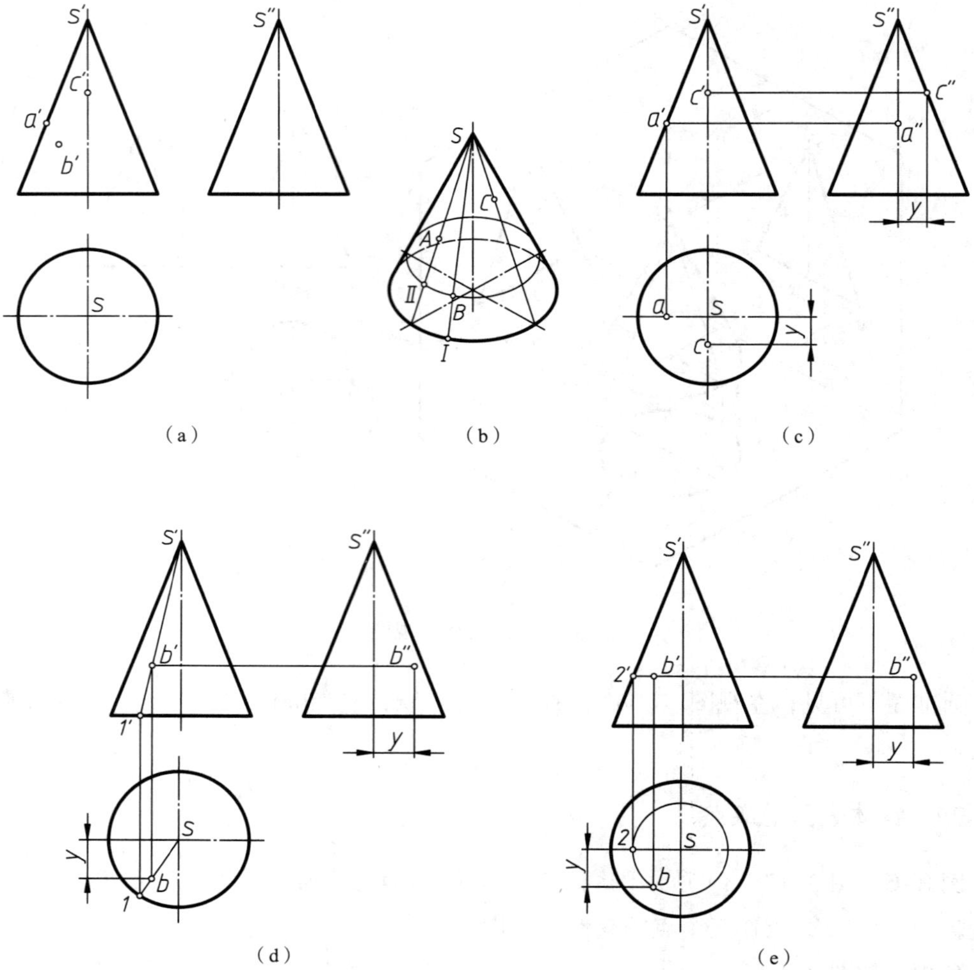

图 3-17　圆锥体表面上取点

3.2.3　圆球

圆球是由圆球面围成的立体。圆球面可以看成是母线圆绕自身直径 OO_1 旋转而成的曲面，如图 3-18 所示。母线圆上任意一点绕轴旋转得到的圆，称为圆球的纬圆。

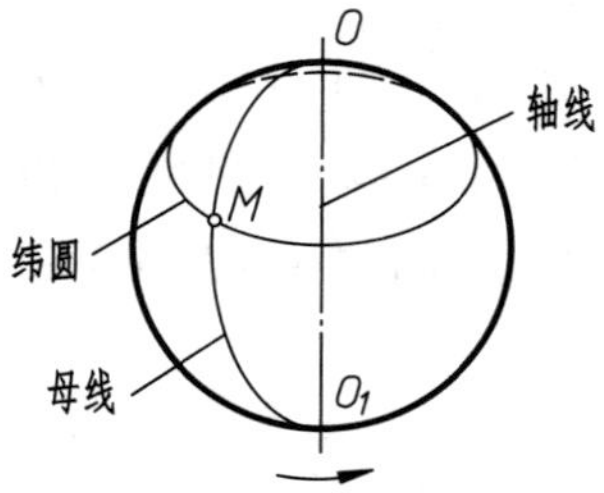

图 3-18　圆球面的形成

圆球体可以看成由半圆 OMO_1 绕其直径 OO_1（轴线）旋转而成。

1. 圆球的三视图

圆球的三面投影均为与其直径相等的圆，如图 3-19（a）

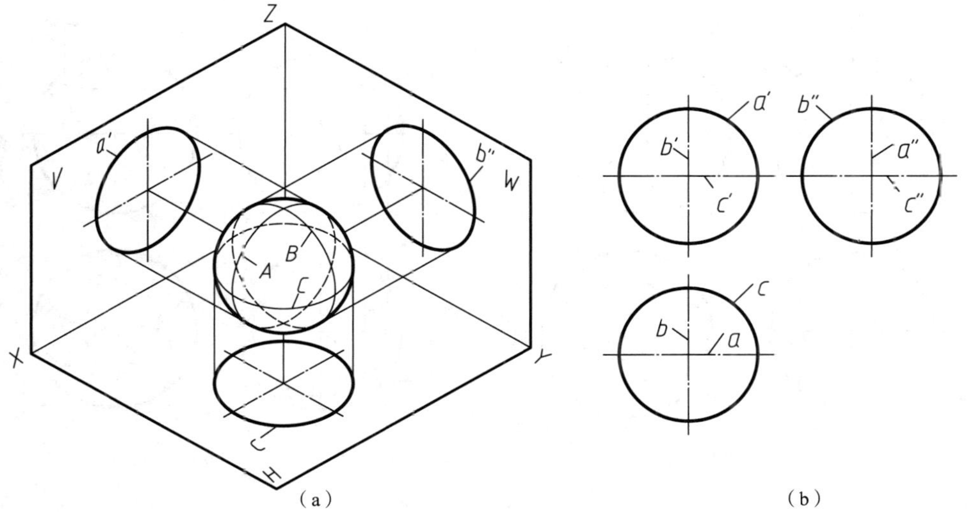

（a）　　（b）

图 3–19　圆球的三视图

所示，三个视图的圆不是圆球上某个圆的投影，而是从三个不同方向投射时圆球的最外素线 A、B、C 的投影。从图 3–19（b）可以看出，主视图的投影圆 a'，称为正平赤道圆，是圆球前、后半球的分界线，投影 a 和 a'' 与所在视图的对称中心线重合，画图时不必画出。同理，左视图的投影圆 b''，称为侧平赤道圆，是圆球左、右半球的分界线；俯视图的投影圆 c，称为水平赤道圆，是圆球上、下半球的分界线。

2. 圆球面上取点

由于圆球面各个投影都不积聚，所以在球面上取点时需要用纬圆法，过球面上的一个点，可以做出三种特殊纬圆：一个水平纬圆，一个正平纬圆，一个侧平纬圆，利用其中一个纬圆的三面投影即可求作出该点的三个投影。

例 3–7　已知球面上 M 点的正面投影 m'，求作 M 点的其他两个投影，如图 3–20（a）所示。

分析　如图 3–20（a）所示，M 点在圆球面的上半球、左半球和前半球。过 M 点可以作出三种特殊纬圆。

作图　水平纬圆法：过 m' 作直线与 c' 平行与大圆交于 $1'$，求出水平投影 1，过 1 点，以 O 点为圆心作圆，为水平纬圆的投影，点 M 的水平投影 m 在纬圆上，利用投影规律可求得 m''，如图 3–20（b）所示。

侧平纬圆法的作图过程，如图 3–20（c）所示。

正平纬圆法的作图过程，如图 3–20（d）所示。

三种作图方法的最终结果都是一样的，具体利用哪种方法，根据已知条件灵活应用。

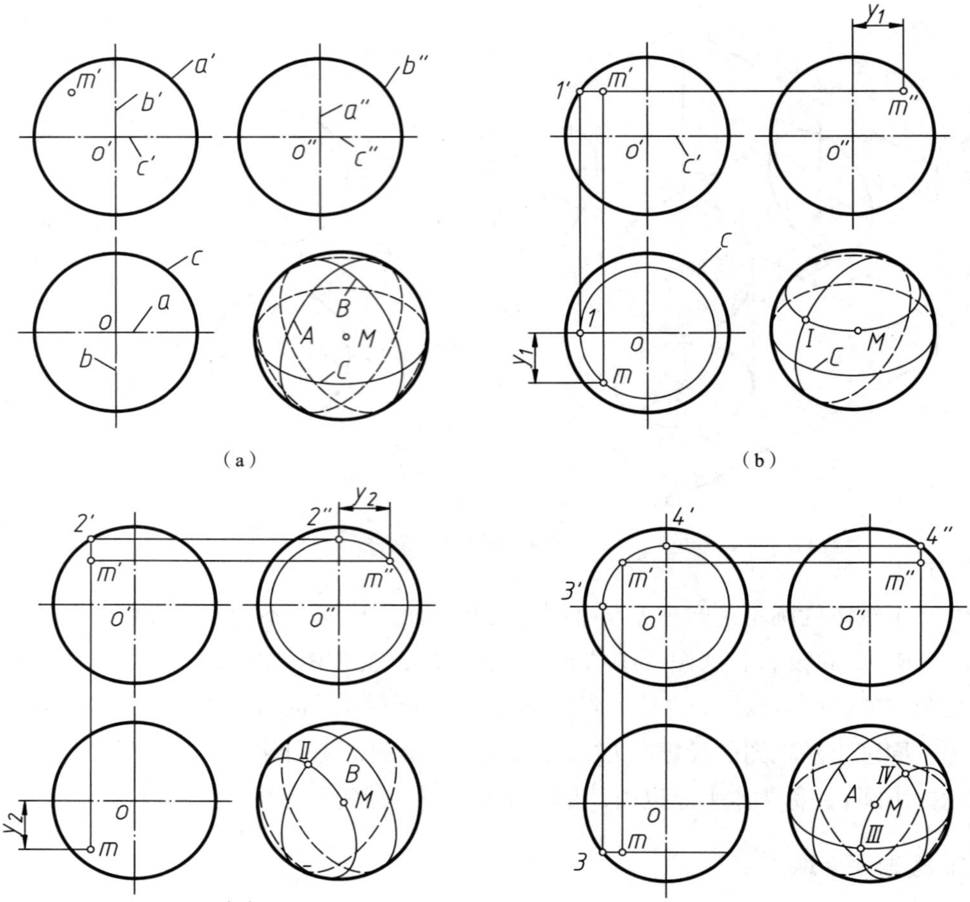

图 3–20　圆球表面上取点

3.2.4　平面与曲面立体相交

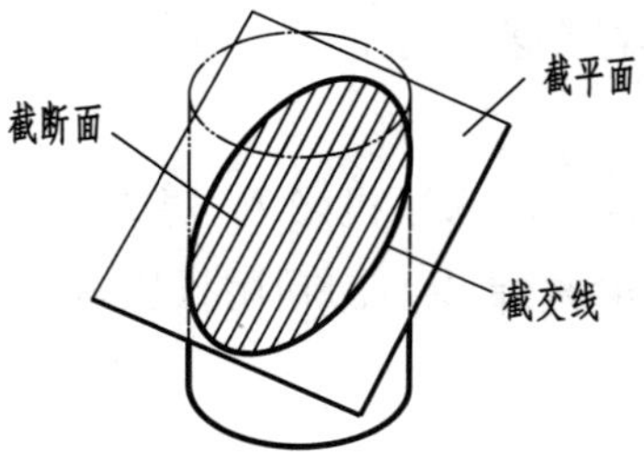

图 3–21　平面与曲面立体相交

平面截切回转体所得的截交线通常是一条封闭的平面曲线，如图 3–21 所示。回转体的截交线也可能是曲线和直线围成的平面图形或平面多边形，它的形状与曲面立体的形状及截平面的位置有关。

截交线为曲线时，利用描点法作图，描点法的作图步骤如下：

（1）分析截交线的已知投影。确定截交线有几部分，每部分的形状特征。

（2）求作并标记特殊点。在截交线已知投影上标记确定大小范围的最高、最低、最左、最右、最前、最后点和用以判别可见性的转向轮廓线上的点，多段截交线的分界点。

（3）求作一般点。若特殊点之间距离较大，根据需要求作出适当数量的一般位置点，以使描点连线更准确。

（4）光滑连接各点，并判别可见性。

1. 平面与圆柱体相交

平面与圆柱面相交时，根据截平面相对于圆柱轴线位置的不同，截交线分为三种情况，如表 3-1 所示。

表 3-1 平面与圆柱面的交线

截平面位置	与轴线平行	与轴线垂直	与轴线倾斜
立体图	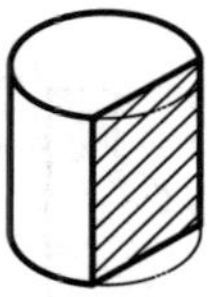		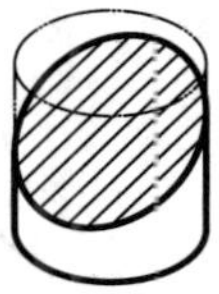
三视图	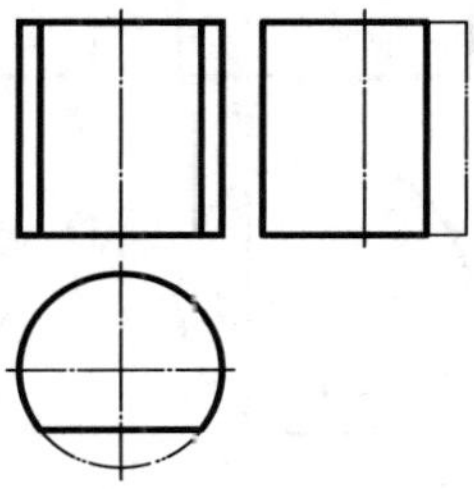	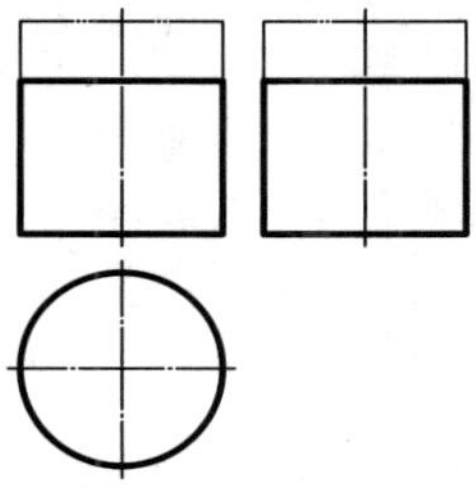	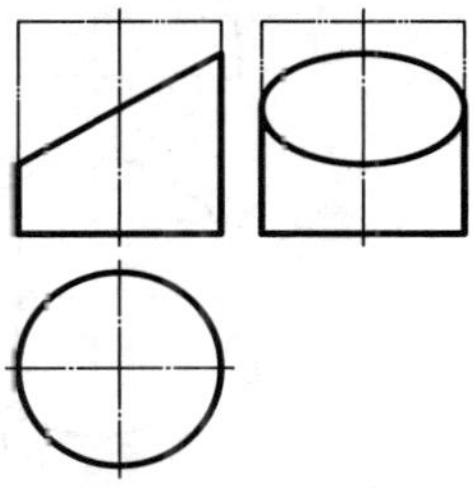
交线形状	平行于轴线的两条直线	圆	椭圆

例 3–8 圆柱体被正垂面和侧平面截切，已知主视图和俯视图，求作左视图，如图 3–22（a）所示。

分析 截平面 *P* 与圆柱轴线倾斜，交线应该是椭圆，曲线的投影需要用描点法进行作图，截平面 Q 与圆柱轴线平行，交线是与轴线平行的两条直线。

作图

（1）作出完整的圆柱左视图。

（2）求作截平面 *P* 与圆柱面的交线。交线在主视图的投影积聚成直线，在直线上标记最左、最右点投影 *1′*、*3′*、（*4′*），最前、最后点投影 *2′*、（*5′*）。交线在俯视图的投影在圆周上，标记出对应的水平投影 *1*、*2*、*3*、*4*、*5*。利用投影规律，求作左视图对应的侧面投影 *1″*、*2″*、*3″*、*4″*、*5″*。在主视图直线上找一般点（不标记），求得一般点在左视图的投影。把左视图的各点依次光滑连接，得到椭圆的一部分，如图 3–22（b）所示。

（3）求作截平面 *Q* 与圆柱面的交线。交线为与圆柱轴线平行的两条直线，直线的端点投影为 *3″*、*4″*，如图 3–22（c）所示。

（4）整理立体轮廓线。左视图只有最前、最后转向轮廓线需要画出，所以只需整理

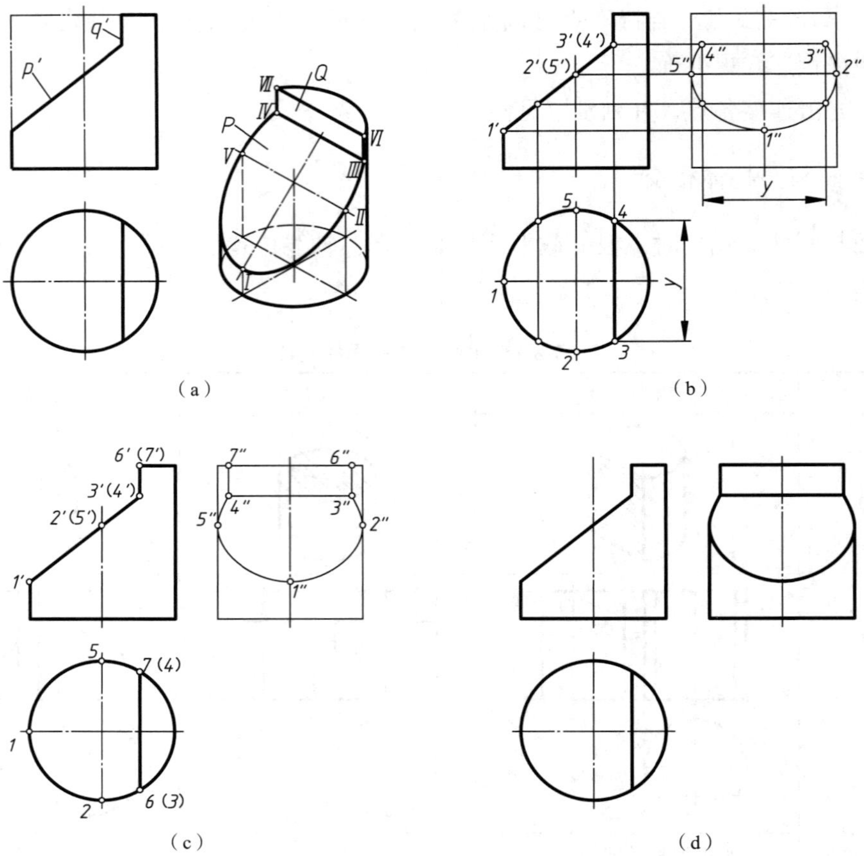

图 3–22　平面与圆柱相交

两边的轮廓线，最前、最后转向轮廓线在主视图中与轴线重合，切断点是Ⅱ、Ⅴ两点，所以左视图 2″、5″之上的最前、最后转向轮廓线不画出，如图 3–22（d）所示。

例 3–9　圆筒被截切，已知主视图和俯视图，求作左视图，如图 3–23（a）所示。

分析　圆筒被 *P*、*Q*、*M* 三个截平面截切，*P*、*M* 对称，只分析 *P*、*Q* 截平面，*P* 平面与圆筒轴线平行，同圆筒内、外表面的交线都是与轴线平行的直线，*M* 平面与圆筒轴线垂直，同圆筒内、外表面的交线都是圆（圆弧），如图 3–23（a）所示。

作图

（1）作出完整圆筒的左视图。

（2）截平面 *P* 与圆筒外表面交线的端点为点 *Ⅰ* 和对称点两点，与内表面交线的端点为点 *Ⅱ* 和对称点两点，根据投影规律，求得左视图的这些点的对应投影 *1*″、*2*″……，其中 *1*″ 及对称点投影所在的直线投影为可见，*2*″ 及对称点投影所在的直线投影为不可见，如图 3–23（b）所示。

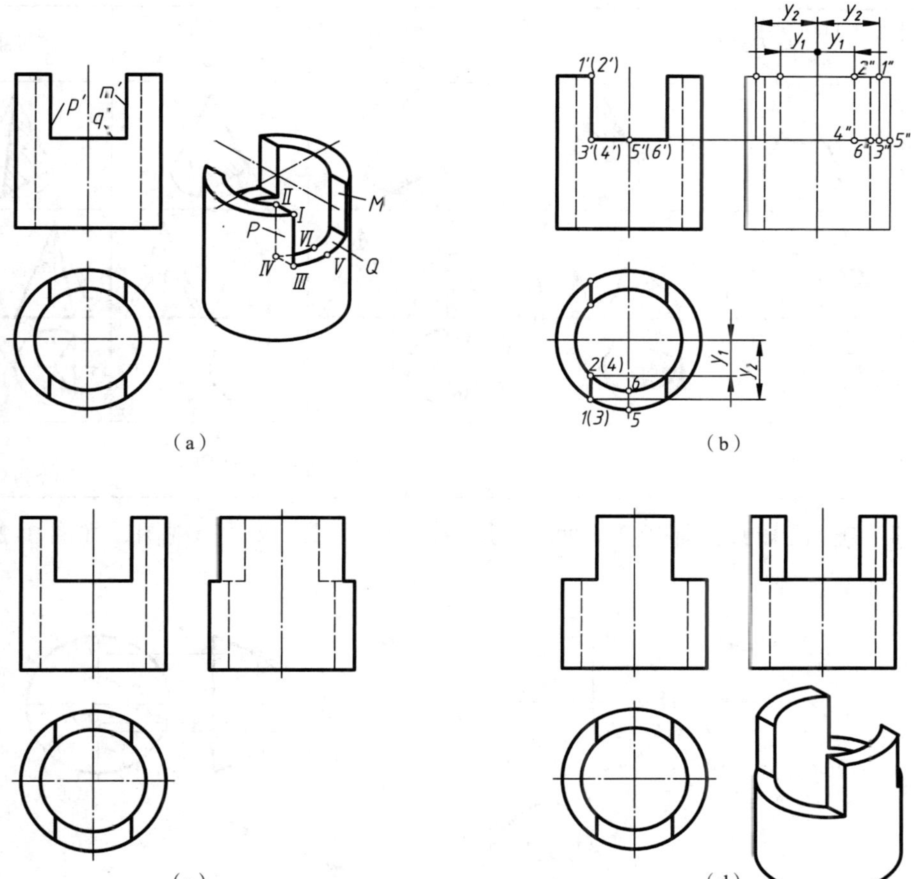

（a）　　（b）

（c）　　（d）

图 3–23　平面与圆筒相交

截平面 Q 在侧面的投影积聚成直线，长度为 $5''$、$4''$ 之间的距离，其中 $3''$、$4''$ 之间不可见，$5''$、$3''$ 之间可见。

（3）整理立体轮廓线。左视图的内、外圆柱面的最前、最后转向轮廓线都与主视图的轴线重合，点 Ⅴ、Ⅵ是切断点，故左视图 $5''$、$6''$ 之上部分的轮廓不画出，左视图的左侧轮廓线与右侧同理，如图 3–23（c）所示。

图 3–23（d）所示的圆筒被截切，分析和作图过程同图 3–23（a）~（c），读者可自行分析。

2. 平面与圆锥体相交

平面与圆锥面相交时，根据截平面相对于圆锥轴线位置的不同，截交线分为五种情况，如表 3–2 所示。

表 3-2　平面与圆锥面的交线

截平面位置	垂直于轴线（θ=90°）	倾斜于轴线（$\alpha>\theta$）	倾斜于轴线（$\alpha=\theta$）	倾斜于轴线（$\alpha>\theta,\alpha=0$）	通过锥顶
立体图				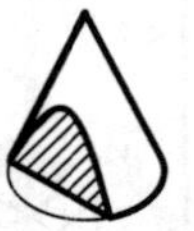	
三视图	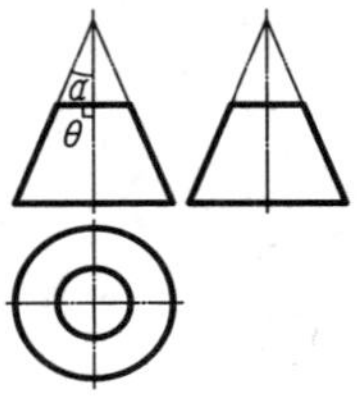	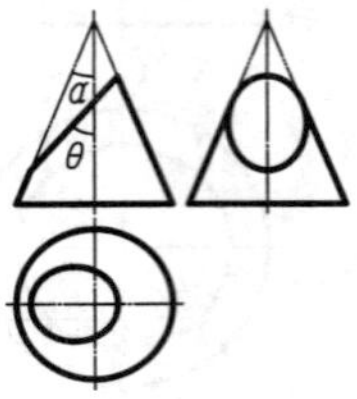	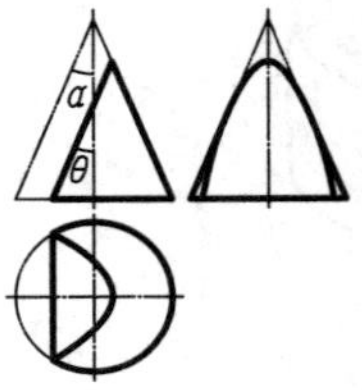	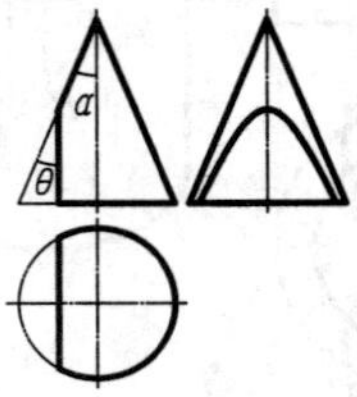	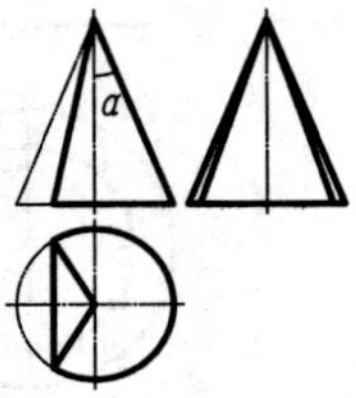
交线形状	圆	椭圆	抛物线	双曲线	过锥顶两条相交直线

例 3–10　已知圆锥体被正垂面截切，补全左视图，求作俯视图，如图 3–24（a）所示。

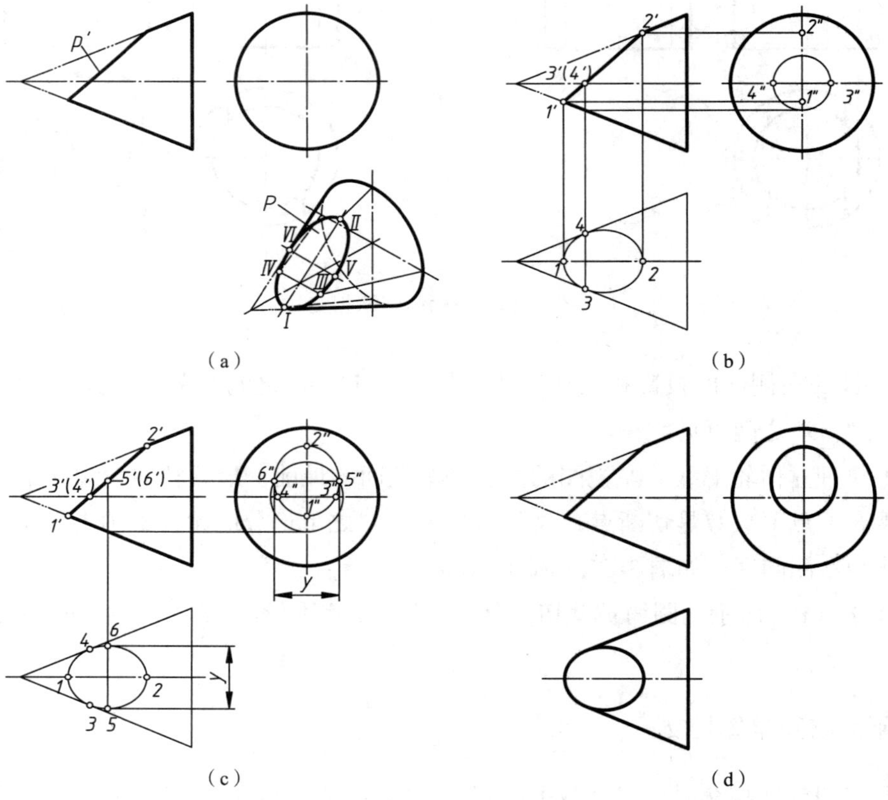

图 3–24　平面与圆锥相交

分析　截平面 P 与圆锥轴线的夹角大于圆锥的半锥角，故截交线是椭圆，其正面投影积聚成直线。截交线的水平投影和侧面投影都是椭圆，但不反映实形，如图 3–24（a）所示。

作图

（1）作出完整的圆锥体的俯视图。

（2）标记转向轮廓线上的特殊点，其中点 *Ⅰ*、*Ⅱ* 为最左、最右点，也是椭圆的长轴端点，*Ⅲ*、*Ⅳ* 为前、后转向轮廓线上的点，作出四个点的水平投影和侧面投影，如图 3–24（b）所示。

截交线上最前、最后的极限点（椭圆的短轴端点）在主视图投影为直线（即长轴）的中点处，标记为 *Ⅴ*、*Ⅵ*，利用纬圆法作出其投影 *5″*、*6″*，如图 3–24（c）所示。

光滑连接各点，得到椭圆的投影。

（3）整理立体轮廓线。俯视图的最前、最后转向轮廓线在主视图与圆锥轴线重合，切断点为 *Ⅲ*、*Ⅳ* 两点，故俯视图投影 *3*、*4* 左边部分的轮廓线不画出，如图 3–24（d）所示。

3. 平面与圆球相交

平面截切圆球时，截交线总是圆，截平面相对投影面的位置不同时，截交线的投影也不同，如表 3–3 所示。

表 3-3　平面与圆球的交线

截平面位置	倾斜于轴线	平行或垂直于轴线	
立体图		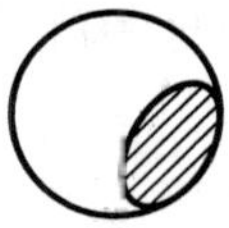	
三视图	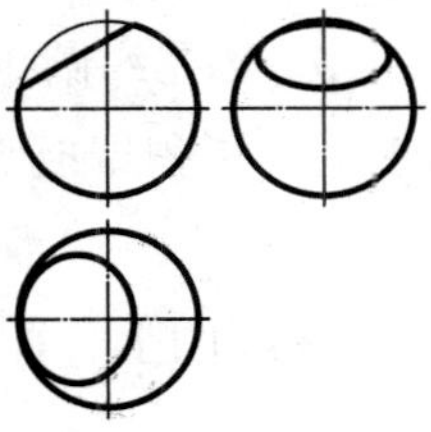	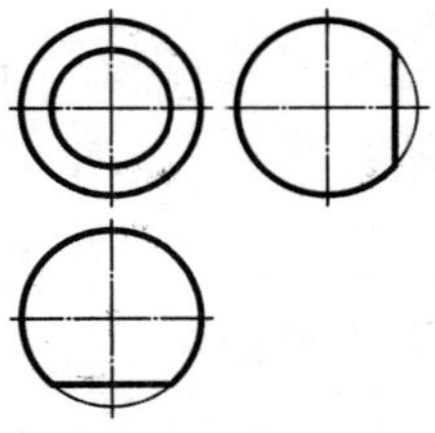	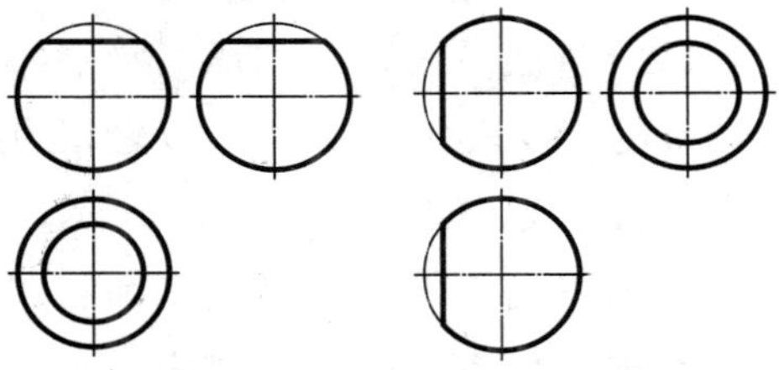
	椭圆	圆	

例 3–11　已知圆球被截切，补全俯视图，求作左视图，如图 3–25（a）所示。

分析　圆球被水平面 Q 截切，交线为圆（圆弧），水平投影反映圆的实形；圆球被两个侧平面 P 和 M 截切，由于对称，只分析截平面 M 交线为圆（圆弧），侧面投影反映实形，如图 3–25（a）所示。

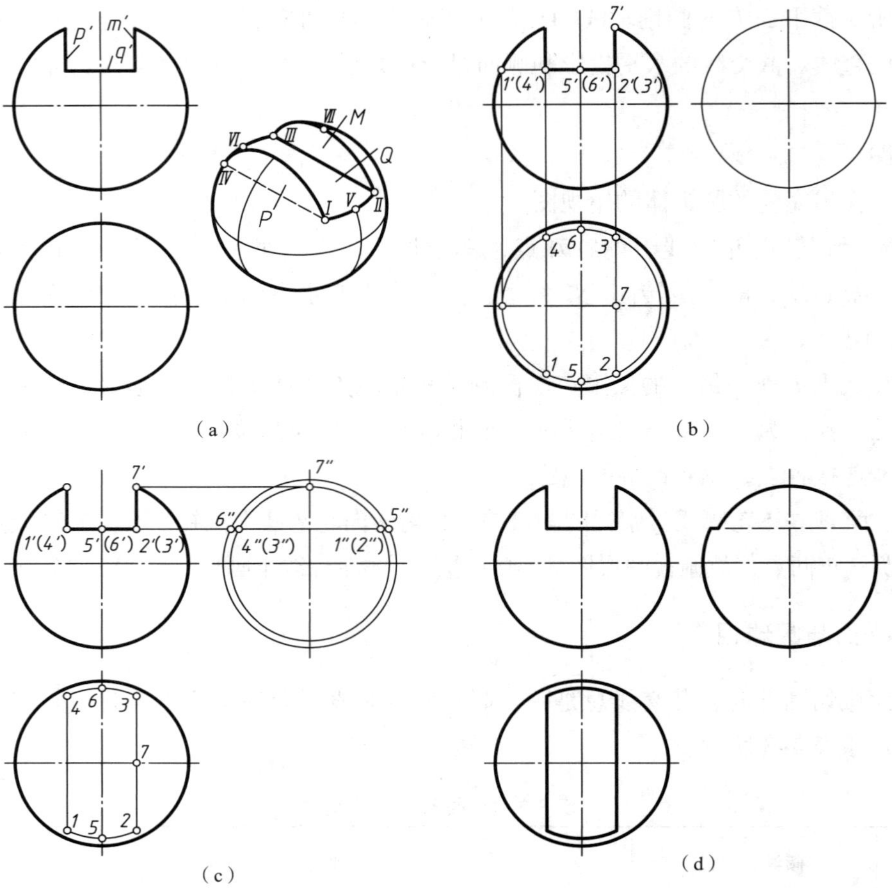

图 3–25　平面与圆球相交

作图

（1）作出完整圆球的左视图。

（2）过截平面 *Q* 作圆球的水平纬圆，特殊点的投影 *1*、*2*、*3*、*4* 在纬圆上，截平面 *Q* 与球的交线只有 *1*、*2* 及 *3*、*4* 之间的圆弧，截平面 *P* 和 *M* 的水平投影积聚成 *1*、*4* 和 *2*、*3* 之间的直线，如图 3–25（b）所示。

过截平面 *M* 作圆球的侧平纬圆，特殊点的投影 *2″*、*3″*、*7″* 在纬圆上，截平面 *M* 与球的交线只有 *2″*、*3″*、*7″* 之间的圆弧。

截平面 *Q* 的侧面投影积聚成直线，*1″*、*4″*（或 *2″*、*3″*）之间不可见，*1″*、*5″* 及 *4″*、*6″* 之间可见，如图 3–25（c）所示。

（3）整理立体轮廓线。圆球俯视图的水平赤道圆在主视图与横向对称线重合，没被截切，故俯视图水平赤道圆完整画出，左视图的侧平赤道圆与主视图竖向对称线重合，点 *V*、*VI* 是切断点，左视图中其投影 *5″*、*6″* 之上的侧平赤道圆不画出，如图 3–25（d）所示。

4. 平面与组合曲面相交

当平面与组合曲面相交时，截交线是截平面与各个曲面交线的平面图形的组合，应逐个曲面进行分析并求作其交线。

例 3–12　组合曲面立体被水平面截切，已知主视图和左视图，求作俯视图，如图 3–26（a）所示。

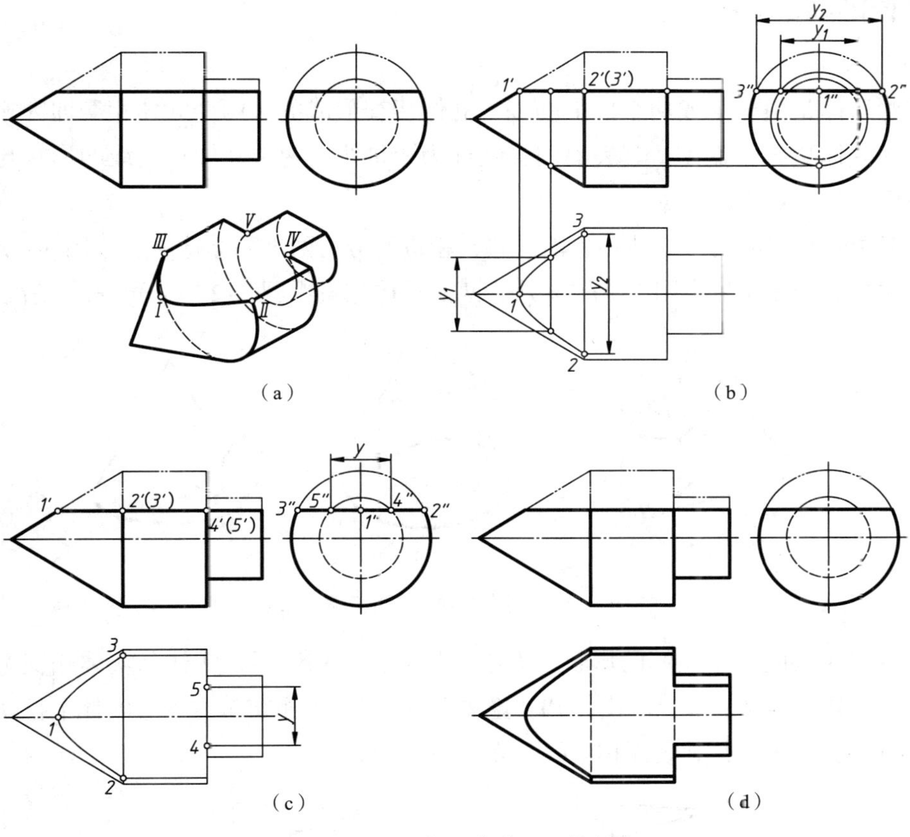

图 3–26　平面与组合曲面立体相交

分析　该组合曲面立体由共轴的圆锥、大圆柱和小圆柱组成，截平面与三个曲面立体的轴线平行，同圆锥的交线为双曲线，同大、小圆柱的交线都为与轴线平行的直线。

作图

（1）作出完整的组合曲面立体的俯视图。

（2）截切圆锥得到的交线为双曲线，需要用描点法求作双曲线，取特殊点 *Ⅰ*、*Ⅱ*、*Ⅲ*的水平投影 *1*、*2*、*3*，还可适当取一般点，光滑连接，如图 3–26（b）所示。

截平面与大圆柱的交线，是以*Ⅱ*、*Ⅲ*点为端点的平行线；截平面与小圆柱的交线，是以*Ⅳ*、*Ⅴ*点为端点的平行线，如图 3–26（c）所示。

（3）整理立体轮廓线。俯视图的最前、最后转向轮廓线和主视图轴线重合，没有被截切，圆锥与大圆柱共同的底面圆以及大、小圆柱共面的环形底面在俯视图中下部分不可见，故在 *2*、*3* 和 *4*、*5* 之间应该画虚线，其余上部分可见，画成粗实线，如图 3–26（d）所示。

3.3 两回转体相交

有些形体是由两个或两个以上的基本立体相交形成的。两个立体相交即为相贯，两个相贯的立体称为相贯体，其表面的交线称为相贯线。两个立体相贯线的形状与相贯体的表面形状和相对位置有关。

按照参与相贯的两个立体的表面形状，相贯可分为两平面立体相贯［图 3–27(a)］、平面立体与回转体相贯［图 3–27（b）］、两回转体相贯［图 3–27（c）］三种情况。

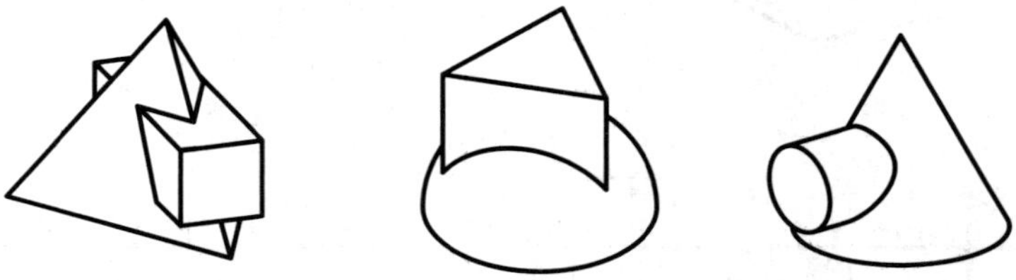

（a）（b）（c）

图 3–27 两个立体相贯的三种类型

当参与相贯的两个立体的形状、大小、相对位置相同时，实体与实体相交［两个相贯体叠加，如图 3–28（a）］、实体和“虚体”（即空间）相交［在一个实体上挖切一个空间，如图 3–28（b）］，其表面相贯线是完全一样的。

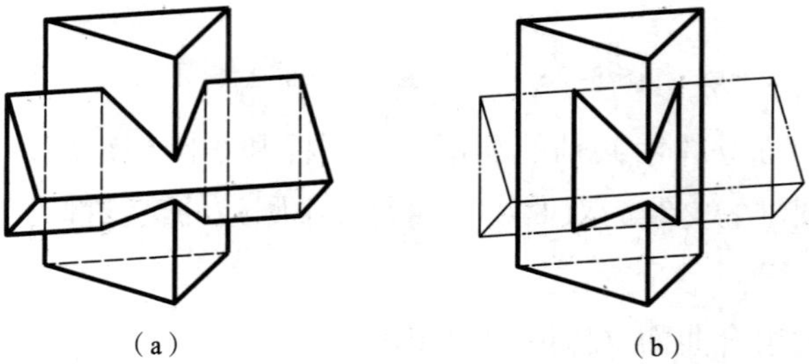

（a）（b）

图 3–28 两种立体的相贯线

对于两平面立体相贯，实质就是两个平面产生交线——直线（平面多边形各边），对于平面立体与回转体相贯，实质就是平面与回转面产生交线——平面曲线，可以运用平面立体截交线和回转体截交线的求解方法作图。

因此，本节主要介绍两回转体相交，这里所说相贯线特指两回转面的交线——空间曲线，如图 3-29 所示。

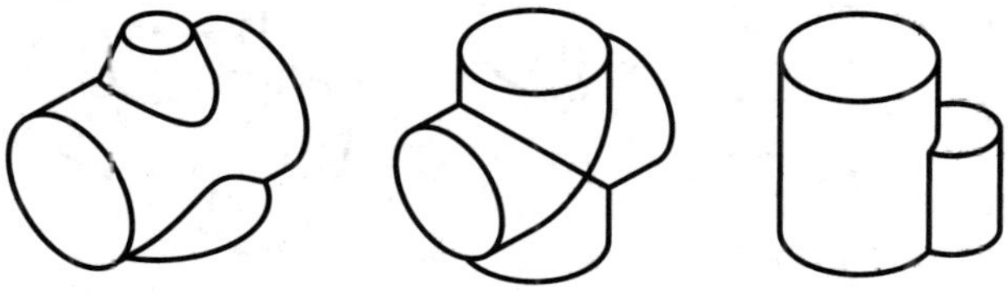

（a）　（b）　（c）

图 3-29　两曲面立体相贯

3.3.1　相贯线的性质

（1）封闭性　在一般情况下，两回转体的相贯线是封闭的空间曲线［图 3-29（a）］；在特殊情况下，可能是平面曲线［图 3-29（b）］或直线［图 3-29（c）］，其形状取决于两回转体表面的形状、大小和相对位置。

（2）共有性　相贯线上的点是两回转体表面的共有点，相贯线是两曲面立体表面的共有线，也是它们表面的分界线。

3.3.2　相贯线的画法

求作相贯线上的点，与求作曲面立体的截交线一样，先作出相贯线上的一些特殊点，确定相贯线的投影范围和变化趋势，如曲面立体转向轮廓线上的点，以及最高、最低点，最左、最右点，最前、最后点，然后按需要再补充一些一般点，进而较准确地作出相贯线的投影。光滑连接各点时，要明确可见性，只有相贯线同时位于两个立体的可见表面时，这段相贯线的投影才是可见的。

求作相贯线共有点的方法通常有两种：表面取点法和辅助平面法。

1. 表面取点法

表面取点法就是当参与相贯的回转体表面具有积聚性（如圆柱面），可由相贯线上共有点的已知投影，利用曲面立体表面取点的方法作出共有点的其他投影，从而获得相贯线的投影。

例 3–13　求两异径圆柱正交的相贯线，如图 3-30（a）所示。

分析　两个圆柱的直径不同且轴线垂直相交，相贯线为封闭的空间曲线，如图 3-30（a）所示。相贯线的水平投影和小圆柱面积聚成的圆重合，相贯线的侧面投影与大圆柱面积聚成的圆一部分重合，只需求作相贯线的正面投影。

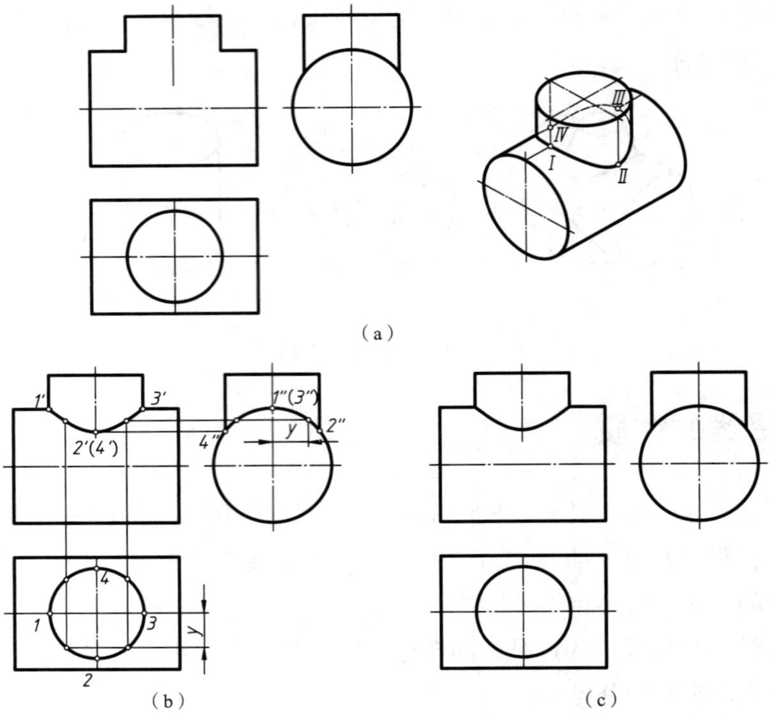

图 3–30　两异径圆柱正交相贯线

作图

（1）求作特殊点。在相贯线的水平投影上标记其最左、最右点投影 *1*、*3*，最前、最后点投影 *2*、*4*，找到四个点对应的侧面投影 *1″*、*2″*、*3″*、*4″*，利用投影规律作出正面投影 *1′*、*2′*、*3′*、*4′*，如图 3–30（b）所示。

（2）求作一般点。在 *1*、*2* 和 *2*、*3* 之间对称取两个（由于对称性可以确定四个）一般点投影，找到对应的侧面投影，利用投影规律得到一般点的正面投影，如图 3–30（b）所示。

（3）光滑连线并判别可见性。相贯线前后对称，只需画出可见的 *1′*、*2′*、*3′* 之间的投影，如图 3–30（c）所示。

2. 辅助平面法

辅助平面法就是利用作辅助平面，使其与给定的两曲面立体相交（也可以与立体表面相切），则辅助平面与两曲面立体的表面产生相应的截交线（或切线），它们的交点即为两曲面立体表面的共有点，也就是相贯线上的点。利用此方法可以作出所需的特殊点和一般点，从而获得相贯线的投影。

选择什么位置作辅助平面，应根据所给曲面立体的形状和相贯体的相对位置来决定。辅助平面设置原则就是要使辅助平面为特殊位置平面（通常为投影面平行面），且与曲面立体表面产生的截交线的投影为简单易画的直线或和投影面平行的圆。

例 3–14　求圆柱与圆锥正交的相贯线，如图 3–31（a）所示。

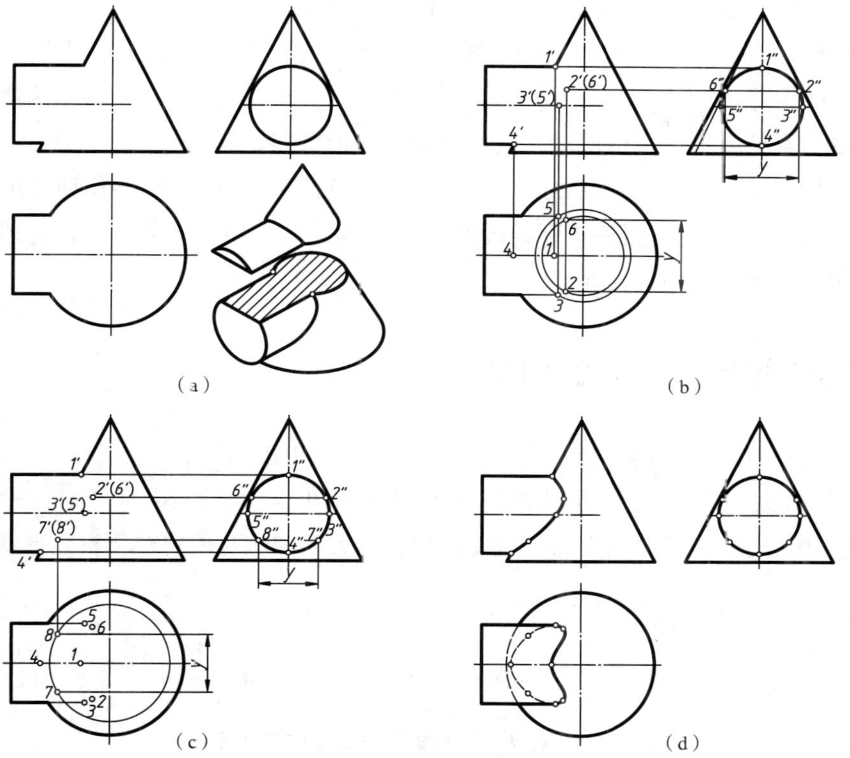

图 3–31　圆柱与圆锥正交

分析　相贯线的侧面投影与圆柱面积聚的圆重合，主视图和俯视图不具有积聚性，需求作相贯线的正面投影和水平投影。采用辅助平面法求作相贯线在主视图和俯视图中的投影，把辅助平面设置为水平面，则辅助平面与圆柱和圆锥产生的截交线分别为两平行直线和圆，它们的交点即为所求的相贯线上的共有点，如图 3–31（a）所示。

作图

（1）求作特殊点。相贯线上的特殊点主要是转向轮廓线上的共有点和极限位置点。

轮廓线上点侧面投影为 *1″*、*3″*、*4″*、*5″*，正面投影 *1′* 和 *4′* 是圆柱和圆锥转向轮廓线的交点，然后利用投影规律求其水平投影 *1*、*4*；过 *Ⅲ* 点作辅助平面，即过 *3″* 作圆锥纬圆，水平投影中纬圆的实形和圆柱转向轮廓线的交点投影为 *3* 和 *5*，利用投影规律求 *3′* 和 *5′*。在左视图中过锥顶作圆的切线，切点投影 *2″*、*6″*，该两切点为相贯线的极限点，控制相贯线的“趋势”，过 *Ⅱ* 点和 *Ⅵ* 点作辅助平面，即过 *2″* 和 *6″* 作圆锥的纬圆，画出纬圆的水平投影，然后量取图示距离，画出圆柱的截交线，与纬圆相交得到水平投影 *2*、*6*，再利用投影规律求得 *2′* 和 *6′*，如图 3–31（b）所示。

（2）求作一般点。在相贯线的侧面投影圆上取一般点投影 *7″*、*8″*，过 *Ⅶ* 点作辅助平面，即过 7″ 作圆锥的纬圆，利用图示的“宽相等”，画出圆柱的截交线，与纬圆相交求得水平投影 7、8，然后利用投影规律求 7′ 和 8′，如图 3-31（c）所示。

（3）光滑连线并判别可见性。相贯线前后对称，1′、2′、3′、7′、4′ 处于圆锥和圆柱的前面，故可见；1、2、3、5、6 处于圆柱的上圆柱面，故可见，4、7、8 处于圆柱的下柱面，故不可见，将各点依次用粗实线和虚线光滑连接起来。

（4）整理立体轮廓线。圆柱的最前、最后转向轮廓线在正面投影和轴线重合，分界点投影是 3′、5′，俯视图圆柱轮廓线画到 3、5，圆锥的底面圆部分被圆柱遮挡的虚线也要补充完成，如图 3-31（d）所示。

3.3.3 影响相贯线形状的因素

相贯线的形状取决于两相贯体表面的形状、大小和相对位置。

两相贯体形状不同引起相贯线的形状不同已在图 3-28、图 3-29 的对比中明确，这里以工程上常见的两圆柱面相交为例说明两相贯体大小和相对位置对相贯线形状的影响。

1. 直径大小对相贯线的影响

圆柱与圆柱正交是实际应用中最常见的结构，如表 3-4 所示。

表 3-4 直径大小不同的圆柱正交的交线变化

圆柱直径关系	$D>d$	$D=d$	$D<d$
立体图	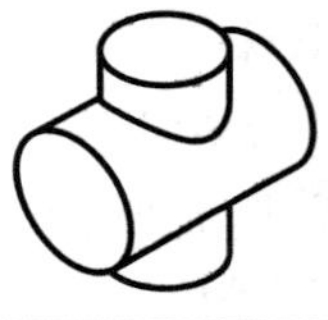	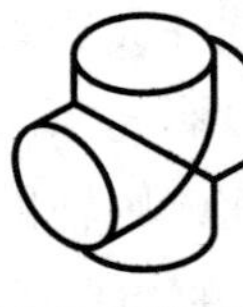	
三视图	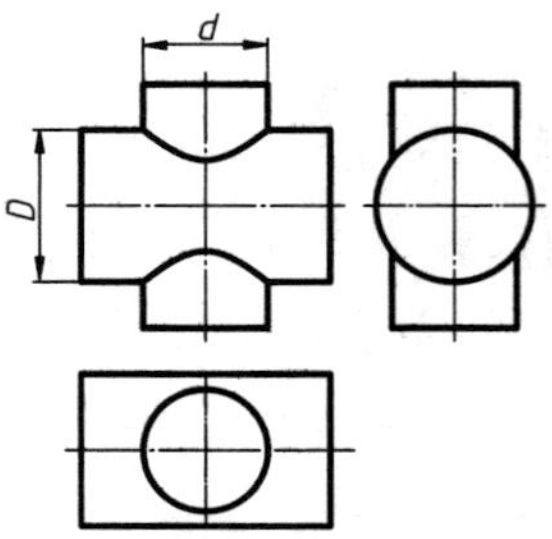	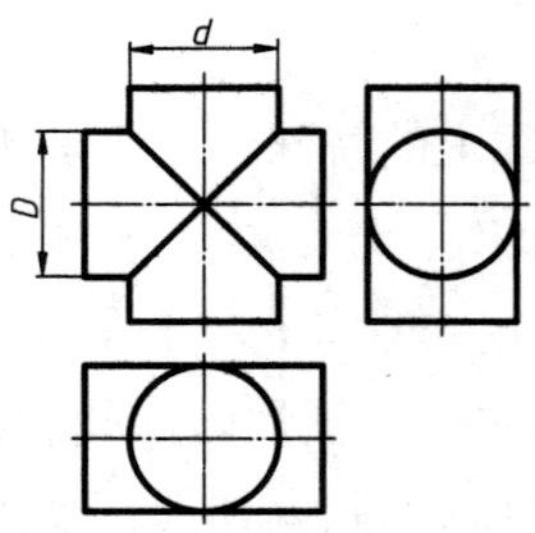	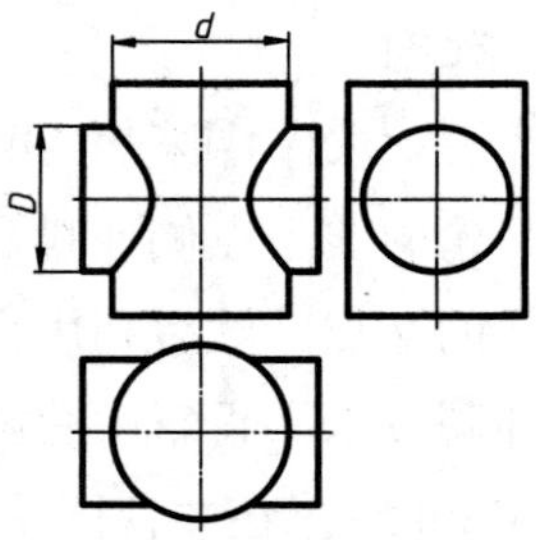

从表中看出柱柱正交（两圆柱轴线垂直相交）相贯线在非圆视图的特征。

（1）两圆柱直径不等时

①相贯线投影连接两个圆柱转向轮廓线的交点，封闭小圆柱轮廓；

②相贯线投影弯向大圆柱的轴线；

③相贯线投影的弯曲极限点可通过大圆柱积聚的圆和小圆柱轮廓线的交点求得。

（2）两圆柱直径相等时

相贯线投影为连接两个圆柱转向轮廓线的交点的两条直线，并且两条直线的交点为两圆柱轴线投影的交点。

2. 两相贯体的相对位置对相贯线的影响

如图 3–32 所示，两圆柱相贯，随着小圆柱相对位置的前移，相贯线的形状和位置也随之变化。图 3–32（a）为两圆柱正交，小圆柱完全贯穿于大圆柱，此时相贯线是两支前后对称的交线；图 3–32（b）为小圆柱位置前移，两圆柱偏交（两圆柱轴线垂直交叉），此时相贯线是两支前后不对称交线，且出现部分不可见的虚线；图 3–32（c）为小圆柱位置继续前移，两圆柱处于一个相切（最前轮廓线共面）的特殊位置偏交，此时相贯线还是两支，但在交线的正面投影上相切处的投影成为尖点；图 3–32（d）为小圆柱前移成部分超出大圆柱，成为互相贯穿，交线由两支变成一支。

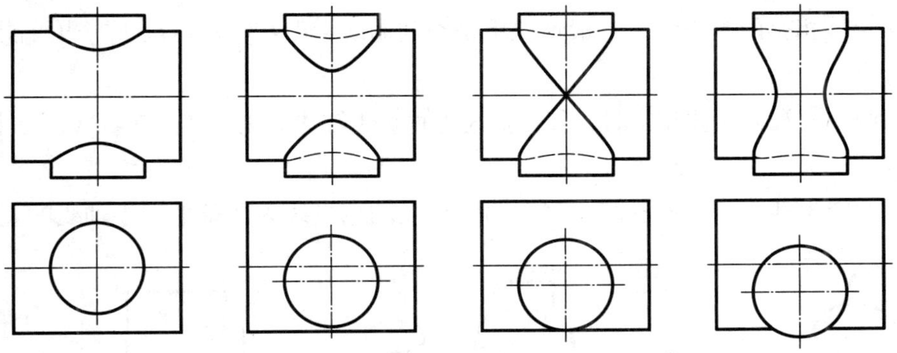

图 3–32　异径圆柱相对位置变化对交线的影响

必须注意，相贯线的形状除了受上述因素影响外，与其产生和位于相贯体的内表面和外表面无关。

以两圆柱正交为例，相贯线有三种基本形式，不仅两圆柱外表面（两实体）相交产生交线，外表面与内表面（实体挖孔）相交，两内表面（孔与孔）相交同样产生交线，如表 3–5 所示。

表 3-5　圆柱正交的相贯形式

相贯形式	实体相贯 （两外表面相交）	实体挖孔 （外表面与内表面相交）	孔孔相交 （两内表面相交）
立体图	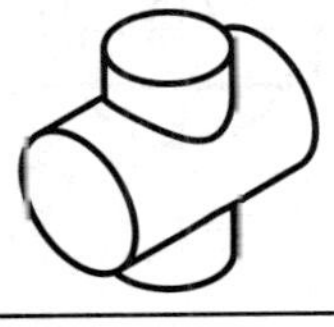		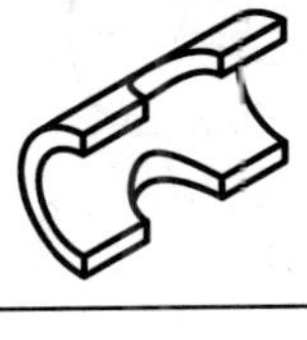

续表

相贯形式	实体相贯 （两外表面相交）	实体挖孔 （外表面与内表面相交）	孔孔相交 （两内表面相交）
三视图	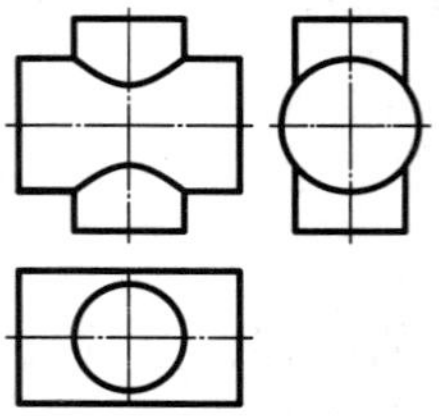	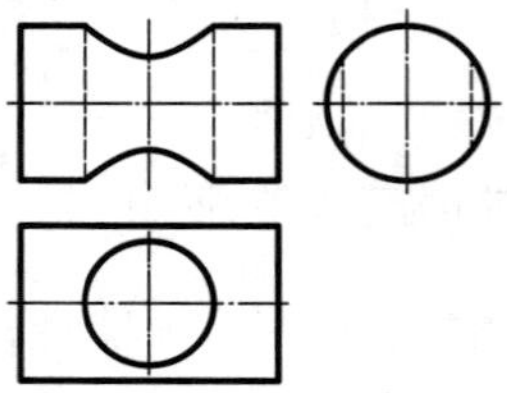	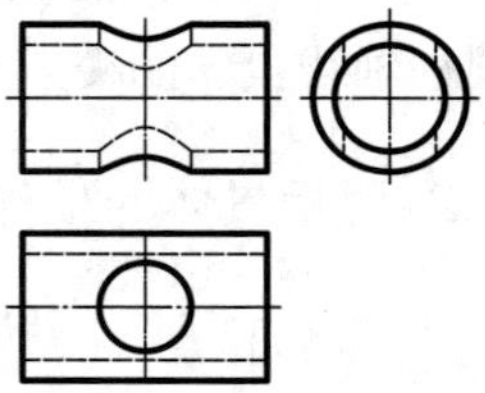

无论是两外表面相交，两内表面相交，还是内外表面相交，只要两圆柱内、外表面的大小和相对位置不变，其交线的形状和特殊点的投影位置是完全相同的，不同的只是相贯线和圆柱轮廓的可见性。

3.3.4 相贯线的特殊情况

两回转体相交的相贯线，一般情况下是空间曲线，但在特殊情况下，也可能是平面曲线和直线。

（1）两个同轴回转体相交时，其相贯线为垂直于轴线的圆，如图 3–33（a）、图 3–33（b）所示。

（2）两个轴线平行的圆柱相交时，两圆柱面的相贯线为两条平行于轴线的直线，如

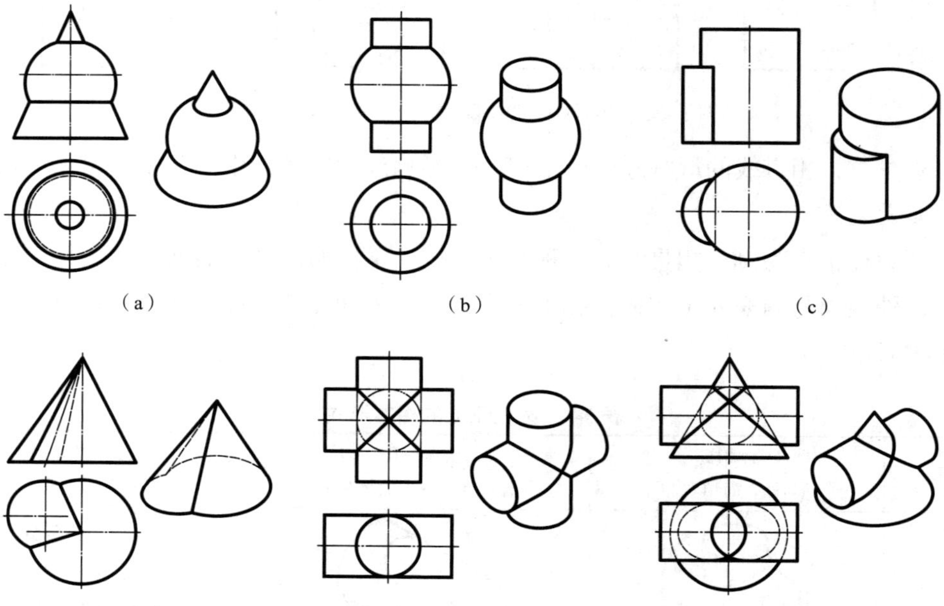

图 3–33　相贯线的特殊情况

图 3–33（c）所示。

（3）两个共锥顶的圆锥相交时，两锥面的相贯线为过锥顶的两相交直线，如图 3–33（d）所示。

（4）两个相交的回转体公切于一个圆球，其相贯线为平面曲线——椭圆，椭圆所在的平面与两回转体轴线所在的平面垂直，如图 3–33（e）（f）所示。

3.3.5　组合相贯线

由三个或三个以上立体相交形成的交线称为组合相贯线。两个立体相贯于一条相贯线，两条相贯线的交点是三个立体表面的共有点，也是各个相贯线的分界点。

求组合相贯线时，应首先分析清楚有哪些相贯体及其表面形状和范围，哪两个相贯体可以产生相贯线及相贯线的特性，有哪些分界点，然后逐个作出各个相贯线的投影。注意组合相贯线往往与两回转体的相贯线有不同之处，两回转体相贯线一般是完整形状，而组合相贯线常为相贯体局部表面相交而形成不完整的形状。

例 3–15　补全组合相贯体及其交线的侧面投影，如图 3–34（a）所示。

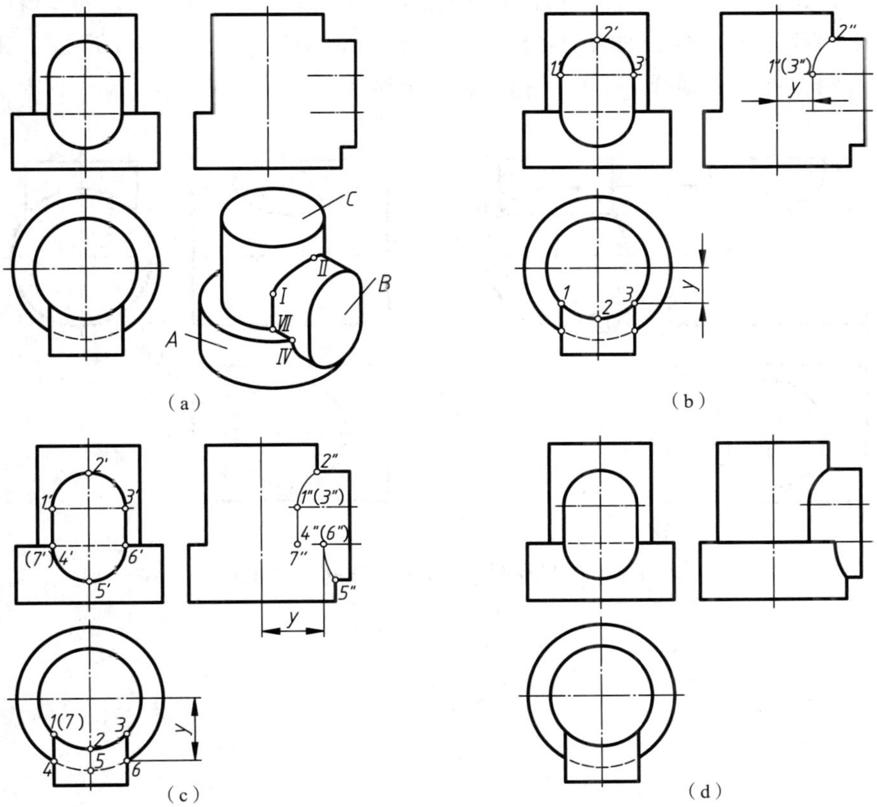

图 3–34　组合相贯线

分析 形体由 *A*、*B*、*C* 三部分组成，*A*、*C* 为圆柱，轴线重合；*B* 为圆柱面和平面的组合体，*B* 部分的轴线与 *A*、*C* 圆柱的轴线垂直相交。*A*、*C* 均与 *B* 表面相交，*B* 的两部分半圆柱面与 *A*、*C* 交线为两圆柱面正交相贯线的一半，*B* 的平面部分与 *C* 的交线为圆柱截交线，与 *A* 的上底面交线为两平面交线。点 *Ⅰ*、*Ⅶ*、*Ⅳ* 为相贯线分界点。

作图

（1）作 *B*、*C* 的交线。*B* 上部分的半圆柱面和 *C* 圆柱面属于两圆柱正交，弯向 *C* 圆柱的轴线，*1″*、*3″* 到轴线的距离根据俯视图的“宽相等”得到，*B* 下部分的平面与 *C* 的交线为直线，如图 3–34（b）所示。

（2）作 *A*、*B* 的交线。*A* 圆柱面和 *B* 下部分的半圆柱面属于两圆柱正交，弯向 *A* 圆柱的轴线，*4″*、*6″* 到轴线的距离根据俯视图的“宽相等”得到，*B* 的平面部分与 *A* 上底面交线为直线（点 *Ⅶ* 到点 *Ⅳ*），从属于该底面，如图 3–34（c）所示。

（3）整理立体轮廓线。结果如图 3–34（d）所示。

3.3.6 异径圆柱正交相贯线的简化画法

异径圆柱正交相贯线非圆视图的投影通过 *1′*、*2′*、*3′* 三个特殊点，与左视图大圆的一段圆弧的三个点相对应，如图 3–35（a）所示。在不致引起误解的情况下，相贯线非圆视图的投影允许用大圆柱的一段圆弧代替，如图 3–35（b）所示。

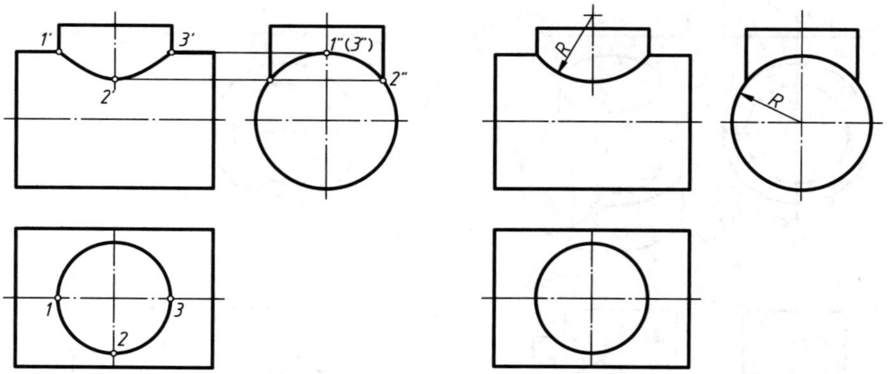

（a）　　（b）

图 3–35　异径圆柱正交相贯线的简化画法

第 4 章　组合体

工程中的物体，一般都可抽象成由基本体按照一定方式组合而成的形体，称为组合体。掌握正确表达组合体的方法，将为机件表达方法和零件图的学习打下坚实的基础。本章将在正投影理论和立体投影的基础上介绍组合体的构成及投影特性、组合体的画图和读图基本方法。

4.1　组合体的形体分析

一个组合体可看作（假想）是由若干个基本体经过叠加、挖切的方式组合而成，如图 4–1 所示。组合体的组合方式，可分为叠加和挖切两大类型，图 4–1（a）所示的支座，是由若干个基本体经过叠加方式而形成的；图 4–1（b）所示的导向块，是由长方体以逐步挖切掉一些基本体的方式而形成的。

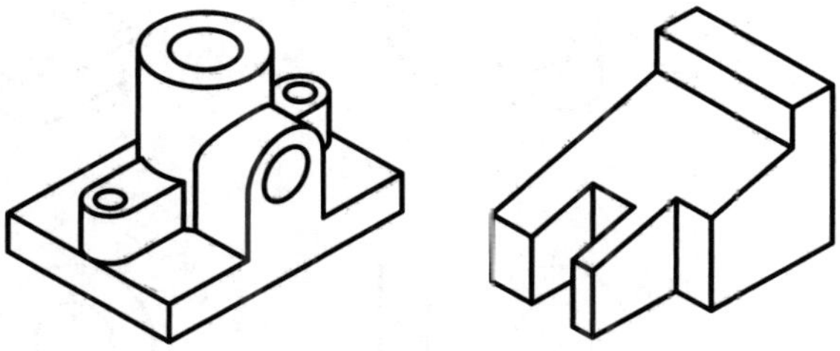

（a）支座　　（b）导向块

图 4–1　组合体

4.1.1　组合体的组合方式及表面的过渡关系

1. 组合体构成单元

除了以棱柱、棱锥、圆柱、圆锥、圆球为基本形体外，可以直接把一些常见的立体作为构成组合体的基本形体，而不必进行分解，称为简单体，如图 4–2 所示。这些简单体是组合体结构中比较常见的形体，也可假想是构成组合体的单一个体。尽管组合体的视图画起来比较复杂，但构成组合体的这些简单体的三视图却可以很容易画出。

组合体作为一个包含复杂结构的几何形体，它是一个整体，实际上是不可拆分的。但为了分析的方便，我们假想组合体是由若干个基本体或简单体，通过某种组合方式组合而成的。组合体的复杂程度是相对的，因此，按照立体复杂程度来划分形体，应该分为以下三种：

（1）基本体　包括棱柱、棱锥等基本平面立体，圆柱体、圆锥体、圆球体、圆环体等基本回转体。这样的基本形体一般是不可再分的单一立体。

（2）简单体　包括不完整（被挖切）的棱柱、棱锥等基本平面立体，不完整（被挖切）的圆柱体、圆锥体、圆球体、圆环体等基本回转体。简单体相对于基本体而言要复杂一些，因为它已经不是单一立体了，或者说简单体就是简单的组合体（图 4–2）。

（3）组合体　可假想成由若干个简单体或基本体组合而成的复杂形体（图 4–1）。这样的形体一般可假想分解成若干个简单体或基本体。

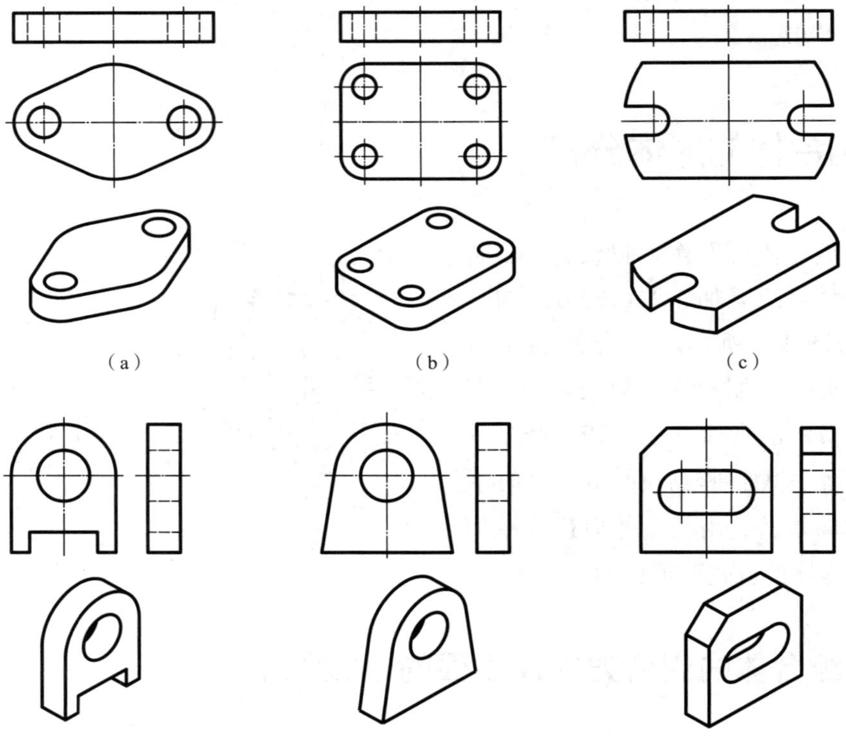

图 4–2　常见的简单体

2. 组合体的组合方式

组合体可以假想成由若干个简单体或基本体构成，因此，任何组合体总可以假想按叠加或挖切方式组合而成。当然，也可以假想按叠加或挖切方式分解开来。这种将组合体分解成若干个简单体或基本体的假想思维方法，称为形体分析法。

组合体按照常见的组合方式有三种基本类型，如图 4–3 所示。

（1）叠加型组合体　由若干个简单体或基本体通过叠加的方式组合而成，图 4–3（a）所示的轴承座立体属于叠加型组合体。

（2）挖切型组合体　由基本体通过若干次挖切而成，图 4–3（b）所示的导向块立体属于挖切型组合体。

（3）综合型组合体　由若干个简单体或基本体通过叠加及若干次挖切而成，图 4–3（c）所示的支座立体属于综合型组合体。这是一种最主要或最常见的组合方式，一般其总体构成为叠加方式，局部结构为挖切方式。

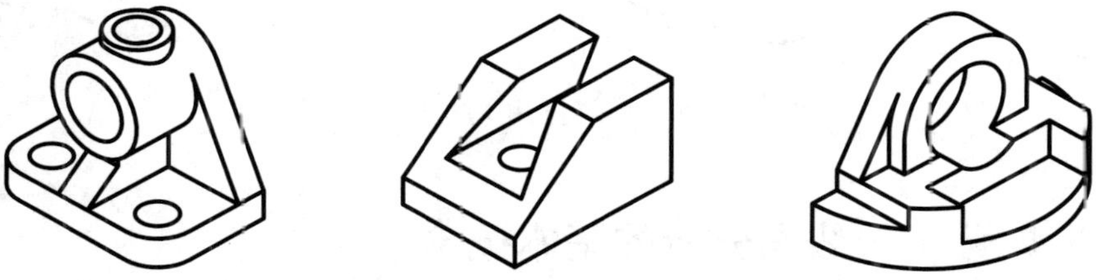

（a）叠加型　　（b）挖切型　　（c）综合型

图 4–3　组合体的组合方式

3. 组合体表面间的过渡关系

无论哪种形式构成的组合体，由于各基本形体之间的相对位置不同，其表面间的过渡关系可归纳为共面、相切和相交三种情况。

（1）不共面与共面　当形体相邻平行表面共面时，其投影之间不画线，如图 4–4（a）中的主视图；当相邻平行表面不共面时，其投影之间应该画线，如图 4–4（a）中的左视图、图 4–4（b）的主视图所示。

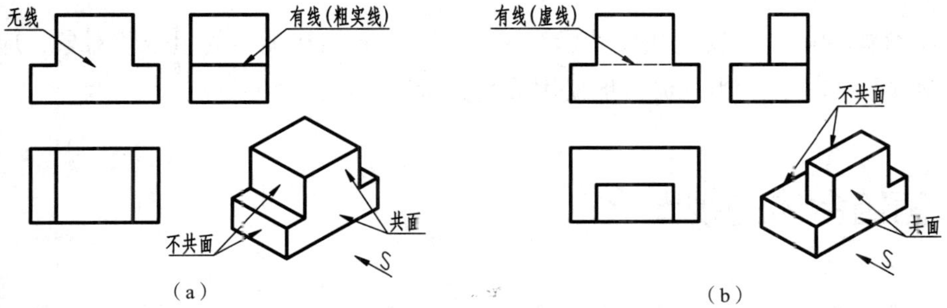

（a）　　（b）

图 4–4　不共面与共面

（2）相切　当两形体的表面相切时，两形体表面光滑过渡，相切处其投影无可见的分界线，画图时不应画出分界线，如图 4–5（a）所示。

（3）相交　当两形体的表面相交时，其投影在相交处应画出表面交线（截交线或相贯线），如图 4–5（b）所示。

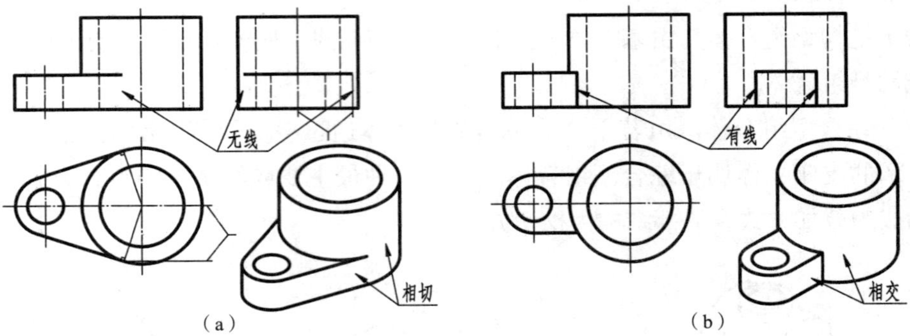

图 4–5　表面相切与相交

4.1.2　形体分析与线面分析的基本概念

若将组合体分解为若干基本体或简单体的叠加或挖切，并分析这些基本体或简单体的相对位置，从而产生对整个组合体形状的完整概念，这种分析方法称为形体分析法。形体分析法将复杂形体分解成简单形体进行处理。在组合体画图、读图和标注尺寸的过程中，常常要运用形体分析法。

绘制和阅读组合体的视图时，对于比较复杂的组合体通常在运用形体分析法的基础上，对不易表达和难以读懂的局部结构，还要结合线、面的投影特性（集聚性、实形性和类似性）分析立体的表面形状、立体的面与面的相对位置、立体的表面交线等，来帮助表达和读懂这些局部结构的形状，这种分析方法称为线面分析法。线面分析法是运用投影法基本知识分析立体的（某些）表面和交线，是一种对组合体整体或局部结构的辅助分析方法。

在组合体的画图、读图和尺寸标注时，针对不同结构类型的组合体对象，应以形体分析法为主要方法，适当、灵活地使用线面分析法来作为辅助方法。

4.2　画组合体的视图

画组合体视图是将空间三维形体用正投影法表达在平面二维图纸上。画图时，应首先分析组合体的基本类型和组合方式，再有效运用形体分析法和线面分析法完成组合体视图的绘制。

4.2.1 叠加型组合体三视图的画法

形体分析法是画组合体视图的基本方法，对于叠加型的组合体更为有效，需要把组合体分解成简单体和基本体，然后逐个画出每个部分的三视图，边画边整理视图，最后完成组合体“整体”的三视图。

以图 4–3（a）所示的轴承座立体为例说明叠加型组合体三视图的绘图过程。

1. 形体分析

该轴承座立体属于叠加型组合体，由上部的凸台（小圆筒）、轴承主体（大圆筒）、中间的支撑板、肋板和下面的底板组成，如图 4–6（b）所示。

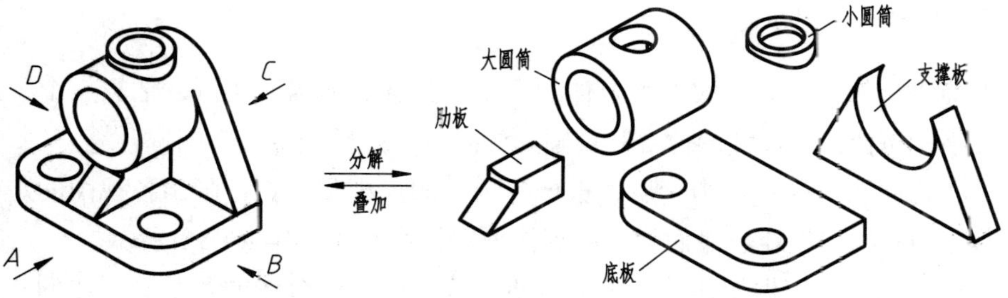

（a）　（b）

图 4–6　叠加型组合体的形体分析

轴承主体与凸台是垂直相交的大、小两个圆筒，外表面和内表面都相交产生相贯线；底板、支撑板和肋板左右对称叠加在一起；支撑板与底板的侧面以及轴承主体的一个端面共面；支撑板斜侧面与轴承主体的外圆柱表面光滑过渡（相切）；肋板左、右侧面与轴承主体外圆柱表面相交，表面应有交线。

2. 选择主视图

在组合体的三视图中，最主要的是主视图，因为主视图反映的信息是最多的。选择主视图时，首先要考虑组合体的安放位置，一般选择自然位置，并考虑组合体的主要表面平行于投影面，主要轴线垂直或平行于投影面；其次选择投影方向，使主视图尽量反映组合体的形状特征及各部分间的相对位置关系，并使其他视图中的不可见轮廓线尽可能得少。因此，一般要通过几种方案的比较，才能确定出最佳方案。

对比图 4–6（a）中的 *A*、*B*、*C*、*D* 四个方向投射所得的视图（图 4–7），确定主视图。若以 *C* 向作为主视图，虚线较多，显然没有 *A* 向清楚；*B* 向与 *D* 向视图虽然虚、实

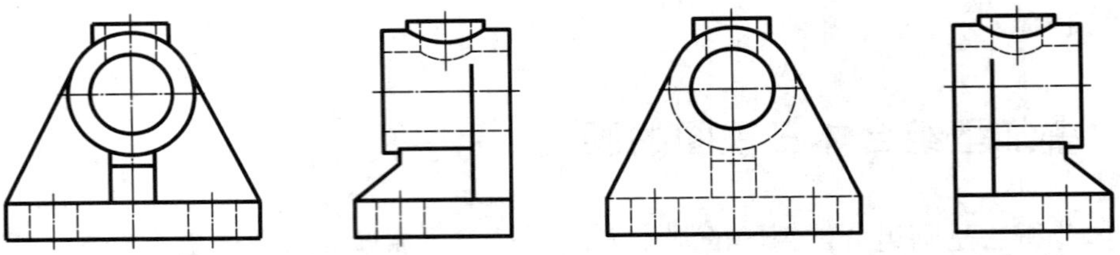

图 4-7　轴承座主视图的选择

线情况相同，但如以 D 向作为主视图，则左视图会出现较多的虚线，没有 B 向合理；比较 A 向和 B 向视图可知，A 向能反映主体和支撑板的形状特征，而 B 向则能清楚反映各部分之间的位置关系，且能体现轴承主体的直径和长度大小，这里确定以 B 向作为主视图的投射方向。

主视图一经选定，其他两视图也就相应确定了。

3. 画组合体三视图

（1）确定比例及图幅。根据组合体的大小，先选定适当的比例，估算三个视图所占图幅的大小，包括标注尺寸的位置和视图间的间距，然后选定标准图幅。

（2）布置视图。固定好图纸后，根据各视图的大小和位置，画出各视图的定位线。一般以对称中心线、轴线、底面和端面等作为定位线，如图 4-8（a）所示。

（3）绘制底稿。根据形体分析法的分析，逐个画出组合体的各基本形体的三视图。画图时，应先画出主要形体，再画次要形体；先画特征视图，再按三视图投影规律画其他视图；先画主要轮廓，再画局部细节；先画实线，再画虚线；边画边完成各部分之间的表面过渡关系，修改多余的图线，最后“组合”成整个组合体的三视图。图 4-8（b）~（e）所示为画组合体三视图的顺序。

（4）检查并描深。完成底稿后，必须仔细检查，纠正错误，擦去多余图线，然后按国家标准规定的线型描深，如图 4-8（f）所示。

4.2.2　挖切型组合体三视图的画法

对于挖切型组合体来说，形体不完整，因此，形体分析的过程与叠加型组合体相反，需要还原被挖切的部分，分析挖切的顺序，明确“完整”立体的形状。画图时需要先画出“完整”立体，然后边切边画，最后完成组合体三视图的绘制。

挖切型组合体其表面往往交线较多，有时需要在形体分析的基础上，对组合体上的主要挖切面（通常是垂直面和倾斜面）进行线面分析，运用线面分析法按照线和面的投影关系画图。

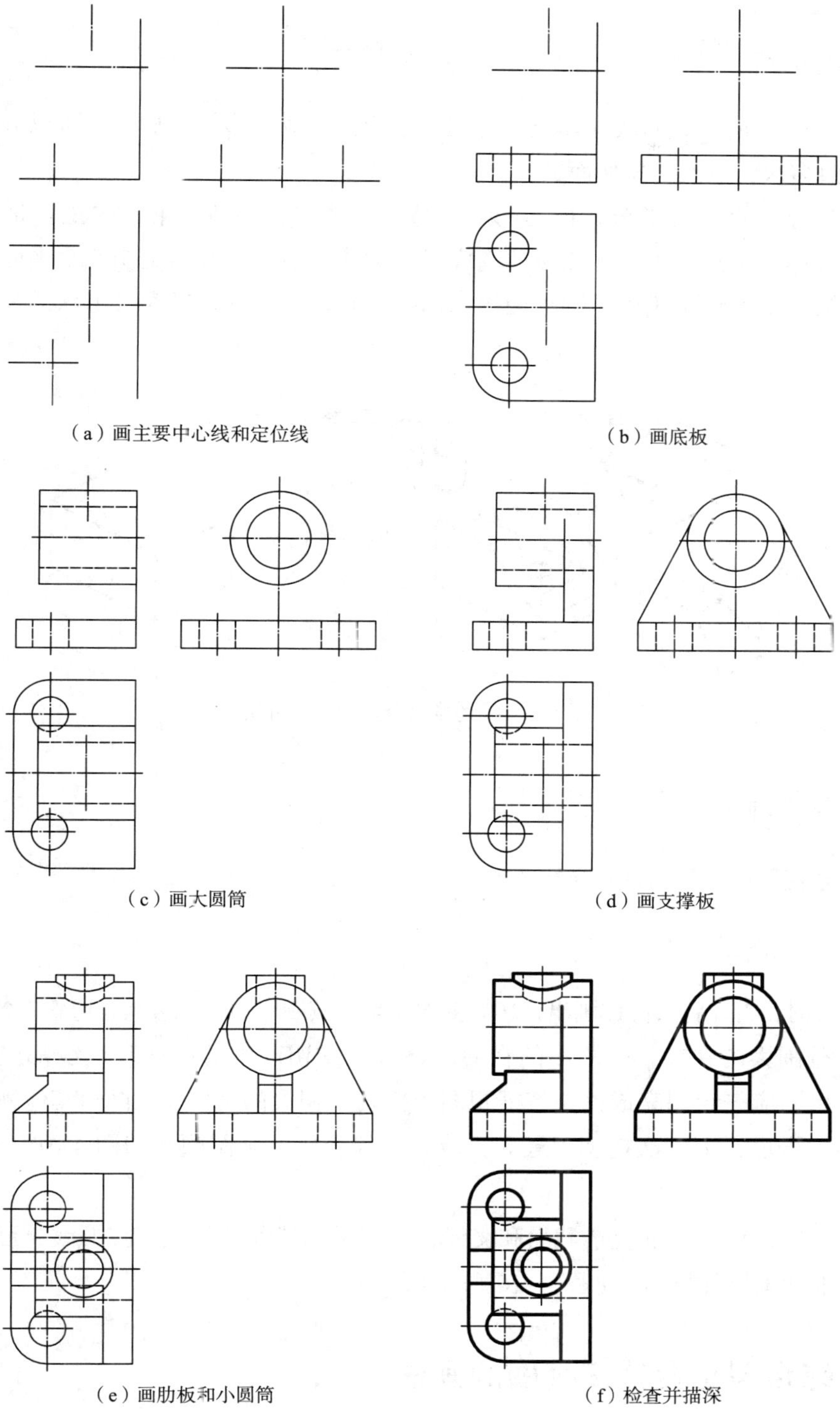

图 4-8 叠加型组合体三视图的画图过程

以图 4–3（b）导向块立体为例，说明挖切型组合体三视图的绘图过程。

1. 形体分析

图 4–3（b）所示导向块立体属于挖切型组合体，应用形体分析法，可以分析出该组合体是经过多次（三次）挖切而成。

假想还原被挖切的部分，最初的“完整”立体是长方体。第一次挖切是用一个平面截切长方体一个角，长方体四棱柱变成了五棱柱；第二次挖切是用三个平面切出燕尾槽结构；第三次挖切是用两个圆柱面挖出两个通孔。三次挖切顺序及形状的分析，如图 4–9 所示。

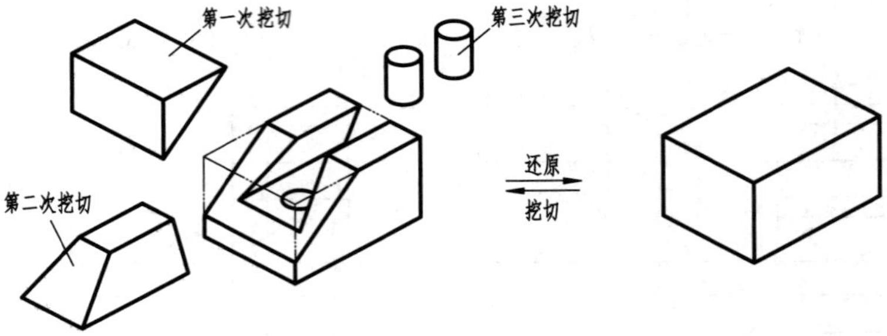

图 4–9　挖切型组合体的形体分析

2. 选择主视图

选择主视图的具体方法同前例。

3. 画组合体三视图

画底稿时，首先将长方体画出，然后依次挖切，按顺序边切、边画、边整理各个视图。

挖切范围大的在前，范围小的在后；每一次挖切产生的截面和交线都应在三视图上正确画出，应先绘制完成挖切特征视图（挖切面积聚的视图），再画其他视图的对应投影；然后再进行下一次挖切，最后完成整个组合体。画图顺序如图 4–10（a）~（e）所示。

对于一些挖切产生的复杂截面和交线，可以采用线面分析法，按照线、面的投影关系作图，准确画出其投影，如图 4–10（c）所示。

4.2.3　综合型组合体三视图的画法

以图 4–3（c）支座立体为例，说明综合型组合体三视图的绘图过程。

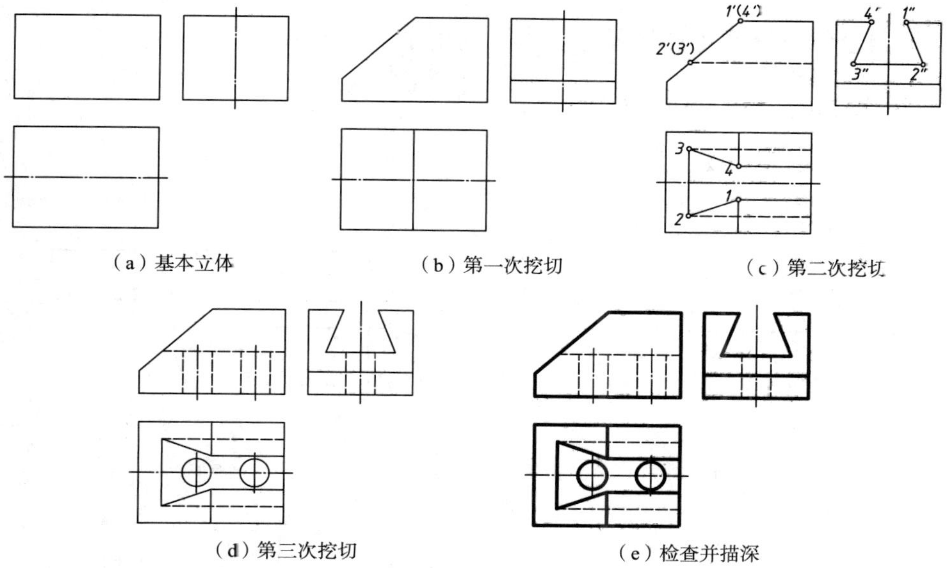

图 4–10　挖切型组合体三视图的画图过程

1. 形体分析

图 4–3（c）所示的支座立体为综合型组合体，既有叠加型，又有挖切型组合方式。

该组合体是由半圆柱形底板、U 形立板、左右对称的三棱柱形肋板叠加而成。半圆柱形底板挖切掉三处沟槽，肋板和 U 形立板表面过渡关系存在相切，U 形立板中间以圆柱面挖切成圆柱孔，圆柱孔有一部分挖切到底座上表面，产生截交线。支座的形体分析如图 4–11 所示。

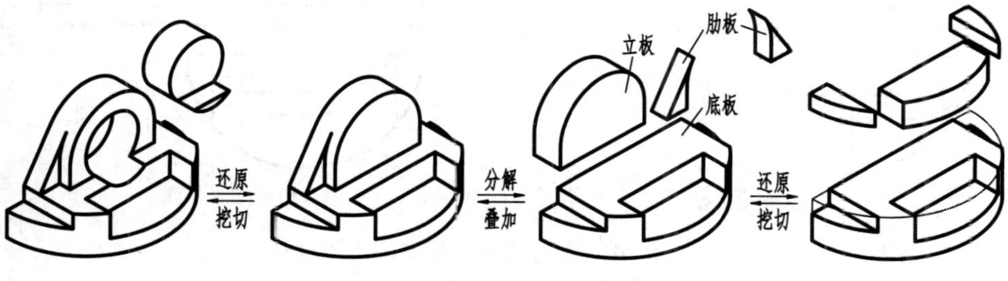

图 4–11　综合型组合体的形体分析

应按照叠加型考虑总体组合，按照挖切型分析局部结构。

2. 选择主视图

选择主视图的具体方法同前例。

3. 画组合体三视图（具体画图步骤同前例）

画图顺序如图 4–12（a）~（f）所示。

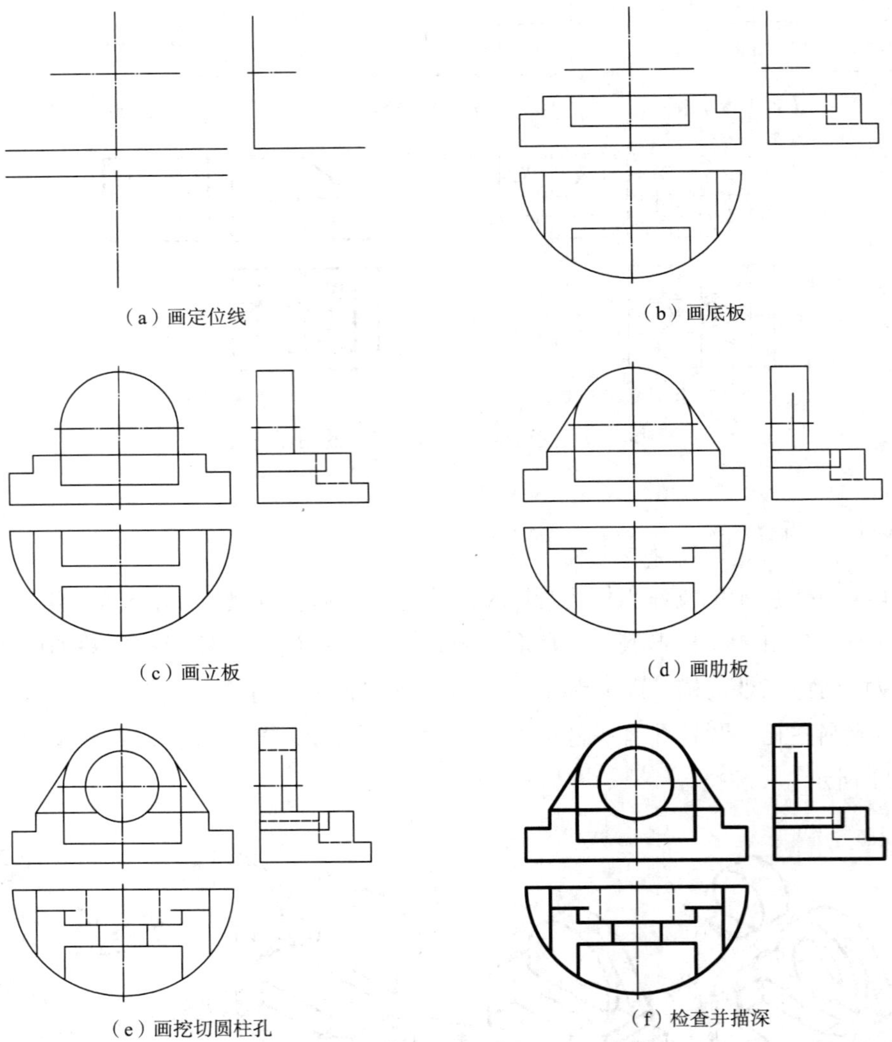

图 4–12　综合型组合体三视图的画图过程

4.3　读组合体的视图

读组合体的视图是由二维平面上的视图根据其点、线、面的正投影特性以及各视图之间的对应关系和投影规律想象出空间三维形体的形状和结构。组合体读图方法仍然是形体分析法和线面分析法。为了正确、迅速地读懂视图，必须掌握读图的基本要领和基本方法，培养空间想象能力和构思能力，通过不断实践，逐步提高读图能力。

4.3.1　读图的基本要领

1. 将各个视图联系起来阅读

由投影规律可知，一个视图不能完全确定空间物体的形状。相同的视图可构思出多个空间形体，如图 4–13 所示，一个主视图可以对应很多形体。

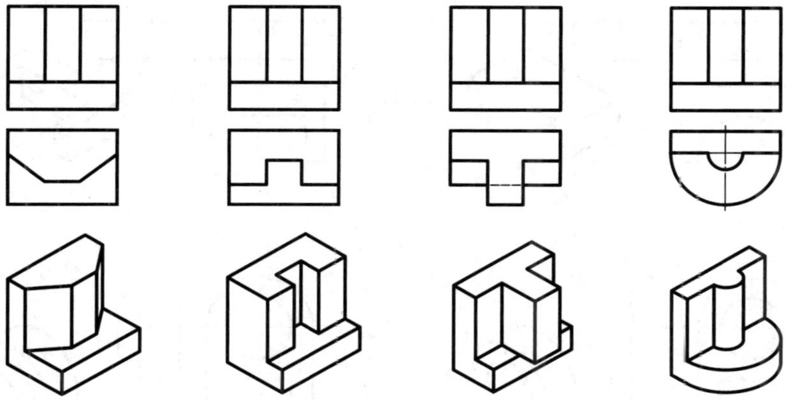

(a)　(b)　(c)　(d)

图 4–13　一个视图不能完全确定物体的形状

除了已知一个视图外，有时即使给出了两个视图也不能唯一地确定其空间形状，如图 4–14 所示，其主、俯视图均相同，但表示的却是三个不同形状的立体。只有结合它们的左视图，才能判断其真实形状。

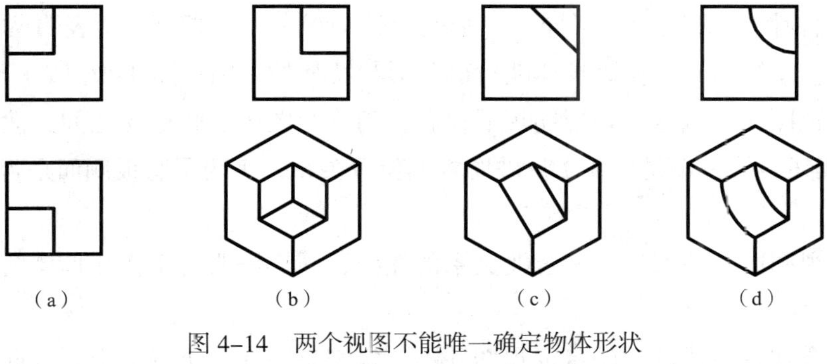

(a)　(b)　(c)　(d)

图 4–14　两个视图不能唯一确定物体形状

由此可见，通常仅由一个甚至两个视图都不能唯一地确定组合体的形状，必须将几个视图联系起来阅读、分析、构思，才能确定组合体的空间形状。

2. 善于找出反映形体各组成部分的特征视图

所谓特征，是指构成组合体立体的各基本形体的形状信息以及它们之间的位置信息。特征视图包括形状特征和位置特征两种类型。

形状特征视图是指最能反映立体形状的视图。图 4-15（a）（b）所示的主、左视图完全相同，俯视图是反映该立体形状特征明显的视图。

位置特征视图是指最能反映各形体位置的视图。图 4-15（c）（d）所示的主、俯视图完全相同，左视图是反映各形体位置特征明显的视图。

要善于抓住最能反映形体的特征视图，这样会较容易和快速地读懂组合体的视图。

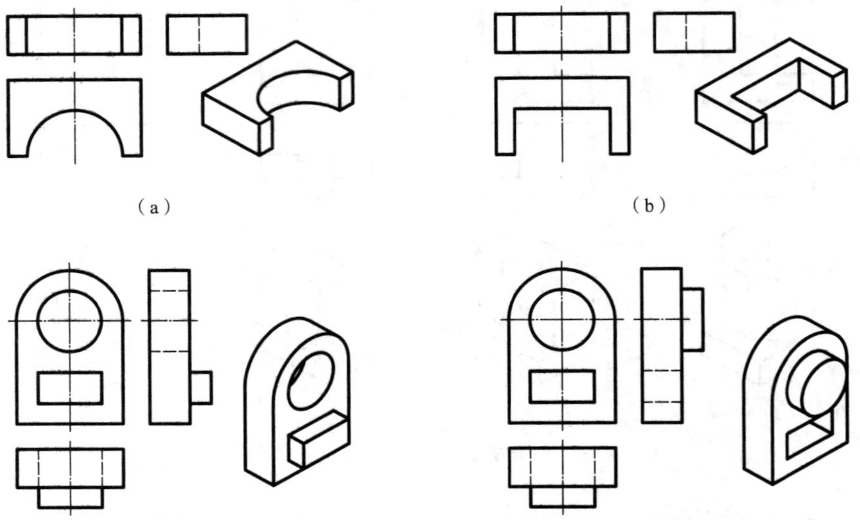

（a）（b）（c）（d）

图 4-15　抓住特征视图

形体之间表面过渡关系的不同，会使视图中的图线也产生相应的变化。图 4-16（a）与（b）中主视图中虚线画法不同（一个是直线，另一个是曲线），表明两部分表面过渡关系不同，左视图是反映该物体缺口部分形状特征的视图；图 4-16（c）与（d）根据俯视图和左视图无法确定三角形肋板的位置，而主视图中反映形体之间过渡关系的图线（一个是粗实线，另一个是虚线）反映肋板的位置关系，表明了肋板侧面是否与底板及侧板端面共面。

要注意视图中反映形体之间过渡关系的图线，同样需要善于抓住形体的特征视图加以判断。

由于组合体各组成部分的特征视图并不一定都集中在一个视图上，因此读图时，无论哪个视图（一般以主视图为主），只要形状、位置特征有明显之处，就应从该视图入手读图，这样就能较快地读懂该部分，进而读懂整个组合体。

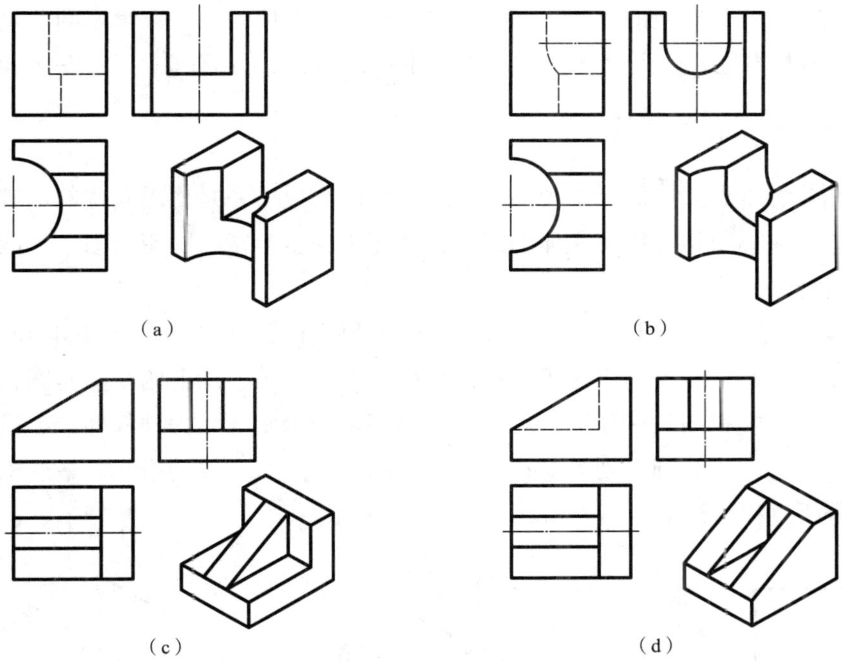

图 4-16　由表面的过渡关系判断形体特征

3. 明确视图中的图线和线框的含义

视图是由若干图线和线框构成的。要读懂视图，必须弄清楚图线和线框的含义。

（1）图线的含义　图线可能表示具有积聚性的面的投影、面与面交线的投影、曲面转向轮廓线的投影，如图 4-17 所示的各种图线的含义。

（2）线框的含义　视图中每个封闭线框，一般都对应空间形体的某个面（平面或曲面）或孔的投影，相邻线框则表示位置不同的两个面的投影，大线框套小线框可以是孔或凹凸不平的两个面。如图 4-17 所示的封闭线框的几种含义。

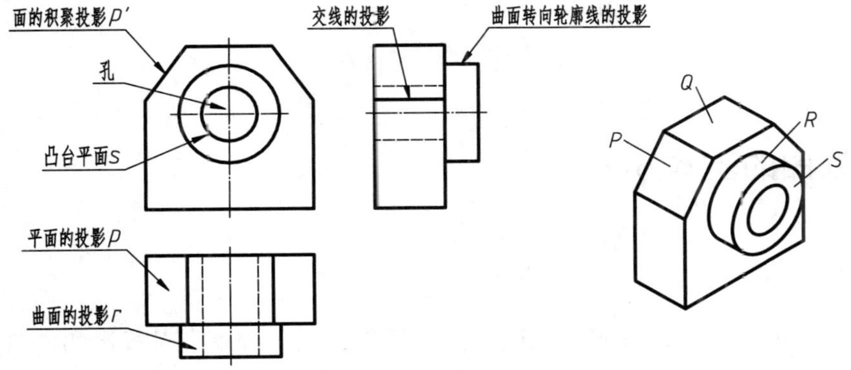

图 4-17　分析视图中图线和线框的含义

封闭线框一般与对应的空间表面具有类似性，其对应的三个投影之间不是具有类似性，就是具有积聚性，这个特点对读图时采用线面分析法尤其重要，详见后面例题讲解。

4. 善于构思立体的形状

掌握和熟悉常见立体的二维视图和三维形体的对应关系是构思立体的基础。为了提高读图能力，应不断培养构思立体的能力，从而进一步丰富空间想象力，才能正确、快速地读懂组合体视图。

如图 4–18 所示，由已知三视图的外轮廓构思空间形体的实例。图 4–18（a）中主视图为一矩形，与之对应的立体可以是四棱柱、圆柱体等；加上俯视图是圆，此立体必为圆柱体；结合左视图是三角形，可以想象出用两个侧垂面切去圆柱体前、后两块。而主、俯视图仍为矩形和圆，则需要在主、俯视图上添加截交线的投影。最后构思出立体的形状，分析过程和结果如图 4–18（b）~（e）所示。

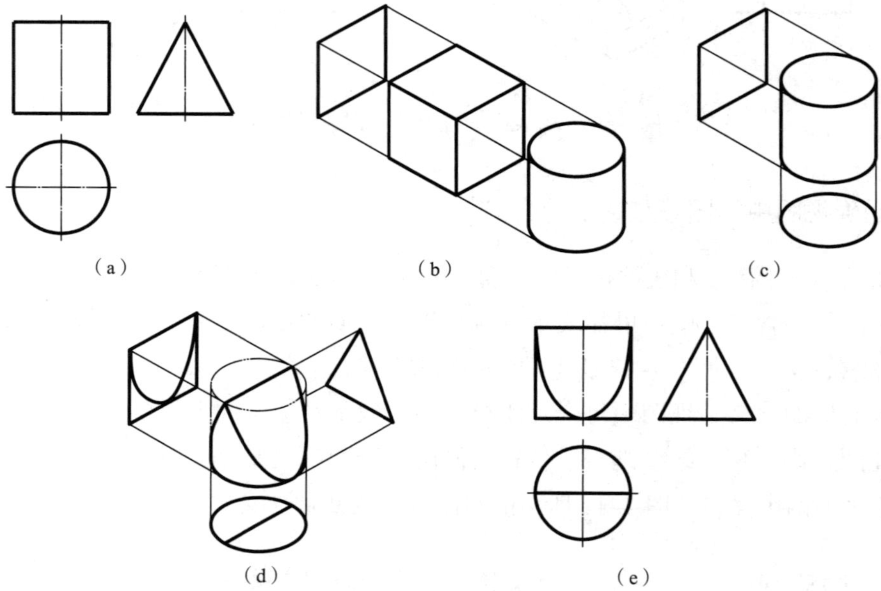

图 4–18　构思立体的形状

4.3.2　读图的基本方法

1. 形体分析法

一般从主视图入手，按照三视图的投影规律，用分线框、对投影的方法，分析出构成组合体的各个基本体或简单体；找出每个基本体或简单体的特征视图，对照其他视图，读懂每个形体；分析各基本体间的相对位置、组合方式、表面过渡关系，最后综合想象出组合体的整体形状。

下面以实例介绍运用形体分析法读组合体视图的步骤。

例 4-1 已知支座的主、俯视图（图 4-19），想象出其空间形状，补画出左视图。

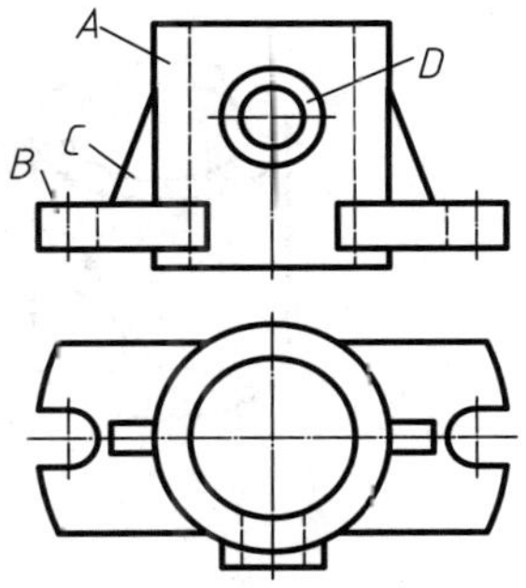

图 4-19 支座的两视图

解题步骤如下：

（1）看视图、分线框。把主视图的封闭线框分成四个：它们分别为形体 *A*、*B*、*C*、*D* 的正面投影。共分为四个线框，如图 4-19 所示。

（2）对投影、想形状。对照各个线框在俯视图中的对应投影，确定各基本形体的形状与位置，线框 *A* 为轴线竖直方向的主体圆筒［图 4-20（a）］，线框 *B* 为被挖切出 U 形槽的底板［图 4-20（b）］，线框 *C* 为三棱柱形肋板［图 4-20（c）］，线框 *D* 为圆筒凸台［图 4-20（d）］。

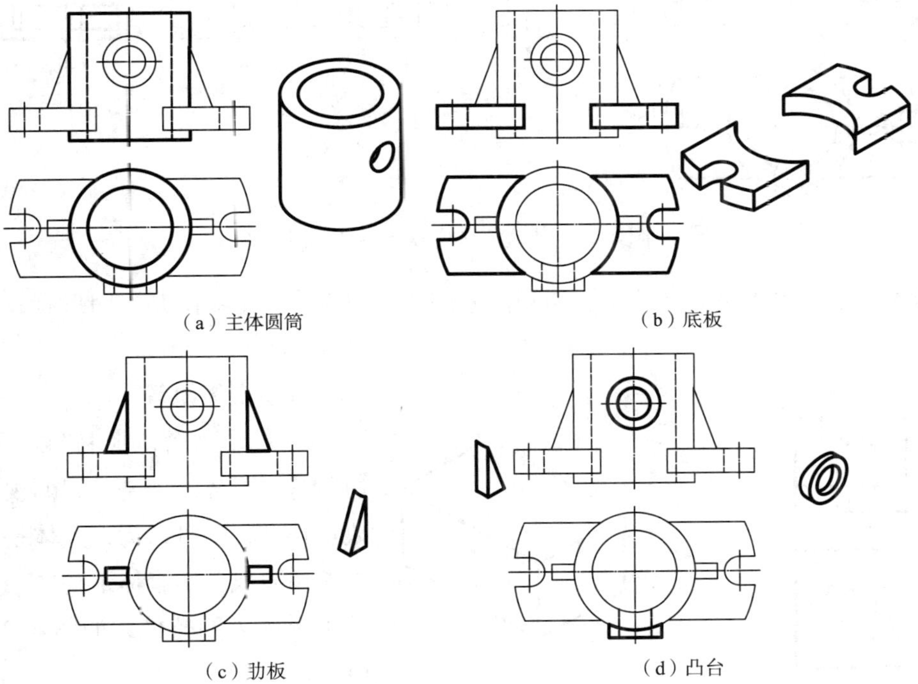

（a）主体圆筒　（b）底板　（c）肋板　（d）凸台

图 4-20 支座立体的两视图的线框分析

（3）综合起来想整体。根据四个基本形体的形状与位置，不难想象出该组合体的整体形状，如图 4-21 所示。

图 4–21　支座立体的各部分组合叠加

（4）画出左视图。补画左视图过程如图 4–22（a）~（c）所示。

（5）检查描深左视图。按整体形状检查底稿，并按规定线型画图，就能得到所补的左视图。检查无误后描深图线，完成整个作图，如图 4–22（d）所示。

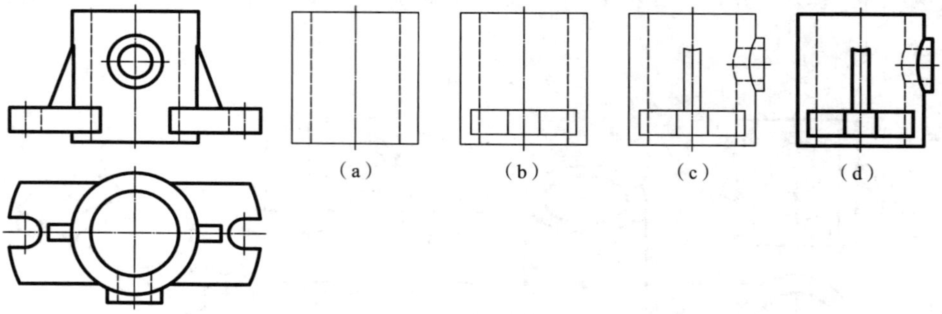

图 4–22　支座立体左视图的作图过程

例 4–2　已知压块立体的主、俯视图 [图 4–23（a）]，想象出其空间形状，补左画视图。

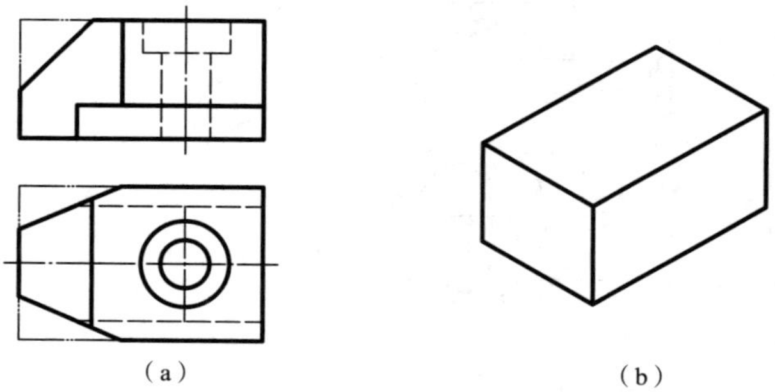

图 4–23　压块立体

解题步骤如下：

（1）看视图，抓特征，想象挖切前基本形体。若把主、俯视图中的缺角补上，则可认为该立体是由四棱柱挖切而成，组合体最初的“完整”基本形体为四棱柱，如图 4–23（b）所示。

（2）看缺口，对投影，分析挖切过程。挖切过程可按照范围由大至小的顺序逐一分析，如图 4–24（a）所示，左上角是第一次挖切；图 4–24（b）所示为第二次前后对称竖直方向挖切；图 4–24（c）所示是第三次两个长方体凹槽的挖切；图 4–24（d）所示为第四次圆柱阶梯孔竖直方向的挖切。

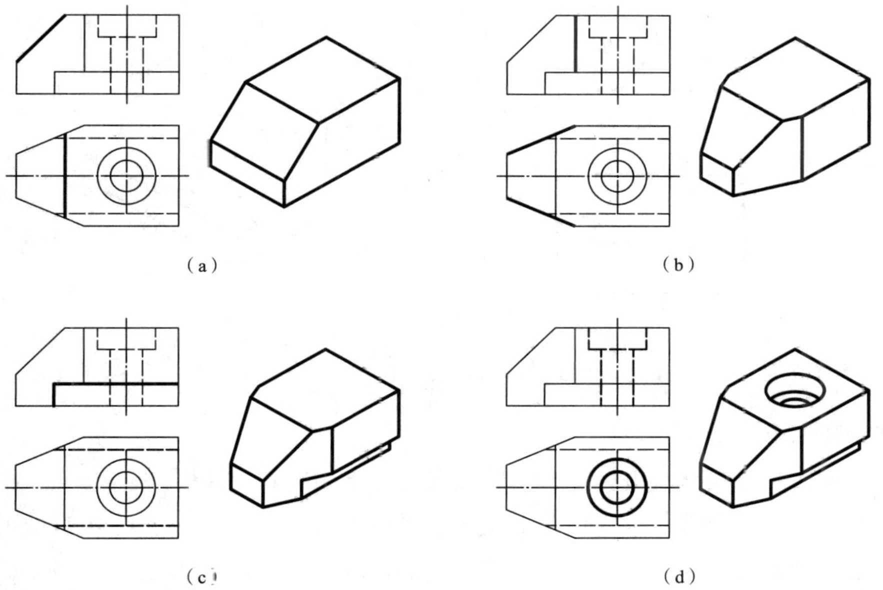

图 4-24　压块立体挖切过程的形体分析

（3）综合归纳整体。最后归纳总结，想象出组合体的整体形状如图 4-24（d）所示。

（4）画图步骤如图 4-25 所示。

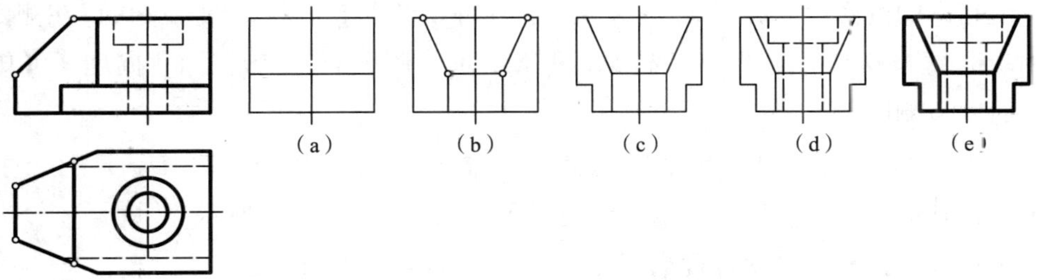

图 4-25　压块立体左视图的作图过程

2. 线面分析法

有一些组合体是经过多次挖切而形成的，视图中图线和线框变得比较复杂，用形体分析法读图比较困难。此时，往往需要使用线面分析法完成读图。

用线面分析法读图是按照三视图的投影规律，用分线框、对投影的方法，分析清楚各个挖切面的种类、形状、相对于投影面的位置以及挖切面和组合体表面之间的相对位置。这样对组合体各个表面有一个清楚的认识，最后想象出组合体的整体形状。

下面以实例介绍运用线面分析法读组合体视图的步骤。

例 4-3　如图 4-26（a）所示，已知挖切型组合体的主、俯视图，补画左视图。

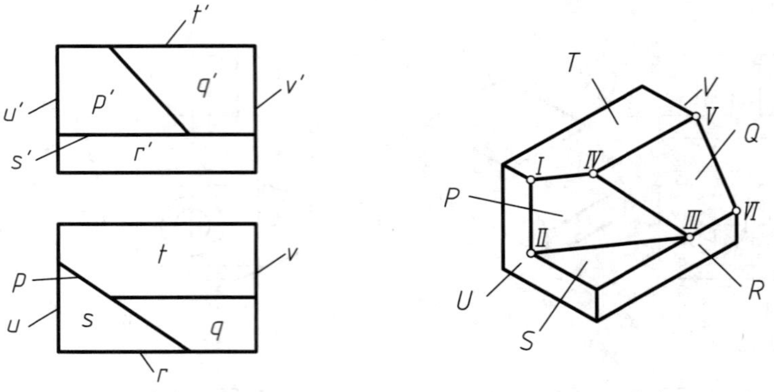

图 4-26　挖切型组合体的两视图及线面分析

解题步骤如下：

（1）看表面，分线框。由给定主、俯视图中，分离出六个线框 *p′*、*q′*、*r′*、*s*、*t*、*q*。

（2）对投影，想面形（位置）。找到与六个线框 *p′*、*q′*、*r′*、*s*、*t*、*q* 对应的另外视图中的投影，投影关系是一一对应的，确定面的形状［位置如图 4-26（a）所示］。前面提到封闭线框一般与对应的空间表面具有类似性，因此，对投影时，与线框对应的投影要么具有类似性，要么具有积聚性。如图中 *p′*、*r′*、*s*、*t* 与对应的 *p*、*r*、*s′*、*t′* 不是类似形，都是积聚成直线；而 *q′* 与 *q* 具有类似性。*P* 是铅垂面，*R* 是正平面，*S* 是水平面，*T* 是水平面；但 *Q* 是哪一种平面需要在左视图中进一步确定。运用各个面对应的多边形顶点求解出它们的侧面投影 *p″*、*q″*、*r″*、*s″*、*t″*，可以确定 *Q* 是侧垂面；又可以在侧面投影中得到线框 *u″*，找到对应投影 *u′* 和 *u*，可知 *U* 面是侧平面（左侧面），同理，可知 *V* 面是侧平面（右侧面）。

（3）综合各个面，围合起来成立体。读懂了 *P*、*Q*、*R*、*S*、*T*、*U*、*V* 七个主要表面，再结合其他表面，立体就“围合”而成了，如图 4-26（b）所示。

（4）补画左视图。画图过程如图 4-27（a）（b）（c）所示。

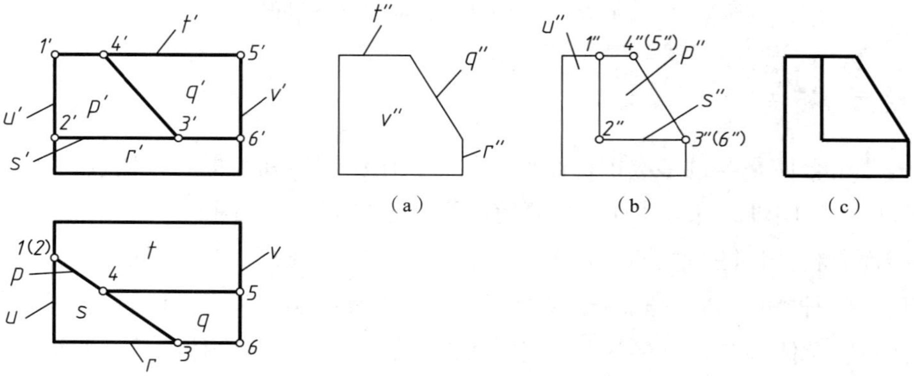

图 4-27　线面分析法补画挖切型组合体左视图

例 4–4 如图 4–28（a）所示，已知支座立体的主、俯视图，补画左视图。

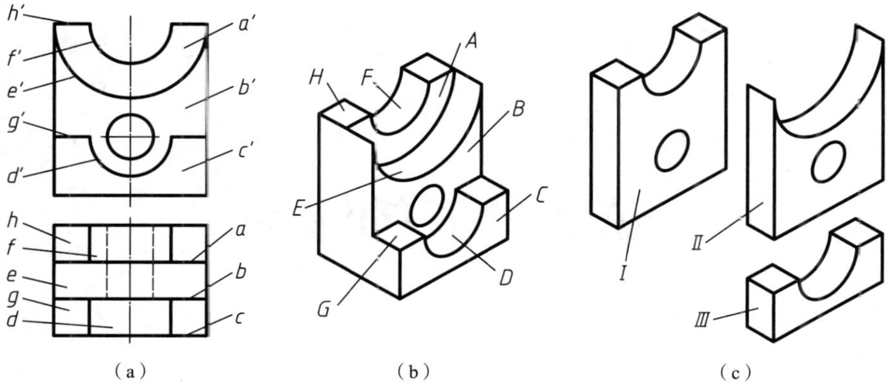

图 4–28 挖切型组合体线面分析方法

解题步骤如下：

（1）看表面，分线框。由给定主视图中，分离出三个相邻的线框 a'、b'、c'。三个线框对应三个面。

（2）对投影，想位置（面形）。找到与 a'、b'、c' 三个线框对应的另外视图中的投影，投影关系是一一对应的，确定三个面的位置（都是平面，形状见主视图）。对投影时，与线框对应的投影要么具有类似性，要么具有积聚性，显然俯视图中没有类似形，与 a'、b'、c' 对应的投影必积聚，对应三条直线 a、b、c。而主视图上三个相邻的线框，表示三个平行的平面（三个正平面 A、B、C），都可见，所以面 C 在最前；线框 b' 上有一个小圆，对应俯视图虚线，可知是小孔到立体中间，所以 B 面在中间；A 面在最后。亦可分离俯视图里的各个线框，对照主视图里的对应投影，分析出立体上、中、下三个位置的台阶面 D、E、F（三者为曲面）、G、H（两者为平面）。

（3）综合各个面，围合起来成立体。读懂了 A、B、C、D、E、F、G、H 几个主要表面，再结合其他表面，立体就“围合”而成了。结合主、俯视图形体分析，该立体由三层结构组成，分别是由Ⅰ、Ⅱ、Ⅲ三部分叠加而成。

（4）补画左视图。画图过程如图 4–29 所示。

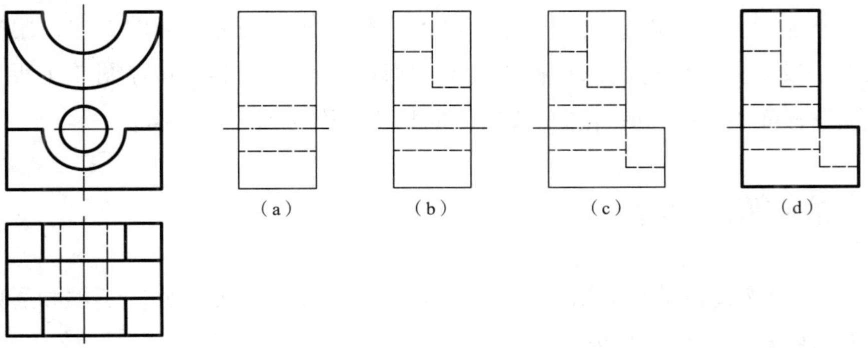

图 4–29 线面分析法作图过程

第 5 章　轴测图

用正投影法绘制的多面视图能准确、完整地表达立体的各部分形状和大小，而且作图方便，度量性好，因而作为工程图被广泛应用。但这种图样缺乏立体感，需要一定的读图基础和能力方可看懂。轴测图直观性比较好，立体感很强，容易理解立体的结构形状。工程上常常采用轴测图作为多面正投影的辅助补充，宏观、概略地表达设计思想和说明问题。

本章只对轴测图作概述性介绍，给出轴测图的一般画法。

5.1　轴测图概述

多面正投影中的每个视图只反映物体的两个尺度方向，而轴测图是一种能同时反映物体长、宽、高三个尺度方向的单面投影图，且具有一定的可直接度量性。它的优点是：直观性比较好，易于理解。但同时它也有缺点：度量性差，作图困难。

5.1.1　轴测图的形成

将立体连同其固结的直角坐标系，沿不平行于任一坐标平面的方向，用平行投影法投射在单一投影面上所得的图形称为轴测投影图，简称轴测图。如图 5–1 所示，在适当位置设置投影面 P，并选取合适的投射方向，P 面称为轴测投影面。

5.1.2　轴测图的参数

“轴测”的含义即是沿轴测量的意思，因此绘制轴测图时，必须了解和运用两个重要参数：轴向伸缩系数和轴间角。

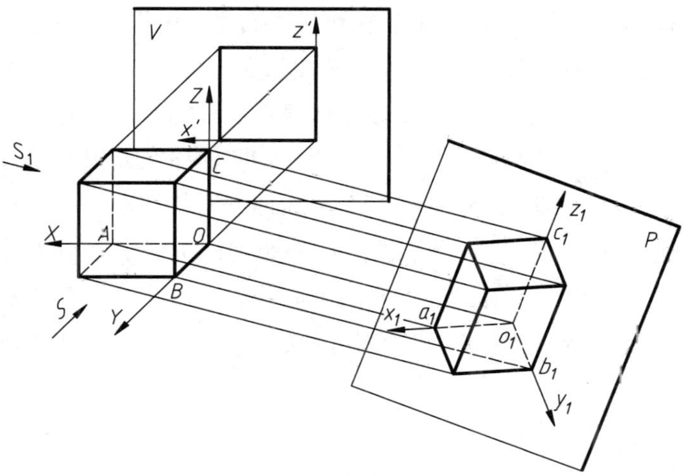

图 5–1　轴测图的形成

图 5–1 中，直角坐标轴 OX、OY、OZ 在轴测投影面 P 上的投影 o_1x_1、o_1y_1、o_1z_1，称为轴测轴。轴测轴之间的夹角 $\angle x_1o_1y_1$、$\angle x_1o_1z_1$、$\angle y_1o_1z_1$，称为轴间角。

轴测轴上的单位长度与空间坐标轴上单位长度的比值，分别称为 OX、OY、OZ 轴的轴向伸缩系数，分别用 p、q、r 表示，即

$$p=\frac{o_1a_1}{OA};\ q=\frac{o_1b_1}{OB}\quad r=\frac{o_1c_1}{OC}$$

5.1.3　轴测图的投影规律

由于轴测图是采用平行投影法形成的，所以具有平行投影法的投影规律，即：

（1）物体上互相平行的线段，在轴测图上仍然互相平行；

（2）物体同一直线上的线段长度之比，在轴测图上保持不变；

（3）空间互相平行的线段，其轴测投影伸长或缩短的倍数相同。

空间上和坐标轴平行的线段，其轴测投影的长度等于该线段实长与相应轴向伸缩系数的乘积。立体表面上平行坐标轴的线段，在轴测图上平行于相应的轴测轴，且根据相应的轴向伸缩系数能够度量长度，即沿轴测轴方向可直接测量作图。与坐标轴不平行的线段具有不同的伸缩系数，不能直接测量绘制，按“轴测”原则，根据端点坐标，作出端点，然后连线绘制。

5.1.4　轴测图的分类

按投影方法不同，轴测图分为正轴测图和斜轴测图两类。当投射方向垂直于轴测投

影面时，称为正轴测图；投射方向倾斜于轴测投影面时，称为斜轴测图。

按照轴向伸缩系数的不同，两类轴测图又各分为三种。

正等轴测图或斜等轴测图 —— 三个轴向伸缩系数都相等，$p=q=r$。

正二等轴测图或斜二等轴测图 —— 只有两个轴向伸缩系数相等，$p=q\neq r$。

正三测轴测图或斜三测轴测图 —— 三个轴向伸缩系数都不相等，$p\neq q\neq r$。

综合考虑直观性好、立体感强和绘图方便的原则，机械工程中的手绘轴测图常采用正等轴测图（简称正等测）和斜二等轴测图（简称斜二测）。这里只介绍这两种轴测图的画法，对于轴测图，一般只用粗实线绘制可见部分，必要时可用虚线画出不可见部分。

5.2 正等轴测图

5.2.1 轴间角和轴向伸缩系数

如图 5–2（a）所示，当投射方向 S 垂直轴测投影面 P 且使物体的直角坐标系相对于轴测投影面的倾角都相等时，所得到的轴测图称为正等轴测图，简称正等测。

如图 5–2（b）所示，正等轴测图的轴间角都是 120°，各轴向伸缩系数都相等，即 $p=q=r\approx 0.82$。为了便于画图，常采用简化系数，即 $p=q=r=1$，采用简化系数作图时，轴测图各轴向的长度都放大了约 1/0.82=1.22 倍，但对表达物体的形状没有太大影响。

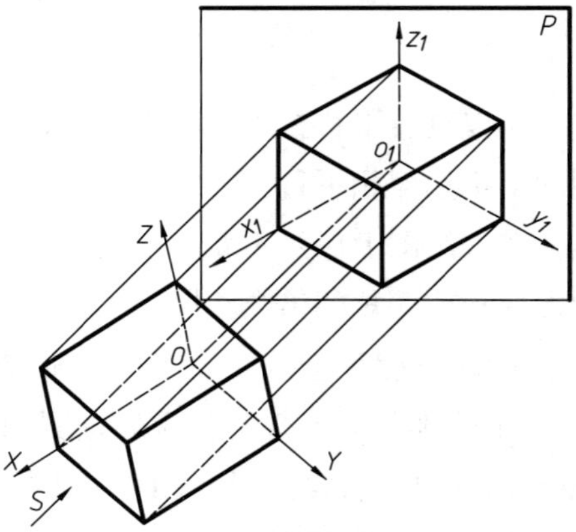

（a）正等轴测图的形成

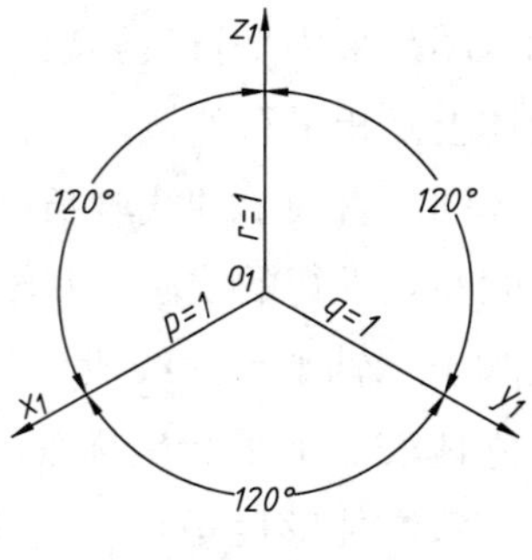

（b）正等轴测图的参数

图 5–2　正等测轴测图

5.2.2 平面立体的正等测画法

绘制轴测图的基本作图方法有坐标法、叠加法和切割法。

1. 坐标法

根据立体上一些关键点（如平面立体的顶点，曲线上的控制点）的坐标值作出这些点的轴测投影，再连线成图的方法，即为坐标法。

例 5–1　已知正六棱柱的主视图和俯视图，如图 5–3 所示，求作正六棱柱的正等轴测图。

分析　正六棱柱的端面平行于水平投影面，水平投影是正六边形，把坐标原点定在正六棱柱上端面的中心处，取棱线方向为 Z 轴方向。

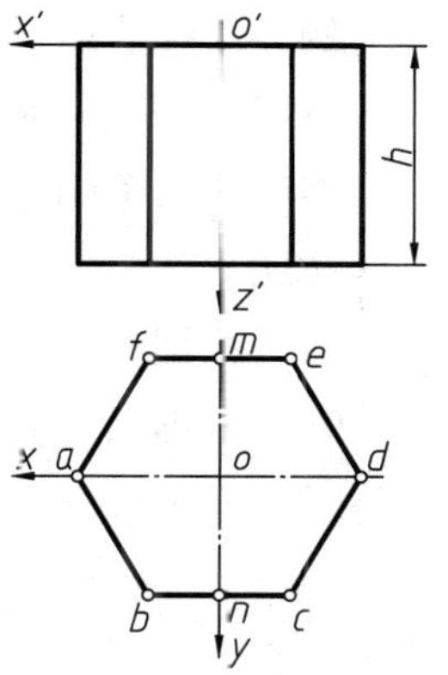

图 5–3　正六棱柱的视图

作图

（1）在视图上标出坐标原点和坐标轴的位置，如图 5–3 所示。

（2）画出轴测轴 x_1、y_1、z_1。在 o_1x_1 轴上取 a_1 和 d_1，使 $o_1a_1=oa$、$o_1d_1=od$；在 o_1y_1 轴上取 m_1 和 n_1，使 $o_1m_1=om$，$o_1n_1=on$，如图 5–4（a）所示。

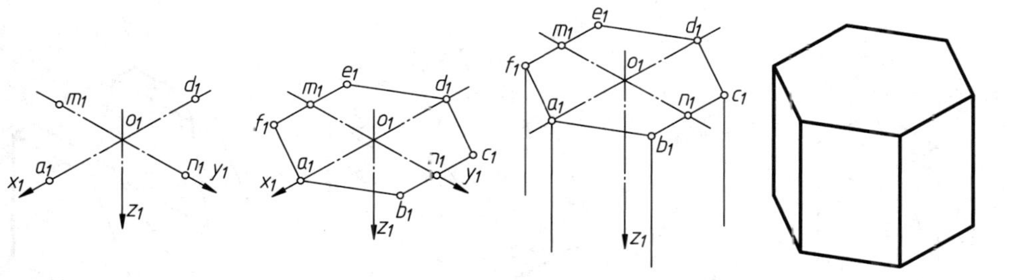

图 5–4　正六棱柱的正等轴测图作图过程

（3）过 m_1、n_1 并以 m_1、n_1 为中点作 o_1x_1 轴的平行线，使 $b_1c_1=bc$，$e_1f_1=ef$，得到 b_1、c_1、e_1、f_1，按顺序连接 a_1、b_1、c_1、d_1、e_1 和 f_1 得到正六边形的轴测投影，如图 5–4（b）所示。

（4）由正六边形顶点 a_1、b_1、c_1 和 f_1 分别作 o_1z_1 的平行线，截取各平行线长度为 h，画出侧棱投影，如图 5–4（c）所示。

（5）画出正六棱柱下底面的图形，不可见的部分不画，擦除多余的作图线并描深轮廓线，如图 5–4（d）所示。

2. 切割法

用形体分析法将形状复杂的立体看成一个简单的基本体逐步切割而成，先画出简单形体的轴测图，再在其上逐步“切割”，最后形成形状复杂的立体。

例 5–2 求作如图 5–5（a）所示带切口形体的正等轴测图。

分析 该立体看成一个长方体经过几次切割而成。先用一个正垂面切掉一个三棱柱，然后用两个侧垂面和一个水平面切掉一个四棱柱，形成物体中间的槽。

作图

（1）根据 *a*、*b*、*c* 画长方体的正等轴测图，如图 5–5（b）所示。

（2）根据尺寸 *g* 作出切掉三棱柱的轴测图，如图 5–5（c）所示。

（3）根据尺寸 *e*、*d*、*f* 作出切掉四棱柱的轴测图，如图 5–5（d）所示。

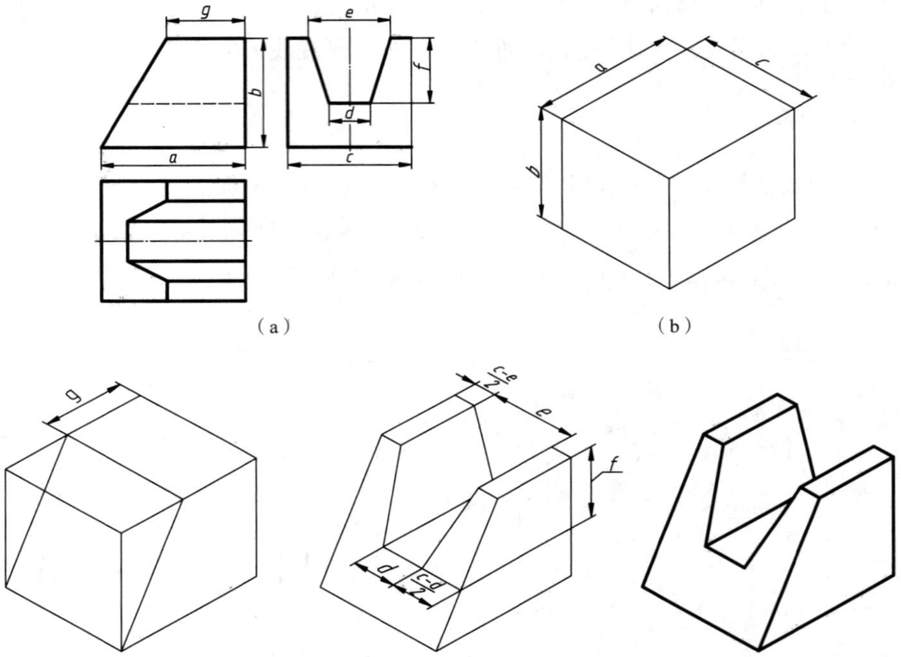

（a）（b）（c）（d）（e）

图 5–5 切口形体的正等轴测图作图过程

（4）擦除多余的作图线并描深轮廓线，如图 5–5（e）所示。

3. 叠加法

用形体分析法将形状复杂的立体看成由几个形体简单的基本体叠加而成，把这些基本体的轴测图按照相对位置关系叠加可得到整个立体的轴测图。

例 5–3 求作如图 5–6（a）所示叠加形体的正等轴测图。

分析 用形体分析法可将物体分解为两个四棱柱和一个三棱柱，用叠加的方法依次作图。

作图

（1）根据尺寸 *a*、*b*、*e* 画出底板的正等轴测图，如图 5–6（b）所示。

（2）根据尺寸 d、f 画出立板的正等轴测图，注意与底板的共面关系，如图 5–6（c）所示。

（3）利用斜板的斜棱两端点位于立板前棱线和底板上棱线中点的 $g/2$ 处，可作出斜线的两个端点，进而完成斜板的正等轴测图，如图 5–6（d）所示。

（4）擦除多余的作图线并描深轮廓线，如图 5–6（e）所示。

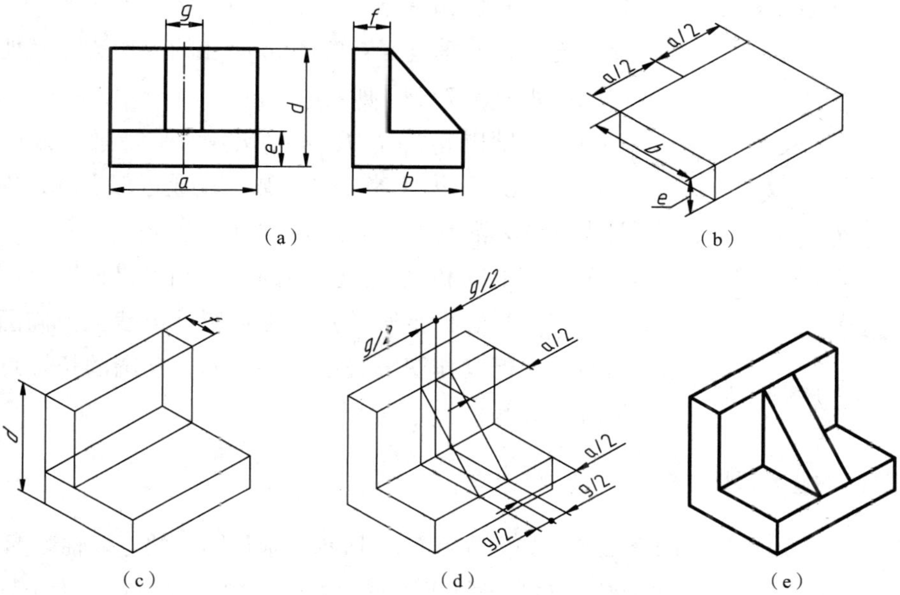

图 5–6　叠加形体的正等轴测图作图过程

5.2.3　曲面立体的正等测画法

1. 圆的正等测画法

平行于投影面的圆，其正等测图为椭圆，该椭圆常采用四段圆弧连接近似画出，称为菱形四心法。即用圆规以四个圆心画四条圆弧，近似地画出椭圆。以图 5–7（a）中水平面的圆为例，说明正等测圆的画法和步骤。

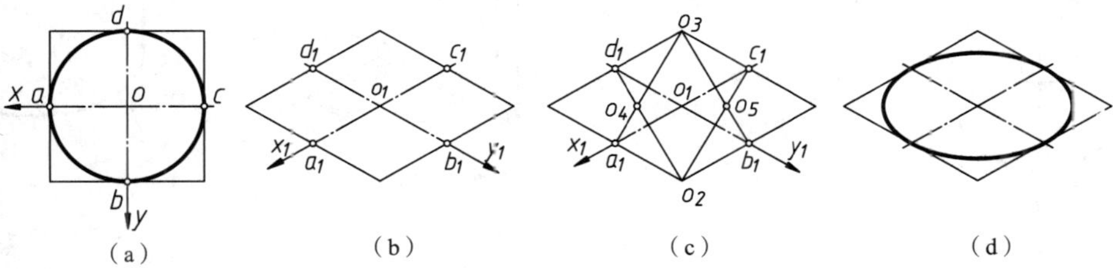

图 5–7　四心法画圆的正等轴测图

四心法画正等测圆（椭圆）作图步骤：

（1）通过圆心 o 作坐标轴和圆的外切正方形，切点为 a、b、c、d，如图 5–7（a）所示。

（2）画出轴测轴，在轴上量取圆半径的长度，得到切点 a、b、c、d 的轴测投影 a_1、b_1、c_1、d_1，过四个点作轴测轴的平行线，得到一个菱形，如图 5–7（b）所示。

（3）连接菱形的上、下两个顶点和对边的中点（a_1、b_1、c_1、d_1）得到交点 o_4、o_5，且此时连线 o_4a_1 垂直于对应的 a_1 所在的菱形边，其他处连线亦如此，如图 5–7（c）所示。

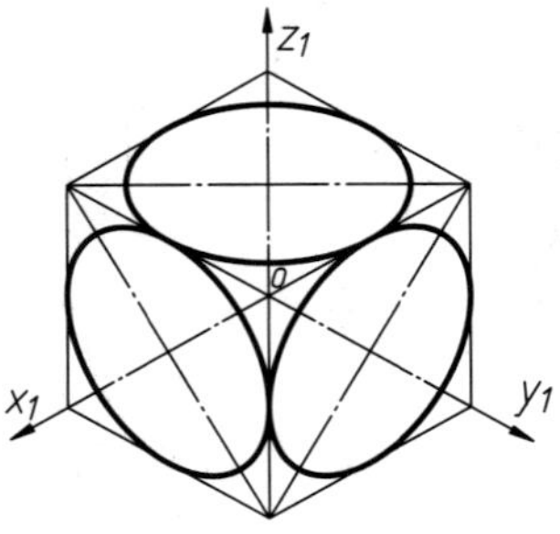

图 5–8 圆的正等测投影

（4）分别以 o_2、o_3 为圆心，o_3a_1 为半径画圆弧；分别以 o_4、o_5 为圆心，o_4a_1 为半径画圆弧，连成近似椭圆，擦除多余作图线并描深轮廓线，如图 5–7（d）所示。

正平面上圆和侧平面上圆的正等测也是椭圆，图 5–8 给出的是三个投影面上圆的正等测投影。虽然三个椭圆的长轴方向不同，但其作图方法都是一样的，椭圆的长轴总在菱形的长对角线上。

2. 圆柱的正等测画法

例 5–4 已知圆柱的两个视图，如图 5–9（a）所示，求作圆柱的正等轴测图。

分析 圆柱的上、下两个端面都是平行于水平面的圆，取上端面圆心为坐标原点，圆柱轴线方向为 Z 轴方向。

作图

（1）利用菱形四心法作出上端面的圆的正等轴测图，如图 5–9（b）所示。

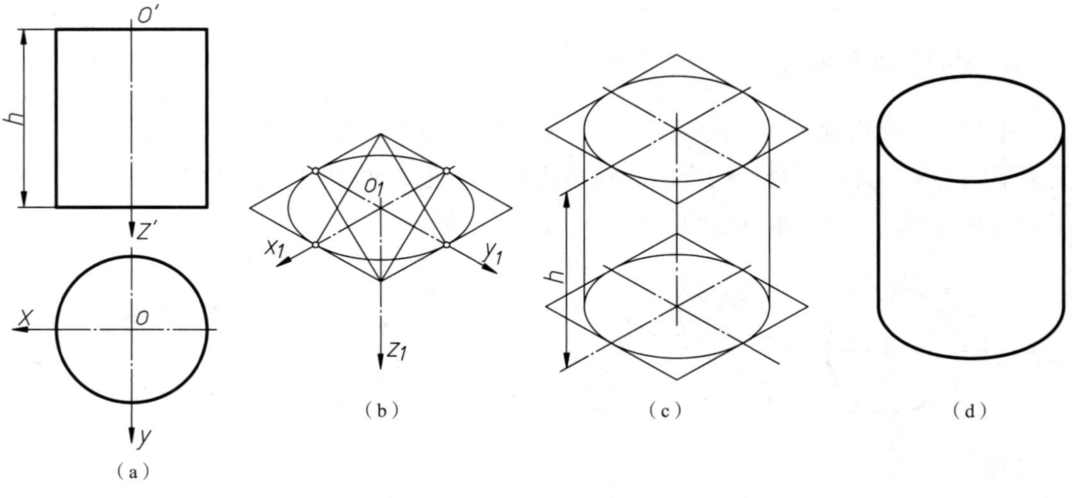

图 5–9 圆柱的正等轴测图

（2）将上端面的坐标原点沿 Z 轴向下移动 h 长度，然后利用菱形四心法作出下端面的圆的正等轴测图，如图 5–9（c）所示。

（3）分别作上、下两个椭圆的垂直公切线。擦除多余作图线条并描深轮廓线，完成圆柱的正等轴测图，如图 5–9（d）所示。

3. 圆角的正等测画法

例 5–5　图 5–10 所示为带圆角的平板，已知平板的两个视图，求作它的正等轴测图。

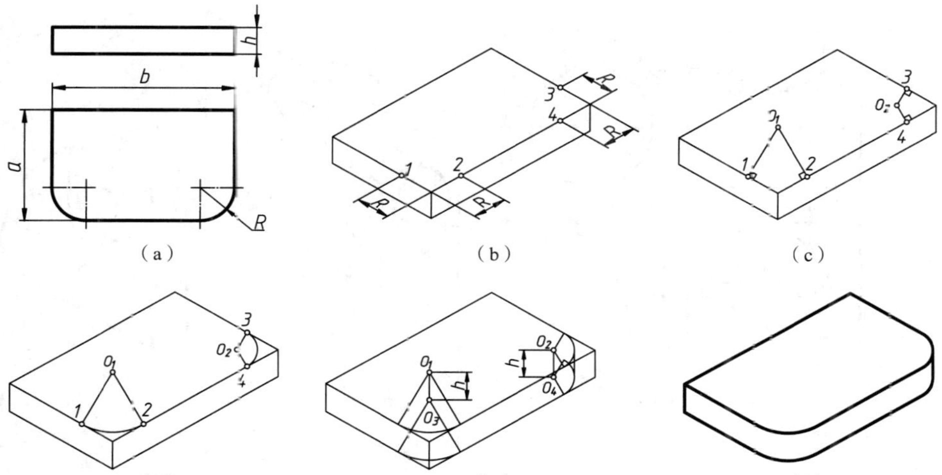

图 5–10　圆角的正等轴测图

分析　平板的前面左、右两个圆角都是圆柱面的四分之一，它们都与邻近平面端面相切。需要各自确定两个圆心位置，作出四分之一的椭圆。

作图

（1）根据尺寸 a、b、h 画出无圆角平板的正等轴测图，由角顶沿两边分别量取半径 R，得到点 1、2、3、4，如图 5–10（b）所示。

（2）过点 1、2、3、4 分别作所在边的垂线，点 1、2 对应垂线的交点为 o_1，点 3、4 对应垂线的交点为 o_2，如图 5–10（c）所示。

（3）以 o_1 为圆心，$o_1 1$ 为半径作弧，得到钝角处圆角的轴测图；以 o_2 为圆心，$o_2 3$ 为半径作弧，得到锐角处圆角的轴测图，如图 5–10（d）所示。

（4）将平板上面的圆心 o_1、o_2 分别下移平板的厚度 h，然后用上板同样的方法画出下板圆角的轴测图，在锐角两圆弧处作圆弧公切线，如图 5–10（e）所示。

（5）擦除多余的作图线并描深轮廓线，得到带圆角平板的正等轴测图，如图 5–10（f）所示。

4. 回转体相交的正等轴测图画法

交线在轴测图中有两种绘制方法：坐标法和辅助面法。

坐标法　根据多面正投影中交线上控制点的坐标，画出各点的轴测图，然后用曲线光滑连接而成。

辅助面法　根据产生交线的几何体的相对位置，先作出几何体的轴测图，再在轴测图上用辅助面求作交线。

例 4-6　已知异径圆柱正交的三视图，如图 5-11（a）所示，求作其正等轴测图。

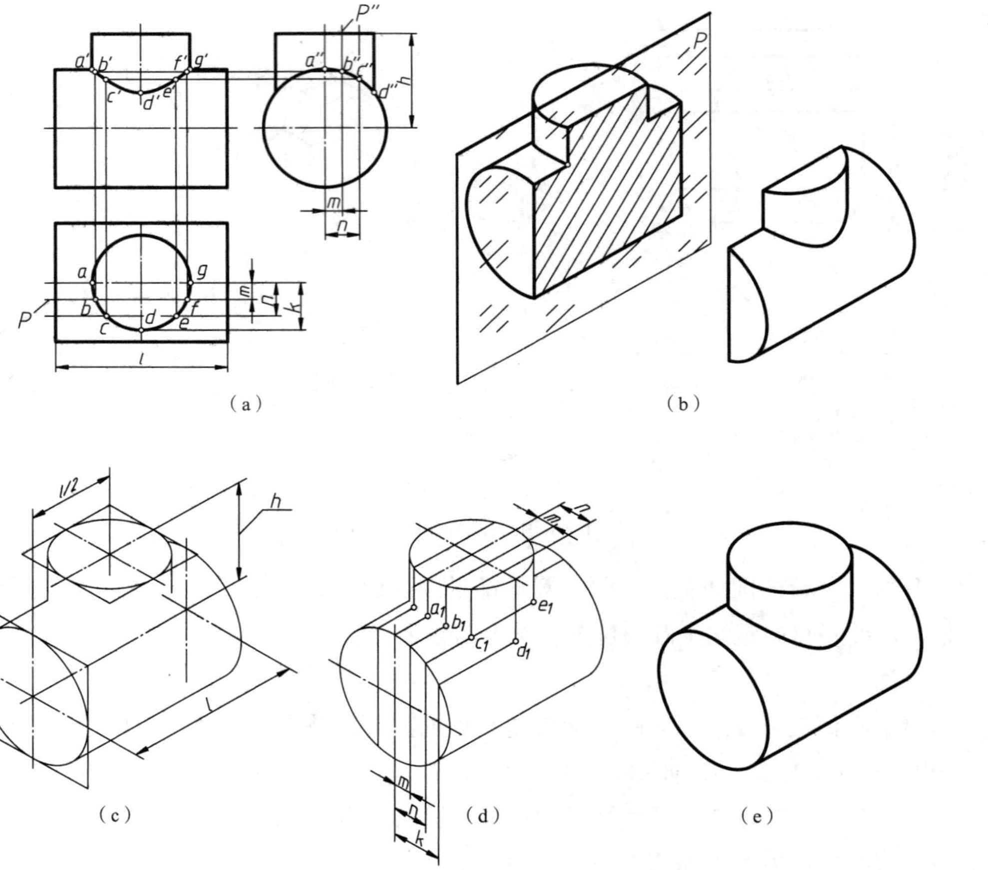

（a）　（b）

（c）　（d）　（e）

图 5-11　异径圆柱正交的正等轴测图

分析　正平面 P 与大、小圆柱的轴线都平行，连接正平面与大、小圆柱交线的交点，即可得到两个圆柱交线上的共有点，连接多个共有点则画出两圆柱的交线，如图 5-11（b）所示。

作图

（1）根据图尺寸 l、h 画出两个圆柱的正等轴测图，如图 5-11（c）所示。

（2）两圆柱正面投影的转向轮廓线的交点为 A、G，画出轴测投影中可见的 a_1，如图 5–11（d）所示。

（3）在距中心线为 m 处画出正平面 P，平面 P 与两个圆柱相交，分别得到两条直线，两直线的交点为 B、F 点，画出轴测投影中可见的 b_1，如图 5–11（d）所示。

（4）利用步骤（3）的方法求出 c_1 和 e_1，如图 5–11（d）所示。

（5）在距大圆柱中心线 k 处作平面，平面与大圆柱相交得到的直线与小圆柱最前转向轮廓线的交点为 d_1，如图 5–11（d）所示。

（6）将求出的各点光滑连接，擦除多余的作图线并描深轮廓线，如图 5–11（e）所示。

在实际作图中，常常可以根据具体情况将两种方法结合使用。例如，在求作交线上点 B 时，可以先根据 Y 坐标值 m 作出辅助平面 P 与竖直圆柱的交线，再在此交线上根据点 B 的 Z 坐标确定点 B 在轴测图的位置；或作出辅助平面与水平圆柱的交线，在此交线上根据 X 坐标确定点 B。

5.3 斜二等轴测图

5.3.1 轴间角和轴向伸缩系数

斜二等轴测图是由斜投影法得到的轴测图，如图 5–12（a）所示。当立体的两个坐标轴 OX 和 OZ 与轴测投影面平行，而投射方向 S 与轴测投影面倾斜时，所得的轴测图就是斜二等轴测图，简称斜二测。

将坐标轴 OZ 垂直放置，并使坐标面 XOZ 平行于轴测投影面 P，则轴测轴 o_1x_1 和 o_1z_1 分别为水平方向和铅垂方向，即∠ $x_1o_1z_1$=90°，o_1x_1、o_1z_1 轴的轴向变形系数 $p=r=1$。而轴测轴 o_1y_1 的方向和轴向变形系数 q 是依据斜投影方向改变而改变。国家标准中规定斜二等轴测图的 o_1y_1 轴的方向为：轴间角∠ $x_1o_1y_1$、∠ $y_1o_1z_1$=135°，即 o_1y_1 轴与水平线成 45°，其轴向变形系数 q=0.5，如图 5–12（b）所示。

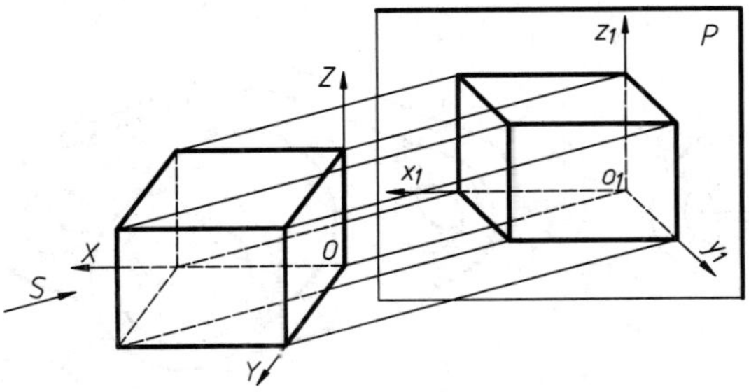

（a）斜二等轴测图的形成

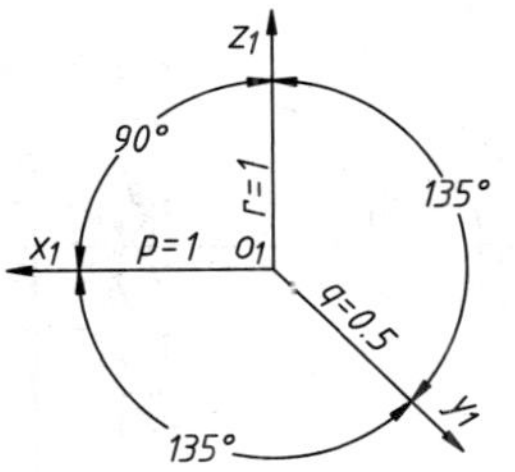

（b）斜二等轴测图的参数

图 5–12 斜二等轴测图

5.3.2 斜二等轴测图的画法

斜二等轴测图的特点是立体上与轴测投影面平行的表面，在轴测投影中反映实形，因此在绘制轴测图时，应尽可能使物体形状复杂（主要是较多的圆或圆弧）的面与轴测投影面平行。

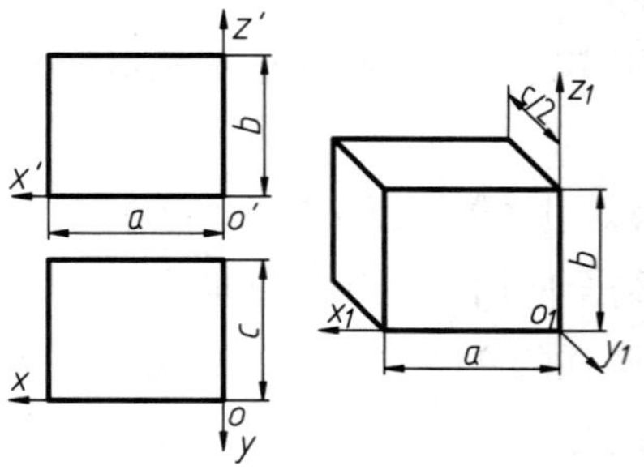

图 5-13 长方体的斜二等轴测图

斜二等轴测图的具体画法与正等轴测图的画法类似，但它的轴间角和轴向变形系数不同，斜二等轴测图的轴向变形系数 q=0.5，画斜二等轴测图时，沿 o_1y_1 轴方向的长度取物体相应长度的一半，图 5-13 所表示的是长方体的斜二等轴测图。

用于绘制正等测的坐标法、切割法、叠加法等方法同样适用于绘制斜二测。

例 5-7 已知填料压盖的两视图，如图 5-14（a）所示，求作其斜二等轴测图。

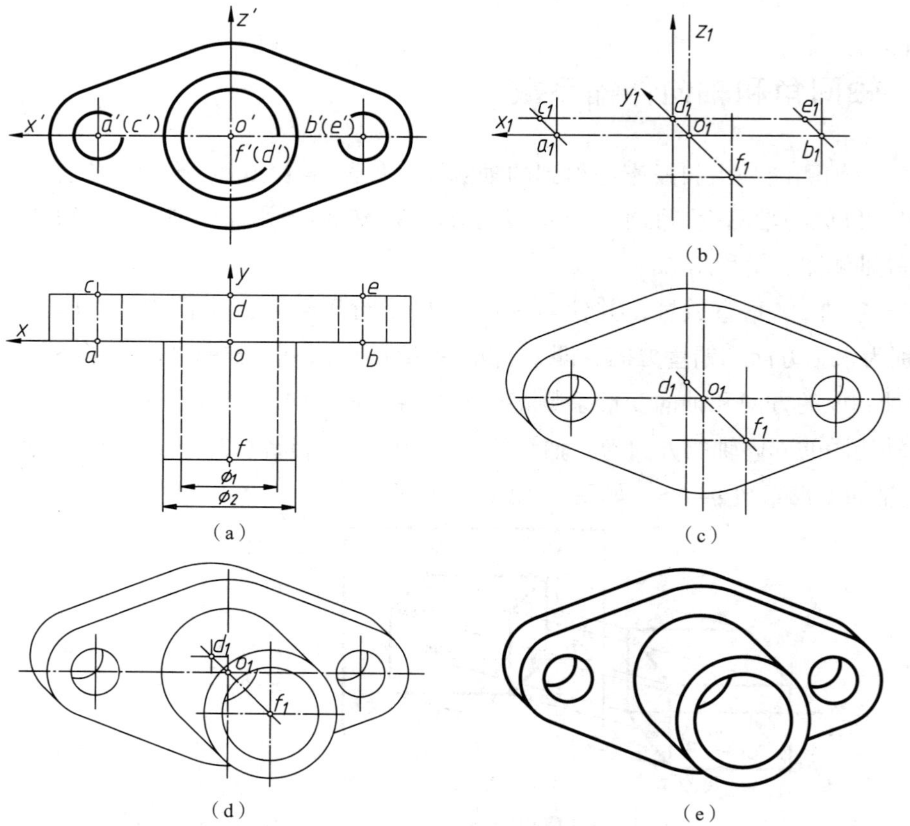

图 5-14 填料压盖的斜二等轴测图

分析　填料压盖经过形体分析，它由底板和圆筒叠加而成。填料压盖沿着圆筒的轴线上下、左右对称取底板前面的中心为坐标原点确定坐标系，如图 5–14（a）所示。

作图

（1）作轴测轴，在 x_1 轴上按变形系数 $p=1$ 和点 A、B 的 x 坐标确定 a_1、b_1；在 y_1 轴上按变形系数 $q=0.5$ 和点 C、D、E、F 的 y 坐标确定 c_1、d_1、e_1、f_1，如图 5–14（b）所示。

（2）分别以 o_1、d_1 为中心点，画出底板的端面原形，擦除遮挡的图线，如图 5–14（c）所示。

（3）分别以 o_1、f_1 为圆心，ϕ_1 为直径作圆；分别以 d_1、f_1 为圆心，ϕ_2 为直径作圆，并作公切线，擦除遮挡的图线，如图 5–14（d）所示。

（4）擦除多余的作图线并描深轮廓线，如图 5–14（e）所示。

5.4　轴测图的选择

5.4.1　正等轴测图的特点和选择原则

正等轴测图的三个轴间角均为 120°，用三角板作图方便；三个轴向伸缩系数相等且简化伸缩系数均为 1，度量方便；平行于各坐标面的圆的轴测投影为形状相等的椭圆，其近似画法简单。此外，正等轴测图立体感也较好，一般情况下优先考虑选月。特别是当与三个坐标面平行的平面上都有圆的较复杂物体形，如图 5–14（a）所示结构，更应使用正等轴测图。

5.4.2　斜二等轴测图的特点和选择原则

斜二等轴测图的最大特点是物体正面形状轴测投影不变形，最适合表达只有一个方向形状复杂（曲线或圆较多），而其他两个方向形状简单的物体，如图 5–15（b）所示机构。但对比正等轴测图，斜二等轴测图的缺点是立体感稍差，不够形象。

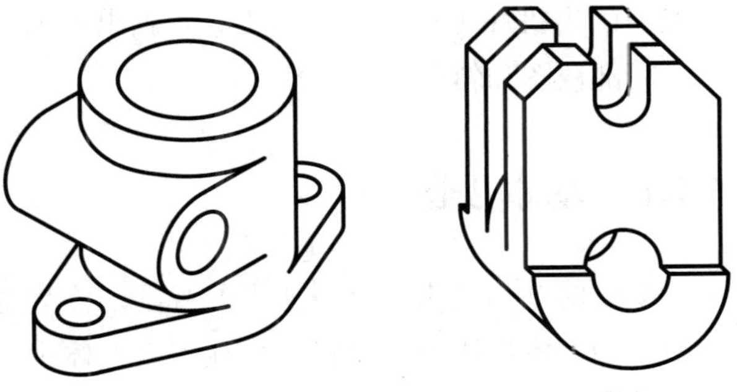

（a）　　（b）

图 5–15　正等轴测图和斜二等轴测图的比较

第 6 章　机件的表达方法

在工程实际中，机件的结构形状是多种多样的，要想准确、完整、清晰地表达出它们外形和内形的复杂结构，仅采用主、俯、左三个视图和“可见部分画粗实线，不可见部分画细虚线”的方法是不够的。为此，机械制图和技术制图相关标准规定了各种复杂机械图样的常用表达方法——视图、剖视图、断面图、局部放大图、规定画法及其他简化画法。掌握这些表达方法是正确绘制和阅读工程图样的基本条件，每个工程技术人员在绘图时必须遵守这些规定。

本章将重点介绍各种表达方法的基本概念、画法及标注方法。在绘制机械图样时，要根据机件的结构特点，选用适当的表达方法，做到灵活运用，在完整、清晰表达内、外形结构的前提下，力求作图简便。

6.1　视图

用正投影法所绘制出的物体图形称为视图，主要用来表达机件的外部结构形状，一般只画出机件可见部分，必要时才画出不可见部分。视图通常可分为基本视图、向视图、局部视图和斜视图。

6.1.1　基本视图

物体向基本投影面投射所得的视图，称为基本视图。国家标准规定：以正六面体的六个面为基本投影面，将机件放在正六面体中，分别向六个基本投影面投射，得到六个基本视图。除了前几章所介绍的主视图、左视图和俯视图外，增加了由右向左投射所得到的右视图、由下向上投射所得到仰视图、由后向前投射所得到后视图、六个投影面按如图 6–1（a）所示方法展开，展开后六个基本视图的位置配置关系如图 6–1（b）所示。

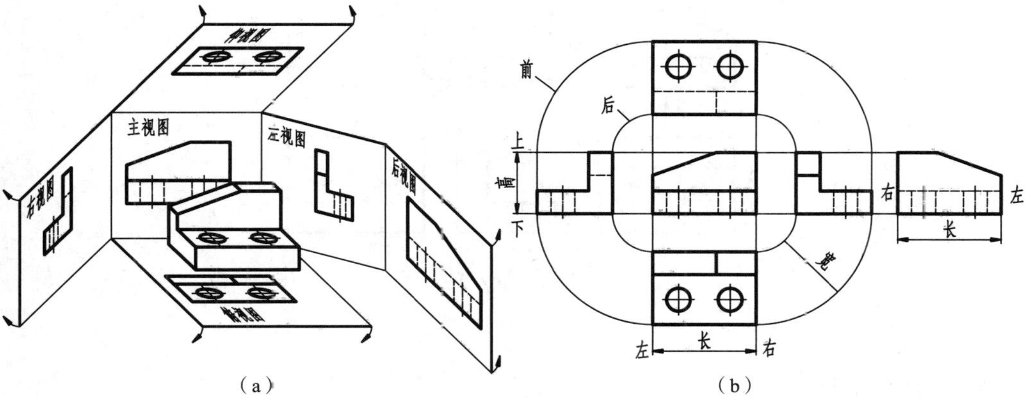

（a）　　　　（b）

图 6–1　六个基本视图

六个基本视图的对应关系，仍遵守“三等”规律，即：主、俯、仰、后视图长对正（后视图与主、俯、仰视图等长），主、左、右、后视图高平齐，左、右、俯、仰视图宽相等。

六个基本视图的配置，反映了机件的上下、左右、前后的位置关系。注意后视图由于翻转 180°，其左右位置与其他视图相反；其中左、右、俯、仰视图靠近主视图的一边代表物体的后面，而远离主视图的一边代表物体的前面，如图 6–1（b）所示。

一般情况下，表达机件优先选用主、俯、左三视图，必要时在三视图基础上适当增减其他视图。为了便于读图，视图一般只画出机件的可见部分，必要时才画出不可见部分。如图 6–2 所示的机件，为了更好地表达清楚左右两侧面的结构形状，采用了右视图、主视图及左视图三个基本视图表达，在左、右两个视图中省略了一些不必要的虚线。

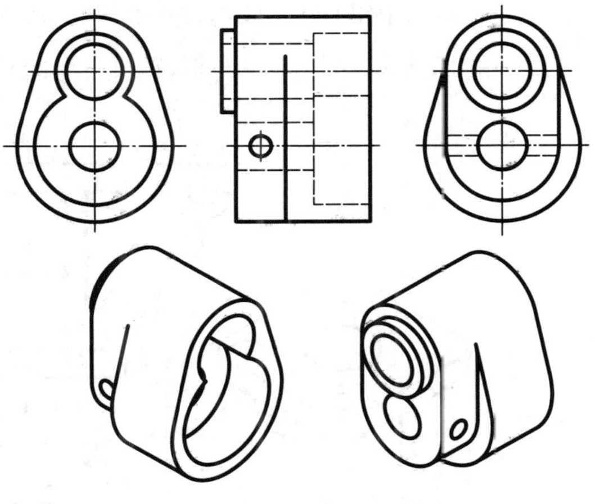

图 6–2　基本视图的应用

6.1.2　向视图

当六个基本视图在同一张图纸内按基本投影关系配置时［图 6–1（b）］，可以不标注视图的名称。若某个视图不能按基本投影关系配置，则应在该视图的上方标出“×”（“×”为大写拉丁字母），在相应视图的附近用箭头指明投射方向，并标注相同的字母，这种位置可自由配置的视图称为向视图，如图 6–3 所示。

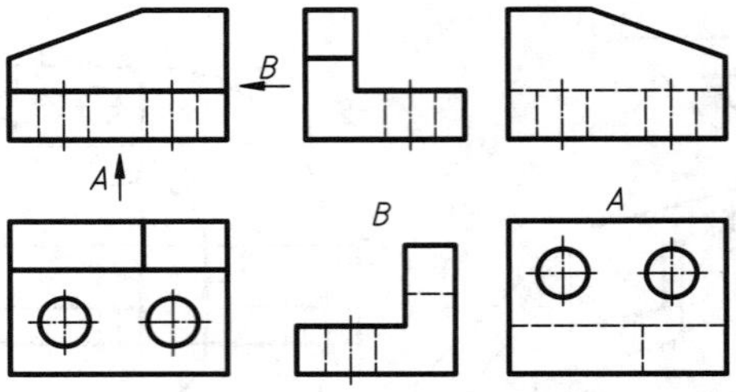

图 6–3　向视图

6.1.3　局部视图

当机件仅有局部结构形状需要表达，而又没有必要画出其完整的基本视图时，可将物体的某一部分向基本投影面投射，所得的视图称为局部视图。

局部视图的画法和标注：

（1）局部视图的断裂处边界用波浪线（如图 6–4 中 *A*、*B* 向局部视图）或双折线表示。当所表示的局部结构是完整的，且外轮廓又成封闭时，则波浪线或双折线可省略（如图 6–4 中 *C* 向局部视图）

（2）局部视图可按基本视图的形式配置（如图 6–4 中 *A*、*B* 向局部视图）；也可以按向视图的形式配置并标注，标注方法与向视图相同，如图 6–4 中 *C* 向局部视图。

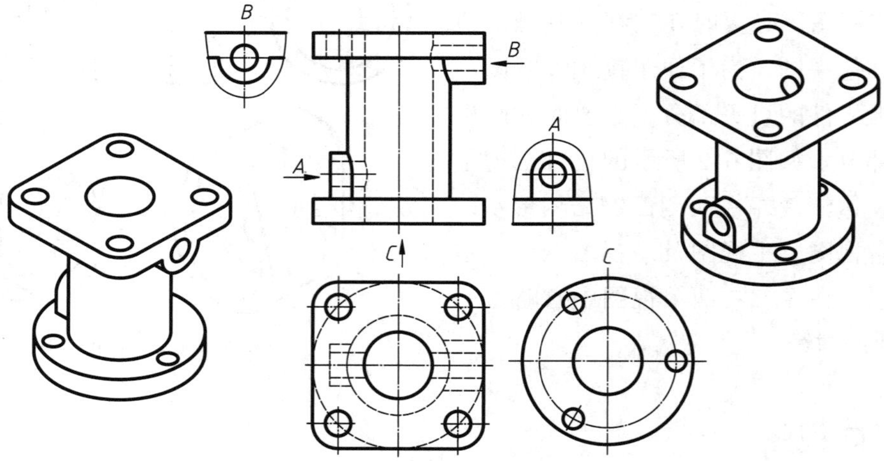

图 6–4　局部视图的画法

6.1.4　斜视图

当机件的某部分表面与基本投影面处于倾斜位置时，基本投影面上不能反映该部分表面的实形，如图 6–5（a）所示。这时，设置一个与倾斜表面平行的新投影面，在该投影面上得到的投影反映倾斜部分的实形，如图 6–5（b）所示。物体向不平行于基本投影面的平面投射所得的视图，称为斜视图。

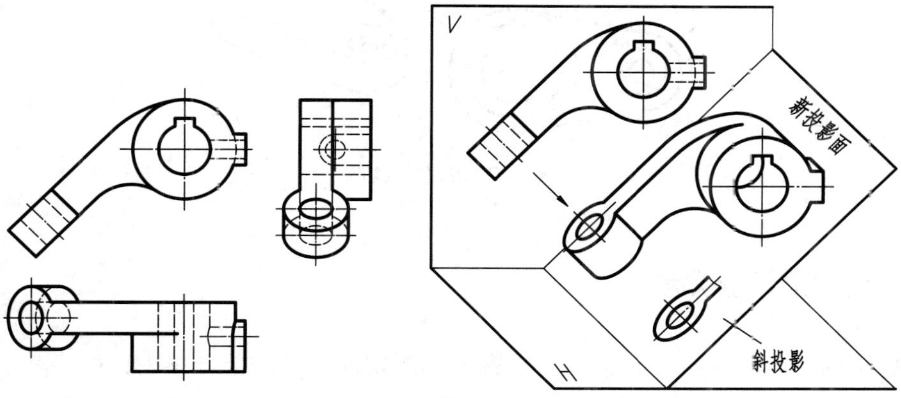

（a）　　（b）

图 6–5　斜视图的形成

斜视图的画法和标注：

斜视图一般只表达倾斜部分的局部形状，其余部分不必全部画出，可用波浪线或双折线断开。斜视图通常按向视图的形式配置并标注。注意表示斜视图名称的大写拉丁字母应按正常方向书写，不要随视图倾斜而改变方向，如图 6–6 所示。

必要时也可以平移到其他适当位置。在不引起误解时，允许将斜视图旋转，如图 6–6（a）所示，旋转符号的箭头指示旋转的方向，旋转符号的半圆半径等于字高；表示该视图名称的大写拉丁字母应靠近旋转符号的箭头端，需给出旋转角度时，角度应注写在字母之后，如图 6–6（b）所示。

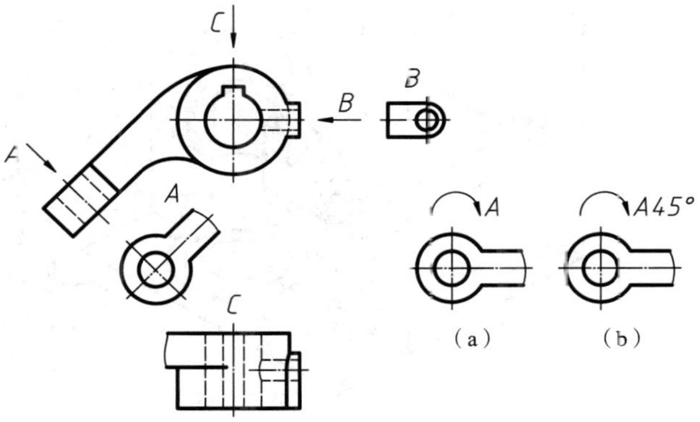

图 6–6　斜视图的画法

6.2　剖视图

当机件的内部结构较复杂时，用视图表达将会出现较多虚线，这样既不便于看图，也不便于标注尺寸和其他要求，如图 6–7 所示。为了解决这个问题，使原来不可见的部分变为可见的，国家标准中规定了剖视图的表达方法，以此方法表示机件的内部结构。

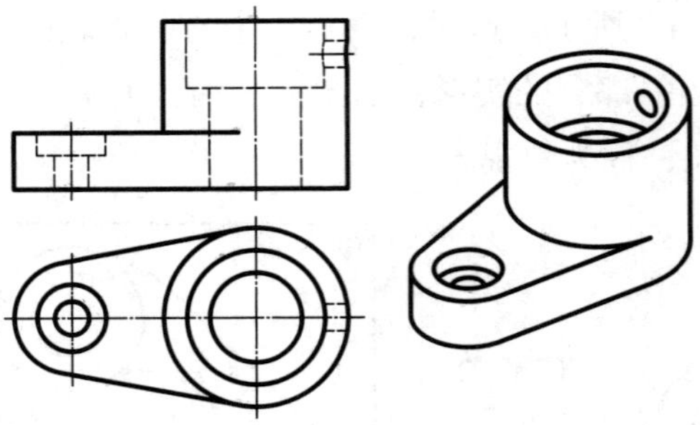

图 6–7　机件的视图

6.2.1　剖视图的概念

假想用剖切面剖开机件，将处在观察者和剖切面之间的部分移去，而将其余部分向投影面投射所得的图形称为剖视图，简称剖视。通常在剖切面与机件的接触部分（称剖面区域）画上剖面符号，如图 6–8（a）所示。采用剖视图后，机件内部不可见的轮廓成为可见，可以用粗实线绘制，这样图形比较清晰，便于看图和标注尺寸，图 6–8（b）的主视图就是剖视图。

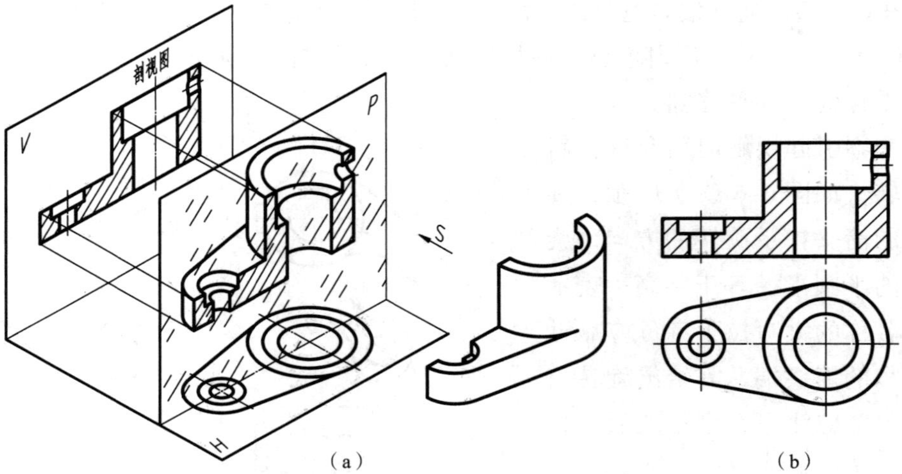

（a）　　（b）

图 6–8　剖视图的基本概念

6.2.2　剖视图的画法

1. 确定剖切面的位置

剖切面包括剖切平面和剖切圆柱面，以单一剖切平面说明剖视图的画法。剖切平面一般应通过机件的对称平面或轴线，并要平行或垂直于某一投影面。如图 6–8（a）所示，为了使主视图中的内孔变成可见并反映实际大小，剖切平面应平行于正投影面并通过内孔的对称中心线。

2. 画出剖切面后剩余部分的投影

在作图时要弄清楚剖切后情况：哪些部分移走了？那些部分留下了？那些部分切到了？切到部分的截面形状是什么样的？

若要由含细虚线的视图改成剖视图，则先将剖到的内形轮廓线和剖切面后可见的轮廓线画成粗实线，再去掉多余的外形轮廓线；若要由机件直接画成剖视图，则先画出在剖切面上的内孔形状和外形轮廓，再画出剖切面后的可见轮廓线。

3. 在剖面区域画上剖面符号

剖面符号与机件的材料相对应，各种材料的剖面符号如表 6–1 所示。金属材料（或不需在剖面区域中表示材料的类别时）的剖面线用与图形的主要轮廓线或对称线成 45° 的相互平行的细实线画出（称通用剖面线）。

表 6-1　剖面符号

材料名称	剖面符号	材料名称	剖面符号
金属材料（已有规定剖面符号者除外）	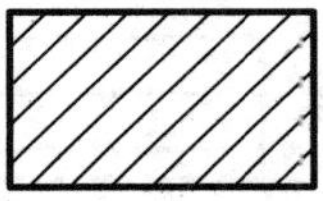	固体材料	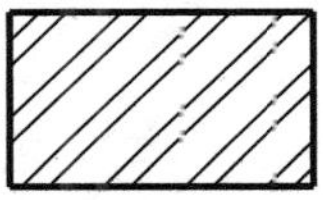
线圈绕组元件	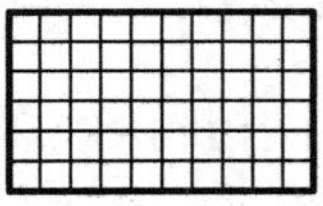	玻璃及供观察用的其他透明材料	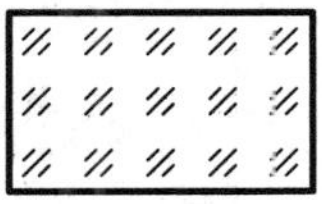
转子、电枢、变压器和电抗器等的叠钢片		液体材料	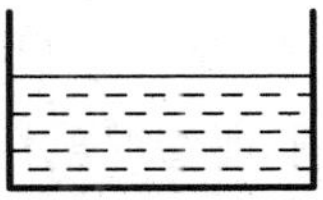
型砂、填砂、粉末冶金、砂轮、陶瓷刀片、硬质合金刀片等	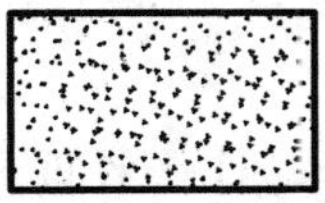	非金属材料（已有规定剖面符号者除外）	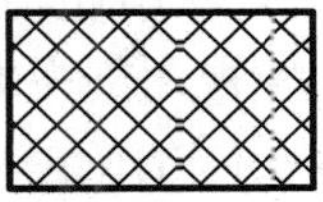

当画出的剖面线与图形中的主要轮廓线或剖面区域的对称线平行时，可将剖面线画成与主要轮廓线或剖面区域的对称线成 30° 或 60° 的平行线，其倾斜的方向仍与其他图形的剖面线一致，如图 6–9 所示。

剖面线之间的距离视剖面区域的大小而异，通常取 2~4mm（图 6–10），同一机件的各个剖面区域，其剖面线画法应一致。

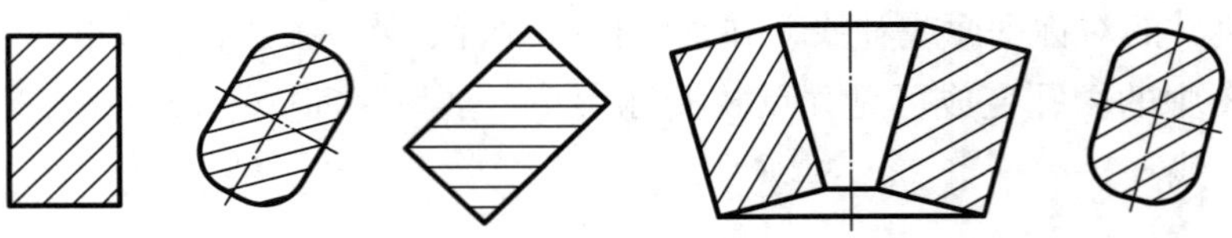

图 6-9　剖面线画法

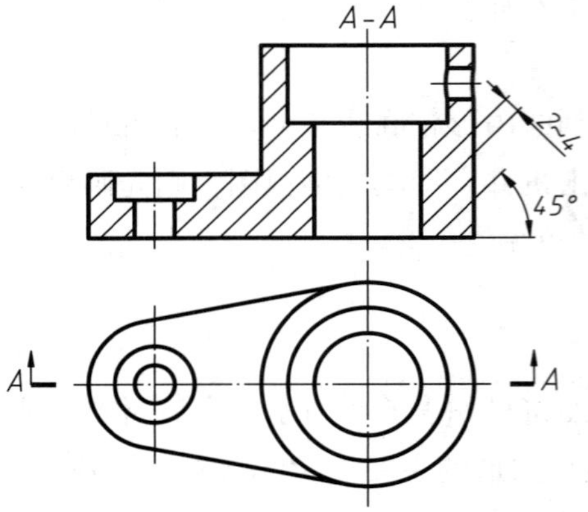

图 6-10　剖面线画法和剖视图标注

4. 剖视图的标注

为了便于看图，在画剖视图时，应将剖切平面位置、投射方向和剖视图名称标注在相应的视图上，如图 6-10 所示。

剖视图的标注内容和要求如下：

（1）剖切线　表示剖切面的位置，用细点画线表示，一般情况下可省略（图 6-11）。

（2）剖切符号　表示剖切平面的起、讫和转折的位置，用（1~1.5）d（d 为粗实线宽度），长约 5~8mm 的粗实线表示，在剖切符号的外端画出投射方向（箭头）。剖切符号应尽量避免与图形的轮廓线相交。

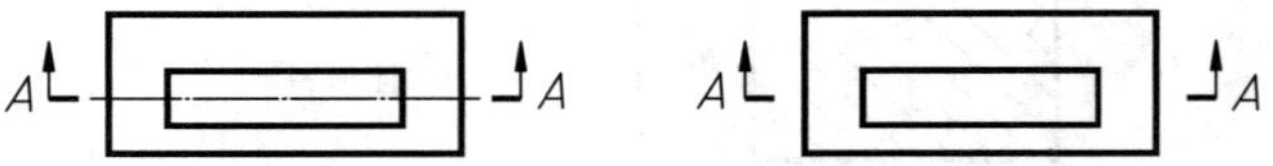

图 6-11　剖视图的标注方法

（3）剖视图名称　在箭头附近或转折处，标注相同的大写字母“×”（“×”为大写的拉丁字母），在相应剖视图上方注写剖视图名称“×-×”。如果在同一张图上同时有几个剖视图，则其名称应按字母顺序排列，不得重复。

下列情况剖视可以省略标注：

（1）当剖视图按基本视图关系配置，中间没有其他图形隔开时，可省略箭头，如图 6-18 俯视图剖视的标注省略了箭头。

（2）当用单一剖切通过机件的对称平面或基本对称平面，且剖视图按基本视图关系配置，中间没有其他图形隔开时，可省略标注。如图 6-18 主视图剖视的标注完全省略；图 6-10 的标注是完整的，实际画图时可以画成与图 6-8（b）一样，完全省略标注。

5. 画剖视图应注意的问题

（1）剖切平面一般应通过机件的对称面或轴线，并要平行或垂直于某一投影面。

（2）剖视图是在作图时假想把机件切开而得到的，实际的机件并没有切去一部分，所以在一个视图上取剖视后，其他视图不受影响，仍按完整的机件画出，注意图 6–12 中的错误。

（3）剖切平面后方的可见部分应全部画出，不能遗漏，但剖切面前的图线也不能多画。图 6–13 表示几种不同结构阶梯孔的剖视图画法，应注意区别画法与结构的对应关系。

（4）对于剖视图中已经表达清楚的结构，其细虚线常省略不画，如图 6–10 中右侧小孔不必用细虚线在俯视图中画出。

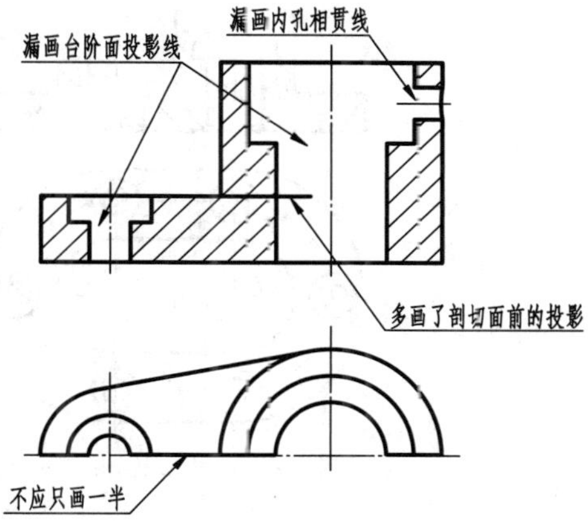

图 6–12　剖视图的错误画法

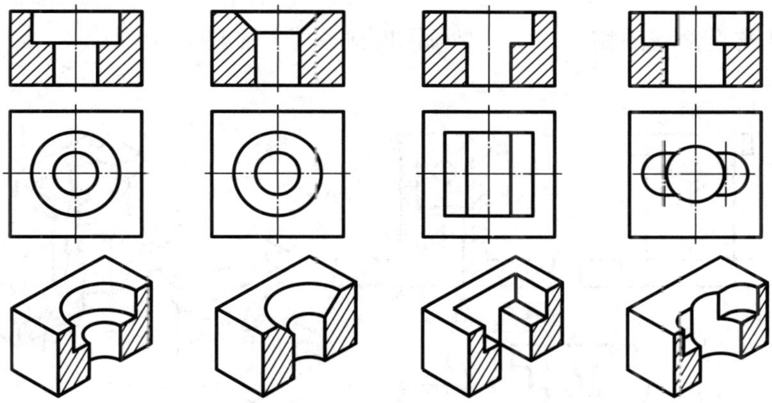
图 6–13　不同结构阶梯孔的剖视图

6.2.3　剖视图的种类及其适用条件

国家标准规定，剖视图根据机件被剖切范围的大小可分为全剖视图、半剖视图和局部剖视图三种。

1. 全剖视图

用剖切面完全地剖开物体所得到的剖视图，称为全剖视图。全剖视图主要用于外形相对简单、内形较复杂、在投影方向上不对称机件，如图 6–14（a）所示；或外形简单的回转体机件，如图 6–14（b）所示。全剖视图的标注规则同前所述。

2. 半剖视图

当机件具有对称平面时，向垂直于对称平面的投影面上投射所得的图形，可以以对

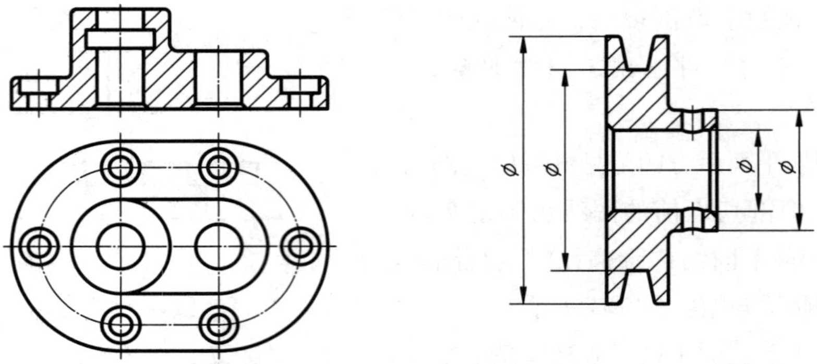

（a）用全剖视表示内形复杂的不对称机件　　（b）用全剖视表示简单对称机件

图 6–14　全剖视图

称中心线为界，一半画成剖视图，另一半画成视图，这种剖视图称为半剖视图。半剖视图的剖切方法与全剖视图相同，仅仅是画图时画一半，如图 6–15 所示。

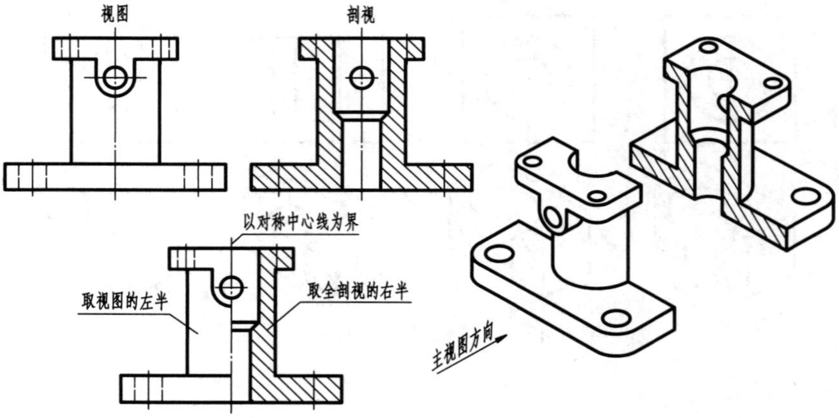

图 6–15　半剖视图的形成

半剖视图主要用于内、外形状都需要表示的对称机件，如图 6–16 所示。机件的形状基本对称，且其不对称部分已另有视图表达清楚时，也允许画成半剖视图（图 6–17）。

由于半剖视图所表示的机件对称，所以在半个剖视图中已表示清楚的内形，其在半个视图中的细虚线不再画出，对孔等结构需用细点画线表示其中心线位置；而未表示清楚的内形允许画少量的虚线。

半剖视的标注规则与全剖视相同。图 6–16 中，主视图所取剖视的剖切平面与机件的前后对称面重合，所以主视图可以省略标注；而对俯视图，所取剖视的剖切平面不是机件的对称面，所以在图上需要标出剖切符号和剖视名称，但是箭头可以省略，如图 6–18 中的标注方法。

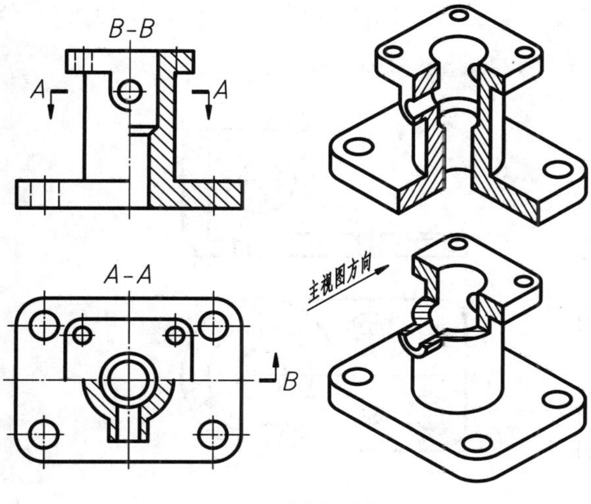

图 6–16　半剖视图

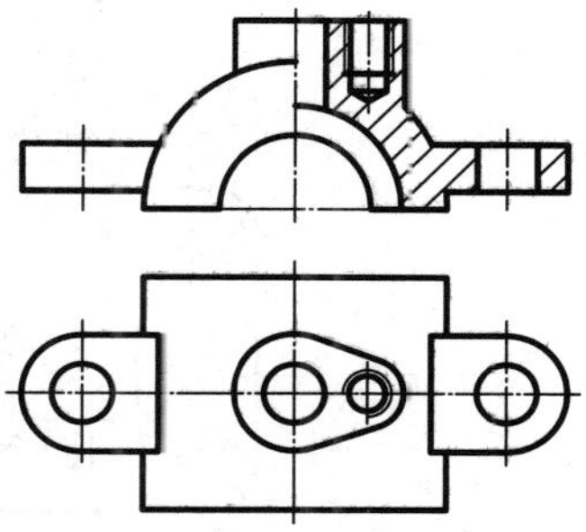

图 6–17　用半剖视表示基本对称机件

3. 局部剖视图

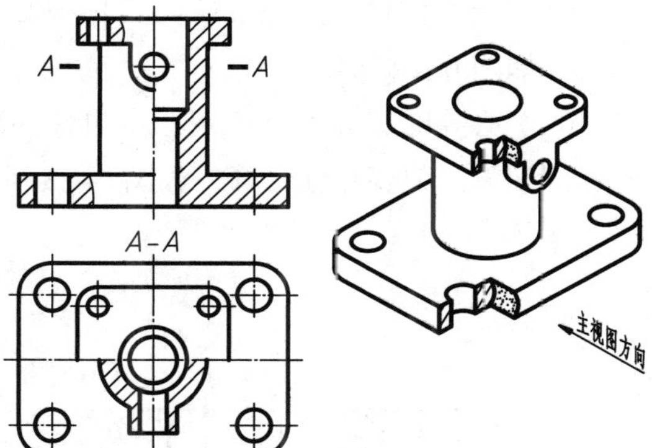

图 6–18　局部剖视图的剖切

用剖切面局部地剖开物体所得的剖视图，称为局部剖视图，如图 6–18 所示。局部剖视图以波浪线或双折线表示剖切范围。

局部剖视图不受图形是否对称的限制，剖切位置及剖切范围都比较灵活，一般用于下列几种情况：

（1）当机件只有局部内形需要表达，因而不必或不宜采用全剖视。如图 6–19 所示的拉杆，只有左、右两端有局部内腔和圆孔、小螺孔，而中间部分为实心杆，这种情况应采用局部剖视。此外，当轴、手柄、连杆等实心零件上有小孔和槽等局部内部结构需要表达时，也应采用局部剖视，如图 6–20 所示。

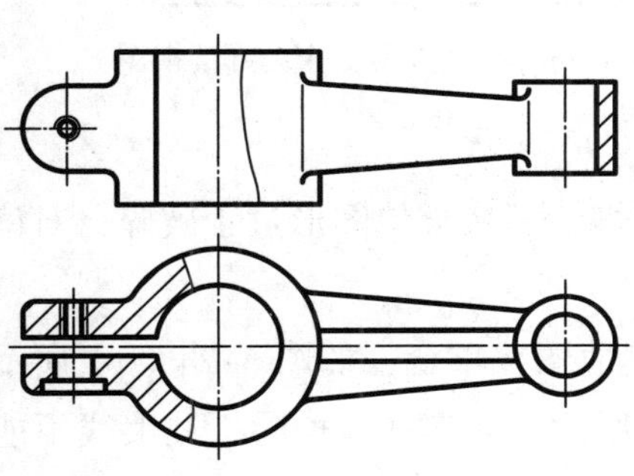

图 6–19　拉杆的局部剖视图

图 6–20　局部剖视表示实心零件的局部内部结构

（2）当不对称机件的内、外形均需要表达，而它们的投影基本上不重叠时，采用局部剖视，可以把机件的内、外形都表示清晰，如图 6–21 所示。

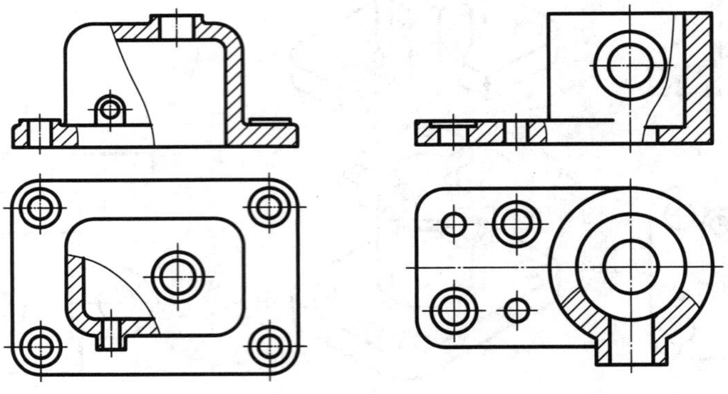

（a）　　（b）

图 6–21　用局部剖视表示不对称的复杂机件

（3）当对称机件的轮廓线与对称中心线重合，不宜采用半剖视，此时可以采用局部剖视，如图 6–22 所示。

（4）必要时，允许在剖视图中再作一次简单的局部剖视，这时两者的剖面线应同方向、同间隔，但要相互错开，如图 6–23 所示。

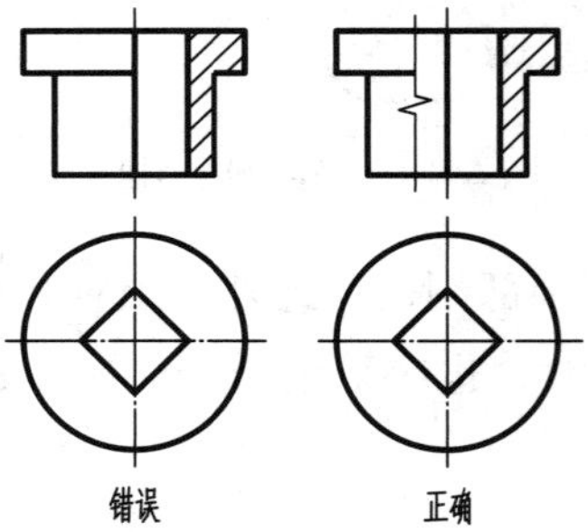

图 6–22　用局部剖视代替半剖视图

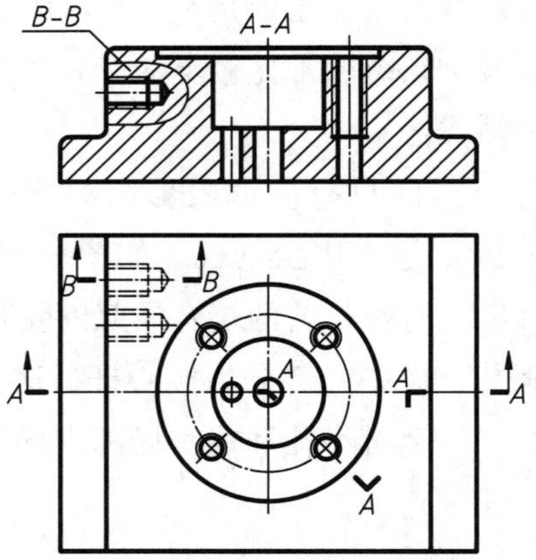

图 6–23　在剖视图上作局部剖视图

在画局部剖视图时应注意以下几点：

（1）在同一剖视图中，局部剖视的数量不宜过多，不然会使图形过于破碎，对读图不利。

（2）表示剖切范围的波浪线，不应和图形上其他图线重合，如图 6–24（a）所示；也不该画在其他图线的延长线上，如图 6–24（b）所示；如遇孔、槽时，波浪线不能穿空而过，也不能超出视图的轮廓线，如图 6–25 所示。

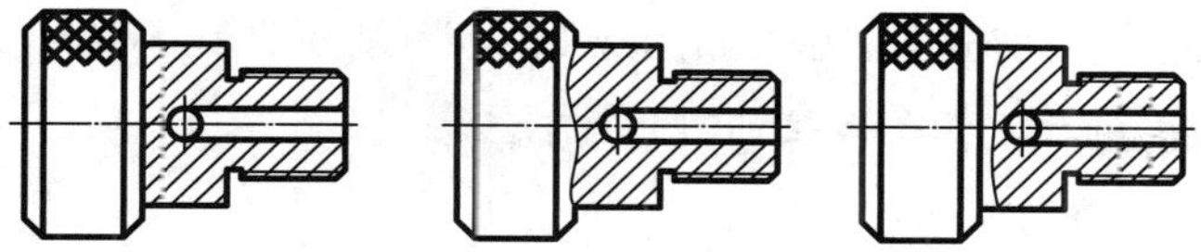

图 6–24 波浪线不应与轮廓线重合

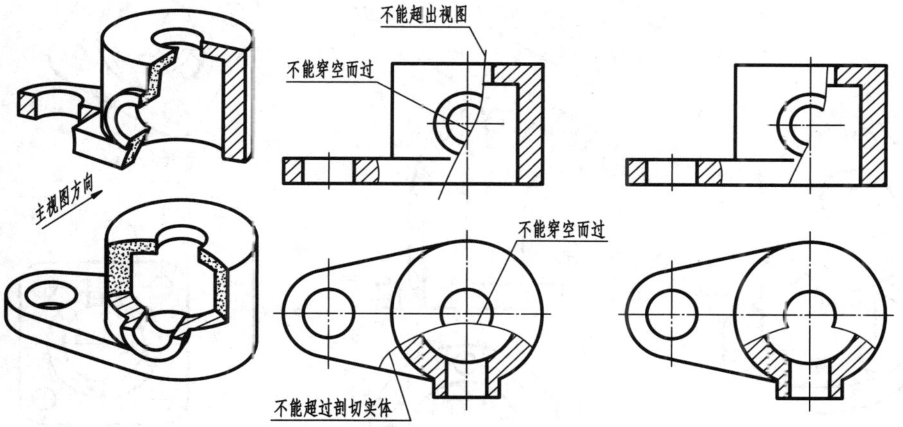

图 6–25 局部剖视图波浪线画法正误对比

（3）当使用双折线表示局部剖视范围时，双折线端头要超出轮廓线少许，如图 6–22 所示。

（4）当被剖结构为回转体时，允许以该结构的对称中心线作为局部剖视图与视图的分界线，如图 6–19 所示的右侧结构。

局部剖视图的标注与全剖视相同。当单一剖切平面的剖切位置明确时，局部剖视图不必标注。在剖视图中作的局部剖视，为清楚起见，需进行标注，如图 6–23 所示的 *B-B*。

6.2.4 剖切面的种类

国家标准规定：根据物体的结构特点可选择单一剖切面（平面或圆柱面）、几个平行的剖切平面、几个相交的剖切面剖开物体画出剖视图。

1. 单一剖切面

单一的剖切面可以是投影面平行面，如图 6–26 的 *B-B* 剖切面是水平面；也可以是投影面的垂直面，如图 6–26 的 *A-A* 剖切面是正垂面，此种剖切方法也称斜剖。采用斜剖时，必须标全剖切符号，注明剖视图名称。斜剖视图一般按投影关系配置［图 6–26

（b）]，必要时可以平移到适当地方，如图 6–26（c）所示；在不致引起误解时，允许将图形旋转并标注旋转符号，如图 6–26（d）所示。

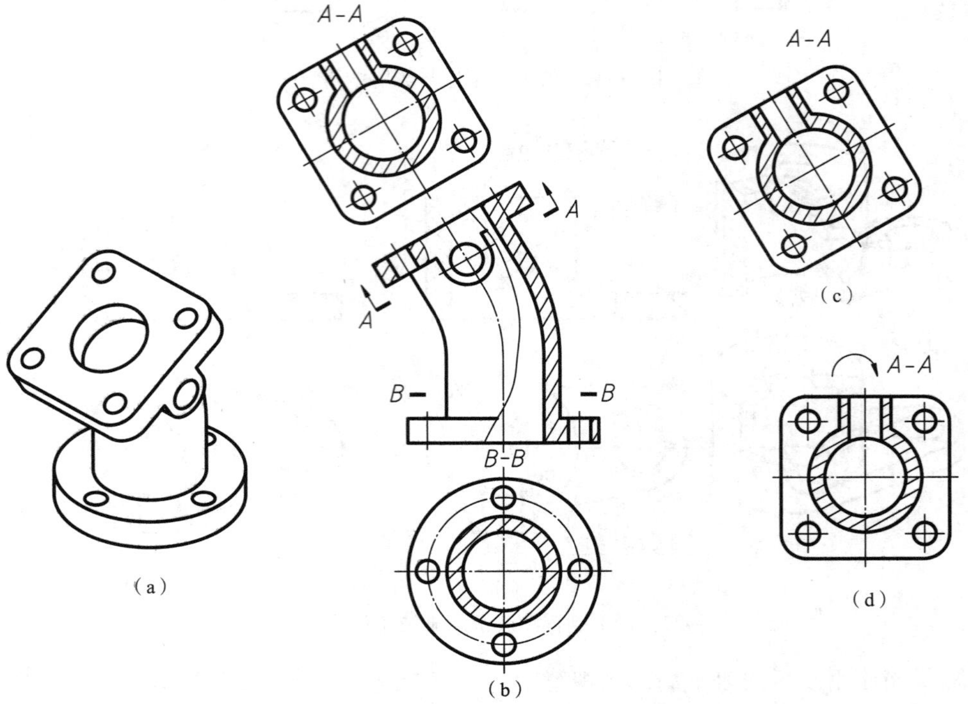

图 6–26　单一的平面剖切面

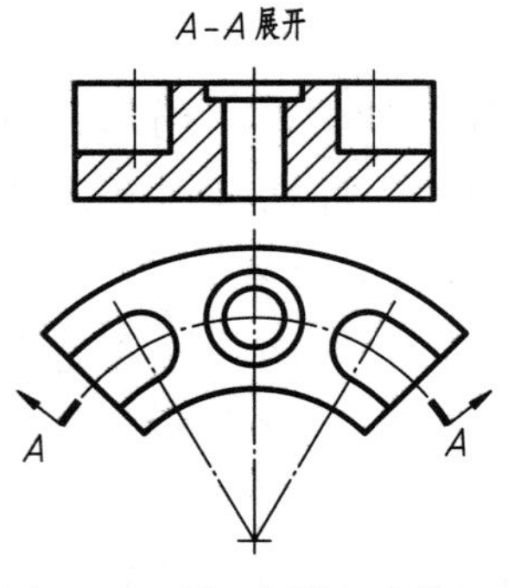

图 6–27　单一圆柱面剖切面

特殊情况下，还可以采用单一的圆柱面将机件剖开，这时所得的剖视图应以展开的方式绘制，并注明“×–× 展开”（“×”为大写拉丁字母），如图 6–27 所示。

2. 几个平行的剖切平面

当需要表达机件上分布在几个相互平行的平面上的内部结构时，可采用几个平行的剖切面剖开机件的表达方法。由于这种剖切方法的几个剖切面形状如阶梯状，此方法也称为阶梯剖。图 6–28 所示机件上的孔只用一个剖切平面不能都剖切到，假想用三个互相平行的剖切面进行剖切，所得的三部分剖视图合画成一个由三个剖切平面剖切的剖视图，可表达清楚孔的内部结构。

采用几个平行平面剖开机件时，要注意以下几点：

（1）在剖视图上，不应出现不完整要素，如图 6–29（a）所示；

（2）在剖视图上，不应画出两剖切平面转折处的投影，如图 6–29（b）所示；

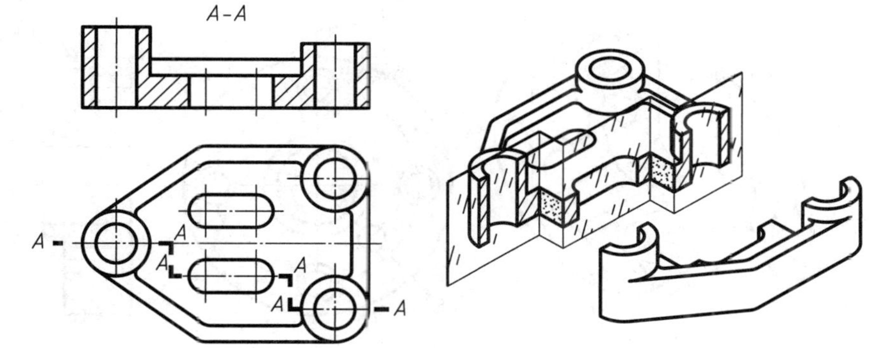

图 6–28　三个平行剖切面

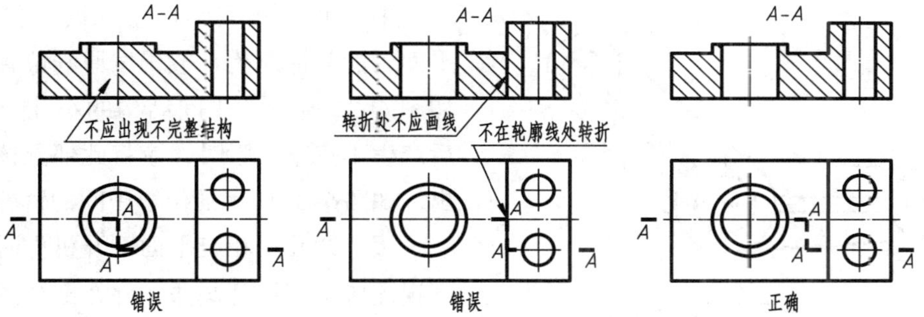

（a）　　（b）　　（c）

图 6–29　几个平行平面的注意事项

（3）只有当两个要素在图形上具有公共对称轴线时，才允许各画一半，此时应以中心线或轴线为界，如图 6–30 所示。

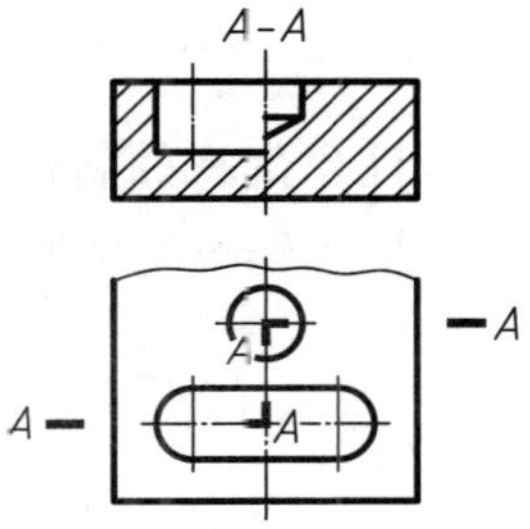

图 6–30　具有公共对称中心线的剖视图

采用几个平行平面剖开机件时，必须标出剖视图的名称、剖切符号，在剖切面的起、讫和转折处用相同的字母标出，但当转折处位置有限又不至引起误解时，允许省略字母。

3. 几个相交的剖切面

几个相交的剖切面包括剖切平面相交及剖切平面和剖切圆柱面相交两种情况。注意选择几个相交的剖切面剖切时，剖切面的交线应垂直于某一投影面。

图 6–31 中 *A–A* 剖视是以两个相交的剖切平面将机件剖切后作出的全剖视图。采用这种方法剖切时，被倾斜剖切平面剖开的结构及其有关部分应先绕两个剖切平面的交线旋转到与选定的投影面平行后再进行投射，因而这种剖切方法又称为旋转剖。两个剖切平面的交线常和机件的孔的轴线相重合。

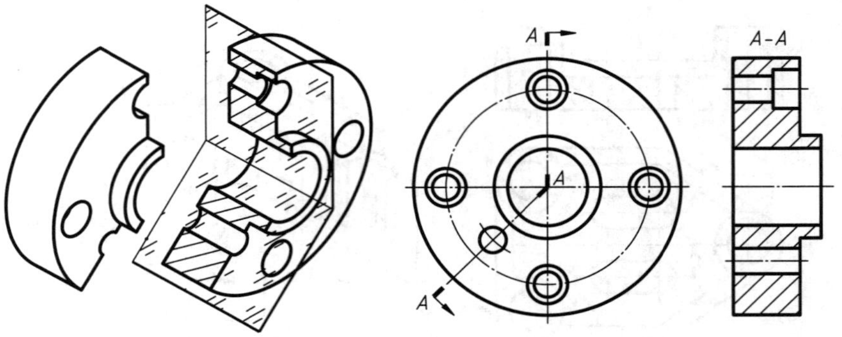

图 6-31　两个相交剖切平面

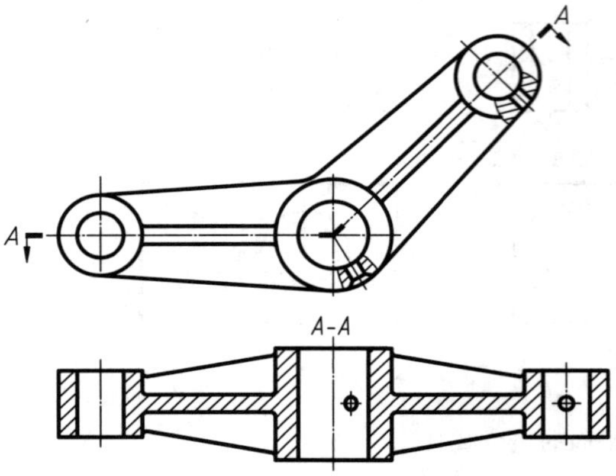

图 6-32　剖切面后结构的画法

采用几个相交平面剖切时，位于剖切平面后的其他结构一般仍按原来位置投射，如图 6-32 所示的中间结构的小孔。当剖切后产生不完整要素时，应将此部分按不剖画出，如图6-33所示的位于中间的臂的画法。

用连续几个相交平面剖开机件时，此时剖视图应采用展开画法，并在剖视图上方标注“×-× 展开”，如图 6-34 所示的剖视图是采用四个相交的平面剖切机件后，展开到一个侧平面内投射得到的。

当采用几个相交平面剖开机件时，必须标注出剖视的名称，标注全剖切符号，并在剖切面的起、讫和转折处用相同的字母标注，但当转折处位置有限又不至引起误解时，允许省略字母（图 6-34）。

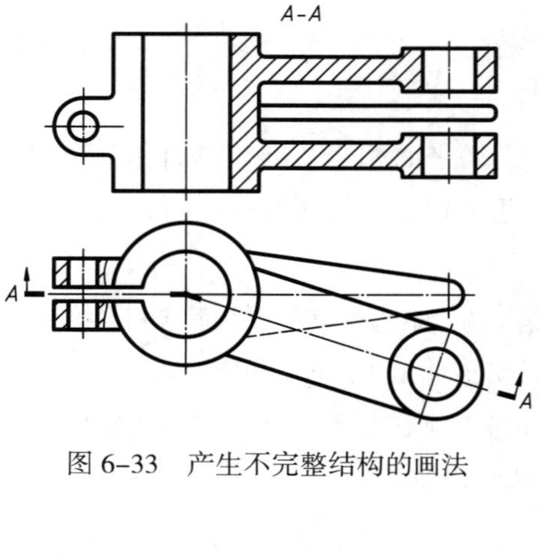

图 6-33　产生不完整结构的画法

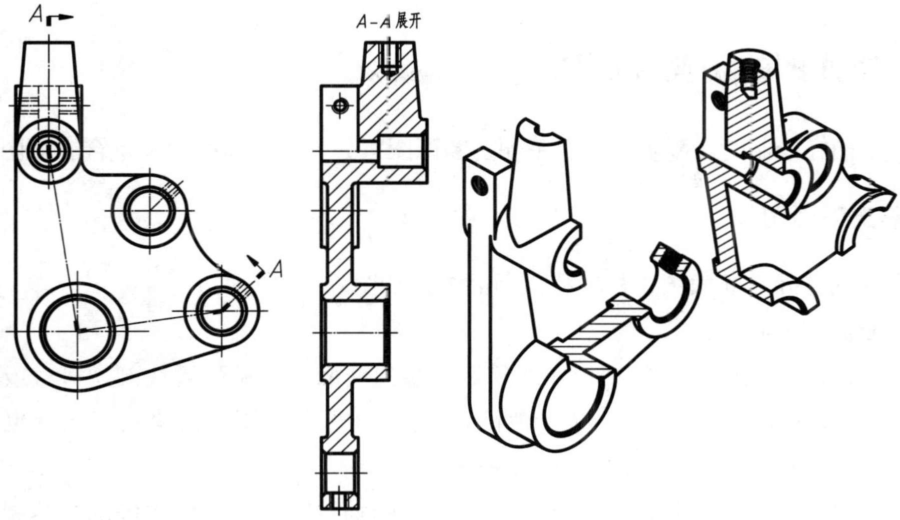

图 6–34　几个相交剖切平面

6.3　断面图

6.3.1　断面图的概念

假想用剖切面把机件的某处切断，仅画出该剖切面与机件接触部分的图形，此图形称为断面图，简称断面，如图 6–35 所示。通常在断面上画上剖面符号。

断面与剖视的区别在于：断面只画出剖切面与机件接触部分的断面形状，如图 6–35（a）所示，而剖视则须把断面和断面一侧机件的可见轮廓线都画出来，如图 6–35（b）所示。

断面图常用于表达机件上某一局部的断面形状，如轴上槽或孔，型材的断面结构形状以及机件上肋板、轮辐等部分结构的断面形状。

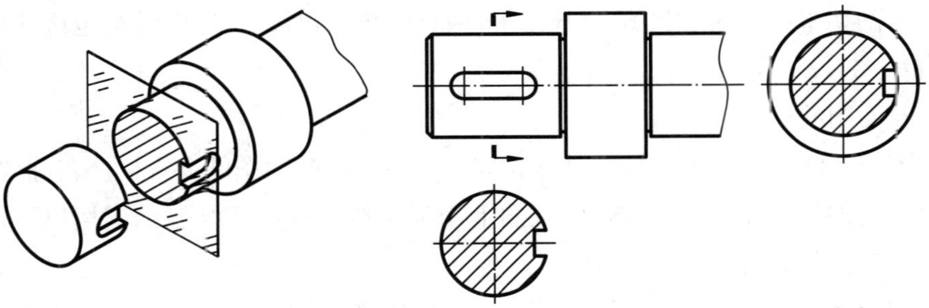

（a）　（b）

图 6–35　断面图和剖视图的区别

6.3.2 断面图的种类和画法

根据断面在绘制时所配置的位置不同，断面图可分为移出断面图和重合断面图两种。

1. 移出断面图

画在视图之外的断面图，称为移出断面图，如图 6–36 所示。

移出断面图的画法：

（1）移出断面图的轮廓线用粗实线绘制。移出断面图尽量配置在剖切符号或剖切线的延长线上，如图 6–36（b）（d）（e）所示。为了合理布置图面，移出断面图也可以配置在其他适当位置，如图 6–36（a）（c）所示。

（2）当剖切平面通过回转面形成的孔或凹坑的轴线时，这些结构按剖视绘制，如图 6–36（b）（c）（e）所示。

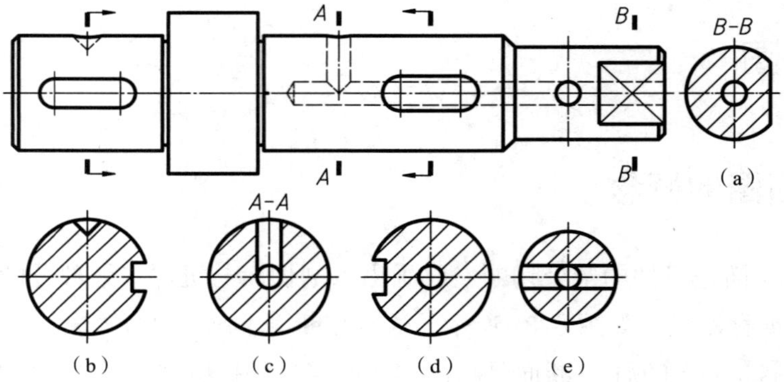

图6–36　移出断面图（一）

（3）由两个或多个相交剖切平面切断机件时，每个剖切平面应垂直于对应部分的轮廓线，其移出断面图中间部分应以波浪线断开，如图 6–37（a）所示。

（4）对称的移出断面图，也可以画在视图的中断处，如图 6–37（b）所示。

（5）当剖切平面通过非圆孔，出现完全分离的断面时，这样的结构也应按剖视图绘制，如图 6–37（c）所示。

移出断面图的标注：

断面图的标注与剖视图的标注基本相同。一般应在断面图的上方标注名称“×–×”（“×”为大写的拉丁字母），在相应视图上用剖切符号或剖切线表示剖切位置，用箭头表示投射方向，并注明相同的字母。

（1）配置在剖切符号延长线上的不对称移出断面图［图 6–36（b）（d）］，可省略字母。

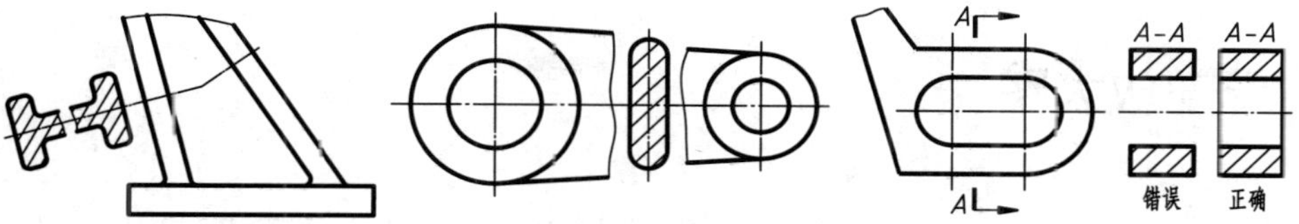

（a）　（b）　（c）

图6–37　移出断面图（二）

（2）不配置在剖切符号延长线上的对称移出断面图［图 6–36（c）］，以及按投影关系配置的移出断面图［图 6–36（a）］，均可省略箭头。

（3）配置在剖切线延长线上的对称移出断面图［图 6–36(e)］，可省略字母和箭头。

（4）配置在视图中断处的对称移出断面图，不必标注，如图 6–37（b）所示。

2. 重合断面

在不影响图形清晰的条件下，画在视图之内的断面图，称为重合断面图，如图 6–38 所示。

重合断面图的画法：

（1）重合断面图的轮廓线用细实线绘制。

（2）重合断面图画成局部剖视时，一般不画波浪线，如图 6–38（b）所示。

（3）当视图的轮廓线与重合断面的图形相交或重叠时，视图中轮廓线仍应连续画出，不可间断，如图 6–37（c）所示。

重合断面图的标注：

（1）对称的重合断面图，不必标注，如图 6–38（a）（b）所示。

（2）不对称的重合断面图，标注如图 6–38（c）所示，在不致引起误解的情况下，也可省略标注。

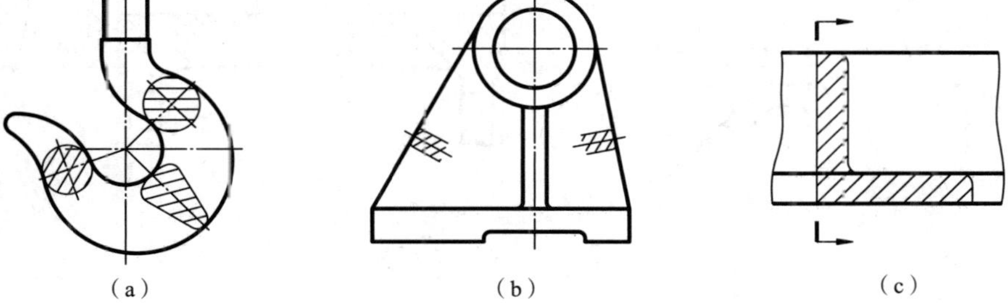

（a）　（b）　（c）

图 6–38　重合断面图

6.4 局部放大图

零件上的一些细小结构，在视图上由于图形太小而表达不清楚或标注尺寸有困难，这时可将这一部分的图形放大画出。将机件的部分结构，用大于原图形所采用的比例画出的图形，称为局部放大图。

局部放大图可以画成视图，也可以画成剖视图、断面图，它与被放大部分的表达方式无关。局部放大图的比例是该图形与机件的实际大小之比，而不是与原图之比。

绘制局部放大图时，除螺纹牙型、齿轮和链轮的齿形外，应在原图中用细实线圈出被放大的部位（图 6–39）。局部放大图的边界线可用波浪线画出，并尽量画在被放大部位附近。

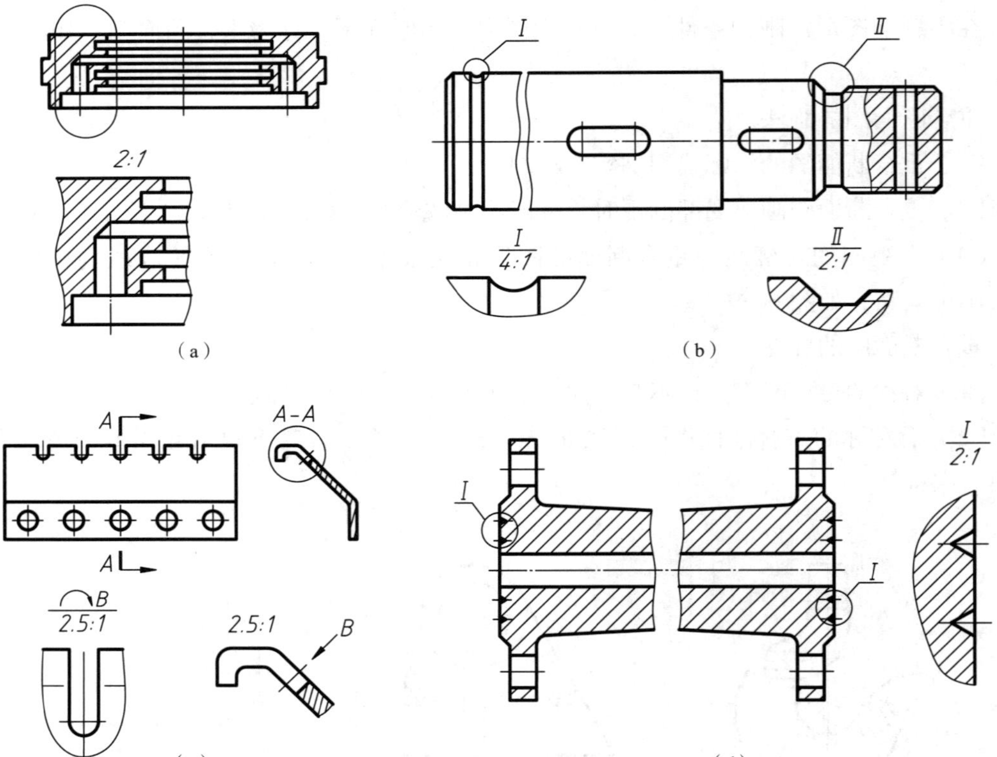

（c）　（d）

图 6–39　局部放大图

（1）当机件上被放大的部位仅有一个时，在局部放大图的上方只需注明所采用的比例，如图 6–39（a）所示。

（2）当机件上有几个被放大部分时，应用罗马数字依次标明被放大的部位，并在局部放大图的上方标出相应的罗马数字及所采用的比例，如图 6–39（b）所示。

（3）必要时可用几个视图表达同一个被放大部位的结构，如图 6–39（c）所示。

（4）同一机件上不同部位的局部放大图，当其图形相同或对称时，只需画出其中的一个，并在几个被放大的部位标注同一罗马数字，如图 6–39（d）所示。

6.5 简化画法

简化画法是指包括规定画法、省略画法、示意画法等在内的图示画法。其中，规定画法是对国家标准中规定的某些特定的表达对象所采取的特殊图示方法，如第 8 章中对螺纹、齿轮的表示法。省略画法是通过省略重复投影、重复要素、重复图形等达到使图样简化的图示方法。示意画法是用规定符号、较形象的图线绘制图样的表意性的图示方法。本节介绍的简化画法包括部分规定画法和常用省略画法。

6.5.1 剖视图的规定画法

（1）对于机件的肋、轮辐及薄壁等，如按纵向剖切（剖切面垂直于肋和薄壁的厚度方向或通过轮辐的轴线剖切），这些结构都不画剖面符号，而用粗实线将它与其邻接的部分分开；按其他方向剖切肋板和轮辐等结构时仍应画剖面符号，如图 6–40、图 6–41 所示。

（2）当回转体零件上均匀分布的肋板、轮辐、孔等结构不处于剖切平面上时，可将这些结构旋转到剖切平面上画出其剖视图，如图 6–41 所示的轮辐以及图 6–42 所示的肋板和孔。

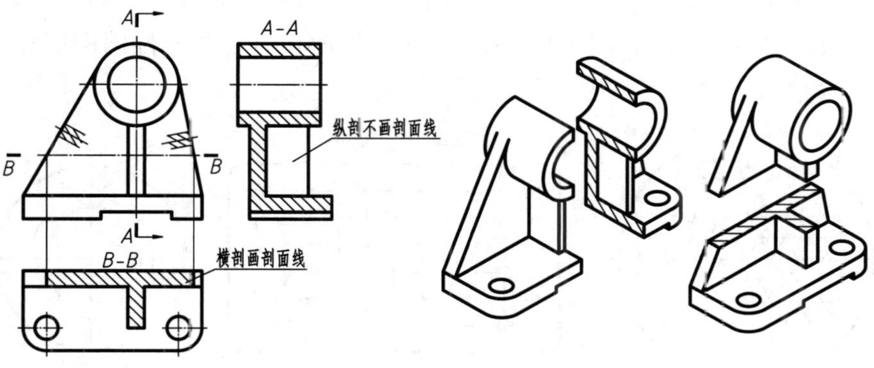

图 6–40　肋的剖切画法

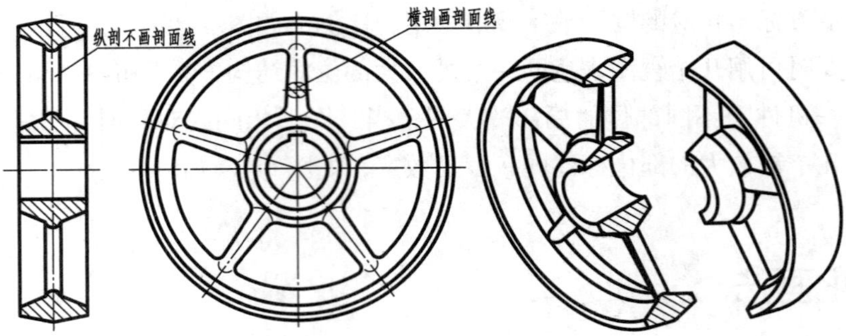

图 6–41　轮辐的剖切画法

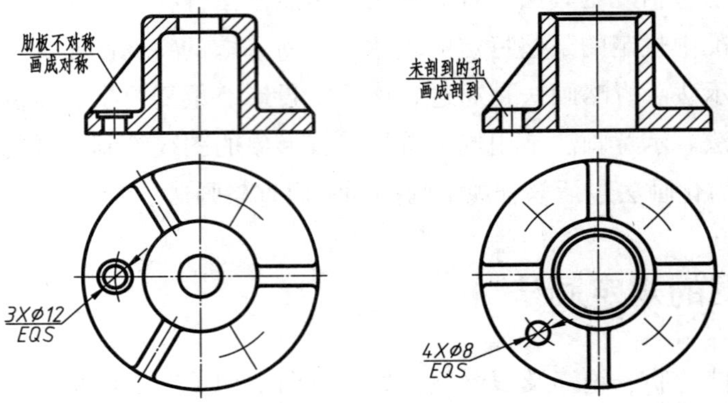

（a）　　　（b）

图 6–42　均匀肋板、孔的剖视画法

6.5.2　简化画法

1. 相同结构的简化画法

（1）若干直径相同且成规律分布的孔（圆孔、螺孔、沉孔等），可以仅画出一个或少量几个，其余只需用细点画线或“+”表示其中心位置，在零件图中应注明孔的总数，如图 6–43 所示。

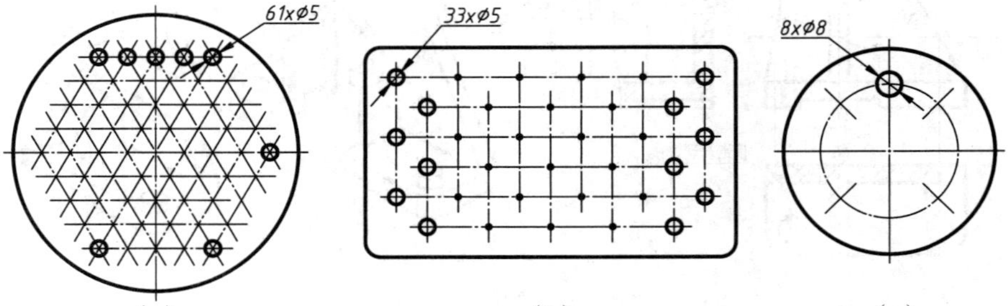

（a）　　　（b）　　　（c）

图 6–43　均匀分布孔的画法

（2）当机件具有若干相同的结构（如齿、槽等），并按一定规律分布时，只需画出其中几个完整的结构，其余用细实线连接，在零件图中则必须注明该结构的总数，如图 6-44 所示。

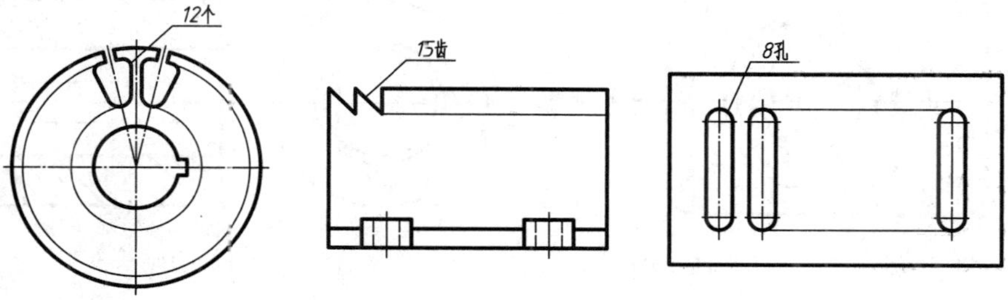

（a）　　（b）　　（c）

图 6-44　相同结构要素的画法

（3）圆柱形法兰和类似零件上均匀分布的孔可按图 6-45 所示的方法绘制。

2. 图形中投影的简化画法

（1）在不致引起误解的情况下，剖面符号可省略，如图 6-46 所示。

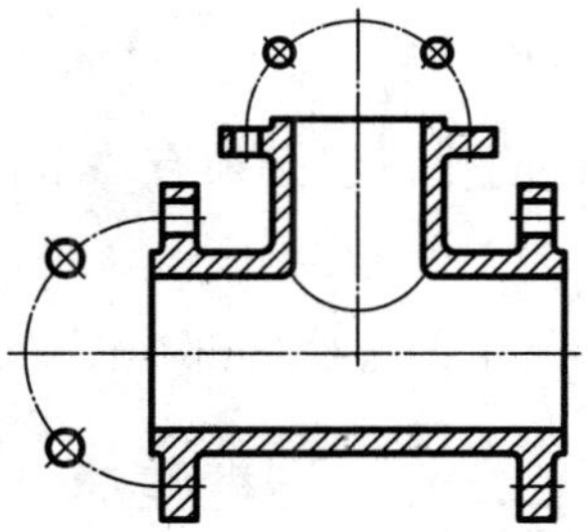

图 6-45　法兰上均匀分布孔的画法

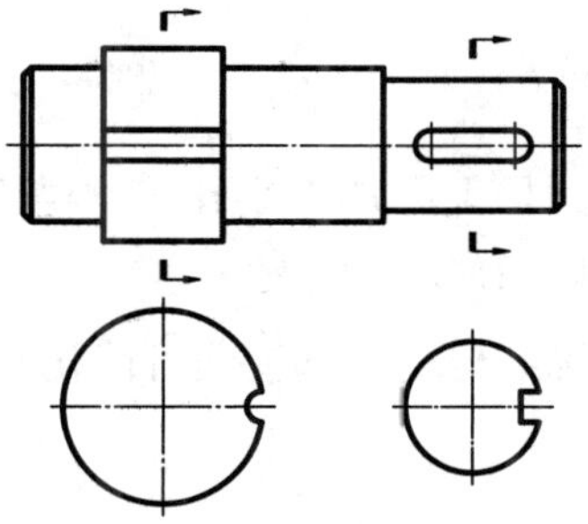

图 6-46　省略剖面符号画法

（2）机件上斜度和锥度较小的结构如在一个视图中已表达清楚时，其他视图中该结构可按小端画出，如图 6-47 所示。

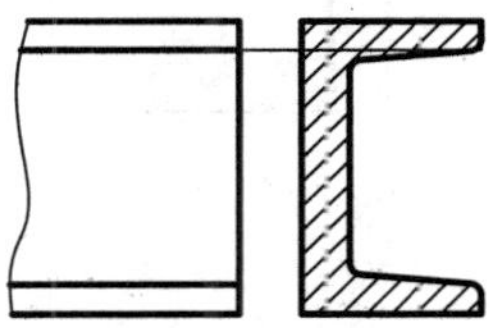

图 6-47　小斜度结构的简化画法

（3）与投影面倾斜角度小于或等于 30° 的圆或圆弧，其投影可以用圆或圆弧代替真实投影的椭圆或椭圆弧，如图 6-48 所示。

（4）在需要表示位于剖切平面前的结构时，这些结构按假想投影的轮廓线绘制，以双点画线表示，如图 6-49 所示。

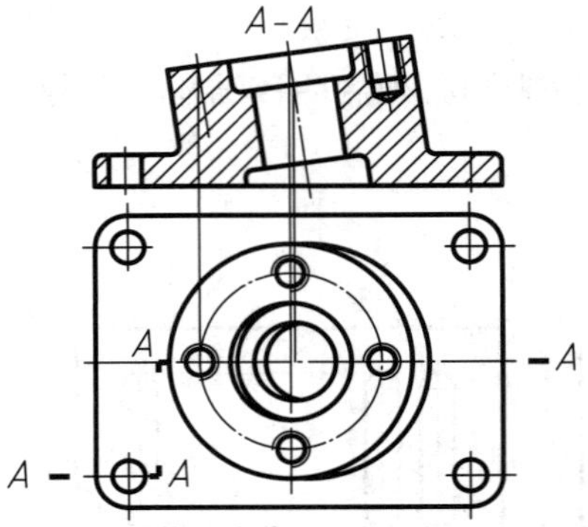

图 6–48　倾斜圆和圆弧的简化画法

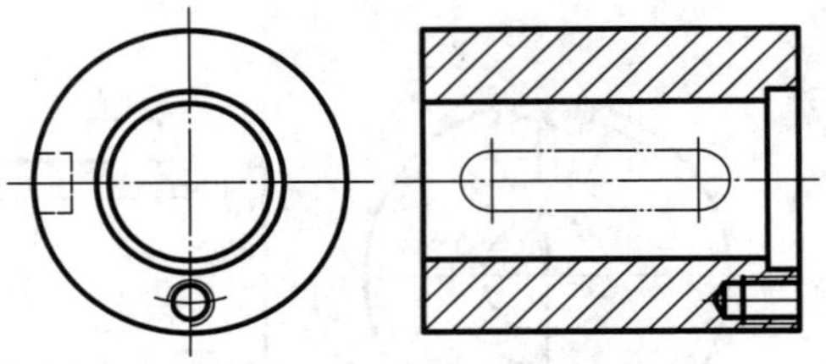

图 6–49　假想画法

（5）在不致引起误解的情况下，对于对称机件的视图可只画出一半或四分之一，并在对称中心线的两端画出两条与其垂直的平行细实线，如图 6–50 所示。

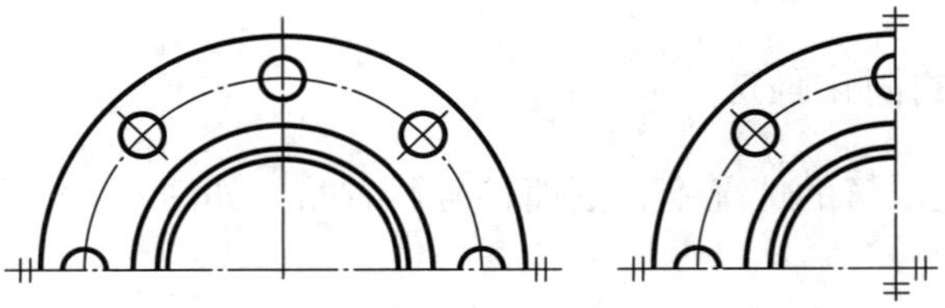

图 6–50　对称机件的简化画法

（6）在圆柱上因加工小孔、键槽等出现的交线允许简化，但必须有一个视图已经清楚表达该结构的形状，如图 6–51（a）（b）所示。

（7）对称结构的局部视图可简化，如图 6–51（b）所示的键槽局部视图。

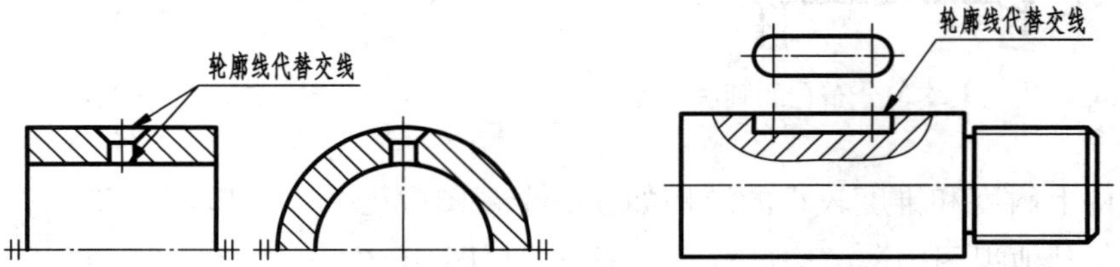

（a）　（b）

图 6–51　交线的简化及对称结构的局部视图简化画法

（8）当回转体机件上的平面在图形中不能充分表达时，可用两条相交的细实线表示平面，如图 6–52 所示。

（9）较长机件（如轴、杆件、型材等）沿长度方向的形状一致或按一定规律变化时，可断开后缩短绘制，断开后的结构按原来的实际长度标注尺寸，如图 6–53（a）（b）所示。

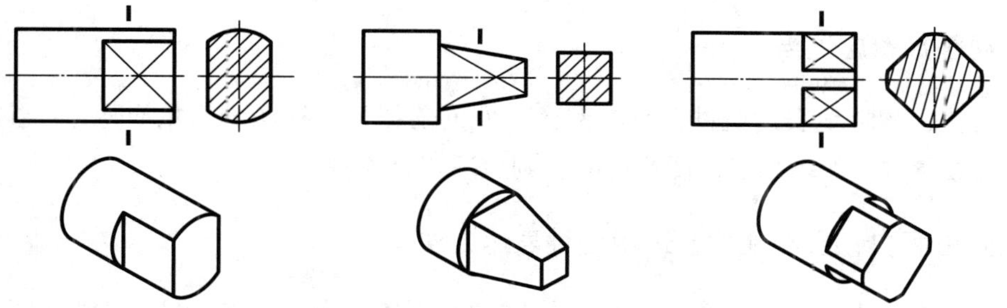

图 6-52　平面的简化画法

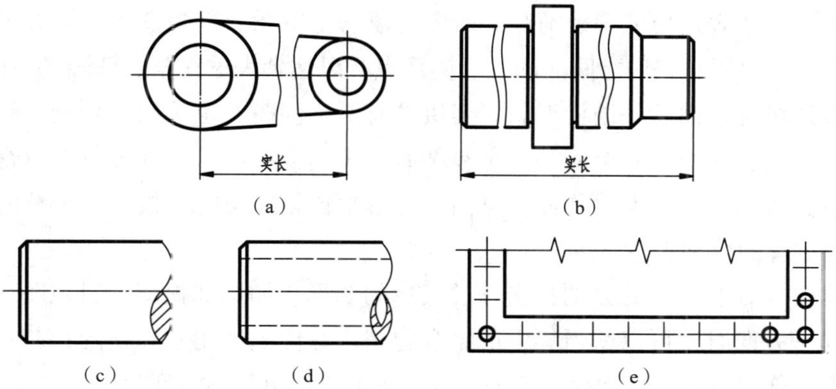

图 6-53　折断画法

断裂处的边界线用波浪线［图 6-53（a）（b）］或双折线［图 6-53（e）］画出，对于实心和空心圆柱可按图 6-53（c）（d）绘制。

（10）零件上的滚花、沟槽等网状结构应用粗实线完全或部分地表示出来，并在零件图上表明其具体要求，如图6-54所示。

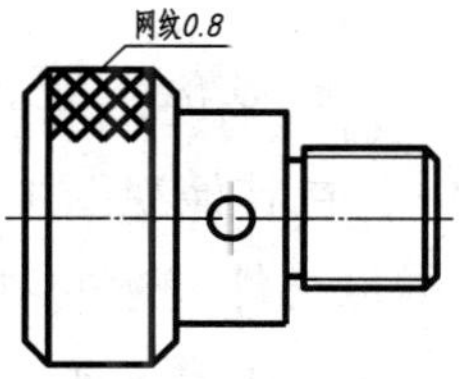

图 6-54　滚花的简化画法

6.6　表达方法综合应用

6.6.1　机件表达方法的选用原则

本章介绍了表达机件的视图、剖视图、断面图、规定画法及简化画法等。在绘制图样时，应根据机件的不同结构进行具体分析，综合运用这些表达方法表达机件。应用表达方法的总原则是：在完整、清晰地表达机件各部分内、外结构形状及相对位置的前提下，力求看图方便，绘图简单。在绘图时，应有效、合理地运用这些表达方法，选用原则如下：

1. 视图数量应适当

在完整、清晰地表达机件，且在阅读方便的前提下，视图的数量应尽量减少。但若由于视图数量减少而增加了读图难度时，则应适当补充视图。

2. 先主后次，合理地综合运用各种表达方法

在选择表达方案时，应首先考虑主体结构和整体的表达，然后针对次要结构及细小部位的表达不足之处进行修改和补充。视图数量与选用的表达方案有关，合理组合可使表达方法更恰当，表达更完整、清晰。既要注意每个视图、剖视图等具体方案所表达的目的和内容，又要注意它们之间的联系及侧重点，以达到表达完整、清晰的目的。

为了表达机件的内、外结构形状，当机件有对称面时，可采用半剖视图；当机件没有对称面，且内、外结构一个简单一个复杂时，表达要突出重，外形复杂以视图为主，内形复杂以剖视为主；当无对称面，且内、外形都比较复杂时，投影不重叠的采用局部剖视，投影重叠的分别表达。

注意集中与分散表达的原则：当分散表达的图形（如局部视图、斜视图、局部剖视等）处于同一方向时，可以适当集中或结合起来，并优先选用基本视图；若一个方向只有一个或小部分结构未表达清楚，则采用分散图形表达更简洁方便。

3. 虚线的处理

一般来说，为了便于读图和标注尺寸，视图中已表达清楚的结构（尤其是内部结构），在其他视图中，不必再画出虚线。但在某些情况下，适当地画出某些虚线，反而可增加机件表达的清晰度，降低读图难度，甚至因为画出虚线可以省略一个视图，此时应合理地画出这些虚线。如图 6–58 俯视图中绘制了表示底板安装凸台形状的虚线，可以省略了 E 向局部视图（对比图 6–56、图 6–57 中的表达方法）。

4. 充分发挥尺寸标注的作用

尺寸标注不仅可以确定形体大小与位置，而且有时有助于对形体结构的表达，合理的尺寸标注还有利于精简视图和明确表达形体，应充分发挥其作用。如圆柱、圆台、圆球等回转体在非圆视图上标注直径“ϕ”后，就表达了其回转体特征；一些孔洞结构，有时在表达其位置的视图上标注尺寸时，加注一些文字或规定代号、符号后，就不必另画视图表达其结构了。更多标注详见“9.4.3 零件上常见结构的尺寸注法”。

第 7 章详细介绍尺寸标注的国标规定和要求及组合体尺寸标注的方法，但在剖视图上标注尺寸还应注意几点要求：

（1）同一轴线上回转体直径尺寸，一般应尽量注在剖视图上，避免标注在投影为同

心圆的视图中，形成放射状尺寸，如图 6–58 主视图中“ϕ48、ϕ66、ϕ25、ϕ40”等直径尺寸；

（2）采用半剖视图、局部剖视图后，由于某些结构的轮廓不完整，有些尺寸同样不能完整地标注出来，则此时尺寸线一端画到尺寸界线或轮廓上，并画出箭头，而另一端只需略超出对称的轴线或中心线，不必画出箭头，如图 6–58 左视图中“ϕ57、30”等尺寸；

（3）在剖视图上标注尺寸，应尽量将外形尺寸和内部结构尺寸分开在两侧标注，这样既清晰又便于读图，如图 6–58 主视图中主体外形长度尺寸“70、36”，内腔结构尺寸“7、20”等尺寸分开位置标注；

（4）为了图面清晰，查阅尺寸方便，一般应将尺寸标注在视图外部，但如果尺寸界线或引出线过长，甚至穿越许多轮廓线，反而不清晰，此时可将尺寸注在视图内，如图 6–58 主视图中“R11”、内腔凸台直径“ϕ40”等尺寸，若尺寸必须标注在剖面线中，则剖面线在数字处断开，使尺寸数字清晰可见。

5. 比较各种表达方案，择优选用

同一机件，往往可采用多种表达方案。不同视图数量、不同表达方法和尺寸标注方法可以构成多种不同的表达方案。同一机件的几个表达方案相比较，可能各有优缺点，需要认真分析，择优选用。

6.6.2　表达方法综合应用举例

图6–55所示为蜗轮减速器壳体，以此为例说明表达方法选用和综合应用的步骤和方法。

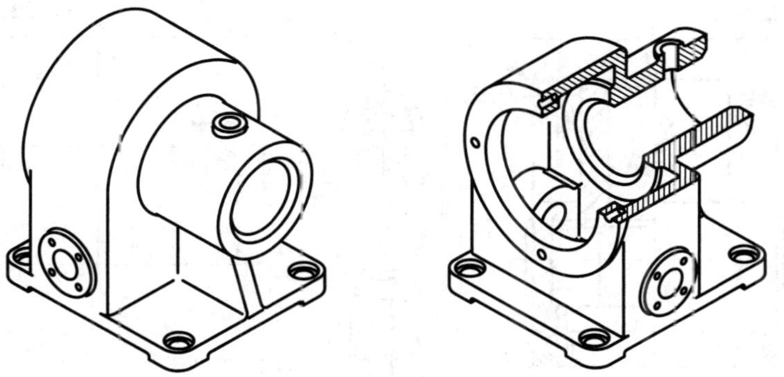

图 6–55　蜗轮减速器壳体

分析机件形体结构：蜗轮减速器壳体由上部分和中部分的主体结构、底板、肋板四部分组成。上部分主体由直径不同的两段圆柱体同轴连接而成，内腔是一个同轴的阶梯形圆柱空腔，大圆柱前端壁厚较大，形成向外的凸台，上面有 4 个螺纹安装孔；中间主体部分是一个方形柱体，在大圆柱下方，两端表面与大圆柱表面相切，两侧面与大圆柱端面对齐共面，中间是方形空腔，与大圆柱内腔相通，方腔下部是圆柱形凸台，中间有圆柱孔，两端外侧是圆形凸台，周向分布4个螺纹安装孔，小圆柱上方是一个垂直相贯的较小圆柱凸台，有螺纹孔与小圆柱内腔相通；底板是一个长方形安装板，4个角为结构圆角，安装面为4个方形凸台，其上是阶梯型安装孔；肋板与上部小圆柱体、中部方形柱体及底板相连，起支撑和加固的作用；整个机件有一个通过圆柱主轴线的铅锤面为公共的对称面。

现提出三种表达方案，进行分析比较，以供参考。

方案一：如图6–56所示，选择面对大圆柱端面方向作为主视图方向，能较好地反映主要结构的形状特征，并利用对称性作半剖视，兼顾了内、外形状的表达。选择左视图作全剖视（同方案二、三的主视图），表达机件内腔的轮廓形状，以及机件各主要结构的相对位置；俯视图作半剖视，表达内腔、外形及底板等的形状；其他表达是增加了 *C*、*D*、*E* 三个局部视图和一个重合断面图表达几个尚未表达清楚的局部结构。该方案完整、清晰地表达了机件的各部分结构形状。

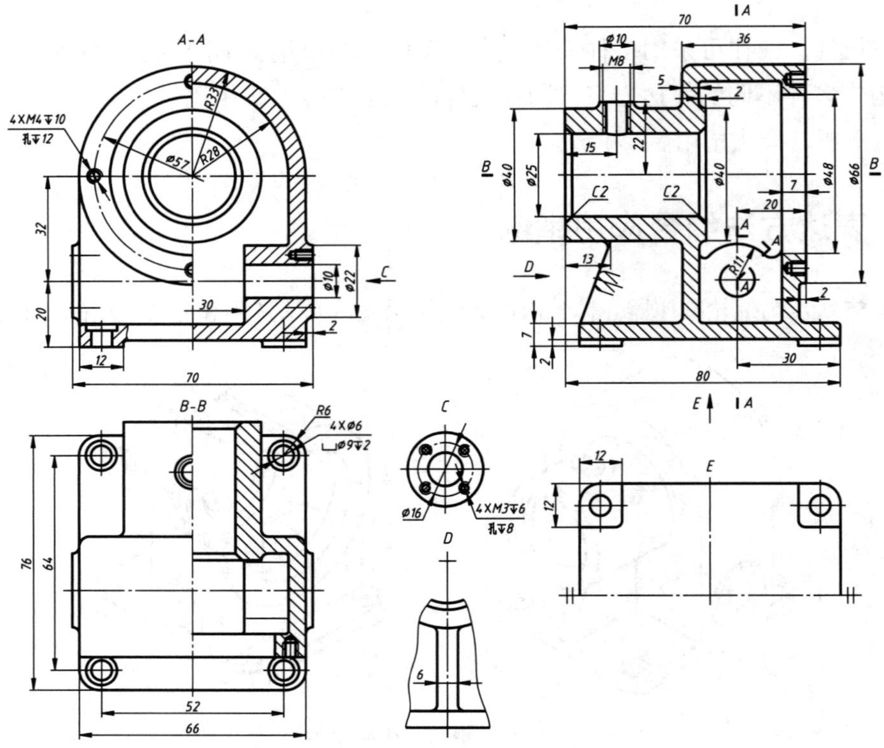

图6–56 壳体表达方案一

方案二：如图6–57所示，选择垂直于机件对称面的方向为主视图方向，主视图作全剖视，全面地表达了机件内部的轮廓形状、肋板形状以及机件各主要结构的相对位置、连接关系，如果加上尺寸标注，表达的内容更加全面具体。左视图作了局部剖视，重点表达中下部的内部结构；俯视图作半剖视，作用同方案一；其他表达同样增加了 *C*、*D*、*E* 三个局部视图和一个重合断面图，作用同方案一。该方案的表达同样也很完整、清晰。

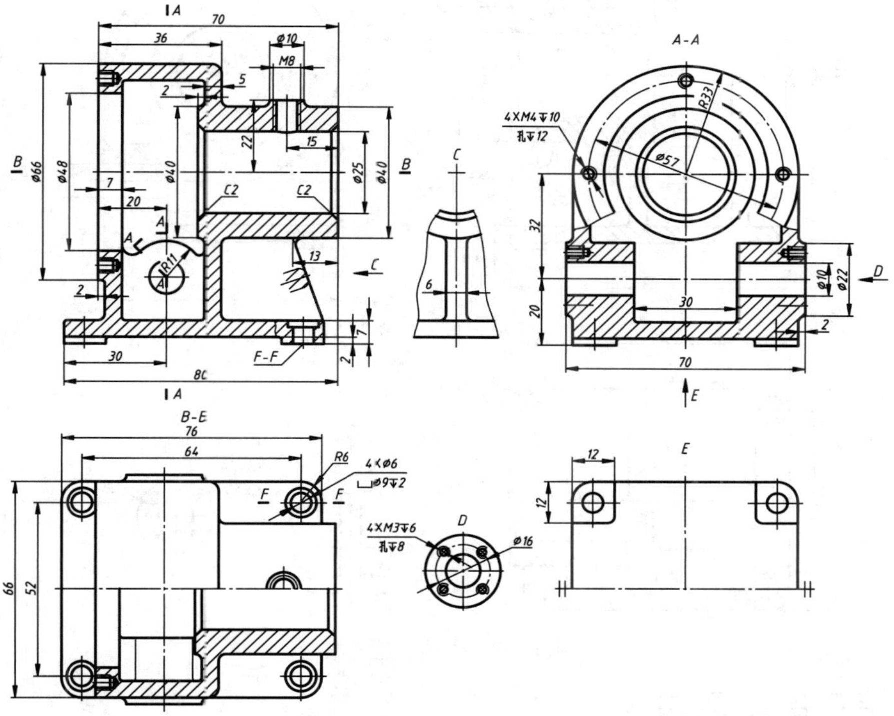

图 6–57　壳体表达方案二

方案三：如图 6–58 所示，基本与方案二相同，主视图完全相同，左视图采用半剖视，同方案一的主视图，兼顾了内、外形状的表达。俯视图在方案一、二的基础上绘制了表示底板安装面凸台的虚线，这样省去了一个 *E* 向局部视图（方案一、二均有此局部视图）；其他表达只增加了 *C*、*D* 两个局部视图和一个重合断面图。

比较以上三个表达方案，三种方案的主视图都能较好地反映机件的主要结构形状，但相比之下，方案二、三的主视图更符合主视图的特点和要求，表达了更多主要结构的信息，除了表达各主要部分的形状大小，还有相对位置，对整体性的表达更充分合理。左视图方案二、三类似，都表达了中下部内部结构和上部外形。俯视图作用相差不多。方案一对图幅利用稍差，方案三通过绘制虚线集中表达了底板结构，且为其他表达省略了一个局部视图。其他表达三种方案一样，对三个主要基本视图中没有表达清楚的结构作补充，使表达完整。

通过以上三个方案的比较和分析，它们都能很好地表达机件的结构形状。方案一、三充分利用了机件的对称性作半剖视图表达，而方案二既有半剖视图，又有局部剖视图，表达方法更加灵活，且重点突出；方案三合理利用了虚线表达，省略一个局部视图，从而简化作图。综上所述，方案二、三利于读图和画图，是较好的表达方案。

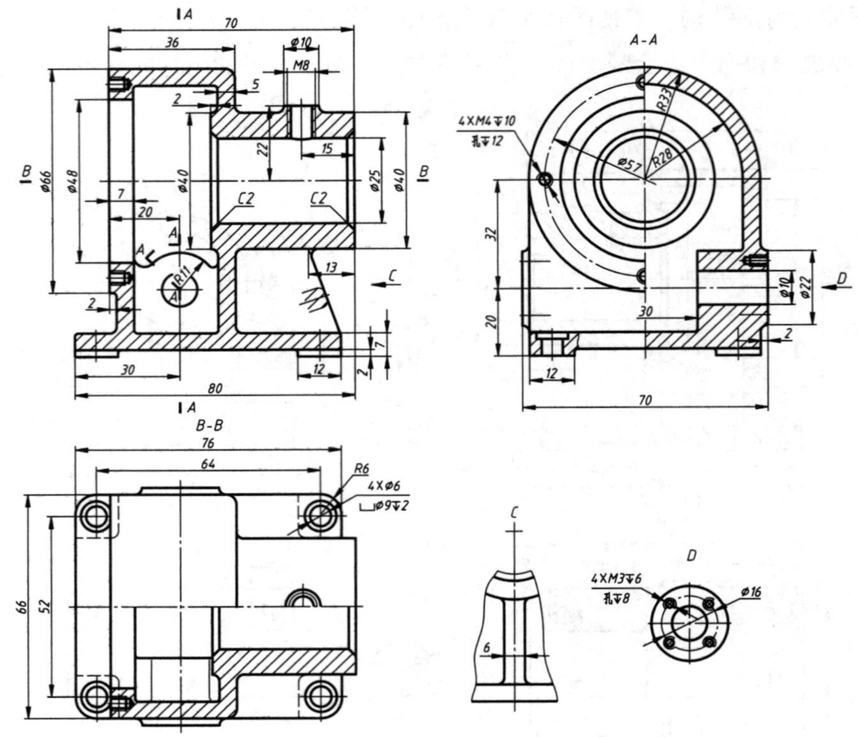

图 6-58　壳体表达方案三

6.7　第三角投影法

绘制工程图样时，有第一角和第三角投影法两种画法，此前所述各章节均为第一角投影绘图，国际标准 ISO 规定这两种画法具有同等效用。随着国际技术交流的日益增长，会接触到某些国家（如日本、美国等国家）采用第三角画法的技术图纸，因此有必要简单地介绍第三角画法。

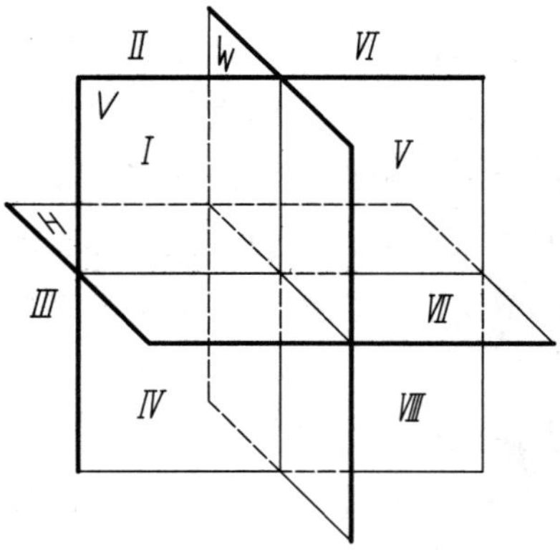

图 6-59　空间八个分角

1. 第三角投影三视图的形成

三个互相垂直的平面将空间分为八个分角，分别称为第一角、第二角、第三角……，如图 6-59 所示。第一角画法是将机件置于第Ⅰ角内，使其处于观察者与投影面之间而得到正投影的方法。而第三角画法是将机件置于第三角内，使投影面处于观察者与机件之间而得到正投影的方法。

第三角画法是把投影面假想成透明的来处理的，如图 6-60（a）所示，其中俯视图（顶视图）是从机件的上方往下看所得的视图，画在机件上方的投影面（水平面，即 *H* 面）上；主视图（前视图）是从机件的前方往后看所得的视图，画在机件前方的投影面（正平面，即 *V* 面）上；右视图是从机件的右方往左看所得的视图，画在机件右方的投影面（侧平面，即 *W* 面）上。

第三角投影三视图展开时，*V* 面保持不动，将 *H* 面、*W* 面分别绕着它们与 *V* 面的交线向上、向右翻转 90°，使三个视图处于同一个平面上，如图 6–60（b）所示。三视图的投影规律：主视图与俯视图长对正；三视图和右视图高平齐；俯视图和右视图宽相等。

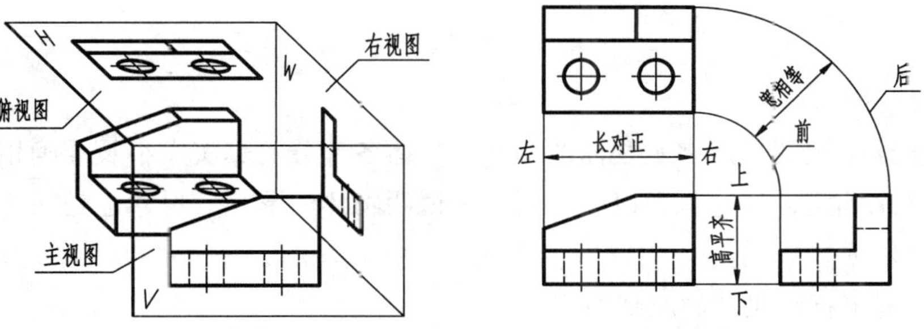

（a）　　　　（b）

图 6–60　第三角投影画法

2. 第三角投影六个基本视图

与第一角投影画法类似，第三角投影画法也可将机件分别向六个基本投影面投射，得到六个基本视图，各投影面的展开方法也与第一角投影类似，展开后各视图的配置如图 6–61 所示。

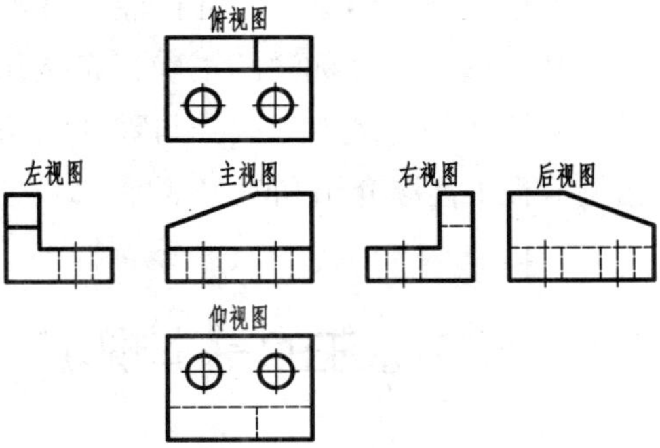

图 6–61　第三角投影基本视图

我国国家标准规定，由于我国采用第一角画法，因此，当采用第一角画法时无须标出画法的识别符号。当采用第三角画法时，必须在图样的标题栏附近画出第三角画法的识别符号，如图 6–62 所示。

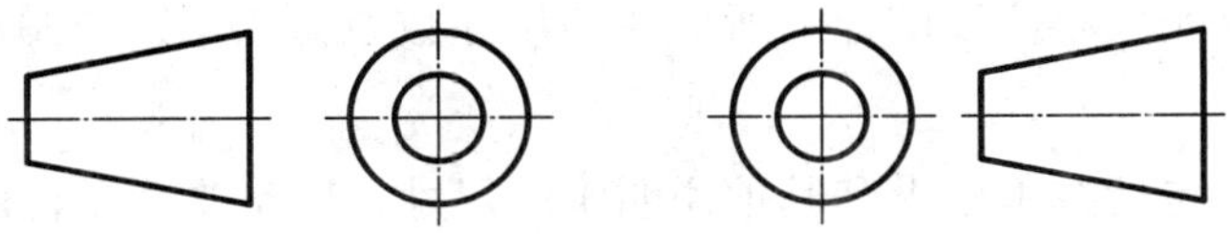

（a）第一角画法识别符号　　（b）第三角画法识别符号

图 6–62　画法符号识别符号

第 7 章　尺寸标注

工程图样中视图只能表示物体的形状，物体各部分的真实大小及准确相对位置则依靠标注尺寸来确定，尺寸也可以配合图形来说明物体的形状，尺寸也是加工零件或装配机器的重要依据。

工程图样上标注尺寸的原则如下：

（1）正确——尺寸注法应符合国家标准的规定（GB/T 4458.4—2003）。

（2）完整——尺寸必须注写齐全，不遗漏、不重复。

（3）清晰——尺寸的布局应整齐清晰，便于阅读和查找。

（4）合理——所注尺寸既能保证设计要求，又使加工、测量、装配方便。

本章主要介绍有关尺寸标注的基本规定、组合体尺寸的标注方法。掌握这些知识，可以基本做到尺寸标注的正确、完整和清晰的要求，为工程图的尺寸标注打下基础。关于尺寸标注的合理性，因其与零件的功能及加工、测量、装配等紧密结合，只能在后续相关课程中逐渐介绍和学习掌握。

7.1　尺寸标注的基本规定

7.1.1　基本规则

（1）机件的真实大小应以图样上所标注的尺寸数值为依据，与图形的大小及绘图的准确度无关。

（2）图样中（包括技术要求和其他说明）的尺寸，以毫米为单位时，不需标注单位符号或名称，如采用其他单位，则应注明相应的单位符号。

（3）图样中所标注的尺寸，为该图样所示机件的最后完工尺寸，否则应另加说明。

（4）机件的每一尺寸，一般只标注一次，并应标注在反映该结构最清晰的图形上。

7.1.2　尺寸标注的组成

一个完整的尺寸标注一般由尺寸界线、尺寸线（带终端）和尺寸数字组成，如图 7-1 所示。

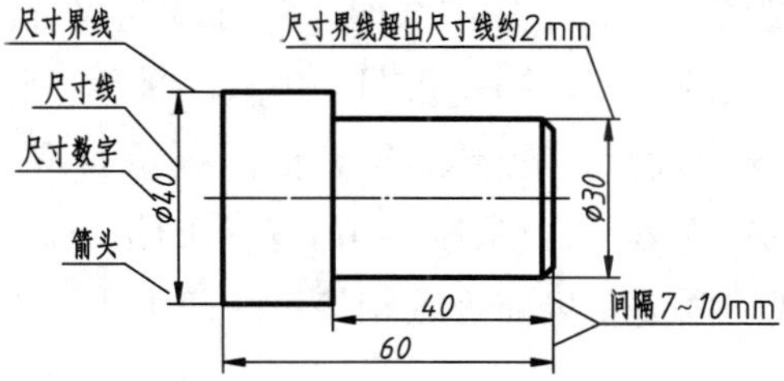

图 7-1　尺寸标注的组成

1. 尺寸界线

（1）尺寸界线表明尺寸标注的范围，用细实线绘制。尺寸界线应由图形的轮廓线、轴线或对称中心线处引出，也可利用轮廓线、轴线或对称中心线作尺寸界线，如图 7-2（a）所示。

（2）尺寸界线应与尺寸线垂直。当尺寸界线贴近轮廓线时，允许倾斜画出（此时尺寸界线不与尺寸线垂直）；在光滑过渡处标注尺寸时，必须用细实线将轮廓线延长，从它们的交点处引出尺寸界线，如图 7-2（b）所示。

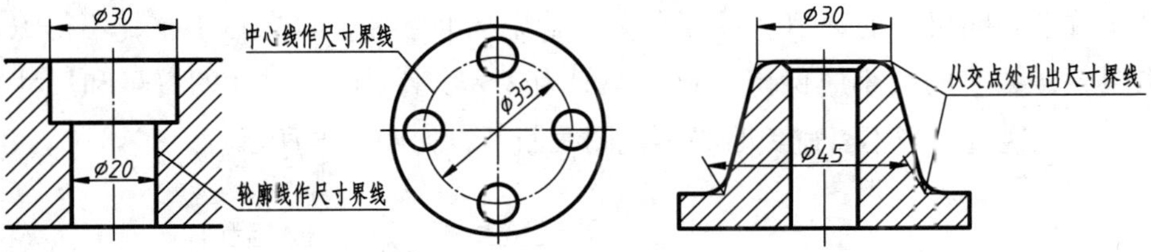

（a）　　　　（b）

图 7-2　尺寸界线画法

2. 尺寸线

尺寸线表明尺寸度量的方向，必须单独用细实线绘制，其终端可以有两种形式。

（1）箭头：箭头的形式如图 7-3（a）所示，图中 d 代表粗实线的宽度。

（2）斜线：斜线用细实线绘制，其方向和画法如图 7-3（b）所示，图中斜线与尺寸线成 45°，斜线高度 h 等于尺寸数字的高度。

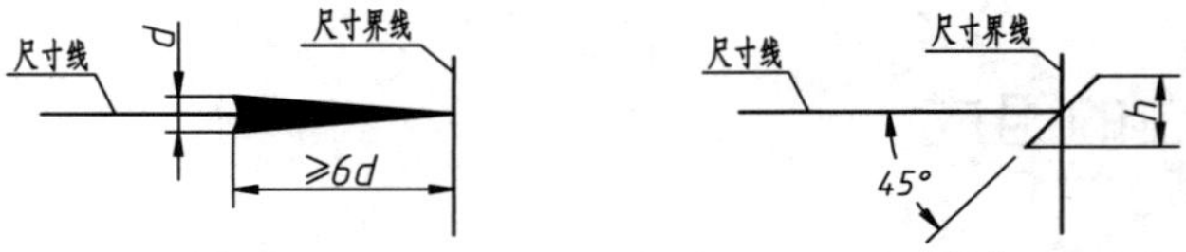

（a）　　　　（b）

图 7–3　尺寸线的终端

箭头适用于各种类型的图样，采用斜线时，尺寸线与尺寸界线应相互垂直。机械图样一般采用箭头作为尺寸线的终端。同一张图样中只能采用一种终端的类型。

尺寸线不能用其他图线代替，也不得与其他图线重合或画在其延长线上，图 7–4（a）表示的是尺寸线常见错误画法，图 7–4（b）表示的是正确画法。同一张图样中，尺寸线与轮廓线以及尺寸线之间的距离应大致相等，一般不小于 7mm，如图 7–1 所示。

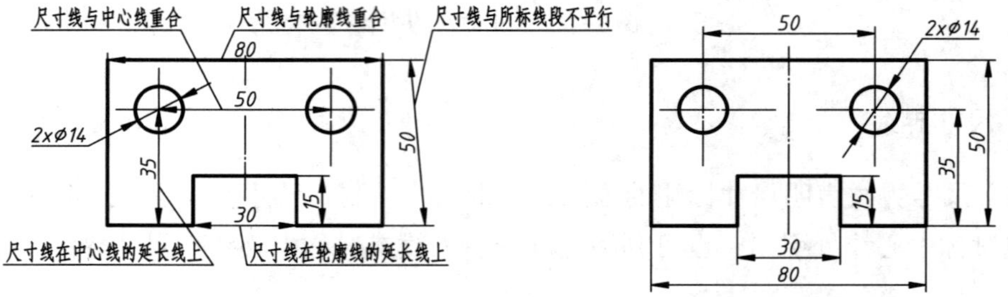

（a）错误画法　　　　（b）正确画法

图 7–4　尺寸线画法

3. 尺寸数字

尺寸数字表明尺寸的数值。尺寸数字要采用标准字体，且书写工整，不得潦草。在同一张图上，数字的大小应保持一致，一般为 3.5 号字。标注尺寸的符号和尺寸数字不可被任何图线通过，当不可避免时必须把图线断开，如图 7–5 所示。

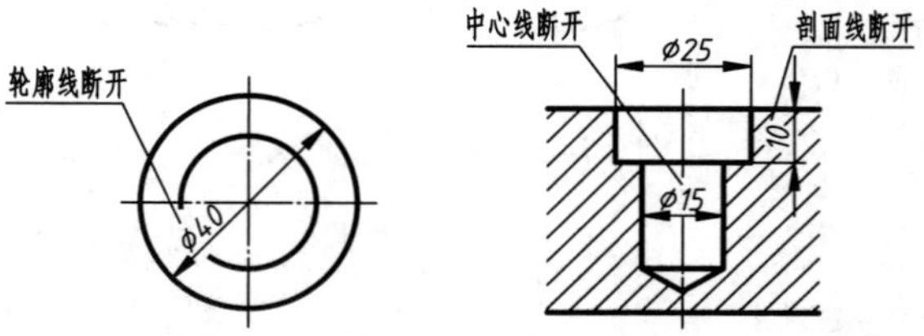

图 7–5　尺寸数字的要求

国家标准还规定了一些注写在尺寸数字周围的符号或缩写词，如表 7–1 所示。符号的比例画法如图 7–6 所示。

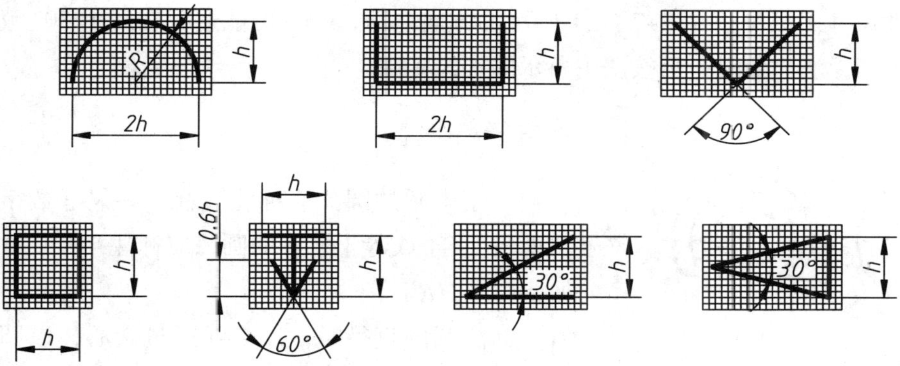

图 7–6　标注尺寸用符号的比例画法

表 7-1　尺寸标注常用符号或缩写词

序号	含义	符号和缩写词	序号	含义	符号和缩写词
1	直径	∅	8	正方形	□
2	半径	R	9	深度	↧
3	球直径	S∅	10	沉孔或锪平	⊔
4	球半径	SR	11	埋头孔	∨
5	厚度	t	12	弧长	⌒
6	均布	EQS	13	斜度	∠
7	45° 倒角	C	14	锥度	◁

7.1.3　尺寸标注的基本方法

1. 线性尺寸

标注线性尺寸时，尺寸线必须与所标注的线段平行。线性尺寸的数字一般应注写在尺寸线的上方，也允许注写在尺寸线的中断处，如图 7–7（a）所示。在同一张图样中，尽可能采用同一种形式。

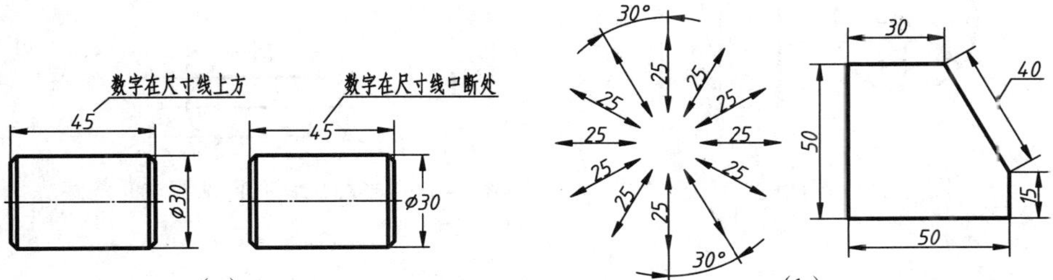

（a）　（b）

图 7–7　线性尺寸的注法

线性尺寸的数字按图 7-7（b）所示的方向注写，并尽可能避免在图示 30° 范围内标注尺寸，当无法避免时，可按图中所示的形式标注。

2. 直径和半径

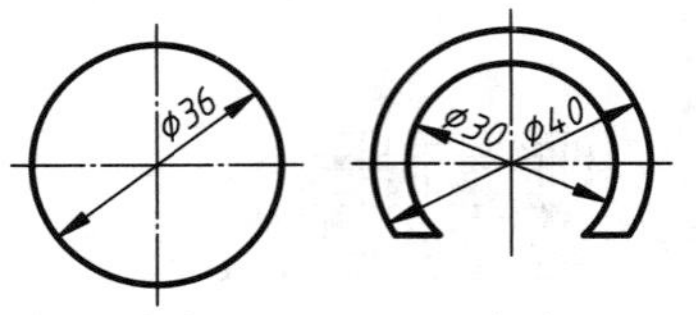

（a）　（b）

图 7-8　直径的注法

圆或大于半圆的圆弧应标注直径，在尺寸数字前加注符号“ϕ”；小于或等于半圆的圆弧应标注半径，在尺寸数字前加注符号“R”。

（1）标注圆的直径时，尺寸线通过圆心，以圆周为尺寸界线，尺寸线的两个终端箭头指向圆周，如图 7-8 所示。

（2）标注半径时，尺寸线一端应画在圆心，另一端画成箭头，箭头指向圆弧，如图 7-9（a）（b）所示。大圆弧的半径过大，或在图纸范围内无法标出其圆心位置时，可将尺寸线折弯，如图 7-9（c）所示。半径尺寸必须标注在投影为圆弧的视图上，如图 7-9（d）所示。

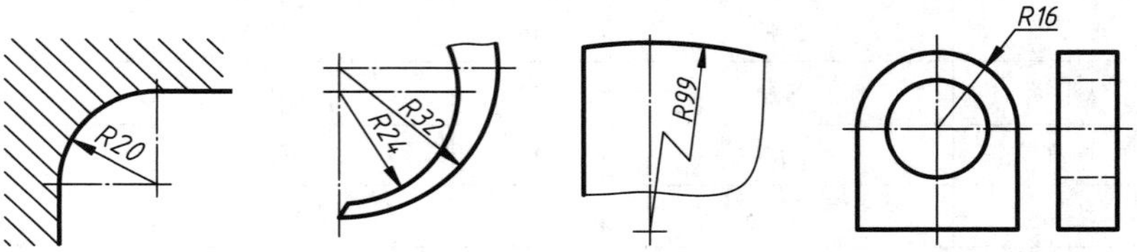

（a）　（b）　（c）　（d）

图 7-9　半径的注法

（3）标注球面的直径和半径时，应在符号“ϕ”和“R”前加辅助符号“S”，如图 7-10（a）所示，但对于有些轴及手柄的端部等，在不致引起误解情况下，可省略符号“S”，如图 7-10（b）所示。

（4）当需要指明半径尺寸是由其他尺寸所确定时，应用尺寸线和符号“R”标出，但不需要注写尺寸数字，如图 7-11 所示。

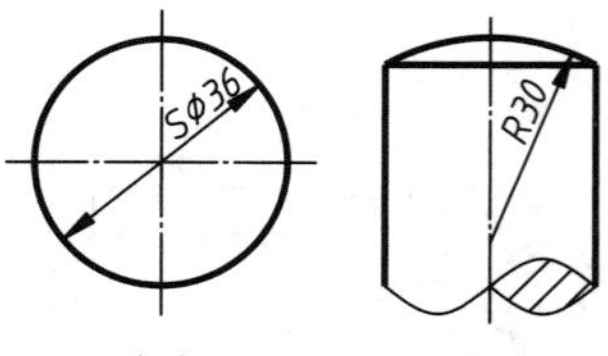

（a）　（b）

图 7-10　球面的注法

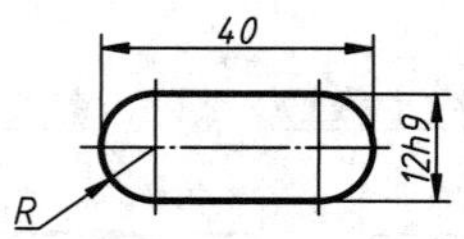

图 7-11　半径尺寸有特殊要求时的注法

3. 角度注法

标注角度时，尺寸界线应沿径向引出，尺寸线画成圆弧，其圆心就是该角的顶点。

角度尺寸的尺寸数字一律水平书写，一般注写在尺寸线的中断处，必要时也可以注写在尺寸线上方或外面，也可引出标注，如图 7–12 所示。

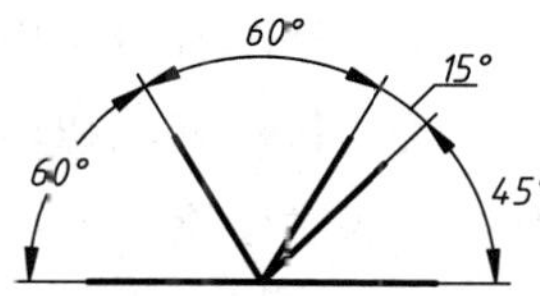

图 7–12　角度的注法

4. 弦长和弧长

标注弦长尺寸的尺寸界线应平行于该弦的垂直平分线，如图 7–13（a）所示；标注弧长的尺寸界线应平行于该弧所对圆心角的角平分线，如图 7–13（b）；但当弧度较大时，可沿径向引出，如图 7–13（c）所示。

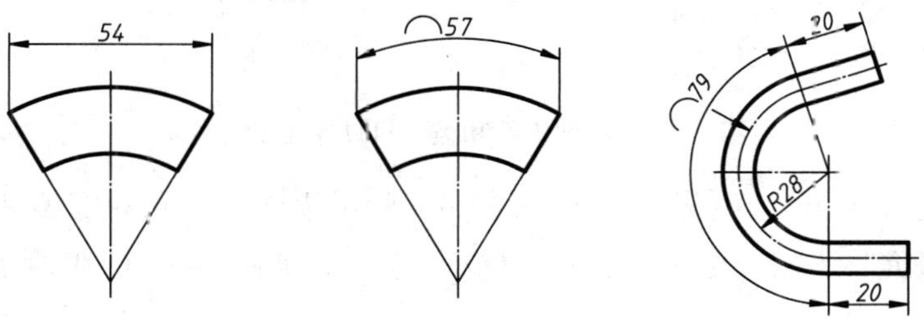

图 7–13　弦长和弧长的尺寸注法

5. 小结构尺寸的注法

对于较小结构标注尺寸，当没有足够的位置画箭头或注写数字时，可将其中箭头或数字布置在尺寸界线的外面；位置更小时，箭头和数字都可以布置在外面；当遇到连续几个较小的尺寸时，允许用圆点和细斜线代替箭头；如果小圆弧标注半径尺寸，尺寸线不论是否画到圆心，其方向必须通过圆心；小圆标注直径，允许引出圆外标注直径尺寸，如图 7–14 所示。

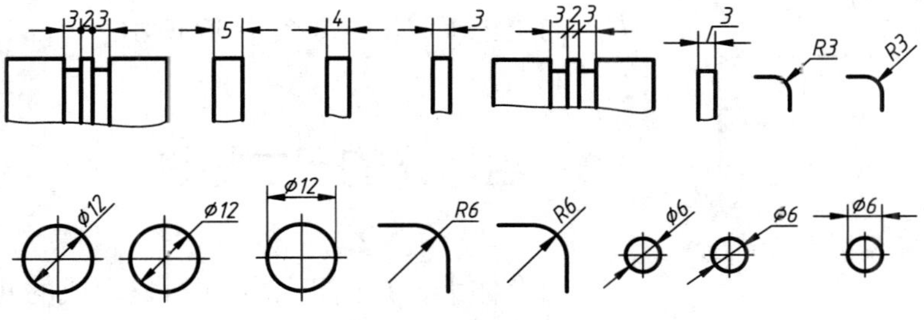

图 7–14　小结构的尺寸注法

6. 其他尺寸注法

（1）当对称机件的图形只画出一半或略大于一半时，尺寸线应略超过对称中心线，如图 7–15（a）所示；如画出多于一半时，尺寸线应略超过断裂线，如图 7–15（b）所示，两种情况都只在尺寸线的一端画出尺寸界线和箭头。

（2）标注板状机件时，可在尺寸数字前加注符号“t”表示为均匀厚度板，而不必另画视图表示厚度，如图 7–15（a）所示。

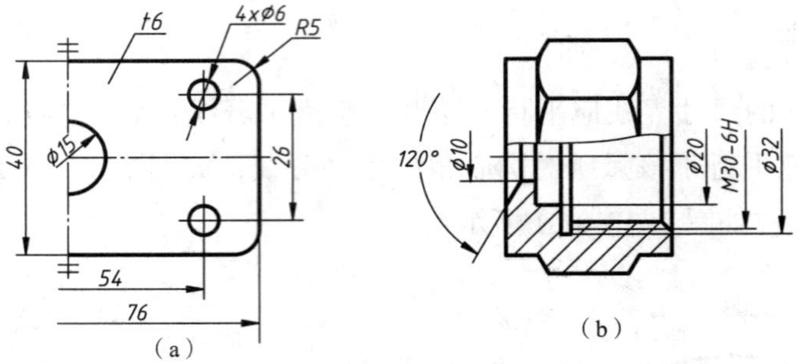

（a）　　（b）

图 7–15　对称机件和板状机件厚度的注法

（3）均匀分布的孔，可按图 7–16（a）（b）所示标注。当孔的定位和分布情况在图中已经明确时，允许省略其定位尺寸和“*EQS*”字样，如图 7–16（c）所示。

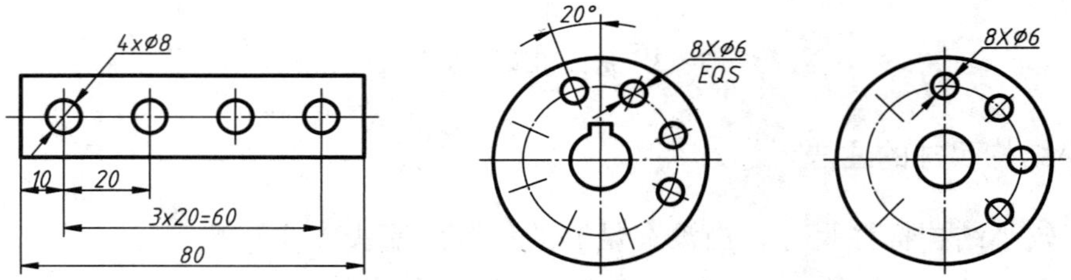

（a）　　（b）　　（c）

图 7–16　均布孔的注法

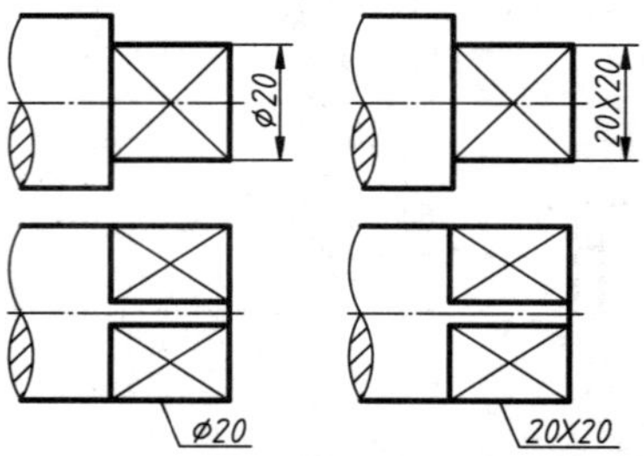

图 7–17　正方形结构的尺寸注法

（4）标注断面为正方形结构的尺寸时，可在正方形边长尺寸数字前加注符号“□”或用“$A \times A$”（A 为正方形的边长）注出，如图 7–17 所示。

7.2　组合体的尺寸标注

组合体大多是由机器零件抽象而成的几何模型，这种模型略去了机器零件上的一些圆角、倒角、沟槽等局部结构，只保留其主体结构。因此，研究组合体的尺寸标注方法就是研究机器零件的主体结构尺寸标注方法，是零件尺寸标注的基础。

为了准确地反映组合体的大小，尺寸标注必须齐全，一般情况下，组合体需要标注三类尺寸：定形尺寸、定位尺寸和总体尺寸。组合体是由基本体或简单体组成，组合体尺寸标注的基础是基本体和简单体的尺寸标注。

7.2.1　组合体的尺寸分析

1. 组合体的三类尺寸

以图 7–18 所示组合体为例说明。

（1）定形尺寸——确定组合体中各基本体形状大小的尺寸。

①圆筒的定形尺寸：外径 ϕ22、内径 ϕ14 和高度 16。

②底板的尺寸：长 60、宽 40 和厚度 6。

原则上，每一个基本体均需用定形尺寸确定大小，但有时考虑到组合体形体的相互联系和影响，有些基本体的定形尺寸不能重复标注，如高度尺寸有 22，不要再标注圆筒高度尺寸 16。

（2）定位尺寸——确定组合体各基本体之间相对位置的尺寸。

确定圆筒中心轴线在 *X* 轴方向距离平板右边距离 38。

原则上每个基本体在 *X*、*Y*、*Z* 三个方向上均需定位，但由于有些基本体定位已由图示表明，可以不必标注。如圆筒在 *Y* 方向位于底板前后对称面上，已由图示表明不用标注定位尺寸。

（3）总体尺寸——组合体外形的总长、总宽、总高尺寸。

组合体的总长 60、总宽 40 和总高 22。

总体尺寸有时就是某一基本体的定形尺寸，如 60 和 40 既是底板的长和宽，又是组合体的总长和总宽。圆筒的高度 16 与组合体的总高 22 和底板厚度 6 相比没那么重要，将其用括号括起来，作为“参考尺寸”，或不标注。

将尺寸分为定形尺寸、定位尺寸和总体尺寸只是进行尺寸标注时的一种分析方法和手段。尺寸的作用往往是双重的甚至是多重的，定位尺寸都有确定组合体整体形状的作用，定形尺寸有时也有定位功能。任何一个尺寸的改变都将改变组合体的形状和大小。

2. 尺寸基准

尺寸的起点即为尺寸基准，指以物体上某一点、线、面为基础确定其他点、线、面的相对位置，以便进行设计、加工、测量和装配等工作。基准的作用有两种表现形式：

（1）自基准位置起始，向单一方向计量，获得指定数值的尺寸。

（2）自基准位置起始，向两相反方向对称计量，获得总数为指定数值的尺寸。

组合体 *X*、*Y*、*Z* 三个方向都要有尺寸基准，可以选择主要基本体的底面、端面（侧面）、对称平面以及回转本的轴线等，如图 7–18 中 *X*、*Y*、*Z* 三个方向的尺寸基准。

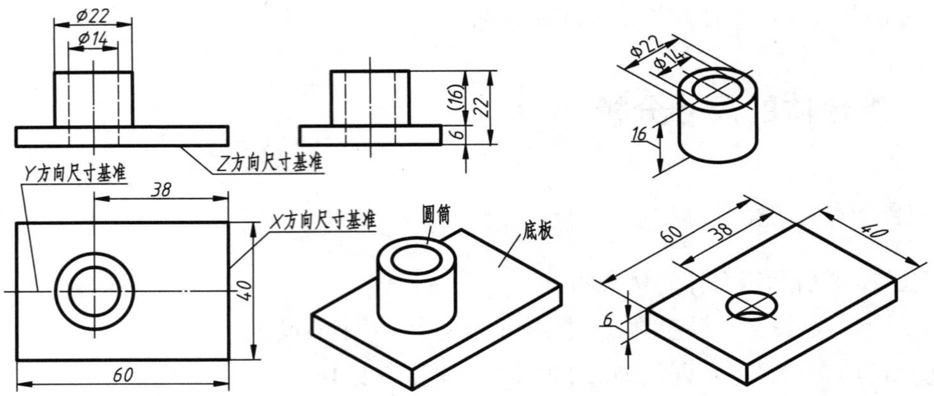

图 7-18　组合体尺寸分析

7.2.2　基本体和简单体的尺寸标注

标注组合体的尺寸，需按形体分析法将组合体分解为若干基本形体并进行尺寸分析，选定尺寸基准后，标注出各基本形体的定形尺寸和确定它们相对位置的定位尺寸。因此，熟悉基本形体的尺寸注法很重要。

原则上，每一个基本形体均需用定形尺寸确定其大小，一些常见基本体的尺寸标注如图 7-19 所示。

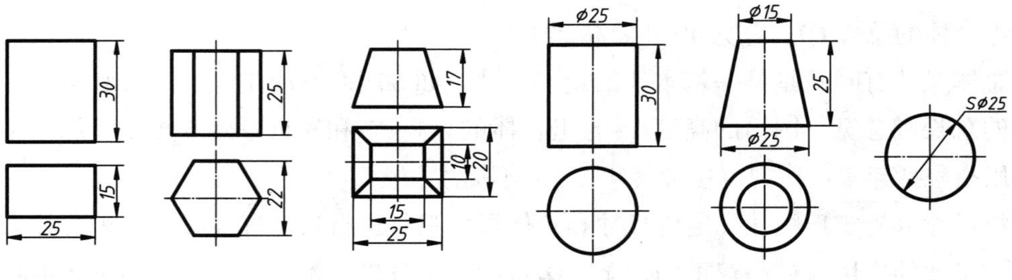

图 7-19　常用基本体的尺寸标注

在标注具有斜截面或带切口的基本形体时，应标注确定截平面和切口位置的定位尺寸，而不应该在截交线上标注尺寸。图 7-20（a）表示的是具有斜截面或带切口形体的错误标注方法，正确的标注方法如图 7-20（b）所示。

相贯体除了应标注两相贯基本的定形尺寸外，还应标注确定两相贯基本体相对位置的定位尺寸，不能在相贯线上直接标注尺寸，图 7-21（a）为相贯体的错误尺寸标注，正确的标注方法如图 7-21（b）所示。确定回转体的位置时，应确定其轴线，而不应该确定其轮廓线，图 7-21（a）利用轮廓线确定两相贯基本体的位置是错误的。

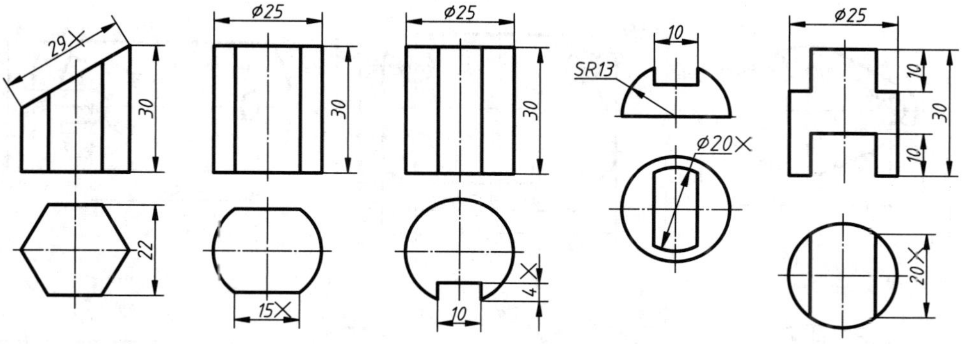

（a）错误的标注方法

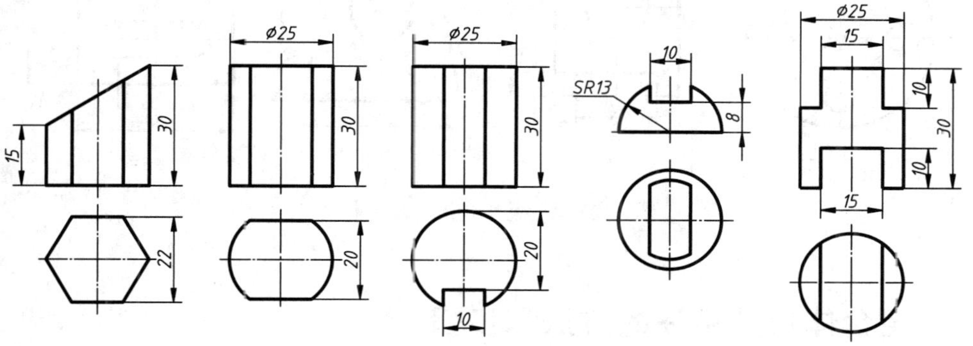

（b）正确的标注方法

图 7–20　带切口基本体的尺寸标注

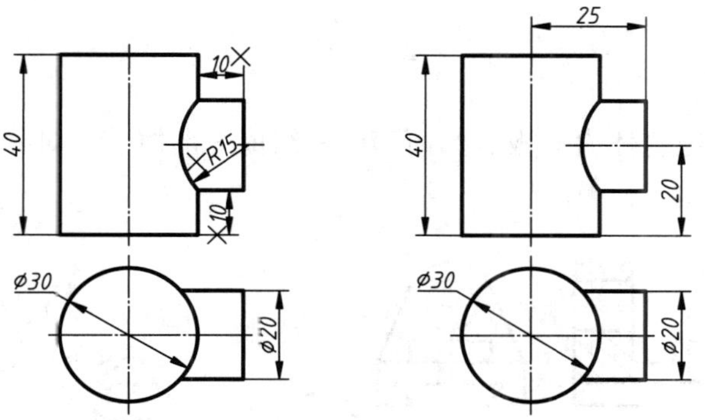

（a）错误　　　　　　　　（b）正确

图 7–21　相贯体的尺寸标注

有些基本形体本身可看作一个简单的组合体，即简单体。对于简单体除了标注定形尺寸之外，还需标注定位尺寸，图 7–22 表示的是机件上常见底板和立板的尺寸标注。当形体在某一方向具有回转面的结构时，应标注回转面的定形尺寸和定位尺寸，而不标注该方向的总体尺寸，如图 7–22 中的（a）（e）（f）。

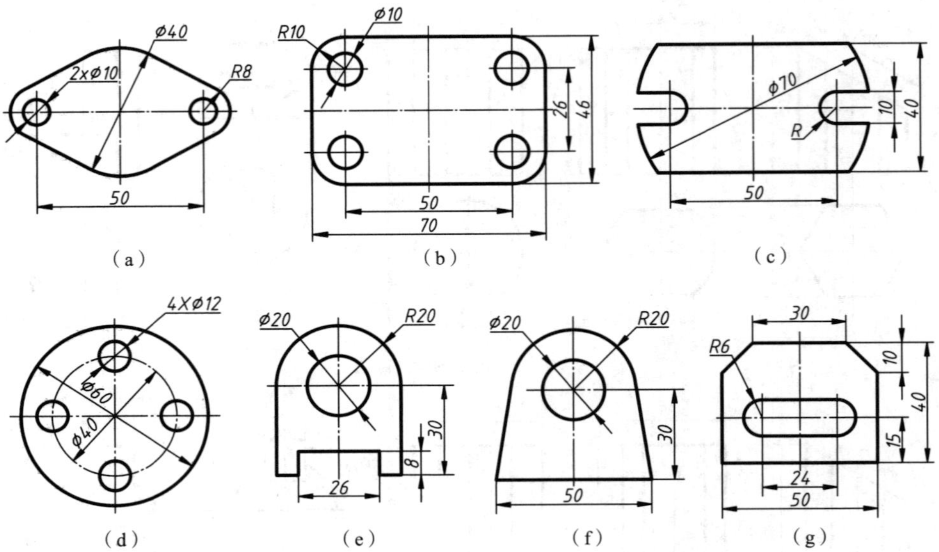

图 7-22　底板和立板的尺寸标注

7.2.3　组合体尺寸标注的方法和步骤

组合体尺寸标注的方法是形体分析法，运用此方法可以保证尺寸标注的齐全。以图 7-23 所示的组合体为例说明组合体尺寸标注的方法和步骤。

1. 形体分析

图 7-23 所示的组合体由立板、圆筒和底板组成，形体前后对称，立板右侧面和底板右端面重合。

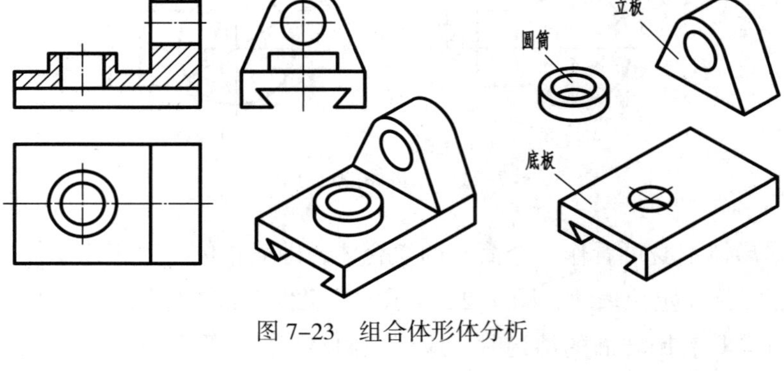

图 7-23　组合体形体分析

2. 选择尺寸基准

选择前后对称平面为宽度方向（Y 方向）的尺寸基础；立板和底板重合的侧面为长

度方向（X方向）的尺寸基准；底板的底面为高度方向（Z方向）的尺寸基准。

3. 标注各基本体的定形和定位尺寸

（1）标注底板尺寸，如图 7-24（a）所示。

底板基础定形尺寸为60、40、12；底板作为整个组合体的基础，所以无需定位尺寸。

底板燕尾槽的定形尺寸为 30、20、6；其为前后对称、左右方向通槽，故不需标注定位尺寸。

底板上圆孔的定形尺寸与圆筒内径一致，在圆筒上标注。标注圆孔 X 方向定位尺寸 38；圆孔轴线位于对称面上，Y 方向定位尺寸省略。

（2）标注立板尺寸，如图 7-24（b）所示。

标注 X 方向尺寸厚度 16，Y 方向尺寸与底板宽度一定，不重复标注，Z 方向由于存在回转面，不以转向轮廓线为界标注尺寸，所以标注圆孔中心高度定位尺寸 16 和定形尺寸 $R12$。标注立板圆孔的定形尺寸 $\phi 14$，圆孔到高度基准的定位尺寸 28。

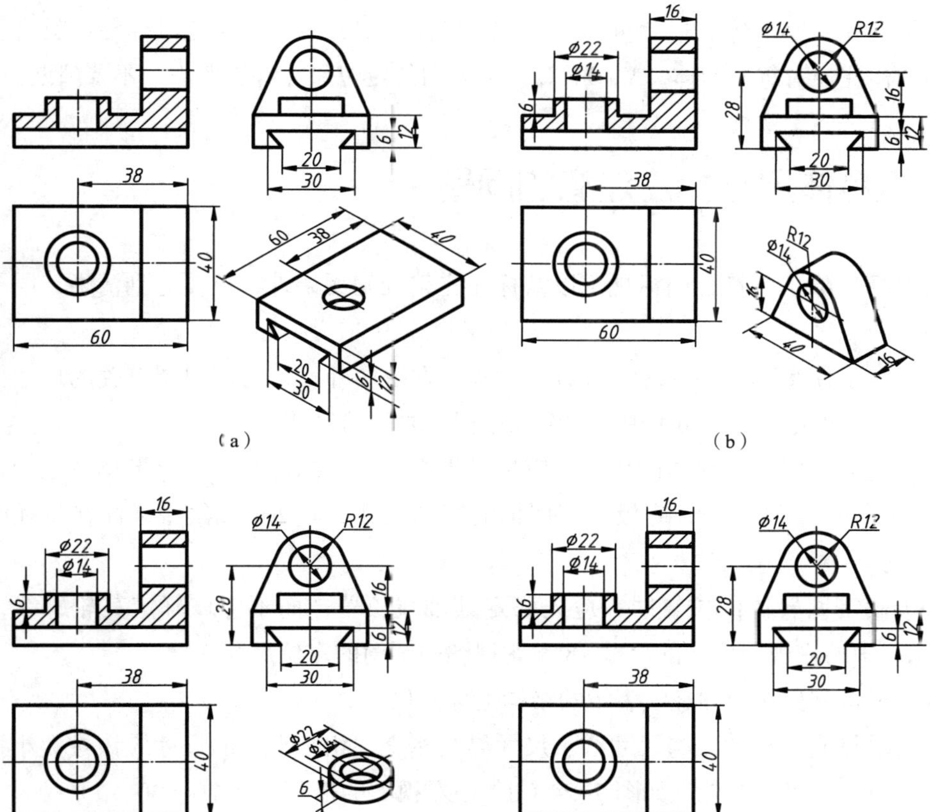

图 7-24　组合体尺寸标注步骤

（3）标注圆筒尺寸，如图 7–24（c）所示。

圆筒的定形尺寸为 $\phi22$、$\phi14$、6。圆筒与底板圆孔定位尺寸重合，X 方向的定位尺寸 38，Y 方向定位尺寸省略。

4. 标注总体尺寸

X、Y 方向的总长和总宽与底板的 X、Y 方向的定形尺寸相同，不必重复标注；Z 方向上端部存在回转面，不标注总高，保留原标注 28 和 $R12$ 即可。

5. 检查、调整尺寸

按形体逐个检查它们的定形、定位尺寸以及组合体的总体尺寸，补上遗漏，去除重复，并对标注和布置不恰当的尺寸进行修改和调整。例如在左视图立板与底板 16、12 和 28 构成了封闭尺寸链，应该去掉立板的圆孔中心高度定位尺寸 16，调整后的尺寸标注如图 7–24（d）所示。

尺寸要标注完整，一定要先对组合体进行形体分析，然后逐个形体标注定形、定位尺寸。标注完一个形体的尺寸再标注另一个形体，切忌一个形体还没标注完就进行另一个形体的标注。对每个形体，X、Y、Z 三个方向的定位尺寸都要考虑，不要遗漏。

7.3 组合体尺寸标注注意的问题

尺寸标注除了要符合国标规定以及标注完整准确无误外，还要达到清晰、明了、整齐，便于阅读。

（1）为了使图面清晰，应将多数尺寸标注在视图外面，与两视图有关的尺寸标注在两视图之间，如图 7–24（d）中主视图和俯视图之间的尺寸 38。

（2）组合体每一个形体的尺寸，应尽量集中标注并标注在反映该形体特征明显的视图上，如图 7–24（d）中，底板的燕尾槽的定形尺寸 30、20、6 集中标注在特征明显的左视图上。

（3）确定回转体的位置时，应先确定其轴线位置，而不应该确定其轮廓线，如图 7–24（d）中的左视图标注的尺寸 28 和俯视图中圆筒的定位尺寸 38。

（4）尽量避免在用细虚线表示的结构上标注尺寸。

（5）尽量避免尺寸线与尺寸线、尺寸界线相交，相互平行的尺寸应该按大小排列，小尺寸在内，大尺寸在外，如图 7–24（d）中左视图的槽宽尺寸 20、30。

（6）同轴回转体的直径尺寸尽量集中标注在非圆的视图上，排列整齐，如图 7–24（d）中主视图的 $\phi22$、$\phi14$。

（7）尺寸标注要注意合理性，在后续课程中介绍。

第 8 章　标准件和常用件

机器的功能不同，所包含零件的数量、种类和各零件形状也有很大差异。但有一些零件被广泛、大量地使用在各种机器上，如螺钉、螺母、垫圈、齿轮、轴承、弹簧等，这些零件可称为常用件。为了设计、制造和使用方便，它们的结构形状、尺寸、画法和标记有的已完全标准化了，有的部分标准化了，有的虽未标准化也已形成很强的规律性。标准化了的结构称为标准结构，完全标准化的零件称为标准件。对于标准结构、标准件和常用件，在设计、绘图和制造时必须严格遵守国家标准规定和已形成的规律。

本章介绍这些标准结构、标准件和常用件的结构、画法和标记方法。

8.1　螺纹

8.1.1　螺纹的形成、结构和要素

1. 螺纹的形成和结构

在车床上车削螺纹是常见的形成螺纹的一种方法。如图 8–1 所示，将工件装夹在与车床主轴相连的卡盘上，使它随主轴做等速旋转，同时使车刀沿轴线方向做等速移动，则当刀尖切入工件达一定深度时，就在工件的表面上车制出具有一定截面形状的螺旋沟槽，称为螺纹。

制在零件外表面上的螺纹叫外螺纹，如图 8–2（a）所示，制在零件孔腔内表面的螺纹叫内螺纹，如图 8–2（b）所示。螺纹的表面可分为凸起和沟槽两部分，凸起部分的顶端称为牙顶，沟槽部分的底部称为牙底，如图 8–2 所示。

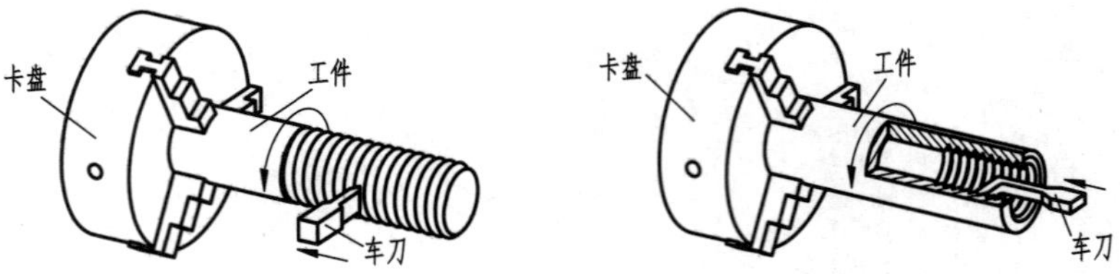

（a）车外螺纹　　（b）车内螺纹

图 8-1　车螺纹

2. 螺纹的基本要素

以最常用的圆柱螺纹为例（图 8-2）介绍螺纹的基本要素。

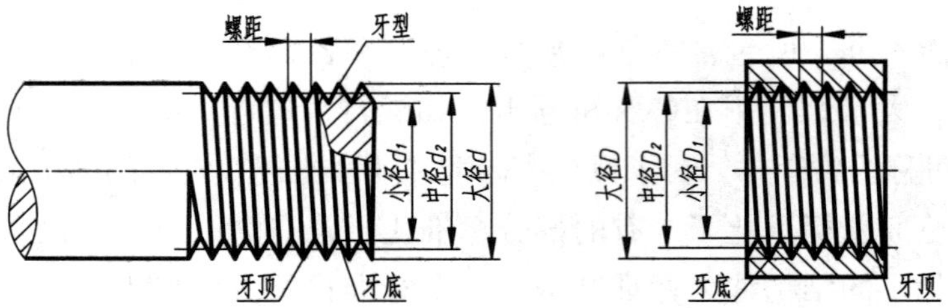

（a）外螺纹　　（b）内螺纹

图 8-2　螺纹的各部分名称

（1）螺纹的牙型

在通过螺纹轴线的剖面上，螺纹的轮廓形状称为螺纹牙型。常见的螺纹牙型有三角形、梯形、锯齿形和矩形等，如表 8-1 所示。

（2）直径

螺纹的直径有大径、小径和中径。与外螺纹牙顶或内螺纹牙底相重合的假想圆柱面的直径称为大径。内、外螺纹的大径分别以 D和d 表示。与外螺纹牙底或内螺纹牙顶相重合的假想圆柱面的直径称为小径。内、外螺纹的小径分别以 D_1 和 d_1 表示。

中径是一个假想圆柱的直径，该圆柱的母线（称为中径线）通过牙型上沟槽和凸起宽度相等的地方，此圆柱称为中径圆柱。内、外螺纹的中径分别以 D_2 和 d_2 表示，如图 8-2 所示。

（3）螺纹的线数

螺纹有单线和多线之分。当圆柱面上只有一条螺纹盘绕时叫作单线螺纹；如果同时有两条或多条螺纹盘绕时就叫双线或多线螺纹，如图 8-3 所示。螺纹的线数以 n 表示。

（4）螺距和导程

螺纹上相邻两牙在中径线上的对应点之间的轴向距离 P 称为螺距，同一条（线）螺纹上相邻两牙在中径线上的对应点之间的轴向距离称为导程，用 Ph 表示，如图 8-3 所示。导程与螺距的关系为：导程 = 螺距 × 线数。因此，单线螺纹的导程 $Ph=P$，多线螺

纹的导程 $Ph=nP$。

（5）螺纹的旋向

螺纹有右旋和左旋之分，将外螺纹轴线铅垂放置，螺纹右上左下则右旋，左上右下为左旋。右旋螺纹顺时针旋转时旋合，逆时针旋转时退出，左旋螺纹反之，其中以右旋为最常用。以右、左手判断右旋螺纹和左旋螺纹的方法如图 8–4 所示。

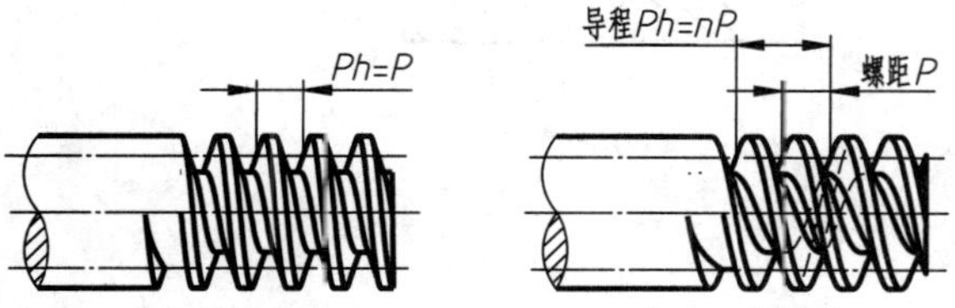

（a）单线螺纹　（b）双线螺纹

图 8–3　螺距和导程

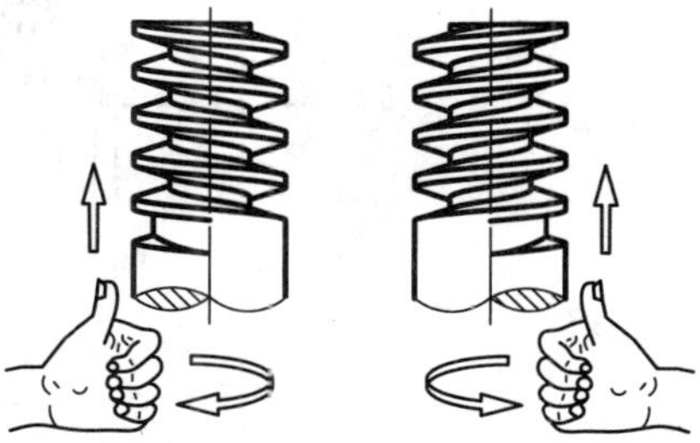

（a）左旋　（b）右旋

图 8–4　螺纹的旋向

在螺纹的五个要素中，螺纹牙型、直径和螺距是决定螺纹的最基本要素，称为螺纹三要素。凡这三个要素都符合标准的称为标准螺纹。螺纹牙型符合标准，而大径、螺距不符合标准的称为特殊螺纹。若螺纹牙型不符合标准，则称为非标准螺纹。内、外螺纹总是成对地使用，但只有当五个要素相同时，内、外螺纹才能拧合在一起。

3. 螺纹的工艺结构

（1）螺纹的端部

为了防止螺纹端部损坏和便于安装，通常在螺纹的起始处做出圆锥形的倒角或球面形的倒圆，如图 8–5 所示。

（2）螺纹的螺尾和退刀槽

当车削螺纹的刀具快要到达螺纹终止处时，要逐渐离开工件，因而螺纹终止处附近的牙型将逐渐变浅，形成不完整的螺纹牙型，这一段螺纹称为螺尾，如图 8–6 所示。加工到要求深度的螺纹才具有完整的牙型，才是有效螺纹。

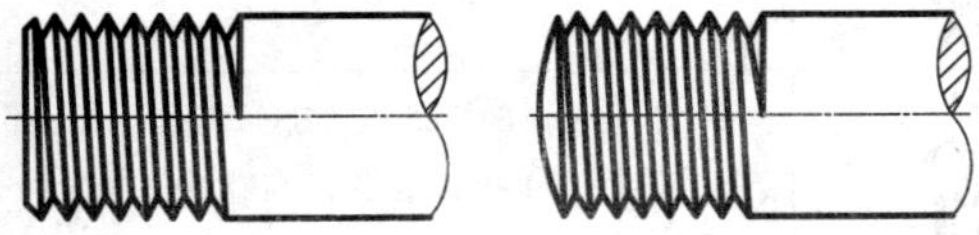

（a）倒角　（b）倒圆

图 8–5　倒角和倒圆

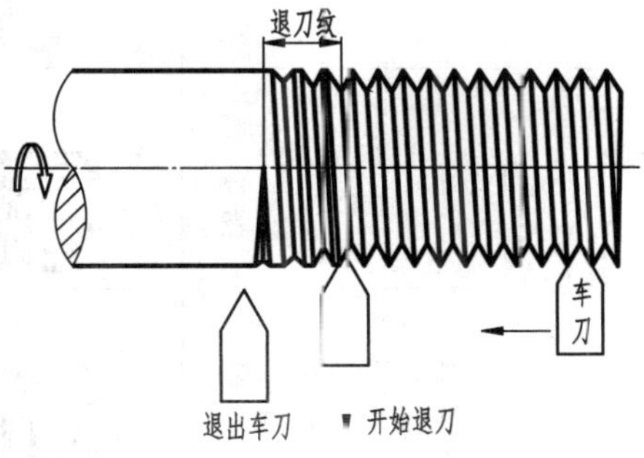

图 8–6　螺尾

为了避免出现螺尾，可以在螺纹终止处事先车削出一个槽，以便于刀具退出，这个槽称为螺纹退刀槽，如图 8–7 所示。

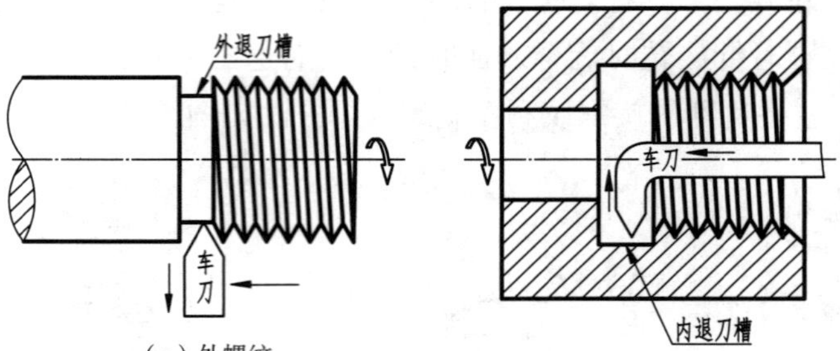

（a）外螺纹　（b）内螺纹

图 8–7　螺纹退刀槽

4. 螺纹的种类

螺纹常先按用途分为两大类：连接螺纹和传动螺纹。

常见的连接螺纹有三种：粗牙普通螺纹、细牙普通螺纹和管螺纹。连接螺纹的共同特点是牙型皆为三角形，其中普通螺纹的牙型角为 60°，管螺纹的牙型角为 55°。同一种大径的普通螺纹一般有几种螺距，螺距最大的一种称粗牙普通螺纹，其余称细牙普通螺纹。细牙普通螺纹多用于细小的精密零件或薄壁零件的连接，而管螺纹多用于水管、油管、气管等管件的连接。

传动螺纹是用来传递动力和运动的，常用的是梯形螺纹，有时也用锯齿形螺纹。

每种螺纹都有相应的特征代号（用字母表示），标准螺纹的各参数如大径、螺距等均已规定，设计选用时应查阅相应标准规定。常用的标准螺纹如表 8–1 所示。

表 8-1　常用标准螺纹

螺纹类别及特征代号			牙型	功用
连接螺纹	普通螺纹	粗牙普通螺纹 M	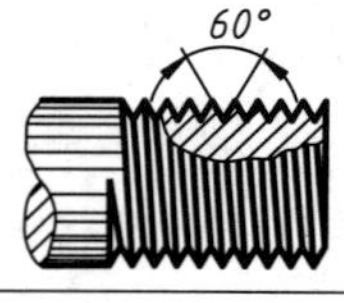	是最常用的连接螺放，细牙螺纹的螺距较粗牙螺纹的小，切深较浅，用于细小的精密零件或薄壁零件上
		细牙普通螺纹 M		
	管螺纹	非螺纹密封的管螺纹 G	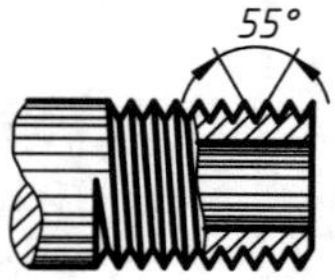	本身无密封能力，常用于电线管等不需要密封的管路系统；非螺纹密封的管螺纹如另加密封结构后，密封性能很可靠
		螺纹密封的管螺纹 R_p、R_1；R_c、R_2	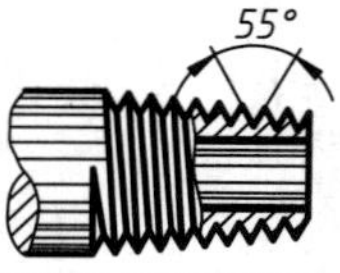	可以是圆柱内螺纹（R_p）与圆柱外螺纹（R_1）连接，也可以是圆锥内螺纹（代号为 R_c，锥度 1∶16）与圆锥外螺纹（R_2）连接，其内、外螺纹旋合后有密封能力

续表

螺纹类别及特征代号		牙型	功用
传动螺纹	梯形螺纹 Tr	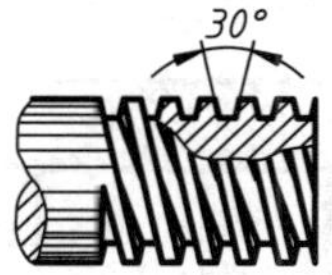	可双向传递运动和动力，各种机床上的丝杠多采用这种螺纹
	锯齿形螺纹 B	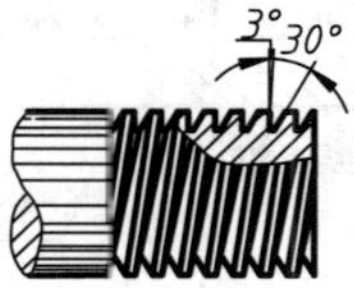	只能传递单向动力，例如螺旋压力机的传动丝杠就采用这种螺纹

8.1.2　螺纹的规定画法

绘制螺纹的真实投影是十分烦琐的事情，并且在实际生产中也没有必要这样做。为了便于绘图，国家标准（GB/T 4459.1—1995）对螺纹的画法做了规定，综述如下：

（1）可见螺纹的牙顶用粗实线表示，可见螺纹的牙底用细实线表示（当外螺纹画出倒角或倒圆时，应将表示牙底的细实线画入倒圆角或倒圆部分）。在垂直于螺纹轴线的投影面的视图（投影为圆的视图）中，表示牙底的细实线圆只画约 3/4 圈（空出的约 1/4 圈的位置不做规定），此时螺杆（外螺纹）或螺孔（内螺纹）上倒角的投影不应画出（图 8–8 和图 8–9）。

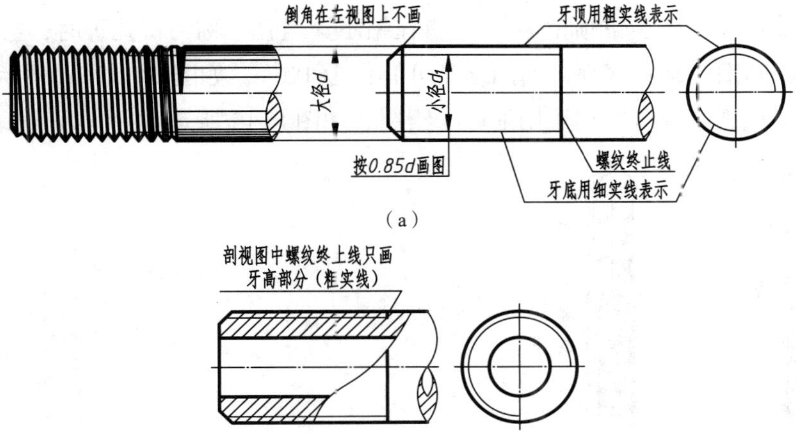

（a）

（b）

图 8–8　外螺纹画法

（2）有效螺纹的终止界线（简称螺纹终止线）用粗实线表示。外螺纹终止线的画法如图 8–8 所示，内螺纹终止线的画法如图 8–9 所示。

（3）螺尾部分一般不必画出，当需要表示螺尾时，螺尾部分的牙底用与轴线成 30°

的细实线绘制（图 8–10）。

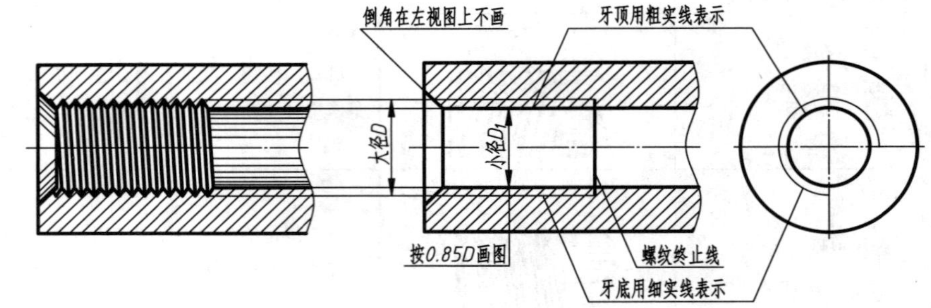

图 8–9　内螺纹画法

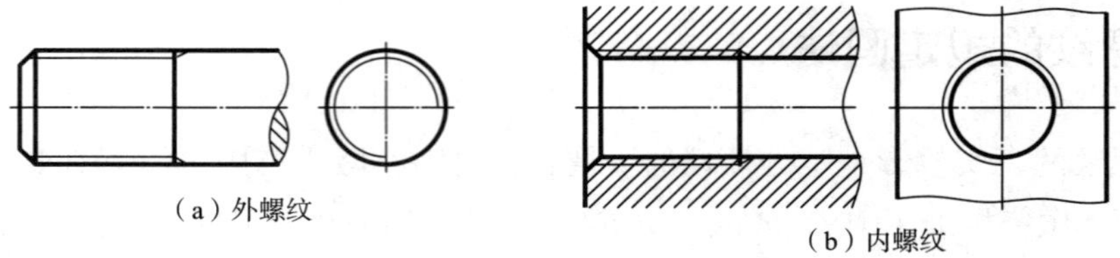

图 8–10　螺尾的表示法

（4）无论是外螺纹还是内螺纹，在剖视或断面图中的剖面线都必须画到粗实线，如图 8–8（b）、图 8–9、图 8–10（b）所示。

（5）在绘制不穿通的螺孔时，一般应将钻孔深度与螺纹深度分别画出，如图 8–11（b）所示。钻孔深度 H 一般应比螺纹深度 b 大 $0.5D$，其中 D 为螺纹大径。

钻头端部有一圆锥，锥顶角为 118°，在钻不穿通孔（称为盲孔）时，会在底部形成一个锥面，在画图时钻孔底部锥面的顶角可简化为 120°，如图 8–11（a）所示。

（6）不可见螺纹的所有图线用细虚线绘制，如图 8–12 所示。

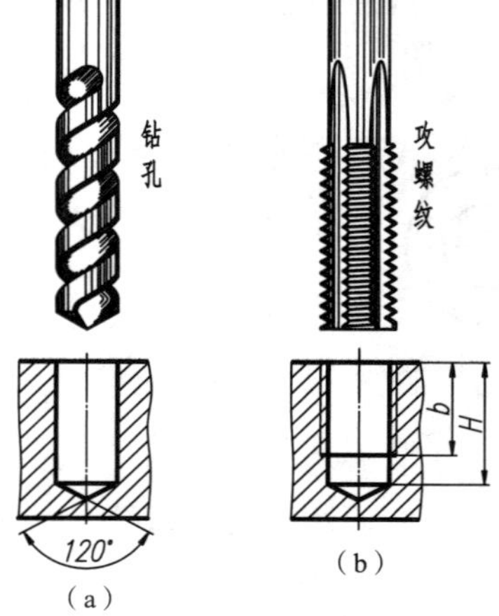

图 8–11　不穿通的螺孔画法

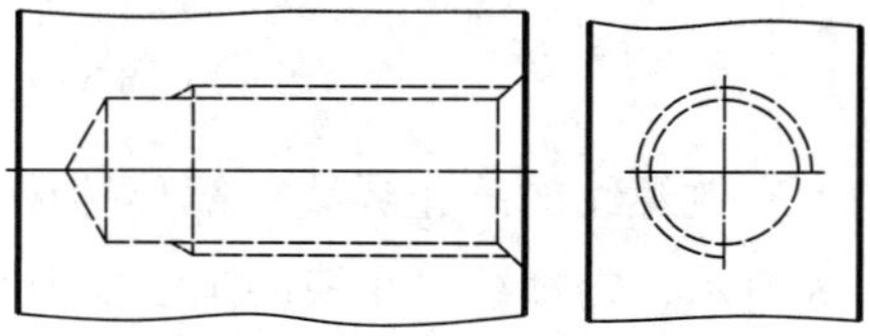

图 8–12　不可见螺纹的表示法

（7）当需要表示螺纹牙型时，可采用局部剖视或局部放大图表示几个牙型的结构形式，如图 8–13 所示。

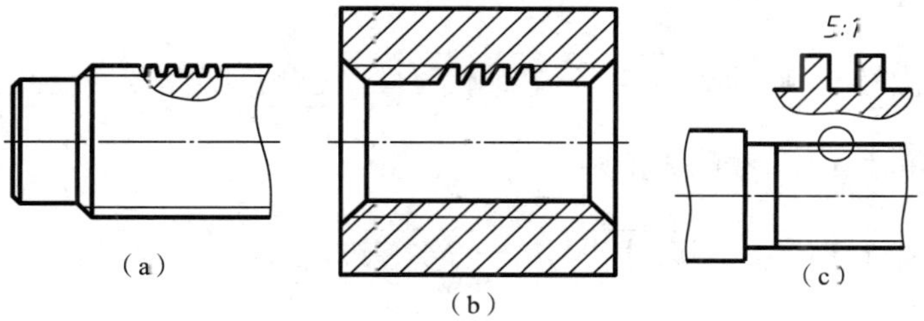

图 8–13 牙型的表示法

（8）螺纹孔相交时，只画出钻孔的交线（用粗实线表示），如图 8–14 所示。

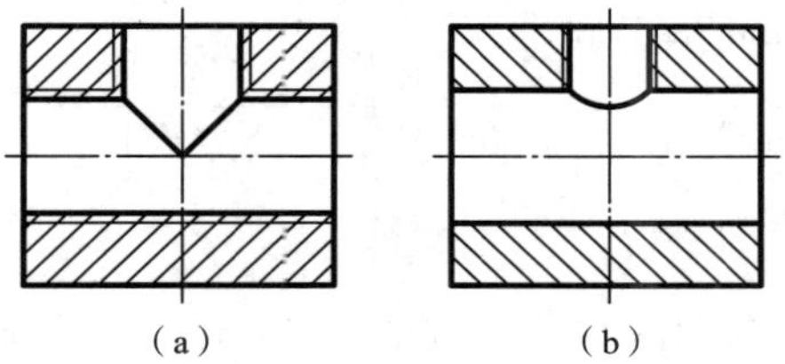

图 8–14 相交螺孔的表示法

（9）螺纹连接的画法。以剖视图表示内、外螺纹的连接时，其旋合部分应按外螺纹的画法绘制，其余部分仍按各自的画法表示，如图 8–15 所示。

因为只有牙型、大径、小径、螺距及旋向都相同的螺纹才能旋合在一起，所以在剖视图中，表示外螺纹牙顶的粗实线，必须与表示内螺纹牙底的细实线在一条直线上；表示外螺纹牙底的细实线，也必须与表示内螺纹牙顶的粗实线在一条直线上。

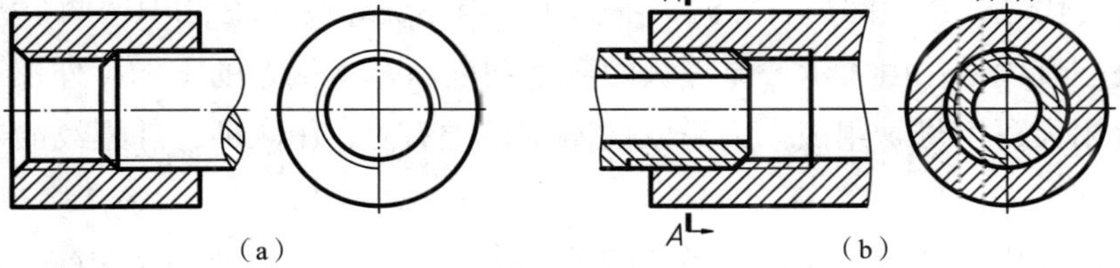

图 8–15 螺纹连接画法

8.1.3 螺纹的标注

因为各种螺纹的画法相同，所以为了便于区分，还必须在图上进行标注。

1. 螺纹的完整标注格式

普通螺纹完整的标记内容和格式是：

[特征代号] [尺寸代号] – [公差带代号] – [旋合长度代号] – [旋向代号]

管螺纹完整的标记内容和格式是：

[特征代号] [尺寸代号] [公差等级代号] – [旋向代号]

梯形螺纹完整的标记内容和格式是：

[特征代号] [尺寸代号] [旋向代号] – [公差带代号] – [旋合长度代号]

锯齿形螺纹完整的标记内容和格式是：

[特征代号] [尺寸代号] [旋向代号] – [公差带代号] – [旋合长度代号]

代号说明如下：

（1）特征代号：说明螺纹牙型种类，如表 8–1 所示，粗牙普通螺纹及细牙普通螺纹均用“M”作为特征代号。

（2）尺寸代号：单线普通螺纹、单线梯形螺纹、单线锯齿形螺纹的尺寸代号为“公称直径 × 螺距”，公称直径为螺纹的大径，单位为毫米。管螺纹的尺寸代号为管子公称尺寸代号，是外螺纹管子的孔径，单位为英寸。粗牙普通螺纹的螺距可以省略。

多线普通螺纹的尺寸代号为“公称直径 ×*Ph* 导程 *P* 螺距”；多线梯形螺纹和多线锯齿形螺纹的尺寸代号为“公称直径导程（*P* 螺距）”。需要时，多线螺纹的线数可在导程后用英文标出，并用括号括起，如 M16 × *Ph*3*P*1.5（two starts）。

（3）旋向代号：当旋向为右旋时，不标注；当左旋时要标注“LH”两个大写字母。

（4）公差带代号：由表示公差等级的数字和表示基本偏差的字母（外螺纹用小写字母，内螺纹用大写字母）组成。内螺纹的基本偏差有 G、H 两种，外螺纹的基本偏差有 e、f、g、h 四种。

螺纹公差带代号是指中径和顶径的公差带代号，中径公差带代号在前，顶径公差带代号在后，两者相同时，只需标记一个代号。

（5）公差等级代号：55° 非密封管螺纹的外螺纹的公差等级分为 A 级和 B 级。55° 非密封管螺纹的内螺纹和 55° 密封管螺纹只有一个等级，省略不标。

（6）旋合长度代号：分别用 S、N、L 来表示短、中等和长三种不同旋合长度，其中 N 省略不标。

2. 标准螺纹标注示例

标准螺纹标注示例如表 8-2 所示。

表 8-2　常用标准螺纹的标注

螺纹种类	标注图例	代号的意义	说明
粗牙普通螺纹	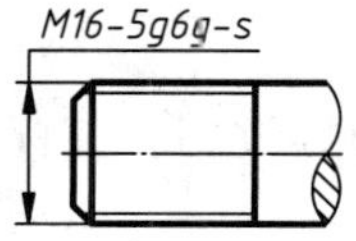	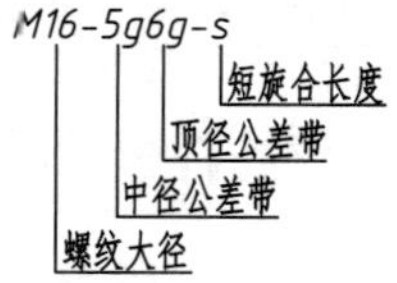	粗牙螺纹不注螺距；右旋省略不注；中径和顶径公差带相同时，只注一个代号；当旋合长度为中等长度时，不标注；图中所注长度不包括螺尾
细牙普通螺纹	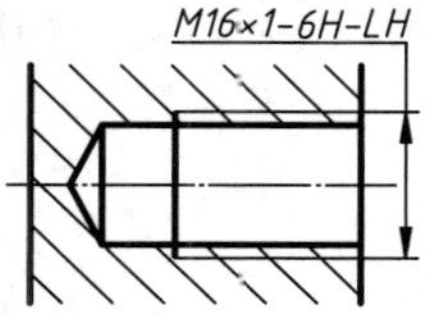	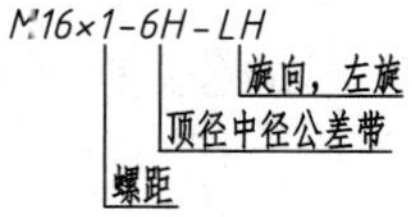	细牙标注螺距；其他规定同上
非密封管螺纹	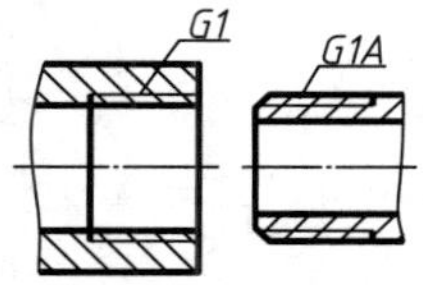		管螺纹尺寸代号不是螺纹大径，是管子尺寸代号，数值等于管子的内径，单位为英寸。作图时应据此查出螺纹大径；管螺纹尺寸代号只能注在引出线上，引出线应由大径处引出
密封管螺纹	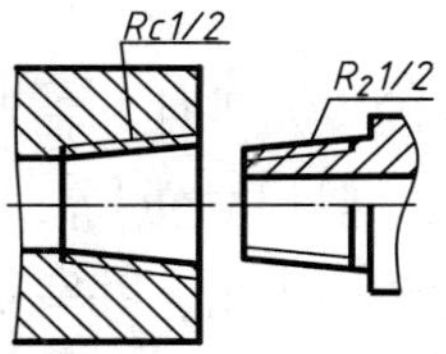	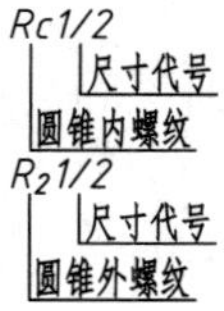	
梯形螺纹	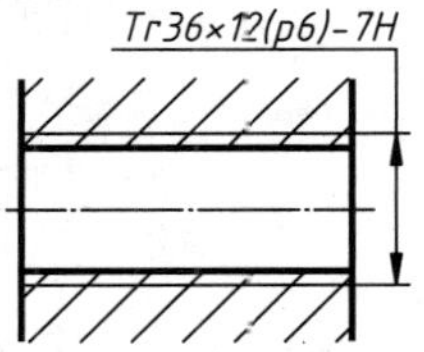	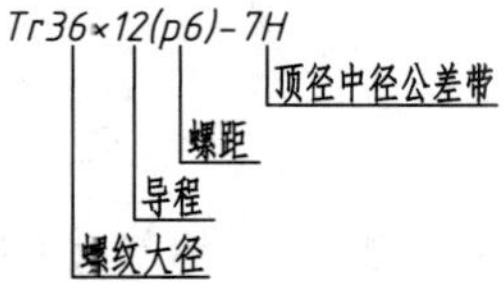	多线螺纹要标注导程和螺距；当旋合长度为中等长度时，不标注；中径和顶径公差带相同时，只注一个代号
锯齿形螺纹	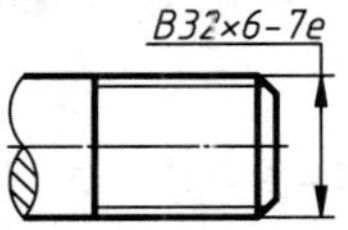	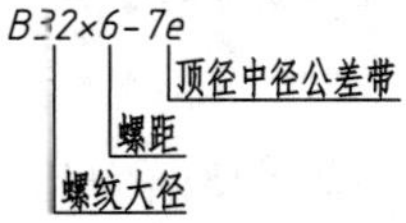	标注螺距；当旋合长度为中等长度时，不标注；中径和顶径公差带相同时，只注一个代号

3. 特殊螺纹与非标准螺纹的标注

（1）牙型符合标准，直径或螺距不符合标准的螺纹，应在特征代号前加注“特”字，并标出大径和螺径，如图 8-16 所示。

（2）绘制非标准的螺纹时，应画出螺纹的牙型，并注出所需要的尺寸及有关要求，如图 8-17 所示。

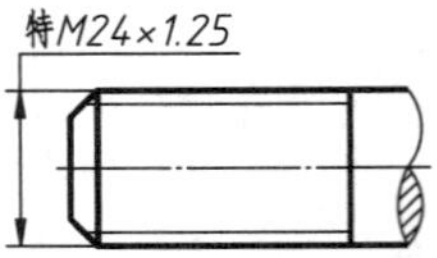

图 8-16　特殊螺纹的标注

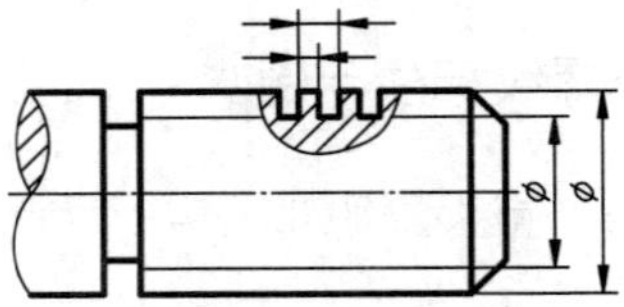

图 8-17　非标准螺纹的标注

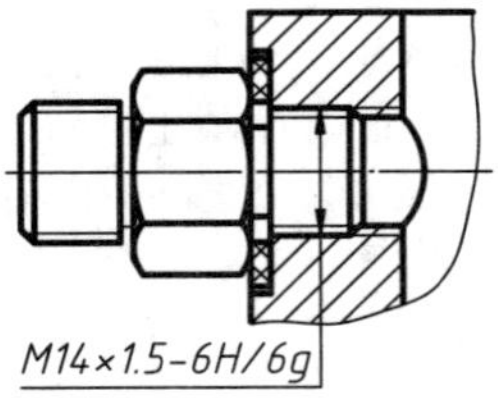

图 8-18　螺纹副的标注

4. 螺纹副标注

内、外螺纹旋合到一起后称为螺纹副，其标注示例如图 8-18 所示。

图中 6H 为内螺纹的中径和顶径的公差带（相同），6g 为外螺纹的中径和顶径的公差带（相同）。

8.2　螺纹紧固件

8.2.1　常用螺纹紧固件

用一对内、外螺纹的旋合作用起到紧固、连接作用的主要零件和辅助零件，称为螺纹紧固件。常用的螺纹紧固件有螺栓、螺钉、双头螺柱、螺母和垫圈等，均为标准件。

在设计机器时，标准件不必画零件图，只需在装配图中画出，并写明所用标准件的标记即可。

1. 常用紧固件标记方法

常用螺纹紧固件的规定标记有完整标记和简化标记。

例 8-1　螺纹公称直径 d=12mm，公称长度 L=60mm，性能等级 8.8 级，表面氧化的 A 级六角头螺栓。

其完整标记为：螺栓　GB/T 5782—2000-M12 × 60-8.8-A-O。

简化标记为：螺栓 GB/T 5782　M12 × 60。

常用螺纹紧固件的标记及示例，如表 8-3 所示。

表 8-3　常用螺纹紧固件的标记

名称	立体图	简化画法及规格尺寸	标记及说明
六角头螺栓		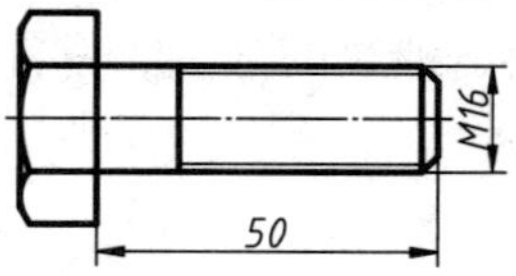	螺栓　GB/T 5780　M16 × 50 螺纹规格 d=M16，公称长度 l=50，性能等级为 8.8 级，表面氧化，A 级的六角头螺栓

续表

名称	立体图	简化画法及规格尺寸	标记及说明
双头螺柱		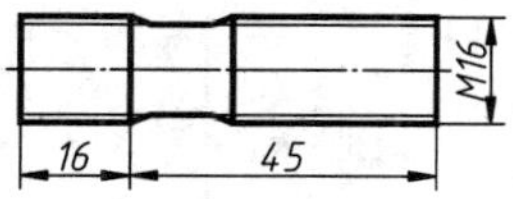	螺柱 GB/T 897 M16 × 45 螺柱两端均为粗牙普通螺纹，d=M16，l=45，性能等级为 4.8 级，B 型，b_m= 1d 的双头螺柱
开槽沉头螺钉		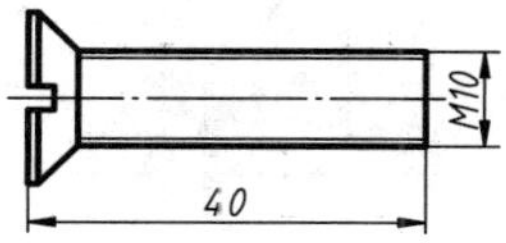	螺钉 GB/T 68 M10 × 40 螺纹规格 d=M10，公称长度 l=40，性能等级为 4.8 级，不经表面处理的 A 级开槽沉头螺钉
开槽圆柱头螺钉		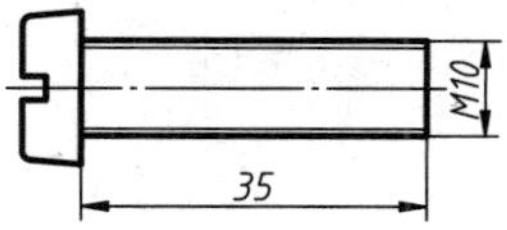	螺钉 GB/T 65 M10 × 35 螺纹规格 d=M10，公称长度 l=35，性能等级为 4.8 级，不经表面处理的 A 级开槽圆柱头螺钉
六角螺母		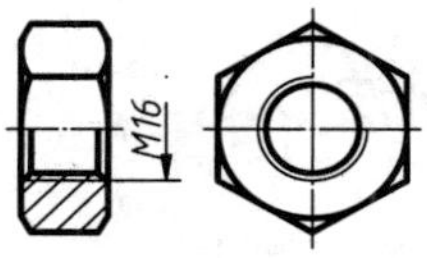	螺母 GB/T 6170 M16 螺纹规格 D=M16，性能等级为 8 级，不经表面处理的 A 级 1 型的六角螺母
平垫圈		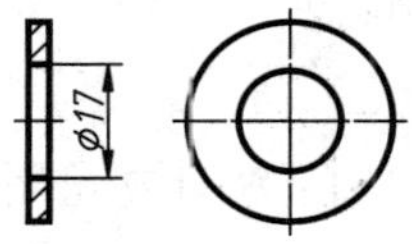	垫圈 GB/T 97.1 16 公称规格 16，性能等级为 200HV 级，不经表面处理的 A 级平垫圈
弹簧垫圈		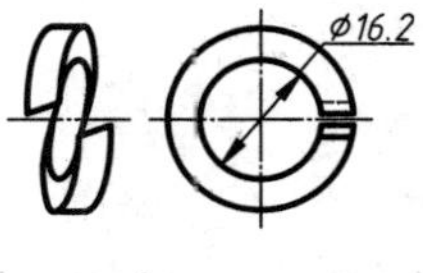	垫圈 GB/T 93 16 公称规格 20，材料为 65Mn，表面氧化的标准型弹簧垫圈

2. 常用紧固件的比例画法

紧固件各部分尺寸可以从相应国家标准中查出，但在绘图时为了简便和提高效率，大多不必查表绘图而是采用比例画法。

所谓比例画法就是当螺纹大径选定后，除了螺纹紧固件的有效长度要根据被紧固件实际情况确定外，紧固件的其他各部分尺寸都取与紧固件的螺纹大径 d（或 D）成一定比例的数值作图的方法。六角螺母、六角头螺栓、双头螺柱、垫圈的比例画法，如表 8-4 所示，常见螺钉的比例画法如图 8-23 所示。

表 8-4　常用紧固件的比例画法

名称	比例画法	名称	比例画法
螺母	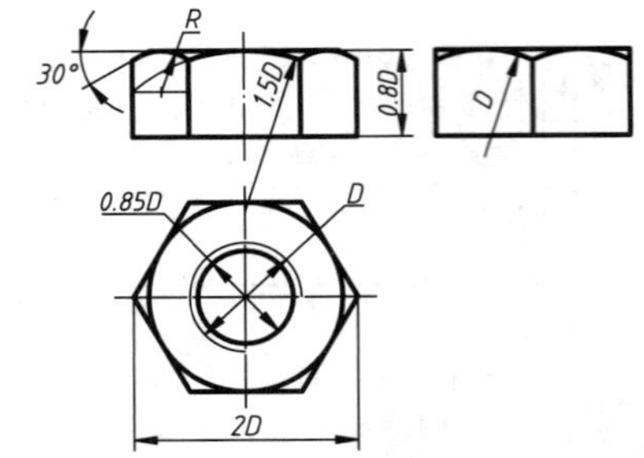	六角头螺栓	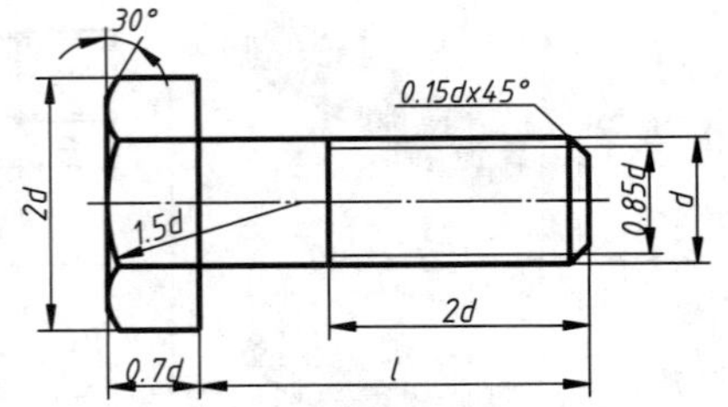
双头螺柱	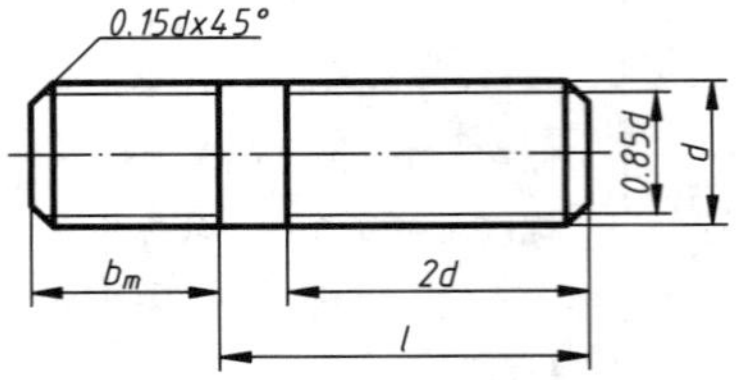	垫圈	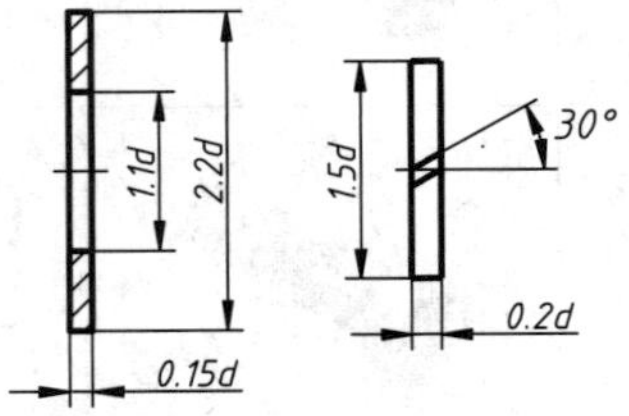

8.2.2　螺纹紧固件的装配图画法

在画螺纹紧固件的装配图时首先做如下规定：

当剖切平面通过螺杆的轴线时，螺栓、螺柱、螺钉及螺母、垫圈等均按未剖切绘制。

在剖视图上，相邻两个零件的剖面线的方向或间隔应不同；同一零件在各视图上的剖面线的方向和间隔必须一致。

1. 螺栓连接装配图的画法

螺栓连接由螺栓、螺母、垫圈组成。螺栓连接用于被连接的两零件厚度不大，容易钻出通孔的情况下，并能从被连接件两侧同时进行装配的场合，如图 8–19 所示。

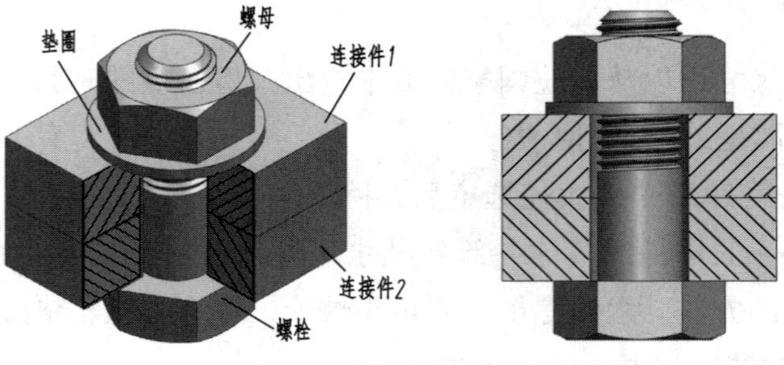

图 8–19　螺栓连接

用螺栓连接时，被连接件上的通孔直径应稍大于螺栓直径，当螺栓穿过通孔后，套上垫圈，再拧紧螺母。安装步骤如图 8–20 所示。

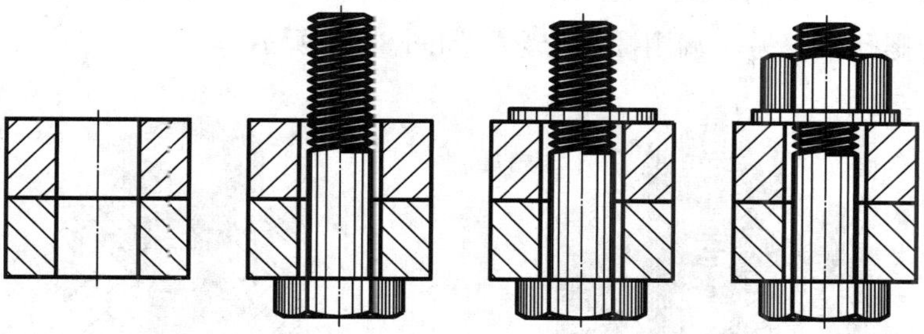

（a）加工光孔　（b）穿入螺栓　（c）套上垫圈　（d）拧紧螺母

图 8–20　螺栓装配的绘图步骤

螺栓连接装配图一般根据公称直径 d 按比例关系画出，如图 8–21（a）所示。

（1）螺栓的有效长度应按下式估算：

$$l=\delta_1+\delta_2+0.15d\text{（垫圈厚）}+0.8d\text{（螺母厚）}+0.3d$$

式中，$0.3d$ 是螺栓末端的伸出高度。

根据估算出的数值查附录表中螺栓的有效长度 l 的系列值，选取一个相近的标准数值。

（2）为了保证成组多个螺栓装配方便，不因上、下板孔间距误差造成装配困难，被连接零件上的孔径总比螺纹大径略大些，画图时按 1.1d 画出。同时，螺栓上的螺纹终止线应低于通孔的顶面，以显示拧紧螺母时有足够的螺纹长度。

常用的六角头螺栓连接，也可采用简化画法，如图 8–21（b）所示。

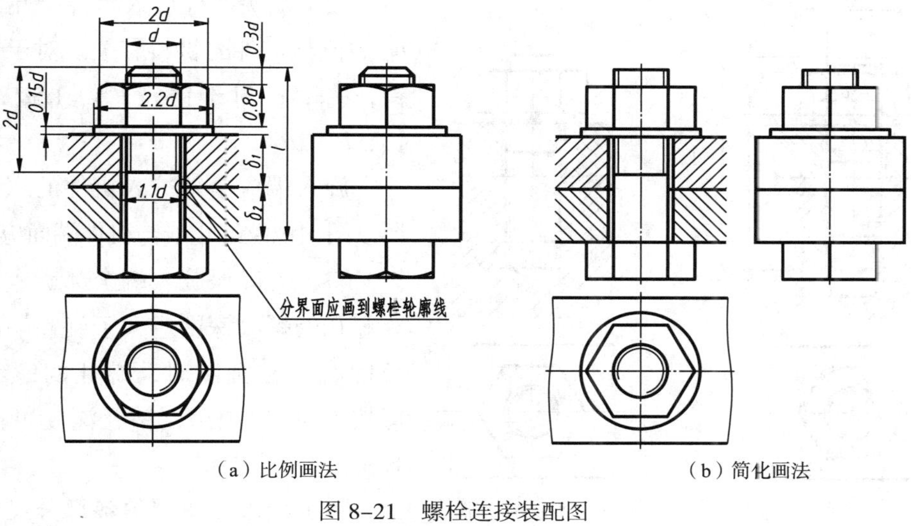

（a）比例画法　（b）简化画法

图 8–21　螺栓连接装配图

2. 双头螺柱连接装配图的画法

双头螺柱连接由双头螺柱、螺母、平垫圈或弹簧垫圈组成。连接时，一端直接拧入被连接零件的螺孔中，另一端用螺母拧紧，如图 8–22 所示。

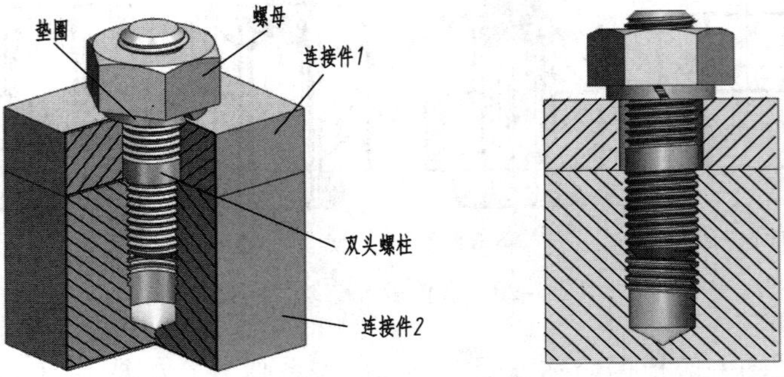

图 8–22　双头螺栓连接

双头螺柱连接多用于其中一个被连接件很厚，不适用于钻成通孔或不能钻成通孔的情况。在拆卸时只需拧出螺母，取下垫圈，而不必拧出螺柱，因此采用这种连接不会损坏被连接件上的螺孔。

双头螺柱装配图的比例画法，如图 8–23（a）所示。

（1）双头柱的有效长度 l 应按下式估算：

$$l=\delta+0.2d\text{（垫圈厚）}+0.8d\text{（螺母厚）}+0.3d$$

然后，根据估算出的数值查附录表中双头螺柱的有效长度 l 的系列值，选取一个相近的标准数值。

（2）双头螺柱旋入机件一端的长度 b_m 的值与机件的材料有关。对于钢和青铜，$b_m=d$；对于铸铁；$b_m=1.5d$；对于铝，$b_m=2d$。

旋入端应全部拧入机件的螺孔内，所以图中螺纹终止线与机件端面应平齐。

（3）为确保旋入端全部旋入，机件上螺孔的螺纹深度应大于旋入端的螺纹长度 b_m。在画图时，螺孔的螺纹深度可按 $b_m+0.5d$ 画出，钻孔深度可按 b_m+d 画出。

（4）螺母和垫圈等各部分尺寸与大径 d 的比例关系和画法与前述相同。

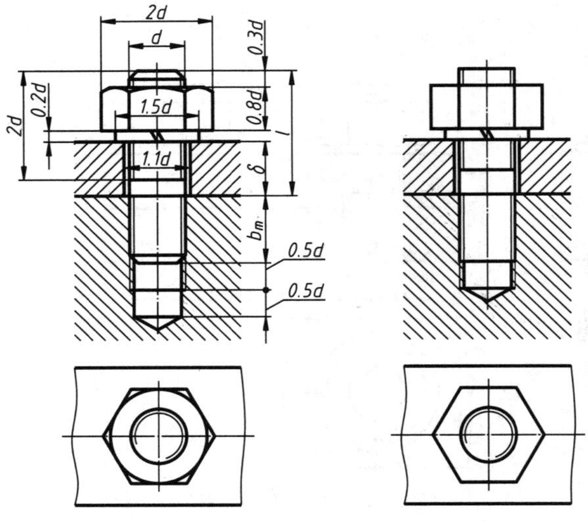

（a）比例画法　　（b）简化画法

图 8–23　双头螺柱连接装配图

（5）在装配图中，对于不穿通的螺孔，也可以不画出钻孔深度，而仅按螺纹的深度画出，六角螺母及螺杆头部的倒角也可省略不画，如图 8–23（b）所示。

3. 螺钉连接装配图的画法

螺钉按用途可分为连接螺钉和紧定螺钉两种。

（1）连接螺钉

螺钉连接不用螺母，而是将螺钉直接拧入机件的螺孔里，依靠螺钉头部压紧被紧固件，如图 8–24 所示，螺钉连接多用于受力不大，而被连接件之一较厚的情况下。

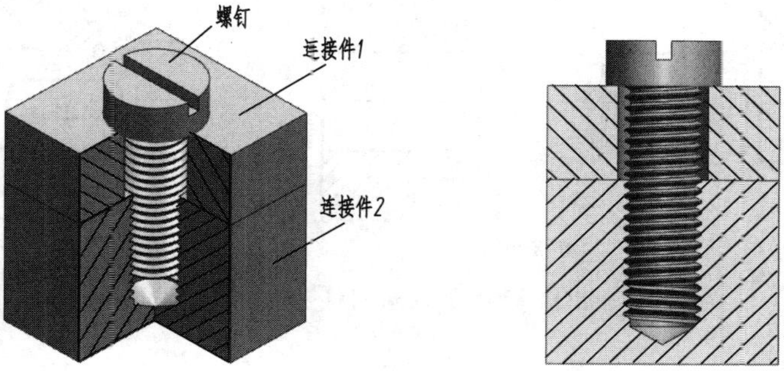

图 8–24　螺钉连接

螺钉根据头部形状不同有许多形式。图 8–25 是几种常用螺钉装配图的比例画法。

① 螺钉的有效长度应按下式估算：

$$l=\delta+b_m$$

（b_m 根据被旋入零件的材料面定，见双头螺柱）。然后，根据估算出的数值查附录各表之中相应螺钉的有效长度 l 的系列值，选取相近的标准数值。

② 为了使螺钉头能玉紧被连接零件，螺钉的螺纹终止线应高出螺孔的端面，如图 8–25（a）所示，或在螺杆的全长上都有螺纹，如图 8–25（c）（d）所示。

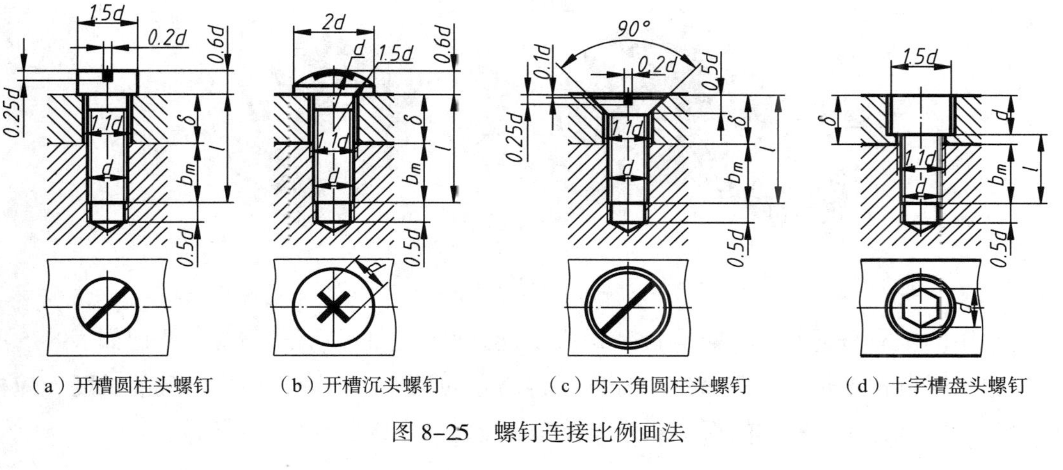

（a）开槽圆柱头螺钉　（b）开槽沉头螺钉　（c）内六角圆柱头螺钉　（d）十字槽盘头螺钉

图 8–25　螺钉连接比例画法

③ 螺钉头部的一字槽和十字槽的投影可以涂黑表示，在投影为圆的视图上，这些槽按习惯应画成与中心线成 45°，如图 8–25（a）（b）所示。

（2）紧定螺钉

紧定螺钉用来固定两个零件的相对位置，使它们不产生相对运动。与螺栓、双头螺柱和螺钉不同，紧定螺钉不是利用旋紧螺纹产生轴向压力压紧机件来固定机件的。图 8–26 所示为紧定螺钉连接轴和轮的画法，用一个开槽锥端紧定螺钉旋入轮毂的螺孔，使螺钉端部的 90° 锥顶角与轴上的 90° 锥坑压紧，从而固定了轴和轮的轴向位置。

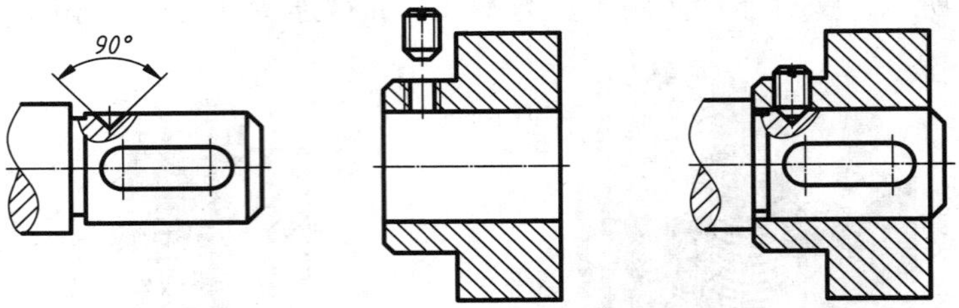

（a）连接前　　（b）连接后

图 8–26　紧定螺钉连接的画法

8.3　键和销

8.3.1　键

键用来连接轴及轴上的传动件，如齿轮、皮带轮等，起传递扭矩的作用。如图 8–27 所示，在被连接的轴和轮孔中制出键槽，先将键嵌入轴上的键槽内再对准轮孔中的键槽，将它们装配在一起，便可达到连接目的。

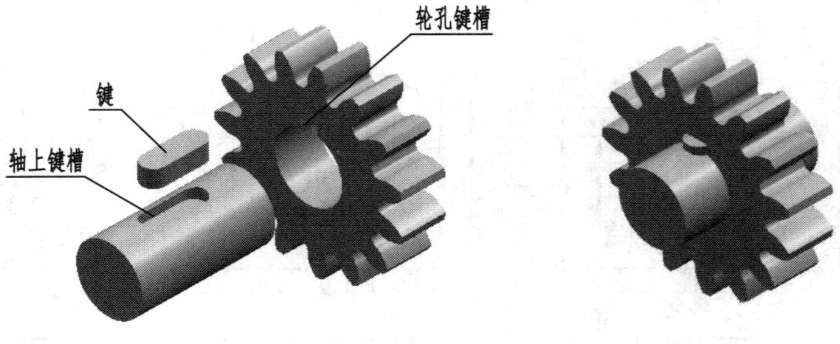

图 8–27　键与键槽

常用的键有普通平键、半圆键和钩头楔键三种，它们的形式和规定标记如表 8–5 所示。选用时可根据轴的直径查键的标准，得出它的尺寸。平键和钩头楔键的长度 L 应根据轮毂（轮盘有孔，穿轴的那一部分）长度及受力大小选取相应的系列值。

表 8-5 常用键的形式及标记

名称	图例	标记及说明
普通平键 	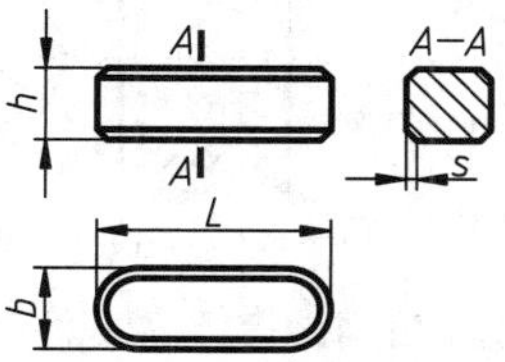	GB/T 1096 键 8 × 7 × 22 宽度 b=8，高度 h=7，长度 L=22 的普通 A 型平键
半圆键 	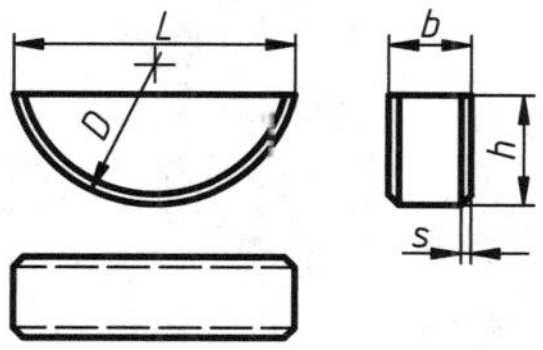	GB/T 1099.1 键 8 × 11 × 28 宽度 b=8，高度 h=11，直径 D=28 的普通型半圆键
钩头楔键 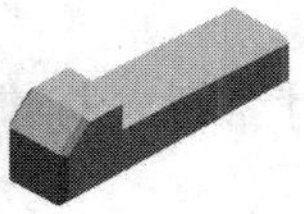	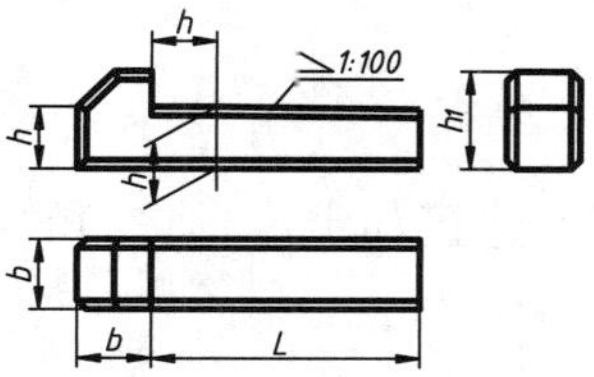	GB/T 1565 键 8 × 28 宽度 b =8，高度 h =7，长度 L=28 的钩头型楔键

普通平键和半圆键的两个侧面是工作面，在装配图中，键与键槽侧面之间应不留间隙。键的顶面是非工作面，它与轮毂的键槽顶面之间应留有间隙，如图 8–28（a）和（b）所示。

钩头楔键的顶面有 1∶100 的斜度，连接时将键打入键槽。因此，键的顶面和底面同为工作面，与槽底和槽顶都没有间隙，键的两侧与键槽的两侧面有配合关系$\frac{D10}{h9}$，如图 8–28（c）所示。

轴上的键槽和轮毂上的键槽的画法和尺寸注法，如图 8–29 所示。

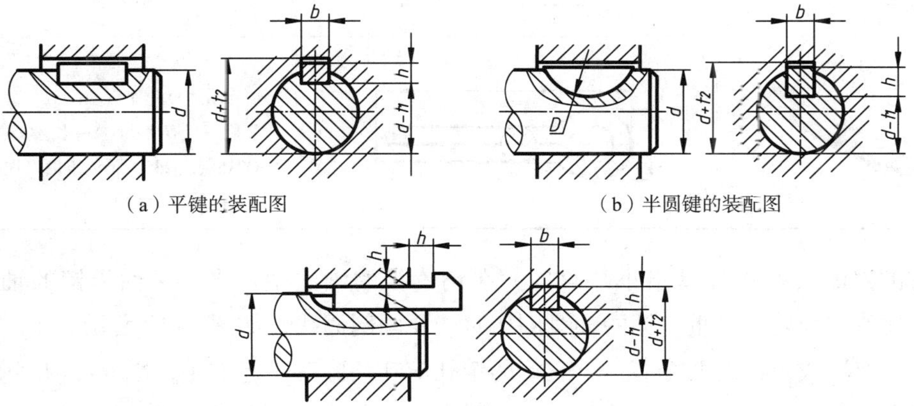

（a）平键的装配图

（b）半圆键的装配图

（c）钩头楔键的装配图

图 8–28 键连接的装配画法

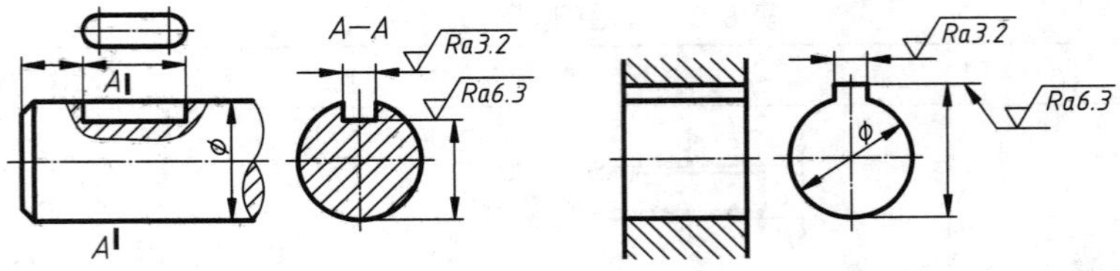

（a）轴上的键槽　　（b）轮毂上的键槽

图 8–29　键槽的画法和尺寸标注

8.3.2　销

常用的销有圆柱销、圆锥销和开口销等。

1. 圆柱销和圆锥销

圆柱销和圆锥销主要用于零件间的连接和定位。它们的形式和尺寸都已经标准化，如表 8–6 所示。

表 8-6　常用销的型式及标记

名称	形式	标记及说明
圆柱销 	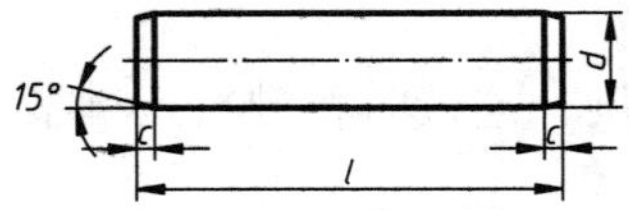	销　GB/T 119.1　16m6 × 50 公称直径 d=16，公差 m6，公称长度 l=50，材料为钢，不淬火，不表面处理的圆柱销
圆锥销 	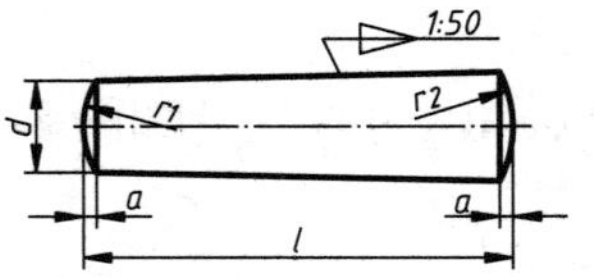	销　GB/T 117　16 × 50 公称直径 d=16，公称长度 l=50，材料为 35 钢，热处理 28 ~ 38 HRC，表面氧化处理的 A 型圆锥销
开口销 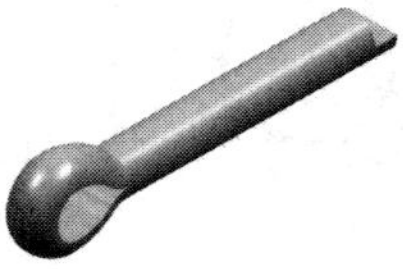	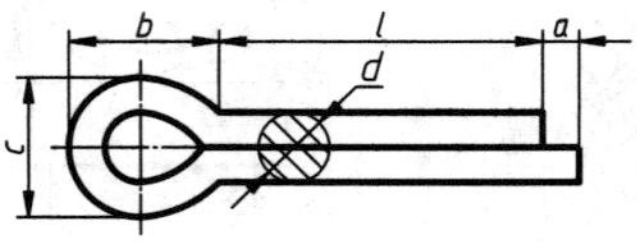	销　GB/T 91　13 × 36 公称直径 d=13，公称长度 l=36，材料为 Q215 或 Q235，不经表面处理的开口销

圆锥销的公称直径是指小端直径；在销连接的画法中，当剖平面沿销的轴线剖切时，销按不剖切处理；垂直销的轴线剖切时，要画剖面线，如图 8–30 所示。

用销连接或定位的两个零件，它们的销孔应在装配时一起加工，图 9–24 所示为零件图上圆锥销孔的尺寸注法，圆孔的尺寸应引出标注，$\phi 4$ 是所配圆锥销的公称直径，即它的小端直径。

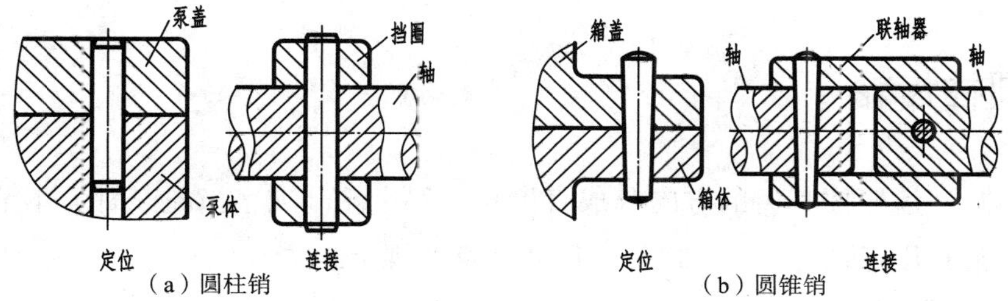

（a）圆柱销　　（b）圆锥销

图 8-30　销连接的画法

2. 开口销

常与六角开槽螺母配合使用，用来锁定螺母和垫圈，防止松脱，如图 10–16（c）。结构形式和标记如表 8–7 所示。

8.4　齿轮

齿轮是机械传动中应用较为广泛的传动零件。它通过轮齿间的啮合，将一个轴的动力及旋转运动传递给另一个轴，用来实现变速、换向等目的。齿轮的参数中只有模数、压力角已经标准化，因此，齿轮属于常用件，模数和压力角符合标准的齿轮称为标准齿轮。

按其传动情况，齿轮传动可分为以下三大类。

（1）圆柱齿轮——用于两平行轴线间传动，如图 8–31（a）所示。

（2）锥齿轮——用于两相交轴线间（通常相交成 90°）传动，如图 8–31（b）所示。

（3）蜗轮与蜗杆——用于两垂直交叉轴线间传动且需要大速度比，如图 8–31（c）所示。

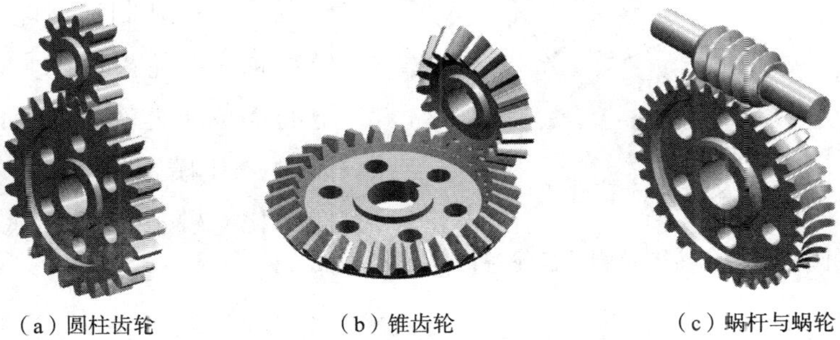

（a）圆柱齿轮　　（b）锥齿轮　　（c）蜗杆与蜗轮

图 8–31　常见的齿轮传动

8.4.1 圆柱齿轮

常见的圆柱齿轮按其齿的方向分成直齿轮、斜齿轮和人字齿轮三种。本节主要介绍直齿圆柱齿轮的几何要素名称、代号、尺寸计算及规定画法。

以图 8-32 为例说明。

（1）齿顶圆　通过轮齿顶部的圆称为齿顶圆，其直径以 d_a 表示。

（2）齿根圆　通过轮齿根部的圆称为齿根圆，其直径以 d_f 表示。

（3）分度圆和节圆　标准齿轮的齿厚（某圆上齿部的弧长）与齿间（某圆上空槽的弧长）相等圆称为分度圆，其直径以 d 表示。两齿轮啮合，连心线 O_1O_2 上两相切的圆称为节圆；而分度圆是设计、制造齿轮时计算各部分尺寸所依据的圆，也是分齿的圆，两标准齿轮正确啮合时，节圆和分度圆相重合。

（4）齿高　齿顶圆与齿根圆之间的径向距离称为全齿高，简称齿高，以 h 表示。分度圆将齿高分为两个不等的部分，齿顶圆与分度圆之间称为齿顶高，以 h_a 表示；分度圆与齿根圆之间称为齿根高，以 h_f 表示。齿高是齿顶高与齿根高之和，即 $h=h_a+h_f$。

（5）齿距　分度圆上相邻两齿的对应点之间的弧长称为齿距，以 p 表示。

（6）齿厚　一个轮齿在分度圆上齿廓间的弧长称齿厚，用 s 表示。

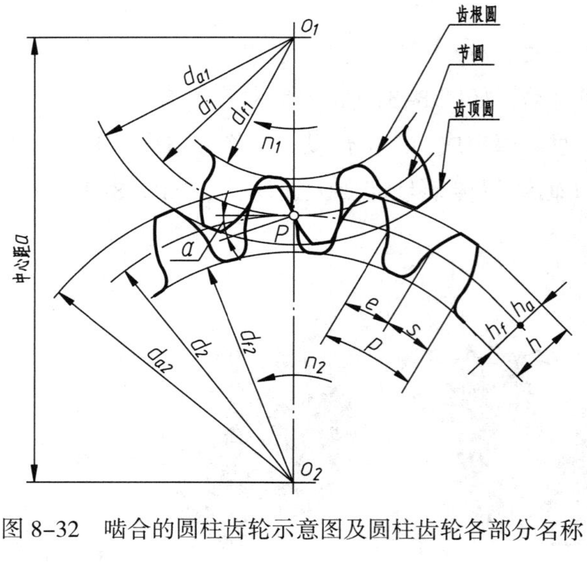

图 8-32　啮合的圆柱齿轮示意图及圆柱齿轮各部分名称

（7）槽宽　一个齿槽在分度圆上槽间的弧长称槽宽，用 e 表示。在标准齿轮中，$s=e$，$p=s+e$。

（8）模数　设齿轮的齿数为 z，则分度圆的周长 $=zp=\pi d$，即 $d=pz/\pi$。齿距 p 与 π 的比值称为齿轮的模数，用 m 表示（单位：mm），即得 $d=mz$。模数是设计和制造齿轮的基本参数，模数越大，轮齿就越大，在相同条件下的承载能力就越高。两相互啮合的齿轮，其模数必须相等。模数已经标准化，模数的部分标准值如表 8-7 所示。

表 8-7　标准模数（GB/T1357—2008）　mm

第一系列	1　1.25　1.5　2　2.5　3　4　5　6　8 10　12　16　20　25　32　40　50
第二系列	1.125　1.375　1.75　2.25　2.75　3.5　4.5　5.5（6.5）　7 9　11　14　18　22　28　36　45

（9）压力角　两个相啮合的轮齿齿廓在接触点 P 处的受力方向与运动方向的夹角。若点 P 在分度圆上，则压力角为两齿廓公法线与两分度圆公切线的夹角，在图 8–32 中以 α 表示。我国标准齿轮的分度圆压力角为 20°。通常所称压力角是指分度圆压力角。

只有模数和压力角都相同的齿轮才能相互啮合。

在设计齿轮时要先确定模数和齿数，其他各部分尺寸都可由模数和齿数计算出来。标准直齿圆柱齿轮的计算公式如表 8–8 所示。

表 8-8　标准直齿轮的尺寸计算公式

各部分名称	代号	公式
分度圆直径	d	$d=mz$
齿顶高	h_a	$h_a=m$
齿根高	h_f	$h_f=1.25m$
齿顶圆直径	d_a	$d_a=m(z+2)$
齿根圆直径	d_f	$d_f=m(z-2.5)$
齿距	p	$p=\pi m$
齿厚	s	$s=\pi m/2$
中心距	a	$a=(d_1+d_2)/2=m(z_1+z_2)/2$

8.4.2　单个圆柱齿轮画法

齿轮的轮齿一般属于标准结构，由专用刀具和方法加工而成，其真实投影比较难绘制，为了简化作图，国标对齿轮画法做了规定。

（1）在视图中，齿轮的轮齿部分按下列规定绘制：齿顶圆和齿顶线用粗实线表示。分度圆和分度线用细点画线表示。齿根圆和齿根线用细实线表示，如图 8–33（a）所示，也可省略不画，如图 8–34（b）所示。

（2）在剖视图中，当剖切平面通过齿轮的轴线时，轮齿一律按不剖处理，这时，齿根线用粗实线绘制，如图 8–33（c）所示。

（3）对于斜齿轮和人字齿轮，可在非圆的外形图上用三条与轮齿倾斜方向相同的平行细实线和人字形平行线表示轮齿的方向，如图 8–33（d）（e）所示。

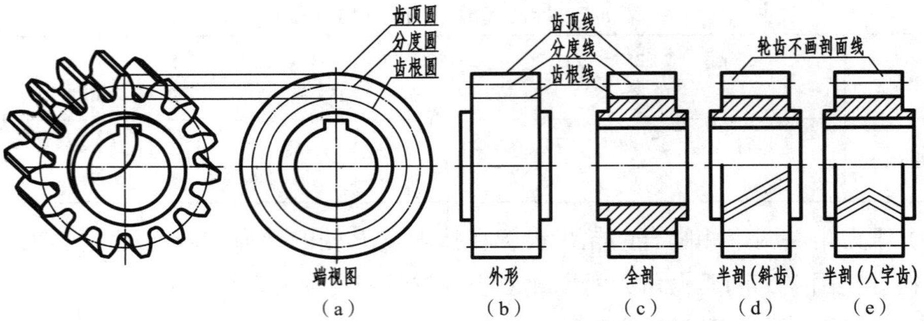

图 8-33　单个圆柱齿轮的画法

8.4.3　圆柱齿轮啮合的画法

两个标准齿轮相互啮合时，它们的分度圆处于相切位置。啮合部分的规定画法如下：

（1）在垂直于圆柱齿轮轴线的投影面的视图上，两齿轮的节圆应该相切，啮合区内的齿顶圆仍用粗实线画出，如图 8-34（b）所示；也可省略不画，如图 8-34（c）所示。

（2）在平行于圆柱齿轮轴线的投影面的视图上，啮合区内的齿顶线不需画出，节线（与两齿轮分度线重合）用粗实线绘制，如图 8-34（d）（e）所示。

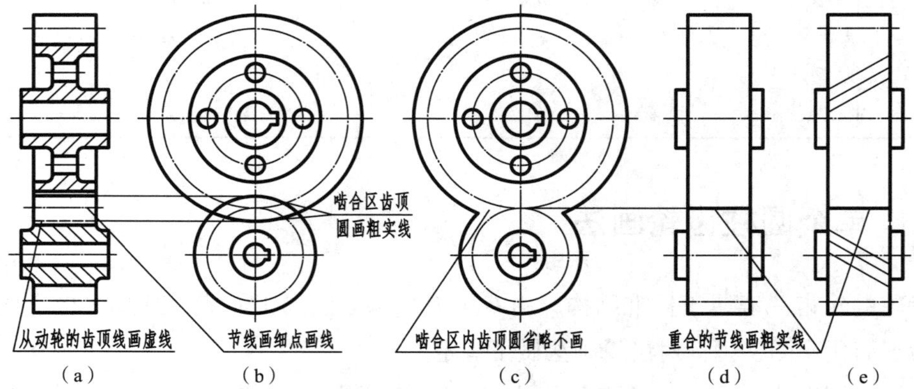

图 8-34　圆柱齿轮啮合的画法

（3）在剖视图中，当剖切平面通过两个啮合齿轮的轴线时，在啮合区内，节线用细点画线绘制；将一个齿轮的轮齿用粗实线绘制；另一个齿轮的轮齿被遮挡的部分用细虚线绘制，如图 8-34（a）所示，也可以省略不画。齿顶与齿根之间有 0.25m 的间隙，在剖视图中，应按图 8-35 所示的形式画出。

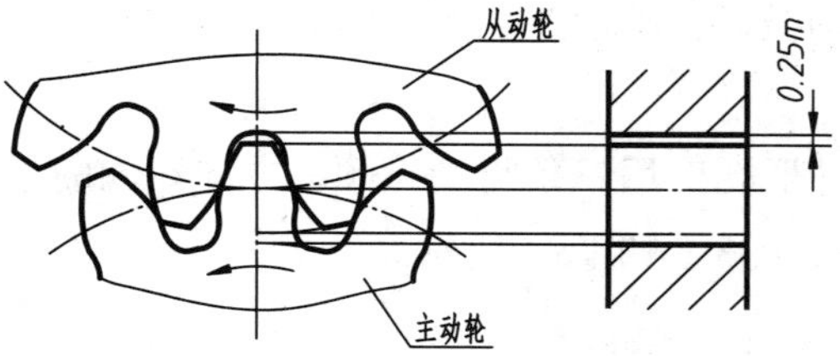

图 8-35　啮合区的画法

（4）在剖视图中，当剖切平面不通过啮

合齿轮的轴线时，齿轮一律按不剖绘制。

8.4.4　齿轮和齿条啮合的画法

当齿轮的直径为无限大时，其齿顶圆、齿根圆、分度圆和齿廓曲线均为直线。此时，齿轮就变成了齿条。

齿轮和齿条啮合时，齿轮旋转，齿条做直线运动。齿轮和齿条啮合的画法与两圆柱齿轮啮合的画法基本相同，这时齿轮的节圆应与齿条的节线相切，如图 8-36 所示。

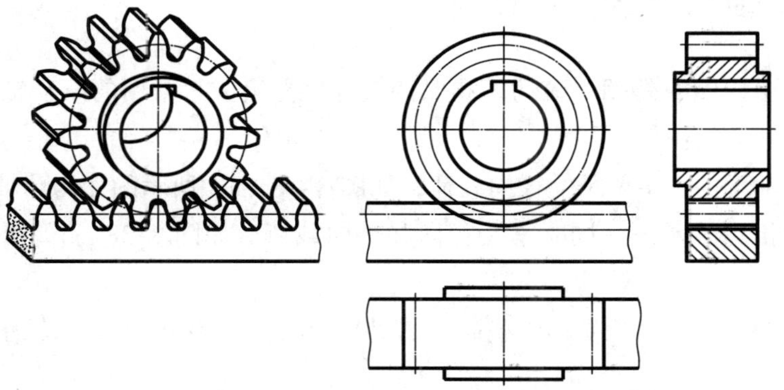

图 8-36　齿轮和齿条啮合的画法

图 8-37 是齿轮零件图，与其他零件图不同的是，除了要表示出齿轮的形状、尺寸和技术要求外，还要注明加工齿轮所需的基本参数。

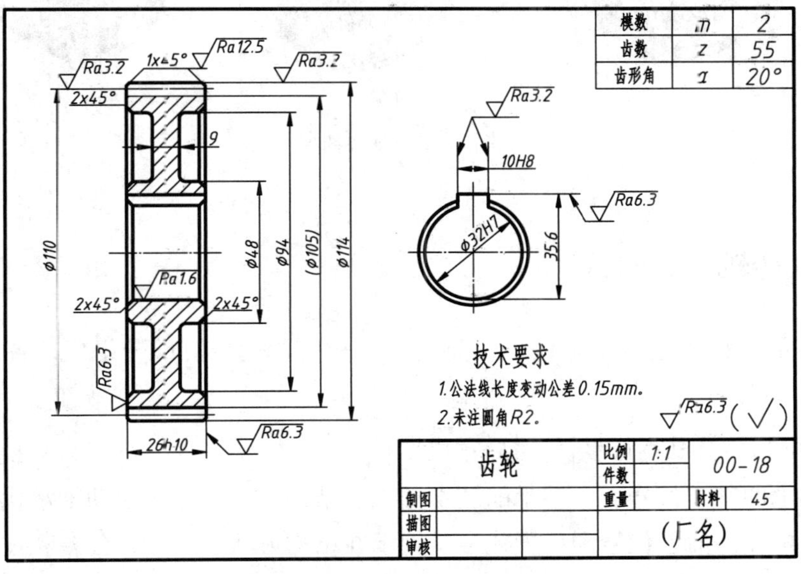

图 8-37　齿轮零件图

8.5 滚动轴承

滚动轴承是用作支承旋转轴和承受轴上载荷的标准件。它具有结构紧凑、摩擦阻力小等优点，因此得到广泛应用。在工程设计中无需单独画出滚动轴承的图样，而是根据国家标准中规定的代号进行选用。

8.5.1 滚动轴承的结构和分类

滚动轴承由内圈、外圈、滚动体和保持架等部分组成。常用的滚动轴承按受力方向可分为以下三种类型：

（1）向心轴承——主要承受径向载荷，如图 8-38（a）所示的深沟球轴承；

（2）向心推力轴承——同时承受径向和轴向载荷，如图 8-38（b）所示的圆锥滚子轴承；

（3）推力轴承——只承受轴向载荷，如图 8-38（c）所示的推力球轴承。

（a）（b）（c）

图 8-38　滚动轴承

8.5.2 滚动轴承的代号

滚动轴承的代号是由基本代号、前置代号和后置代号三部分组成，各部分的排列如下：

前置代号　基本代号　后置代号

滚动轴承的基本代号表示轴承的基本类型、结构和尺寸，是滚动轴承代号的基础，使用时必须标注。前置代号和后置代号是轴承在结构形状、尺寸、公差和技术要求等有改变时，在其基本代号前、后添加的补充代号。

基本代号由轴承类型代号、尺寸系列代号、内径代号三部分构成。类型代号由数字或字母表示；尺寸系列代号由轴承宽（高）度系列代号和直径系列代号组合而成，用两位数字表示，其中左边一位数字为宽（高）度系列代号，右边一位数字为直径系列代号；内径代号用数字表示滚动轴承内圈孔径，内圈孔径称为“轴承公称内径”，因其与轴产生配合，是一个重要参数。

（1）类型代号用数字或字母表示，如表 8-9 所示。

表 8-9　轴承类型代号

代号	轴承类型	代号	轴承类型
0	双列角接触球轴承	6	深沟球轴承
1	调心球轴承	7	角接触球轴承
2	调心滚子轴承和推力调心滚子轴承	8	推力圆柱滚子轴承
3	圆锥滚子轴承	N	圆柱滚子轴承
4	双列深沟球轴承	U	外球面球轴承
5	推力球轴承	QJ	四点接触球轴承

（2）尺寸系列代号由滚动轴承的宽（高）度系列代号组合而成。向心轴承和推力轴承的尺寸系列代号如表 8-10 所示。

尺寸系列代号有时可以省略：除圆锥滚子轴承外，其余各类轴承宽度系列代号“0”均省略；深沟球轴承和角接触球轴承的 10 尺寸系列代号中的“1”可以省略；双列深沟球轴承的宽度系列代号“2”可以省略。

表 8-10　轴承的尺寸系列代号

直径系列代号	向心轴承								推力轴承			
	宽度系列代号								高度系列代号			
	8	0	1	2	3	4	5	6	7	9	1	2
	尺寸系列代号											
7	—	—	17	—	37	—	—	—	—	—	—	—
8	—	08	18	28	38	48	58	68	—	—	—	—
	—	09	19	29	39	49	59	69	—	—	—	—
0	—	00	10	20	30	40	50	60	70	90	10	
1	—	01	11	21	31	41	51	61	71	91	11	
2	82	02	12	22	32	42	52	62	72	92	12	22
3	83	03	13	23	33	—	—	—	73	93	13	23
4	—	04	—	24	—	—	—	—	74	94	14	24
5	—	—	—	—	—	—	—	—	—	95	—	—

（3）内径代号表示轴承的公称内径，如表 8-11 所示。

表 8-11　常用滚动轴承内径代号

轴承公称内径 d/mm		内径代号	示例
0.6~10（非整数）		用公称直径直接表示，其与尺寸代号之间用“/”分开	深沟球轴承 618/2.5 d=2.5mm
1~9（整数）		用公称直径直接表示，对应深沟及角接触球轴承 7、8、9 直径系列，其与尺寸代号之间用“/”分开	深沟球轴承 625、618/5 均为 d=2.5mm
10~17	10 12 15 17	00 01 02 03	深沟球轴承 6200 d=10mm
20~480（22、28、32 除外）		公称内径除以 5 的商数，商数为个位数，需要在商数左边加“0”，如 08	圆锥滚子轴承 30308 d=40mm

（4）基本代号示例

①轴承 6204　6——类型代号，表示深沟球轴承；2——尺寸系列代号，表示 02 系列；04——内径代号，表示公称内径 20mm。

②轴承 N1006　N——类型代号，表示圆柱滚子轴承；10——尺寸系列代号，表示 10 系列；06——内径代号，表示公称内径 30mm。

8.5.3　滚动轴承的画法

滚动轴承是标准组件，一般不单独绘出零件图，国标规定在装配图中采用简化画法和规定画法来表示，其中简化画法又分为通用画法和特征画法两种。在装配图中，若不必确切地表示滚动轴承的外形轮廓、载荷特征和结构特征，可采用通用画法来表示。即在轴的两侧用粗实线矩形线框及位于线框中央正立的十字形符号表示，十字形符号不应与线框接触。在装配图中，若要较形象地表示滚动轴承的结构特征，可采用特征画法来表示，通用画法和特征画法如表 8–12 所示。

表 8-12　常用滚动轴承的画法（增加通用画法）

	通用画法	规定画法	特征画法
深沟球轴承 （60000 型） GB/T 276—2013	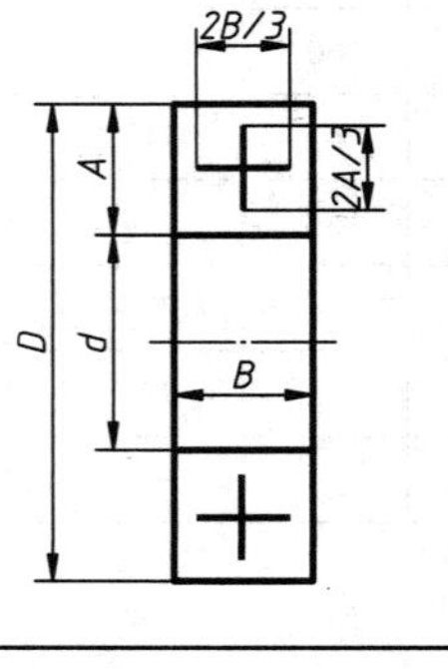	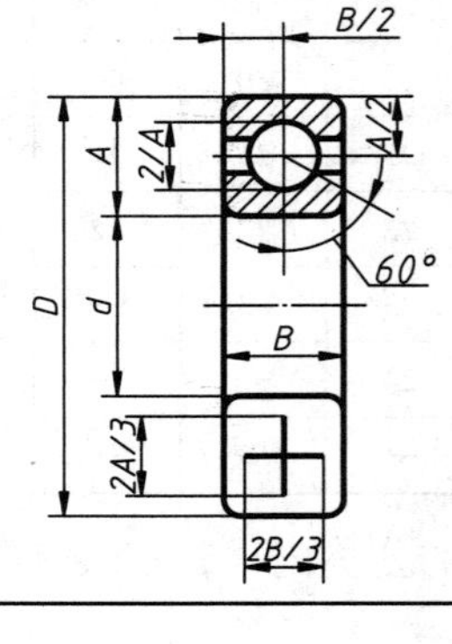	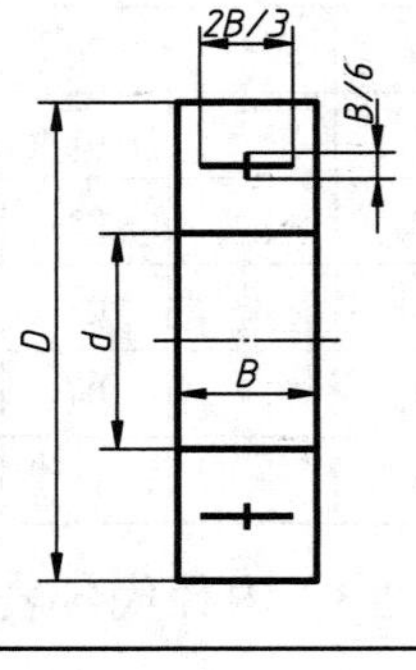

续表

	通用画法	规定画法	特征画法
管锥滚子轴承 （30000 型） GB/T 297—2015	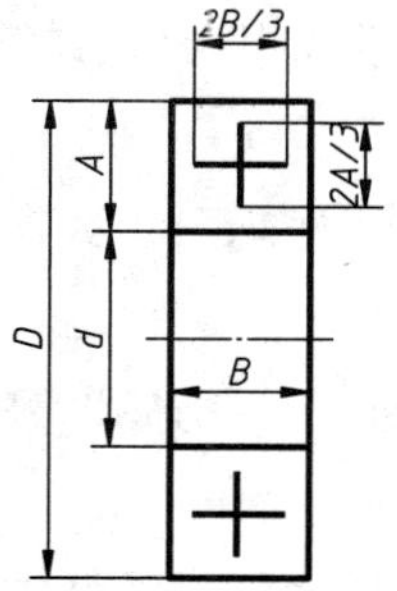	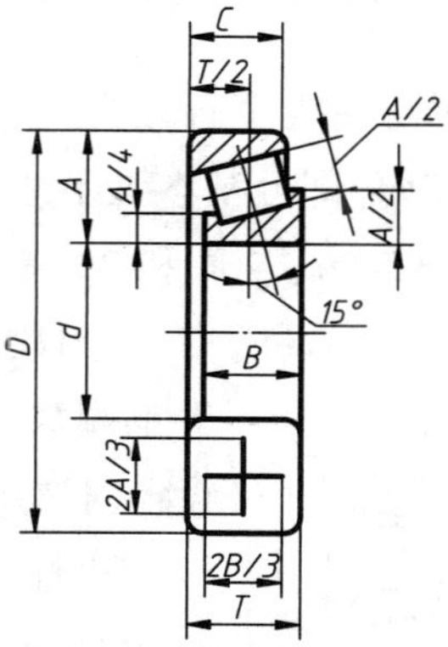	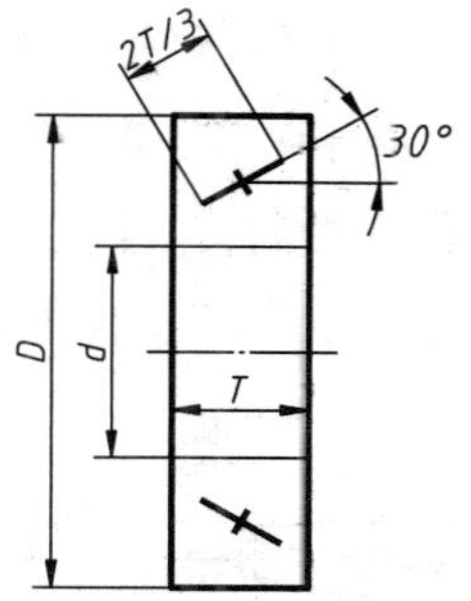
推力球轴承 （51000 型） GB/T 301—2015		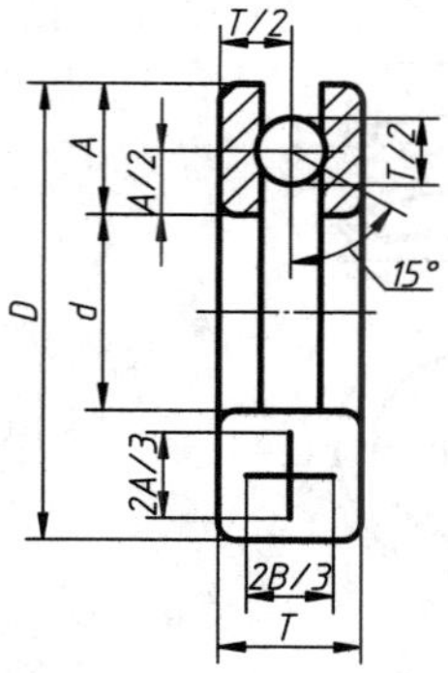	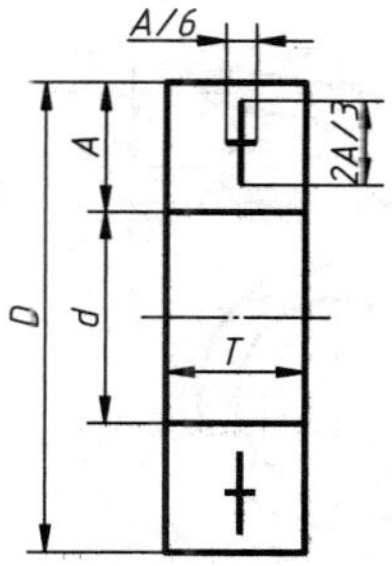

8.6　弹簧

弹簧是一种常用件，虽有部分弹簧是标准件，但实际应用往往要根据需要设计定制，它通常用来减振、夹紧、测力和储存能量。弹簧的种类多，常用的有螺旋弹簧和涡卷弹簧等。根据受力情况不同，螺旋弹簧又可分为压缩弹簧、拉伸弹簧和扭转弹簧等，常用的各种弹簧如图 8-39 所示。弹簧的用途很广，本节只介绍圆柱螺旋压缩弹簧。

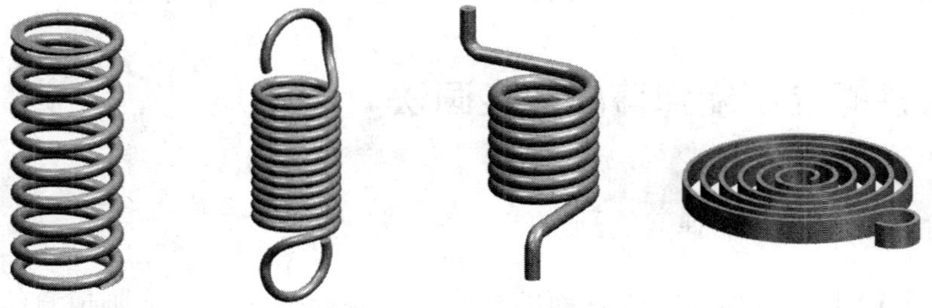

（a）压缩弹簧　　（b）拉伸弹簧　　（c）扭转弹簧　　（d）涡卷弹簧

图 8-39　常用的各种弹簧

8.6.1 圆柱螺旋压缩弹簧的参数及尺寸关系

为了使压缩弹簧的端面与轴线垂直，在工作时受力均匀，在制造时将两端几圈并紧、磨平。工作时，并紧和磨平部分基本上不产生弹力，仅起支承或固定作用，称为支承圈。两端支承圈总数常用 1.5 圈、2 圈和 2.5 圈三种形式。除支承圈外，中间那些保持相等节距，产生弹力的圈称为有效圈，有效圈数是计算弹簧刚度时的圈数。有效圈数与支承圈数之和称为总圈数。弹簧参数已标准化，设计时选用即可。

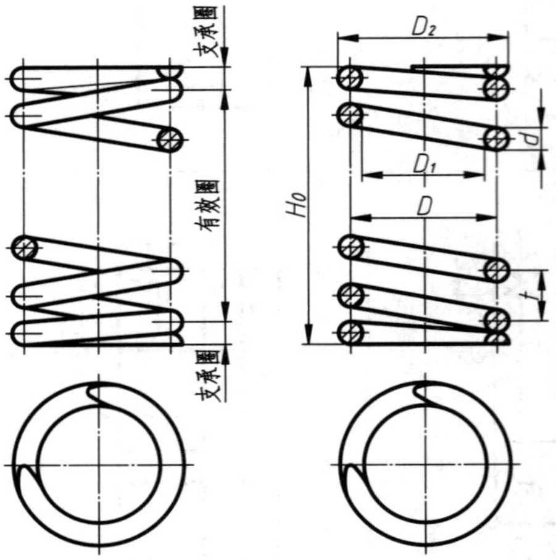

图 8-40　弹簧的参数

圆柱螺旋压缩弹簧的参数及尺寸关系如图 8-40 所示。

（1）簧丝直径 d　制造弹簧的钢丝直径，按标准选取。

（2）弹簧直径　分为弹簧中径 D、内径 D_1 和外径 D_2。

弹簧中径 D——弹簧的平均直径，按标准选取；

弹簧内径 D_1——弹簧的最小直径，$D_1=D-d$；

弹簧外径 D_2——弹簧的最大直径，$D_2=D+d$。

（3）圈数　包括有效圈数 n、支承圈数 n_2 和总圈数 n_1。

有效圈数 n—— 支承圈以外的圈数为有效圈数，按标准选取；

支承圈数 n_2——一般取 1.5 圈、2 圈、2.5 圈；

总圈数 n_1—— $n_1= n + n_2$。

（4）节距 t　两相邻有效圈截面中心线的轴向距离，按标准选取。

（5）自由高度 H_0　弹簧无载荷时的高度。$H_0= nt + 2d$，计算后取标准中相近值。

（6）簧丝展开长度 L　弹簧展开后的钢丝长度。$L \approx n_1[(\pi D)^2 + t^2]^{1/2}$。

（7）旋向：弹簧的旋向与螺纹的旋向一样，也有右旋和左旋之分。

8.6.2 圆柱螺旋压缩弹簧的规定画法

1. 单个圆柱螺旋压缩弹簧的画法

（1）在平行于弹簧轴线的投影面的视图中，各圈的轮廓线均画成直线，如图 8-40 所示。

（2）螺旋压缩弹簧均可画成右旋，左旋弹簧可画成左旋或右旋，但一律要注出旋向“左”字。

（3）压缩弹簧在两端并紧并磨平时，不论支承圈数多少或末端并紧情况如何，均按图 8-40 所示的形式画出，支承圈数在技术要求中另加说明。

（4）有效圈数在 4 圈以上的螺旋压缩弹簧，中间各圈可以省略不画。中间各圈省略后，允许适当缩短图形长度。

2. 圆柱螺旋压缩弹簧在装配图中的画法

（1）当弹簧中间各圈采用省略画法时，弹簧后面被挡住的结构一般不画，其可见部分只画到弹簧钢丝的剖面轮廓或中心线处，如图 8-41（a）所示。

（2）螺旋弹簧被剖切，当簧丝直径小于或等于 2mm 时，其剖面可涂黑表示，如图 8-41（b）所示；也允许采用示意画法，如图 8-41（c）所示。

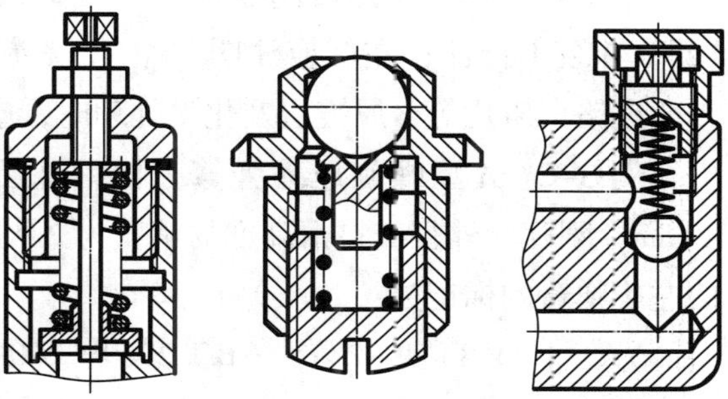
（a）（b）（c）
图 8-41 装配图中弹簧画法

3. 圆柱螺旋压缩弹簧的画图步骤

例 8-2 已知圆柱螺旋压缩弹簧的簧丝直径 d，弹簧中径 D，节距 t，有效圈数 n，支承圈数 n_2，右旋画图步骤如图 8-42 所示。

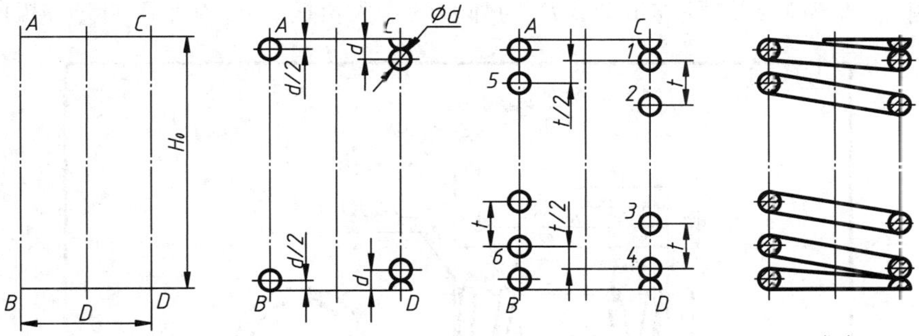

（a）（b）（c）（d）
图 8-42 圆柱螺旋压缩弹簧的画法

（1）算出弹簧自由高度 H_0，用 D 和 H_0 画出长方形 $ABCD$，如图 8-42（a）所示。

（2）画出支承圈部分与簧丝直径相等的圆和半圆，如图 8-42（b）所示。

（3）画出有效圈数部分直径与簧丝直径相等的圆，如图 8-42（c）所示。先在 C、D 上根据节距 t 画出圆 2 和圆 3，然后从 1、2 和 3、4 的中点作水平线与 AB 相交，画出圆 5 和圆 6。

（4）按右旋方向作相应圆的公切线及剖面线，即完成作图，如图 8–42（d）所示。

8.6.3　螺旋压缩弹簧的标记

弹簧的标记由名称、形式、尺寸、标准编号、材料牌号以及表面处理组成，标记形式如下：

[弹簧代号] [类型]　$d \times D \times H_0$– [精度代号] [旋向代号] [标准号] [材料牌号] – [表面处理]

其中：螺旋压缩弹簧代号为“Y”；形式代号为“A”或“B”；2 级精度制造应注明“2”，3 级不标注；左旋应注明“左”，右旋不标注；表面处理一般不标注。如要求镀锌、镀铬、磷化等金属镀层及化学处理时，应在标记中注明。

例 8–3　A 型螺旋压缩弹簧，材料直径为 1.2mm，弹簧中径为 8mm，自由高度为 40mm，刚度、外径、自由高度的精度为 2 级，材料为碳素弹簧钢丝 B 级，表面镀锌处理的左旋弹簧的标记为：

YA　1.2 × 8 × 40–2 左　GB/T 2089—2009 B 级 –D–Zn

8.6.4　圆柱螺旋压缩弹簧的零件图

圆柱螺旋压缩弹簧的零件工作图参照图 8–43 所示的图样格式。弹簧的参数应直接标注在图形上，若直接标注有困难时，可以在技术要求中说明；在零件图上方用图解表示弹簧的负荷与长度之间的变化关系。螺旋压缩弹簧的机械性能曲线画成直线（为粗实线），其中，P_1 为弹簧的预加负荷，P_2 为弹簧的最大负荷，P_3 为弹簧的允许极限负荷。

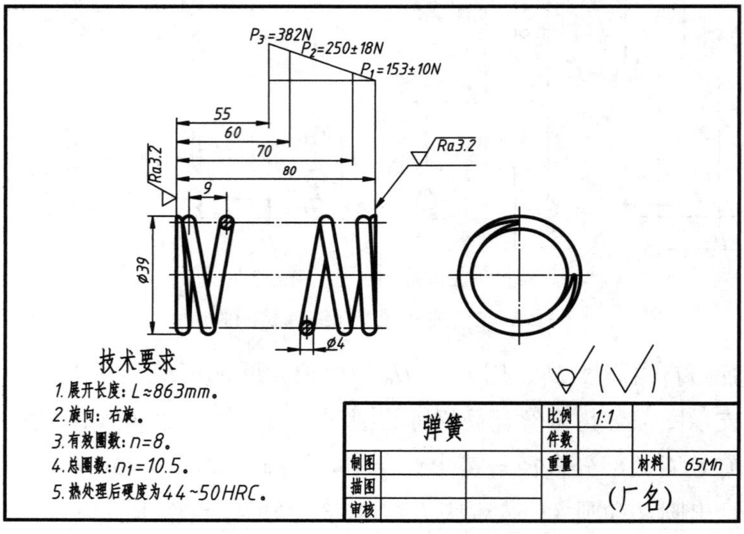

图 8–43　圆柱螺旋压缩弹簧图样格式

第 9 章　零件图

一台机器或一个部件都是由若干零件按一定的装配关系和技术要求装配组成的，零件是组成机器或部件的不可拆分的最小单元。设计时需要落实到每个零件的设计，制造时以零件为制造单元，先制造出零件再装配成部件和整机。

表示单个零件结构形状、大小和技术要求的图样称为零件图。

9.1　零件图的基本知识

9.1.1　零件图的作用

零件图是加工制造不同零件的依据，除标准件外，其余零件一般均应绘制零件图。生产中，先是根据零件图中对材料和数量的要求进行备料，然后按照零件图中零件的形状、尺寸与技术要求进行加工制造，同时还要根据图中的全部技术要求检查被加工零件是否达到规定的质量标准。因此，零件图除了用来表示零件的设计信息外，还是直接指导制造和检验零件的重要技术文件。图 9–1 所示为一张完整的零件图。

9.1.2　零件图的内容

以图 9–1 为例，一张完整的零件图应包括下列基本内容。

1. 一组视图

按照国家标准规定的图样画法，综合运用各种视图、剖视、断面及其他规定画法来正确、完整、清晰地表达零件的各部分形状和结构。

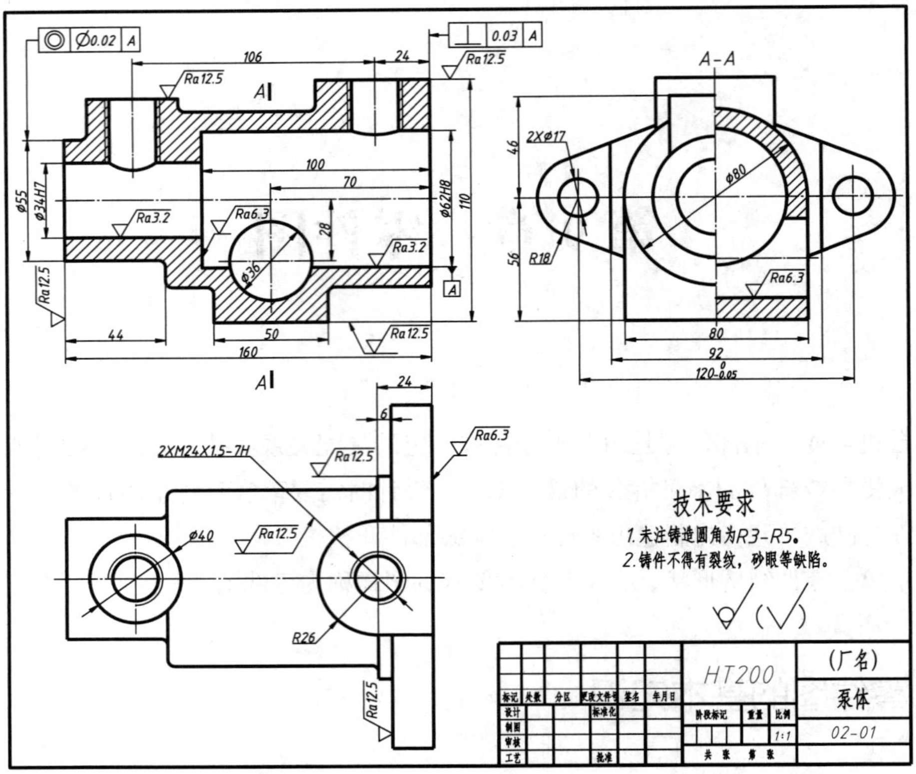

图 9–1　泵体零件图

2. 完整尺寸

尺寸用来确定零件各部分结构的形状、大小和位置。应正确、完整、清晰、合理地标注零件全部尺寸，用于零件的制造、检验等。

3. 技术要求

用符号或文字来说明零件在制造、检验等过程中应达到的一些质量要求，如表面粗糙度、尺寸极限偏差、几何公差、热处理要求等。技术要求有的需要直接标注在图中，需要文字说明的一般注写在标题栏上方图纸空白处。

4. 标题栏

标题栏位于图纸的右下角，应填写零件的名称、材料、数量、比例，此外还有设计、制图、审核人的签字、日期和单位等各项内容。

9.1.3　零件分析

1. 零件的结构分析

零件的结构形状，主要是由它在机器或部件中的作用决定的。零件具有实际的工程意义，而不同于只具有抽象几何形体意义的组合体，因为零件除了主体结构，还具有局部功能结构和局部工艺结构。

（1）主体结构　主体结构指零件中那些体积相对较大的主要基本形体及其相对关系。它们是形成零件的基础。设计零件时应先进行主体设计，再以此为基础进而细化和变化。在绘图和读图时可以把零件抽象成主体结构的组合体加以理解和分析。如图 9–2（a）所示的齿轮轴，零件的主体可以看成是图 9–2（b）所示的具有同一轴线的多段回转体构成的组合体。

主体结构的表达多采用基本视图。

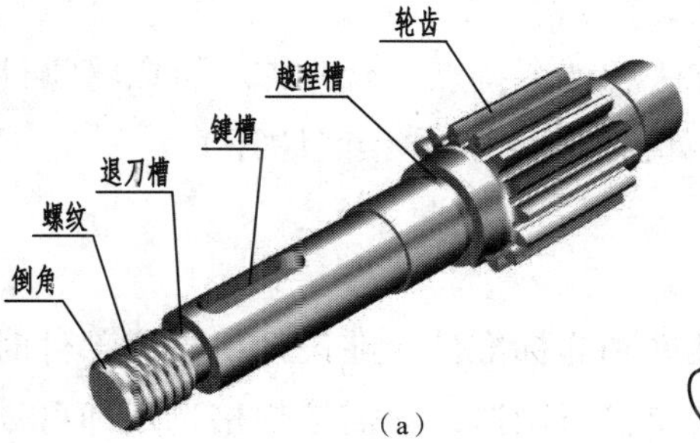

（a）

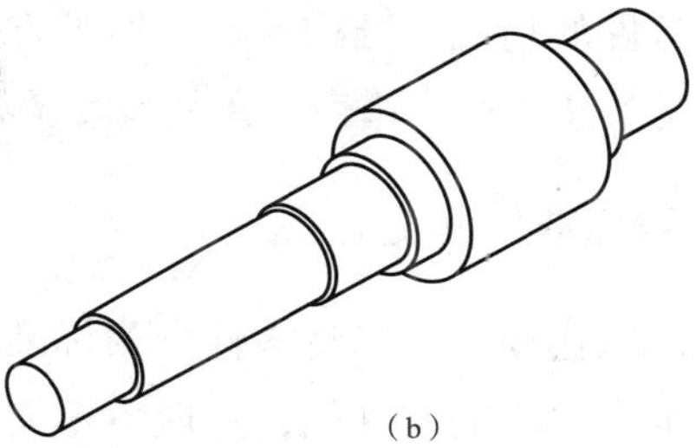

（b）

图 9–2　齿轮轴

（2）局部功能结构　局部功能结构指为实现零件特定功能（如传动、连接等）在主体结构上制造出的局部结构。如齿轮的轮齿实现传动，螺纹实现连接和固定，键槽用来连接和传动等，如图 9–2（a）所示。

局部功能结构表达时应如实投影或采用规定画法再辅以规定标注。

（3）局部工艺结构　局部工艺结构指为确保加工和装配质量而构造的细小结构。常见的如因铸造工艺所致的铸造圆角、起模斜度，因机加工和装配所需的倒角、圆角和退刀槽、越程槽等，如图 9–2（a）所示。

局部工艺结构的表达应如实投影，亦可按国标要求简化或省略，必要时也需采用局部放大图表达。局部工艺结构将在下一节具体叙述。

2. 零件的功能分析

机器或部件都是由零件装配而成，其中的各个零件都有其功能和用途。每个零件都具有其特定的功能，即功能特性。在设计、制造零件和绘制、阅读零件图时必须明确零件的功能特性，这需要相关的专业知识和技能。

分析零件及其组成部分的功能特性以及零件在加工和工作时的状态进行画图和读图的方法称为功能分析法。零件图的绘制与阅读需要在组合体形体分析法和线面分析法的基础上再使用功能分析法，这样表达的零件图才具有真正的工程意义。

3. 零件的加工分析

零件的加工分析就是分析零件的加工方法和零件被加工时呈现的状态。加工分析也对零件图的表达起着至关重要的作用，需要掌握必需的各种加工相关知识。

9.1.4 零件的分类

为便于分析、讨论、绘图和读图，常用零件可按照以下两种方法分类。

1. 综合考虑功能、结构特点、加工方法和视图特点

按照零件的功能、结构特点、加工方法和视图特点综合考虑，可以将零件分为轴套类、轮盘类、叉架类、箱壳类和其他类（如薄板弯制件、镶嵌件等）。

2. 按照标准化程度

按照标准化程度可以将零件分为标准件和非标准件。在设计机器或部件时，对于标准件不必画出它们的零件图，一般也不需要自行制造，只需按规格选用即可。非标准件则需要设计、绘图和生产制造。

9.1.5 绘制零件图的途径

在实际工程中，绘制零件图可以分为测绘和拆图两种途径。

1. 测绘

零件测绘是指根据已有的实际零件画出零件草图，经过整理，最后绘制出正规零件图的方法。零件测绘大多情况是在无零件图又需要仿制已有机器或部件，或是修配损坏的零件时进行。测绘时因条件所限，往往先徒手画出零件草图，整理后再画出正规零件图。零件草图一般绘制在白纸或者坐标纸上，同样必须内容齐全。

零件草图要求：视图和尺寸要完全，零件形状结构要确定，所反映零件的形状和各部分比例应明确，字体清楚，线型分明，图面整齐，技术要求完全。图 9–3 所示为一张

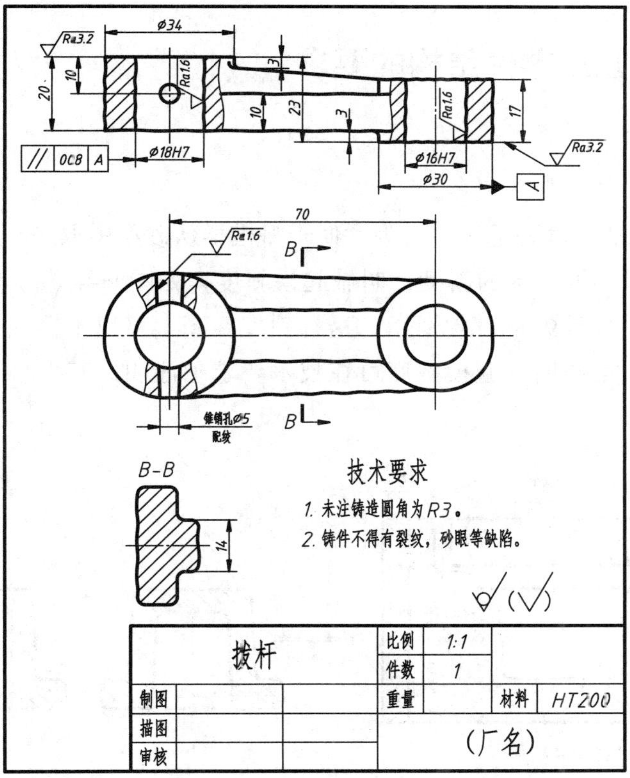

图 9-3　拨杆零件草图

零件草图的例子。

2. 拆图

在设计新机器或部件时，先要画出其装配图，确定机器或部件的整体和主要结构，再根据装配图画出各个零件的零件图，这种绘图方法称为拆图。有关拆图内容在装配图一章详细叙述。

9.2　零件的工艺结构

零件的工艺结构是零件结构分析的一个重要内容，是为了确保加工、测量和装配工艺的质量而提出的结构要求。下面列举一些常见的铸造和机加工工艺结构的要求和对应的零件图画法。

9.2.1　铸造工艺对零件结构的要求

1. 起模斜度

用铸造方法制造零件的毛坯时，为了便于将模样从砂型中取出，一般沿模样拔起的方向做成约 1∶20（约 3°）的斜度，叫做起模斜度，如图 9–4（a）所示。因而铸件上也有相应的斜度，如图 9–4（b）所示。这种斜度在图上可以不标注，也可不画出，如图 9–4（c）所示。必要时，起模斜度可在技术要求中注明，其大小也可从相关机械手册中查得。

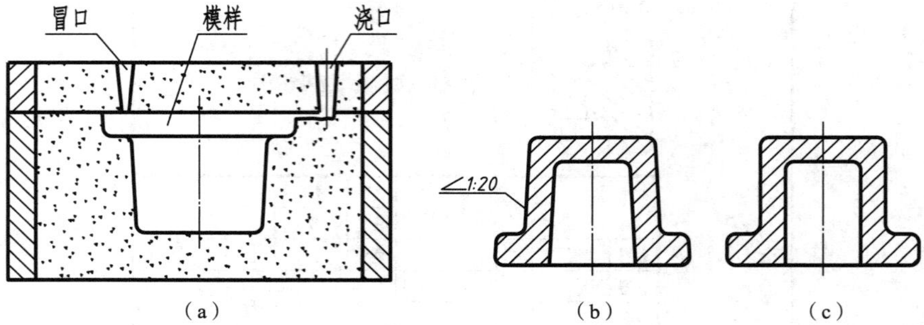

图 9–4　起模斜度

2. 铸造圆角

在铸件毛坯各表面的相交处，都有铸造圆角，如图 9–5 所示。这样既便于起模，又能防止在浇铸时落砂，还可避免铸件在冷却时产生裂纹或缩孔。铸造圆角半径在图上一般不注出，而写在技术要求中。铸件毛坯底面（作安装面）常需切削加工，这时铸造圆角被削掉。

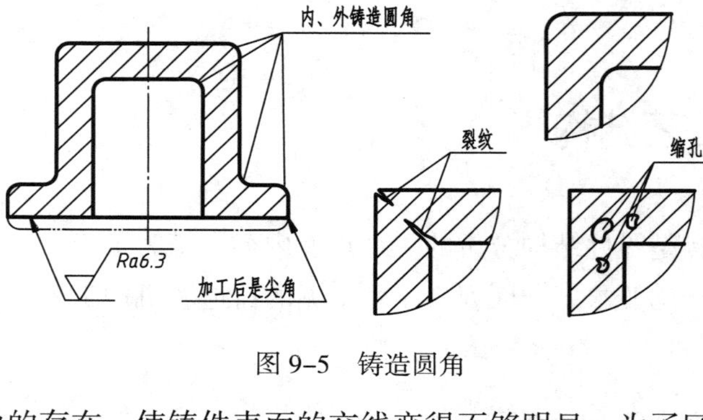

图 9–5　铸造圆角

由于铸造圆角的存在，使铸件表面的交线变得不够明显，为了区分机件的不同表面和看图方便，国标规定在零件图上仍需画出理论交线，该交线不与圆角轮廓相交，这种不明显的交线称为过渡线。过渡线要采用细实线绘制，常见铸件的过渡线画法有以下几种常见情况。

（1）曲面和曲面相交时的过渡线应不与圆角轮廓接触，并在切点附近断开，如图 9–6（a）所示；两曲面相切时，切点附近应留有空白，如图 9–6（b）所示。

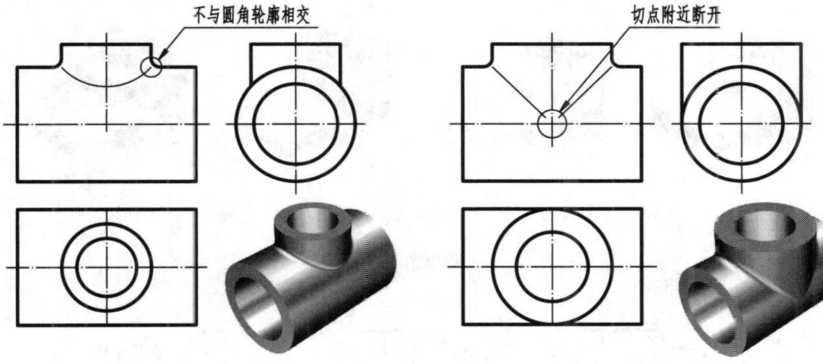

（a）两曲面相交　　（b）两曲面相切

图 9–6　过渡线画法（一）

（2）平面与平面相交、平面与曲面相交时，在转角处断开并加上过渡圆弧，其弯转方向与铸造圆角的弯向一致，如图 9–7 所示。

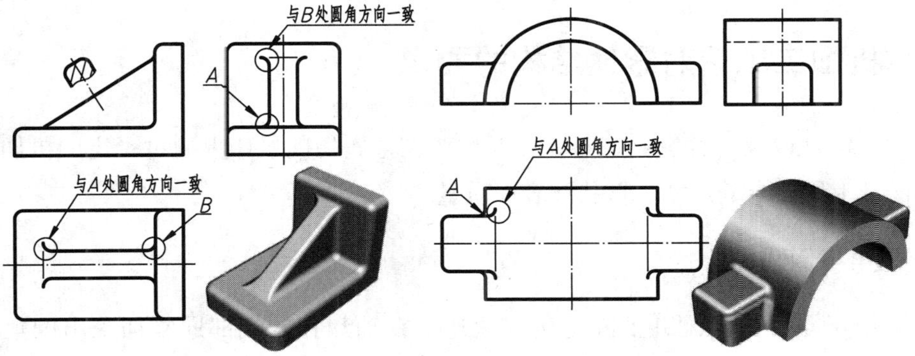

（a）平面与平面相交　　（b）平面与曲面相交

图 9–7　过渡线画法（二）

（3）不同断面形状的肋板与圆柱相交或相切的过渡线的画法如图 9–8 所示。

3. 铸件壁厚

在浇铸零件时，为了避免各部分因冷却速度不同而产生缩孔或裂纹，铸件的壁厚应保持大致均匀，或采用渐变的方法，并尽量保持壁厚均匀，如图 9–9 所示。

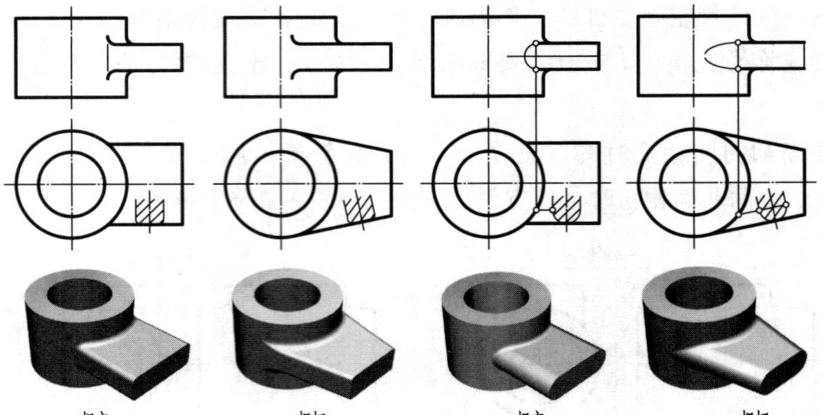

（a）断面为长方形　　（b）断面为长圆形

图 9–8　过渡线的画法（三）

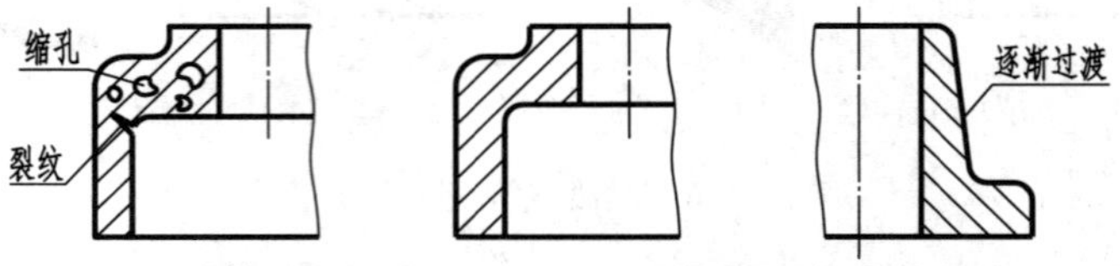

（a）产生缩孔和裂纹　（b）壁厚均匀　（c）逐渐过渡

图 9–9　铸件壁厚

9.2.2　机加工工艺对零件结构的要求

铸件、锻件以及各种轧制坯料，一般均要在金属切削机床上通过一定的机加工，才能获得图样上所要求的尺寸、形状和表面质量。

1. 倒角与倒圆

为了便于零件的装配并消除毛刺或锐边，在轴和孔的端部通常加工出倒角。为减少应力集中，有轴肩处往往制成圆角过渡形式，称为倒圆。两者的画法和标注方法如图 9–10 所示。

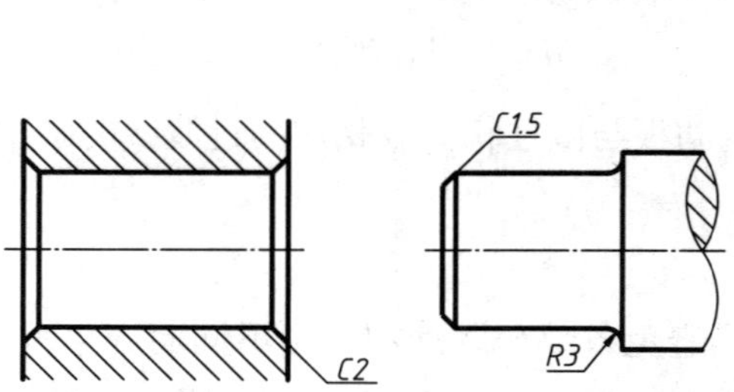

（a）内倒角　（b）外倒角和倒圆

图 9–10　倒角与倒圆

2. 退刀槽和砂轮越程槽

在切削加工中，特别是在车螺纹和磨削时，为便于退出刀具或使砂轮可稍微越过加工面而不破坏端面，常在待加工面的末端先车出退刀槽或砂轮越程槽，如图 9–11 所示。

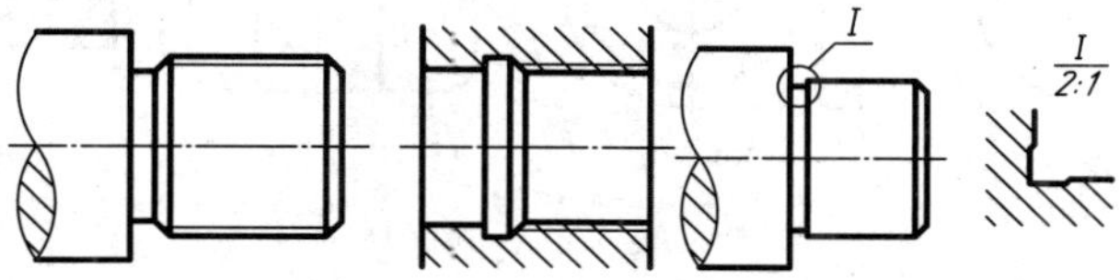

（a）螺纹退刀槽　（b）砂轮越程槽

图 9–11　退刀槽与砂轮越程槽

3. 钻孔结构

用钻头钻出的盲孔，底部有接近 120° 的锥顶角。圆柱部分的深度称为钻孔深度，如图 9–12（a）所示。在阶梯形钻孔中，有锥顶角为 120° 的圆锥台，如图 9–12（b）所示。

用钻头钻孔时，要求钻头轴线尽量垂直于被钻孔的端面，否则不易钻入或使孔的位置不易钻准，甚至折断钻头。另外还应留足钻孔的空间位置，便于钻孔。图 9–13 表示三种钻孔端面的正确结构。

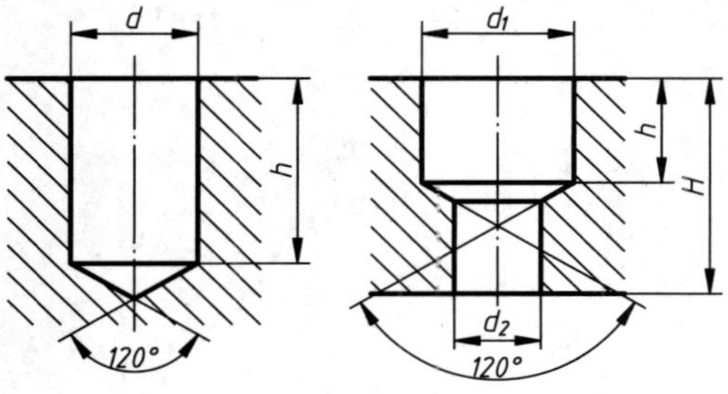

（a）盲孔　（b）阶梯孔

图 9–12　钻孔结构图

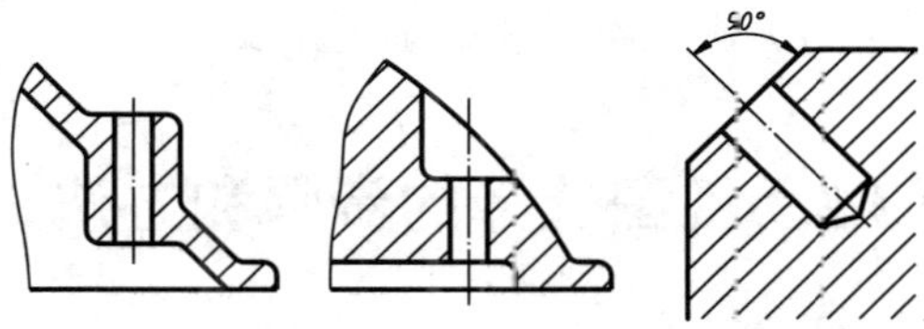

（a）凸台　（b）凹坑　（c）斜面

图 9–13　钻孔结构端面

4. 凸台和凹坑

零件上与其他零件的接触面，一般都要进行加工。为了减少加工面积，降低加工成本并保证零件表面之间有良好的接触，常在铸件上设计出凸台和凹坑。图 9–14（a）（b）表示螺栓连接的支承面做成凸台和凹坑形式，图 9–14（c）（d）表示为减少加工面积而做成凹槽和凹腔结构。

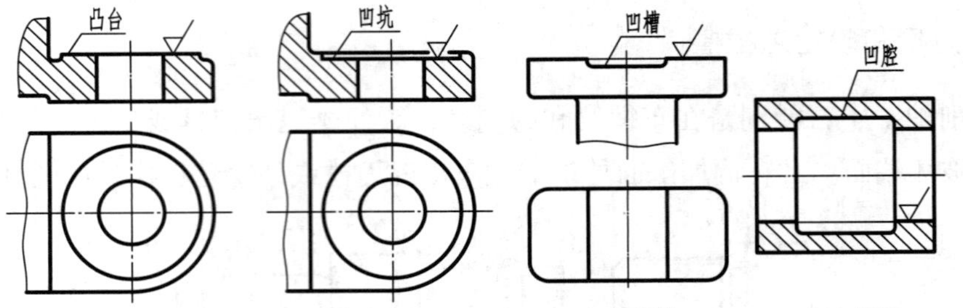

（a）凸台（b）凹坑（c）凹槽（d）凹腔

图 9–14　凸台和凹坑

9.3　零件图的视图选择

零件图的视图选择，是画零件图的关键所在。先要进行零件分析，再选用适当的表达方法，将零件的形状结构完整、清晰地表达出来，并且在便于看图的前提下，力求视图精炼、画图简便。

9.3.1　视图选择的原则

（1）表示零件信息量最多的那个视图应作为主视图。

（2）在满足表达目的和要求的前提下，使视图的数量为最少，力求制图简便。

（3）尽量避免使用虚线表达零件结构。

（4）避免不必要的细节重复。

9.3.2　视图选择的步骤和方法

1. 零件分析

首先明确零件的种类；其次对零件进行功能分析和加工分析，了解其在机器或部件中的位置、工作状态、定位和固定方式以及与相邻零件的关系，了解零件的制造过程和加工方法、加工状态（加工时的零件摆放和装夹方式等）；最后对零件进行结构分析，明确零件的主体结构、局部功能结构和局部工艺结构。

对零件的结构分析、功能分析和加工分析往往可以结合起来进行。

2. 选择主视图

通常主视图是表示零件信息量最多的视图，而且主视图直接影响其他视图的选择，影响看图是否方便，甚至影响画图时对图幅的合理利用。因此，选择主视图是视图选择的关键。

（1）选择零件的适当摆放

零件的摆放位置应尽量符合它的工作位置或加工位置，这是对零件功能分析和加工分析的结果。

①工作位置 即选择零件在机器或部件中工作时所处的位置作为主视图。这样便于零件图与装配图对照，根据装配关系来确定和校核零件的结构和尺寸。对于结构复杂的零件，加工工序较多，不便于按照加工位置确定主视图时，常常采用此方法选择主视图。例如对于叉架类、箱壳类零件，主视图一般符合工作位置。

②加工位置 即选择零件在加工时的主要加工工序所处于的位置或加工前在毛坯上划线时的主要位置作为主视图。这样便于对照零件图进行加工与测量。对于一些加工相对简单、加工工序较少的零件，往往采用此方法选择主视图。例如对于轴套类、轮盘类零件，主视图一般符合加工位置。

（2）选择主视图的投影方向

主视图的投影方向必须最能反映零件的形状特征，即能最明显地反映出该零件各组成部分的形状和相互位置关系，这需要对零件进行结构分析确定。

此外，还要注意主视图的选择应使相应确定的其他基本视图和全部视图稳定、平衡，画图方便和宜于图纸幅面的合理利用。

（3）确定主视图的表达方法

主视图的表达方法应该根据零件的功能、加工方法、结构形状特征，选用适当的图样画法，进一步满足主视图“表示零件信息量最多”的要求。如套类、箱壳类零件在功能上用来包容其他零件，结构上有内腔、孔等内部结构，多需要用剖视画法表达形体。轴、叉架类零件则大部分为实心结构，多采用外形视图，必要时取小范围的局部剖视即可。

3. 选择其他视图

为了表达清楚该零件每个组成部分的形状和它们的相对位置，除了主视图外，一般还需要其他视图。其他视图的选择应配合主视图，对零件表达辅以补充和完善。

（1）其他视图尽量选用基本视图并以此视图做适当局部剖视，表达零件的主体结构。

（2）表达零件的局部结构或倾斜部分内、外形时，采用的局部视图、局部剖视或斜视图、斜剖视应尽量按照投影关系配置在相关视图附近。

（3）对于局部细小工艺结构，可采用局部放大图。

（4）每一个视图都应有表达的重点，各视图要互相配合、补充，而不能简单地重复。

（5）要与尺寸标注相联系，既考虑到利于尺寸标注，又注意到利用尺寸标注表达形体。

4. 检查、比较、调整、修改

对形成的视图方案全面检查和比较，查看是否满足视图选择的原则，如有不妥，进行调整、修改，最后完成视图选择，形成最终方案。

9.3.3 视图选择的注意事项

零件图的视图选择是一个灵活性较大的问题，考虑表达方案时，会有许多矛盾。此时应分清主次，突出重点，使最终方案便于看图。

1. 零件内形与外形表达的兼顾

零件的内、外形中一个复杂，一个简单，在表达时以复杂为主进行表达；若内、外形都复杂，在同一投影上又不重叠，可以采用局部剖视将内、外形同时表达；若内、外形都复杂，在同一投影上又重叠时，对称的可采用半剖视图内外兼顾，不对称的应该分清内、外形的主次，主要的表示在基本视图上，次要的表示在其他辅助视图上。

2. 集中表达与分散表达和视图的数量

集中表达是把零件的各部分结构集中于少数几个视图上表达，分散表达是把零件各部分分散在许多单独的视图上表达。处理这个问题的原则是力求看图方便，使看图者易于想出零件的完整形状。具体做法是对视图表达合理安排，既不要勉强集中表达，使图形繁杂混乱，也不要过多使用视图，使整体支离破碎。应该在完整、清晰地表达零件结构形状的前提下，选择视图的数量最少，力求制图简便。

3. 零件图中虚线的使用问题

虽然尽量避免使用虚线表达零件结构，但是某些情况下可以考虑少量使用虚线。如果虚线不影响视图的清晰，也不必在虚线上标注尺寸，甚至使用虚线可以省略另一个视图，就可以画出这些少量虚线；如果使用虚线能使某一部分结构表达得更加完整，也可以画出这些少量虚线。

4. 尺寸的作用与要求

在选择视图时，注意利用尺寸说明形体，可以省略某些视图，例如，圆柱、圆球都可以用一个视图配以尺寸标注表达。相反，在调整视图方案时，有时为了避免尺寸标注过于集中造成读图困难而增加视图，这样会使表达更清晰。

9.4　零件图的尺寸标注

零件图的尺寸标注除了要符合前述的正确、完全、清晰的要求外，还要求具有合理性，即一方面要符合设计要求，另一方面还应便于加工、测量、检验和装配。

要做到标注尺寸的合理性，需要较多的机械设计和机械加工等方面的专业知识，必须了解零件的功能和作用，零件在机器中的装配位置及采用的加工方法等，从而选择适当的尺寸基准，结合具体情况合理地标注尺寸。

9.4.1　尺寸基准及尺寸分类

1. 尺寸基准

尺寸基准一般是点（圆心、顶点、端点）、线（轴线、中心线、对称线）、面（对称面、底面、端面）等。根据作用和使用不同，可分为两类：设计基准和工艺基准。

（1）设计基准　设计基准是在设计零件时，保证其功能，确定零件结构形状和零件在机器或部件中相对位置时所选用的基准。用来作为设计基准的，大多是工作时确定零件在机器或部件中位置的点、线、面。在图 9–15 所示的轴承座中，底面 E 和对称面 B 分别为高度方向和左右方向的设计基准。

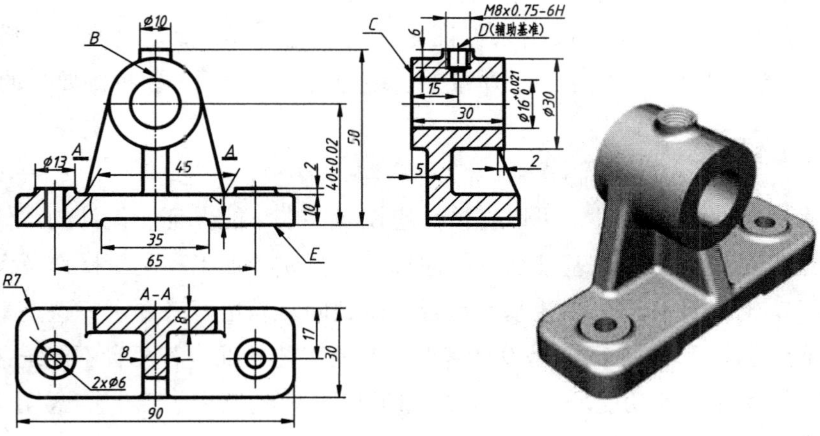

图 9–15　轴承座的尺寸标注

（2）工艺基准　工艺基准是在加工零件时，为保证加工精度和方便加工与测量而选用的基准。作为工艺基准的，大多是加工时用作零件定位和加工起点及测量起点的点、线、面。如图 9–16 所示的小轴，先以 E 台阶面为设计基准（工作时以其为定位），但是

加工时以 F 端面为基准测量和加工都方便，此时 F 面即为工艺基准。

一个零件都有长、宽、高三个方向的尺寸，因而一个方向上至少应当选择一个基准，即主要基准。除主要基准外，为了测量方便，还要附加一些基准，即辅助基准。主要基准和辅助基准之间应有尺寸联系。如图 9–15 所示，主要基准端面 C 和辅助基准轴线 D，它们之间的联系是尺寸 15。

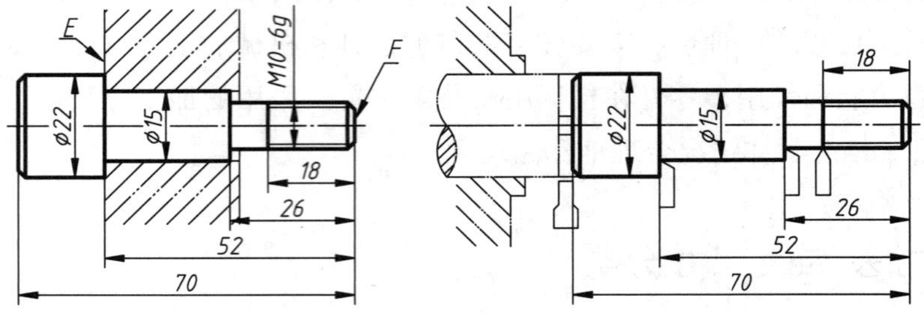

图 9–16　小轴的尺寸标注

2. 尺寸分类

根据零件的几何特征，即把零件看作是组合体时，尺寸可以分为定形尺寸、定位尺寸和总体尺寸。按照零件图上尺寸的功能和作用的不同，尺寸可分为功能尺寸和非功能尺寸两类。

（1）功能尺寸　是指直接影响零件装配精度和工作性能的尺寸。这类尺寸直接影响产品的性能，例如零件的规格尺寸、配合尺寸、连接尺寸、安装尺寸等。

（2）非功能尺寸　是指一般用来保证零件的结构（如几何尺寸等）、满足工艺上（如退刀槽、凸台、凹坑、沟槽等）、质量上、装饰上以及使用、装拆等要求的尺寸。

3. 基准的选择

从设计基准出发标注尺寸，可以直接反应设计要求，能保证所设计的零件在机器或部件中的位置和功能；从工艺基准出发标注尺寸，可便于加工和测量操作及保证加工和测量的质量。有时设计基准和工艺基准重合，做到同时满足两者要求，这是最佳选择。如图 9–15 所示的轴承座，E 面既是设计基准，又是工艺基准。若两者不能统一，则功能尺寸由设计基准引出，非功能尺寸可以考虑加工和测量的方便由工艺基准引出。

选择基准时应注意两方面：

（1）分析零件在机器或部件中的作用及装配定位关系，确定设计基准，分析零件的加工过程，确定工艺基准。

（2）对称零件的基准一般应选择在对称面或对称中心线上，尺寸应标注成对称尺寸。

9.4.2 尺寸标注的合理性要求

要使零件图尺寸标注具有合理性，除了明确尺寸标注的基本知识外，需注意以下几个方面要求。

1. 合理选择基准

合理选择基准是合理标注尺寸的基础。设计基准比较容易确定，应尽可能使工艺基准和设计基准重合，不能重合时工艺基准的选择应考虑有利于加工和测量等生产实践。

2. 功能尺寸应从设计基准出发直接标注

功能尺寸直接影响零件的装配精度和工作性能，所以必须优先保证，从设计基准直接标注，而不能间接换算得到，这是对设计要求的满足。

3. 避免出现封闭的尺寸链

在零件图中，当同一方向有几个尺寸构成封闭尺寸链时，应当在链中挑选一个最次要的尺寸空出来不标注。若因某种需要必须将其注出时，应将此尺寸数值用圆括号括起来，称为“参考尺寸”。

4. 应尽量考虑符合工艺要求

（1）尽量符合加工顺序

图 9–17（a）所示的小轴的尺寸是按照加工顺序标注的，考虑到轴在车床上要调头加工，因此其轴向尺寸以两个端面为工艺基准进行标注，各段尺寸标注对应加工顺序，如图 9–17（b）~（g）所示。

（2）考虑加工方法

一个零件通常要经过几种加工方法才能完成，零件上不同加工方法所用尺寸要分开标注，并且同一工艺工序的尺寸尽可能集中在一起标注。如图 9–18 所示，轴的轴向尺寸主要是在车床上加工的，而键槽是在铣床上加工的，将轴向尺寸标注在一起（视图下方），而将键槽尺寸标注在一起（视图上方和断面图上），这样看图比较方便。

凡是由刀具保证的尺寸，应尽量给出刀具的有关尺寸，刀具轮廓可用双点画线画出。如图 9–19 所示的衬套，在其左视图上给出了铣刀直径。

对于零件某些结构加工的可能性，尺寸标注应反映实际的加工部位和方向。如图 9–20 所示的限位套，孔 A 的定位尺寸 5 最好从外面标注，因钻头只能从外面进行加工；孔 B 则应从里面标注定位尺寸 2.4，因钻头只能从里面进行加工。若这两个定位尺寸都标注成 A_1 和 B_1，将给加工带来困难。

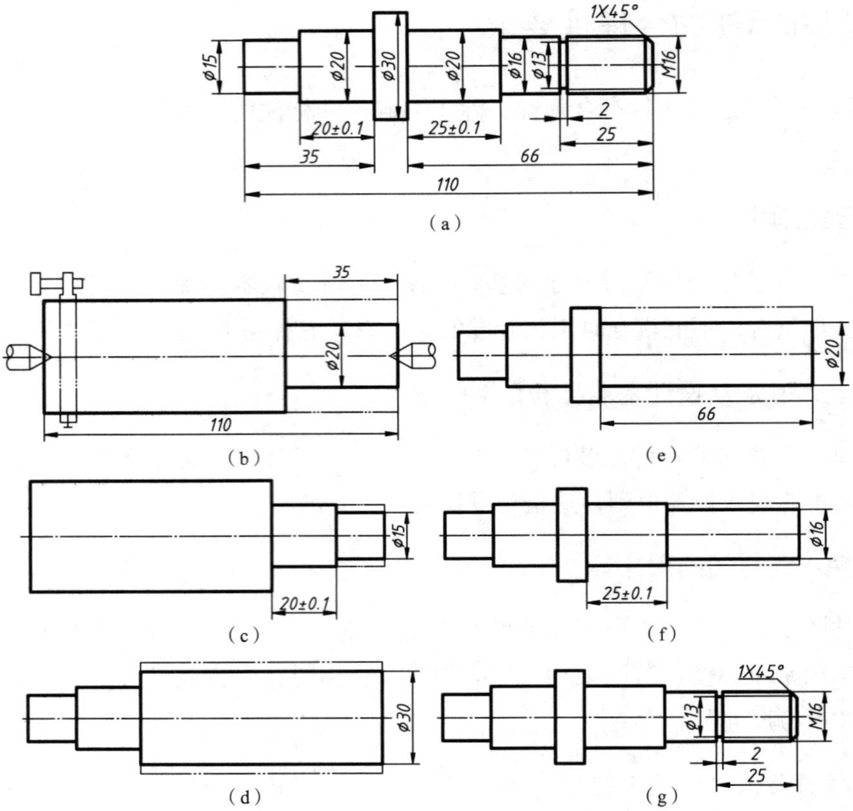

图 9-17　按小轴的加工顺序标注尺寸

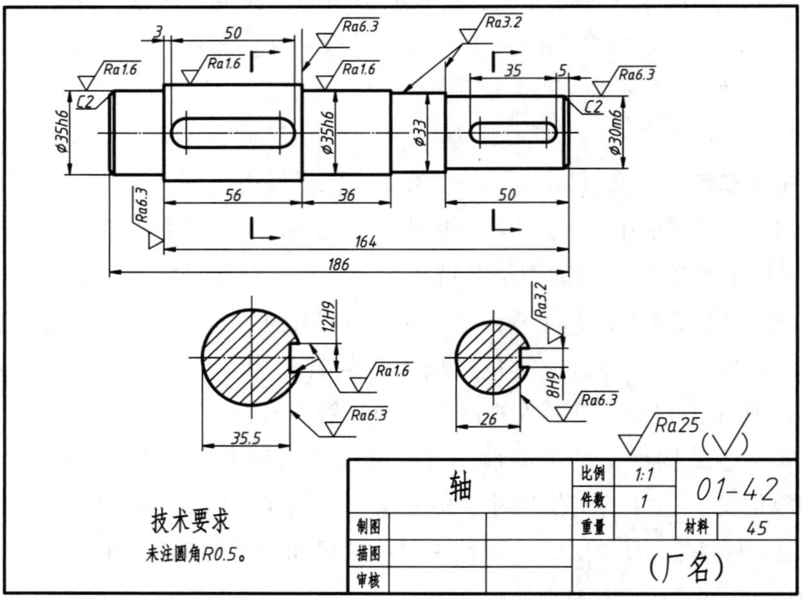

图 9-18　考虑加工方法

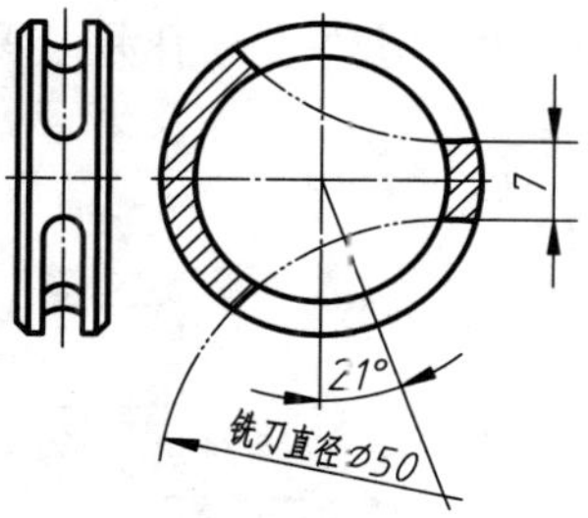

图 9-19 考虑刀具尺寸

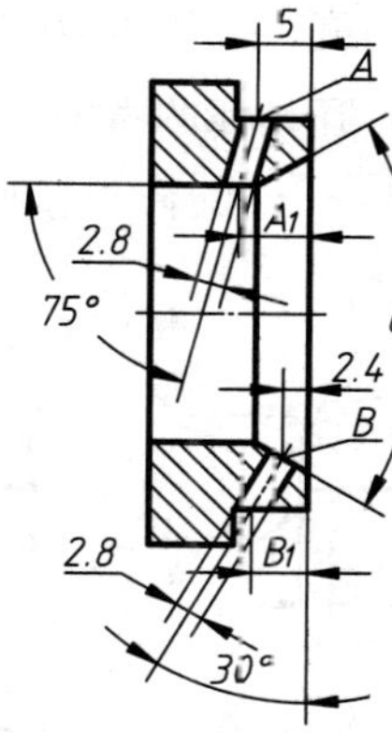

图 9-20 考虑加工的可能性

（3）应考虑到测量的方便

标注尺寸应考虑测量的方便，以减少专用量具的设计、制造和使用，如图 9-21 所示。

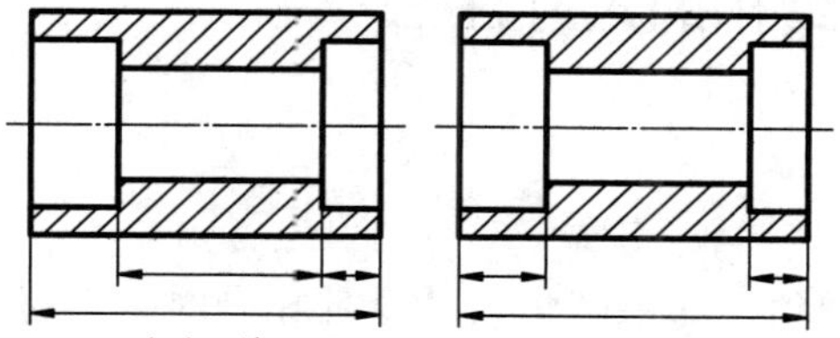

（a）不好 （b）正确

图 9-21 轴套的尺寸标注

（4）毛坯面尺寸标注的合理性

在标注零件上毛坯面尺寸时，在同一方向上最好只有一个毛坯面与加工面有直接尺寸联系，其他毛坯面只与毛坯面有直接尺寸联系，如图 9-22 所示。

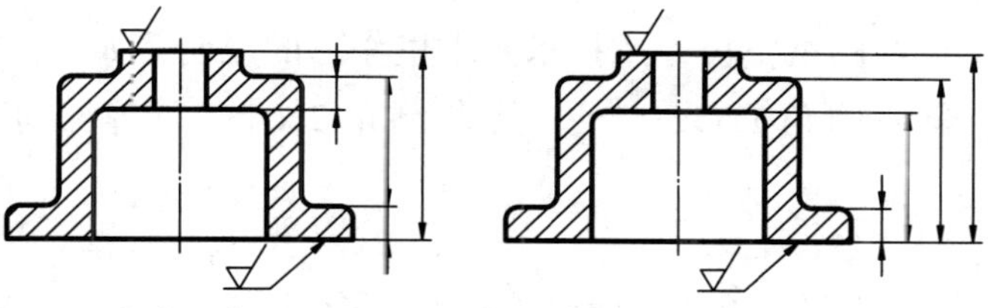

（a）正确 （b）不好

图 9-22 毛坯面的尺寸标注

5. 应考虑零件间的装配关系

有直接装配关系的零件，相关结构的尺寸标注方式和位置应一致或对应，以利于装配和保证装配精度。如图 9–23 所示的镜头架和底板，其凸块和凹槽用尺寸 40 配合，装配后要求 *A* 面对齐，在两者的零件图上尺寸注法应一致。图 9–24 所示的销孔，在零件图上的标注“与件 ×× 配作”表明用销进行定位或连接的两个零件上销孔是装配在一起加工的。

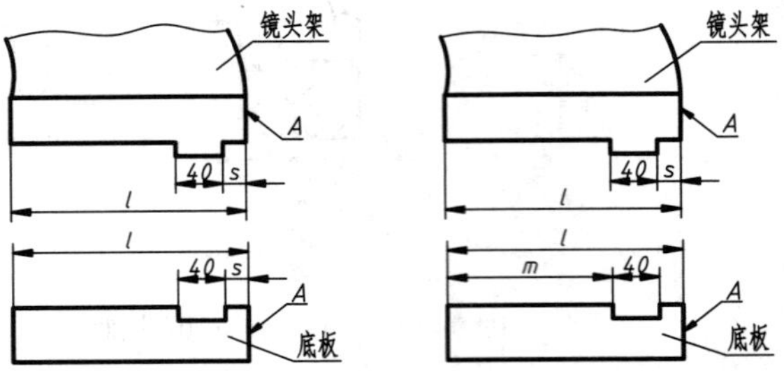

（a）合理　（b）错误

图 9–23　镜头架和底座

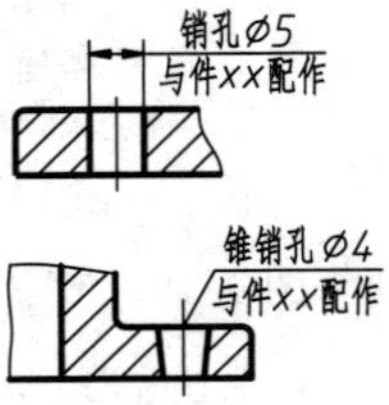

图 9–24　销孔的尺寸标注

9.4.3　零件上常见结构的尺寸注法

1. 圆角

对于铸件上的铸造圆角，如果圆角尺寸全部相同时，不必在图中一一注出，可在图纸空白处或技术要求里作总的说明，如“全部圆角 *R*3”，若某个尺寸是多数时，亦可将其注明“其余圆角 *R*4”。

2. 倒角

零件上的倒角结构可按图 9–25 方式注出；也可不必画出倒角，而在图上标注“*C*”表示“45° 倒角”，如“*C*2”表示“2 × 45°”，如图 9–26 所示。倒角尺寸全部相同或某个尺寸是多数时，可在图纸空白处或技术要求里作总的说明，如“全部倒角 *C*1.5”“其余倒角 *C*2”或“全部倒角 1.5 × 45°”“其余倒角 2 × 45°”等，而不必在图中一一标注。

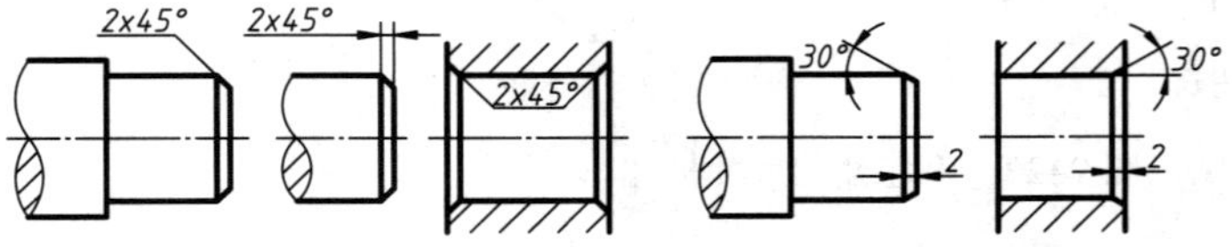

（a）45°倒角　（b）非45°倒角

图 9–25　倒角的尺寸标注

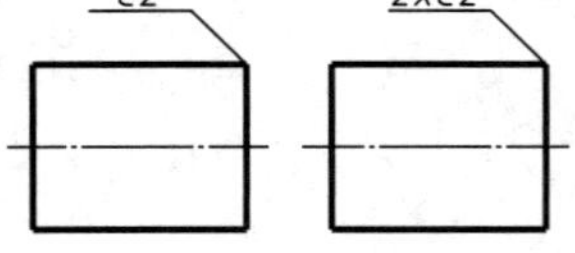

（a）　（b）

图 9–26　倒角的简化绘制和标注

3. 退刀槽及越程槽

零件上的退刀槽和越程槽可按“槽宽 × 直径”“槽宽 × 槽深”的形式标注，如图 9–27 所示。越程槽常常采用局部放大图表示，尺寸数值可查零件手册得到。

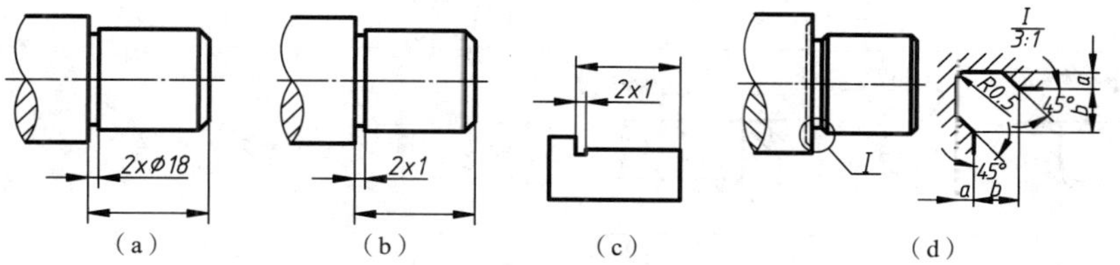

图 9–27　退刀槽和越程槽的标注

4. 成组几何要素

在同一图形中，对于相同尺寸的孔、槽等成组结构，可仅在一个结构上注出其尺寸和数量，如图 9–28 所示。

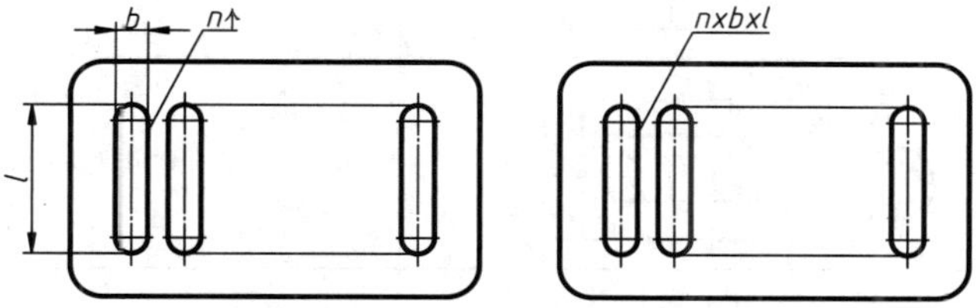

图 9–28　相同结构的标注

均匀分布的孔或槽等成组要素的尺寸，按图 7–16 所示的标注方法标注。当成组要素的定位和分布情况在图中已明确时，可不标注其角度，并省略“*EQS*（均布）”的注写，如图 7–16（b）（c）所示的标注。

在同一图形中具有几种尺寸数值相近而又重复的要素（如孔）时，可采用标记（如涂色）的方法，如图 9–29（a）所示；或采用标注字母的方法来区别，如图 9–29（b）所示的标注方法。

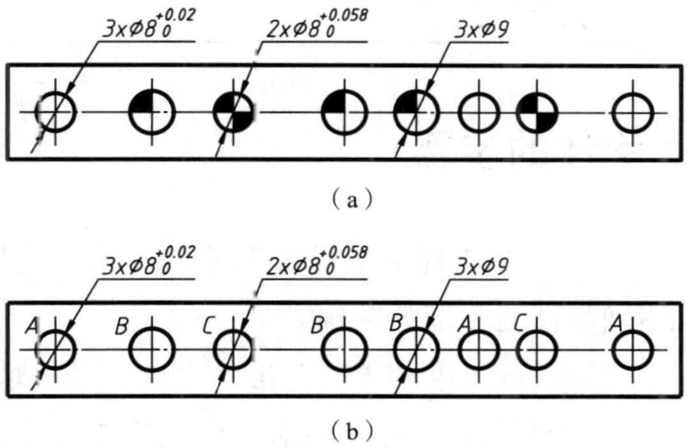

图 9–29　涂色及字母标注

5. 各种常用孔的标注方法

零件上经常出现光孔、沉孔、埋头孔、螺纹孔等结构，其标注方法如表 9–1 所示。

表 9-1　常见孔的标注

标注示例	说明
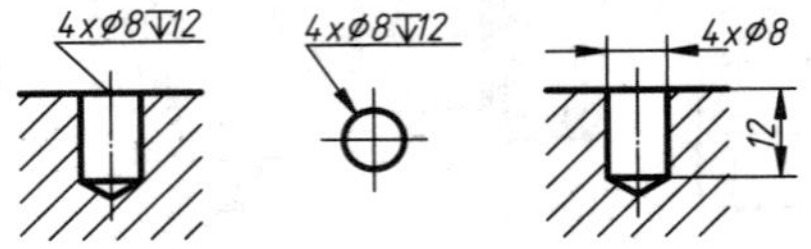	4 个 ϕ8 的孔，孔深为 12
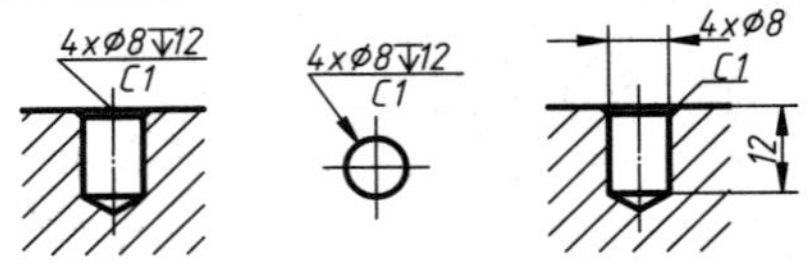	4 个 ϕ8 的孔，孔深为 12，孔口有 1 × 45° 的倒角
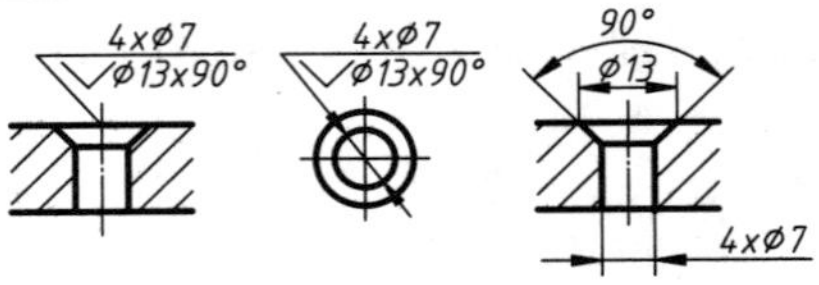	4 个 ϕ7 的锥形埋头孔，锥孔口直径为 13，锥面顶角为 90°
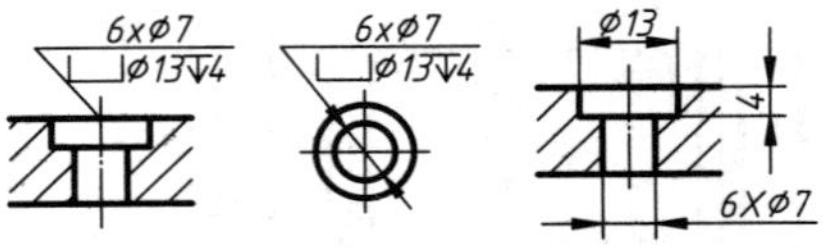	6 个 ϕ7 的圆柱形埋头孔，沉孔直径为 13，深度为 4
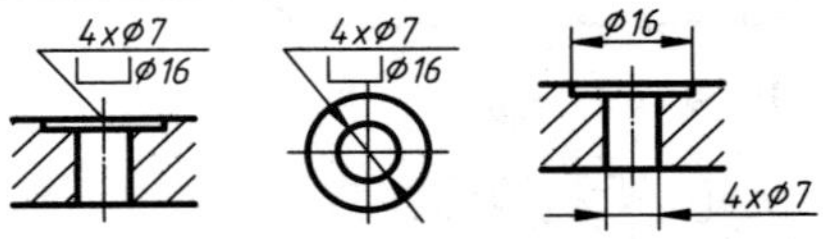	4 个 ϕ7 的锪平孔，锪平孔直径为 16，不需要标注深度，一直锪平到不见毛面为止
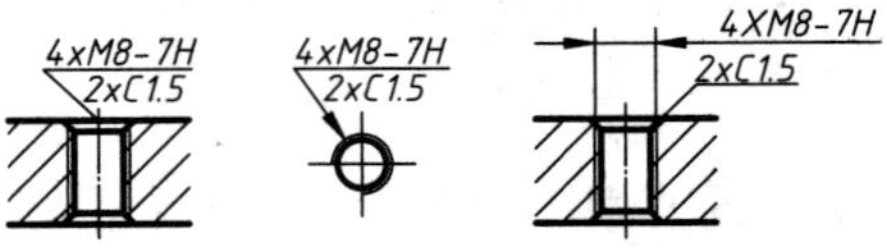	4 个 M8-7H 螺纹通孔，两端孔口有 1.5 × 45° 的倒角
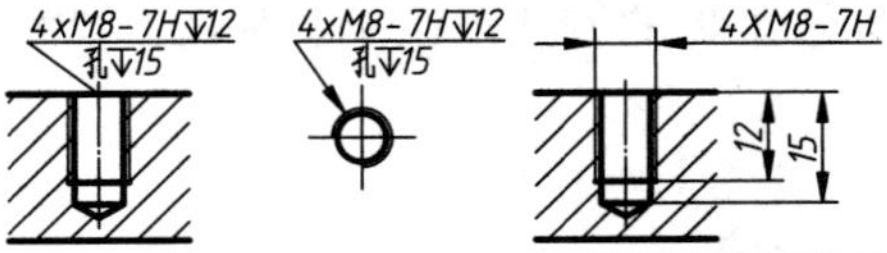	4 个 M8-7H 螺纹盲孔，螺纹深度为 12，孔深为 15

9.4.4　零件图尺寸标注的步骤

（1）分析零件的功能，零件在机器或部件中的装配关系、定位关系和加工过程，对零件再进行形体分析，明确零件的各部分结构。

（2）选择尺寸基准，包括设计基准和工艺基准、主要基准和辅助基准。

（3）标注各类尺寸。按设计要求和功能要求，标注功能尺寸，功能尺寸应从设计基准引出标注；考虑工艺要求，标注各非功能尺寸，这些尺寸从各个工艺基准引出标注。还要考虑零件的形体结构，标注其各部分的定形尺寸、定位尺寸及整体的总体尺寸。

（4）尺寸检查、调整、补充、修改，最后完成零件图的尺寸标注。

9.5　零件图的技术要求

零件图上除了要表达零件形状结构和标注零件的尺寸外，还应注明零件在制造和检验时应达到的技术要求。零件图上的技术要求主要包括表面粗糙度、极限与配合、几何公差、热处理及表面处理等。其中有些是按照国标规定的标注方法用符号、代号和文字标注在图形上，如表面粗糙度、尺寸极限偏差、几何公差等，有些则是没有标准的标注方法，需要在图纸下方的空白处用文字统一注写“技术要求”。

本节主要介绍表面粗糙度、极限与配合和几何公差。

9.5.1　表面粗糙度

1. 基本概念

零件加工后，由于刀具在零件表面留下的刀痕及切削分裂时表面金属的塑性变形等影响，使零件表面存在着较小的轮廓峰谷。这种表面上具有较小间距的峰谷所组成的微观凹凸不平的几何形状特征，称为表面粗糙度。

表面粗糙度反映了零件表面的质量，它对零件的配合、耐磨性、抗腐蚀性、密封性以及外观等都有影响。对于不同的表面粗糙度需要采用不同的加工方法，因此零件的表面粗糙度应根据零件表面的功能恰当选择，在保证机器性能要求的前提下，尽量选择较大数值，以降低生产成本。

2. 表面粗糙度的主要评定参数

国标规定表面粗糙度的主要评定参数是轮廓算术平均偏差 Ra，必要时也可采用轮廓最大高度 Rz 来评定。使用时宜优先选用 Ra 参数。

（1）轮廓算术平均偏差 Ra　如图 9–30 所示，在零件表面的一段取样长度 l 内，被测轮廓偏距 z 的绝对值的算术平均值，用 Ra 表示。公式表示为：

$$Ra=\frac{1}{l}\int_0^l \left|Z(x)\right|\mathrm{d}x$$

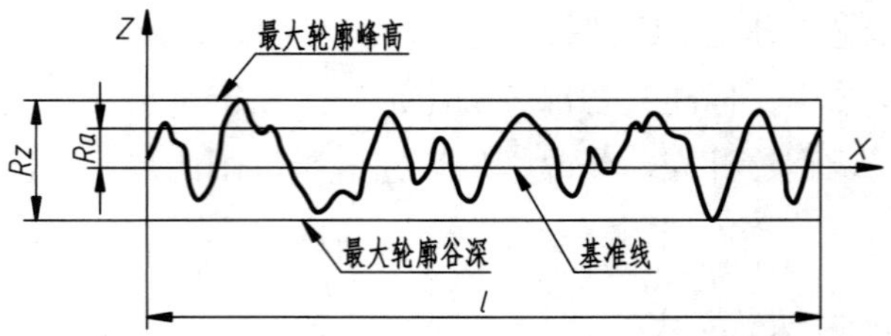

图 9–30　粗糙度的定义

Ra 的数值如表 9–2 所示。

表 9-2　*Ra* 的数值系列　μm

第一系列	第二系列	第一系列	第二系列	第一系列	第二系列	第一系列	第二系列
	0.008		0.125		2.0		32
	0.010		0.160		2.5		40
0.012		0.2		3.2		50	
	0.016		0.25		4.0		63
	0.020		0.32		5.0		80
0.025		0.4		6.3		100	
	0.032		0.50		8.0		
	0.040		0.63		10.0		
0.050		0.8		12.5			
	0.063		1.00		16.0		
	0.080		1.25		20		
0.1		1.6		25			

（2）轮廓最大高度 *Rz*　*Rz* 是在零件取样长度内最大轮廓峰高和轮廓谷深之间的距离，如图 9–30 所示。它在评定某些不允许出现较大加工痕迹的零件表面时有实用意义。

3. 表面粗糙度的代号、符号及其标注

GB/T 131—2006 规定了表面粗糙度代号、符号及其注法。图样上所标注的表面粗糙度的代（符）号，是该零件表面完工后的要求。

（1）表面粗糙度的符号和意义　表面粗糙度的符号和意义如表 9–3 所示。

表 9-3　表面粗糙度的符号和意义

符号	意义及说明
√	基本符号，表示表面可以用任何方法获得，仅适用于简化代号标注，没有补充说明时不能单独使用

续表

符号	意义及说明
	扩展符号，表示表面是用不去除材料的方法获得，如铸、锻、冲压变形、热轧、冷轧、粉末冶金等，或者用于保持原供应状况的表面（包括保持上道工序的状况）
	扩展符号，表示表面是用去除材料的方法获得，如车、铣、刨、钻、磨、剪切、抛光、腐蚀、气割、电火花加工等
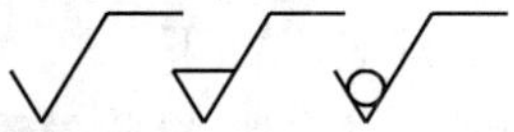	完整符号，用于标注有关参数和说明
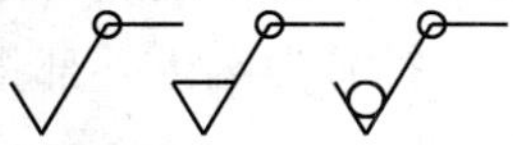	完整符号，表示零件周边表面具有相同的表面粗糙度要求

（2）表面粗糙度符号的画法

表面粗糙度符号的画法及其数值、有关规定的注写位置，如图 9-31 所示。

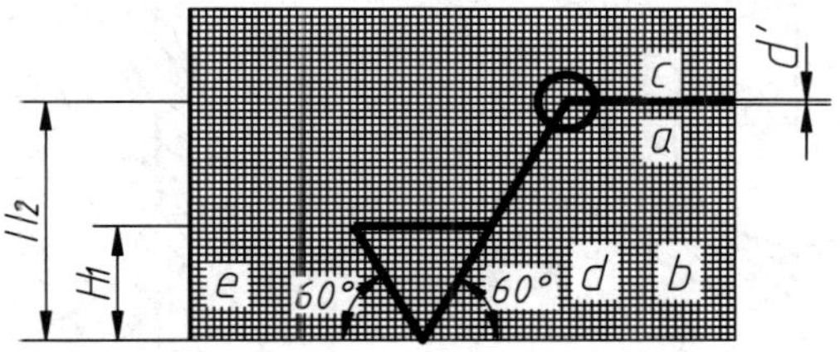

图 9-31　表面粗糙度符号画法

图中各字母的意义如下：

$d'=1/10h$；$H_1=1.4h$；$H_2=3h$；

h——字体高度；

a——注写粗糙度单一要求或第一个表面粗糙度要求；

b——注写第二个表面粗糙度要求；

c——注写加工方法，如“车”“铣”“磨”等；

d——注写表面纹理方向符号，如“=”“×”“M”等；

e——注写加工余量，mm。

（3）表面粗糙度代号及其数值标注

表面粗糙度符号中注写了具体参数代号及其数值等要求后，称为表面粗糙度代号，其含义示例如表 9-4 所示。

表 9-4　表面粗糙度代号及含义示例

代号	含义
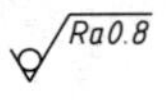	表示用不去除材料加工方法获得，轮廓算术平均偏差 Ra 的上限值为 0.8μm，16% 规则 被检表面测得的全部参考值中超过极限值的个数不多于总数的 16% 时，该表面是合格的，称为 16% 规则 16% 规则为默认规则

续表

代号	含义
$\sqrt{Rzmax0.2}$	表示用去除材料加工方法获得，轮廓最大高度的最大值为 0.2μm，最大规则 被检的整个表面上测得的参考值一个也不超过给定的极限值，称为最大规则 参数代号后注写“max”字样时，为“最大规则”，否则为“16% 规则”

（4）表面粗糙度要求在图样上的标注方法

根据 GB/T 131—2006 的规定，表面粗糙度代（符）号在图样中标注要求如下。

①表面粗糙度代号中的符号及数字的方向按图 9-32 的规定执行，表面粗糙度符号应标在可见轮廓线、尺寸线、尺寸界线、引出线或它们的延长线上，符号尖端由外部指向表面。

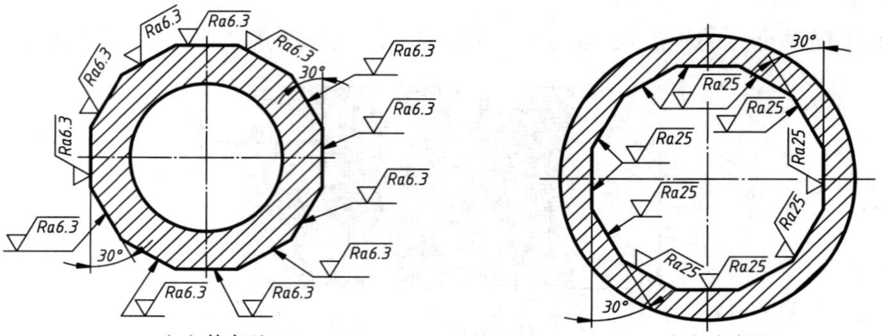

（a）外表面　　（b）内表面

图 9-32　粗糙度的符号及数字方向

②在同一张图样上，每个表面一般只标注一次表面粗糙度代（符）号，并尽可能靠近有关的尺寸线；当空间狭小或不便标注时，代（符）号可以引出标注，如图 9-33 所示。

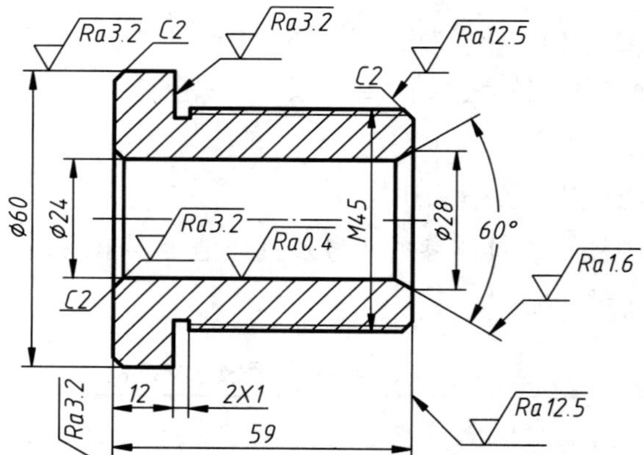

图 9-33　标注示例（一）

③当零件大部分表面具有相同的表面粗糙度要求时，对其中需要标注最多的代（符）号可在图样的右下角统一标注，如图 9–34 所示。

④当零件表面具有相同的表面粗糙度要求时，其代（符）号可在图样的右下角统一标注，如图 9–35（a）所示。

⑤当用统一标注的方法表达表面粗糙度要求时，其代（符）号和说明文字的高度均应是图样中其他表面所注代（符）号和文字的 1.4 倍，如图 9–34、图 9–35（a）所示。

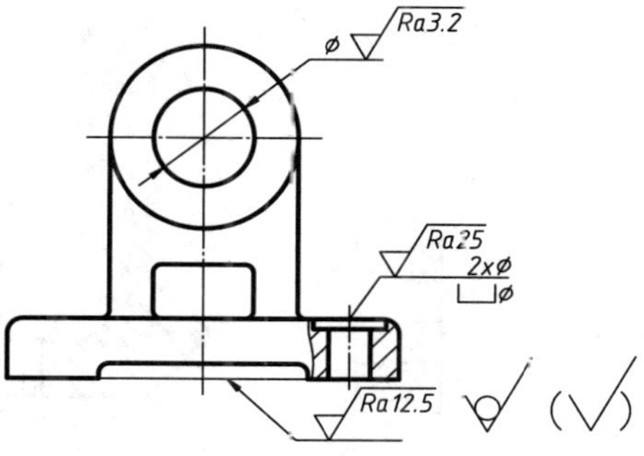

图 9–34 引出标注符号和代号

⑥不连续的同一表面用细实线连接标注表面粗糙度，如图 9–34 所示；零件上连续表面及重复要素（孔、槽、齿等）的表面标注表面粗糙度，如图 9–35（b）所示，其表面结构代（符）号都是只标注一次。

⑦零件上同一表面有不同表面粗糙度要求时，应用细实线画出其分界线，并注明相应的表面粗糙度代（符）号和尺寸范围，如图 9–35（c）所示。

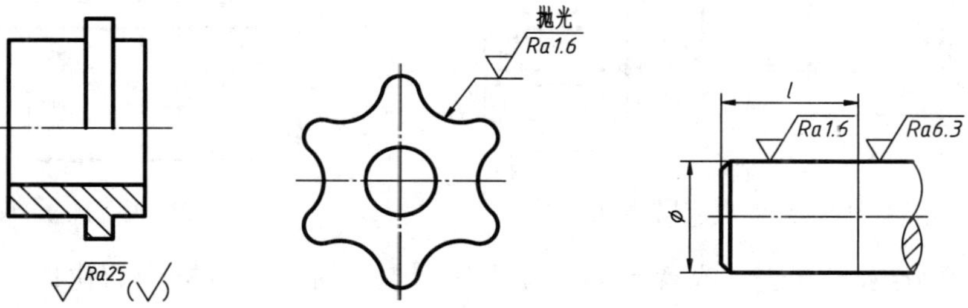

（a）统一表面 （b）连续表面 （c）同一表面

图 9–35 标注示例（二）

⑧中心孔、键槽的工作面，倒角、圆角的表面粗糙度代（符）号，可以简化标注，如图 9–36 所示。

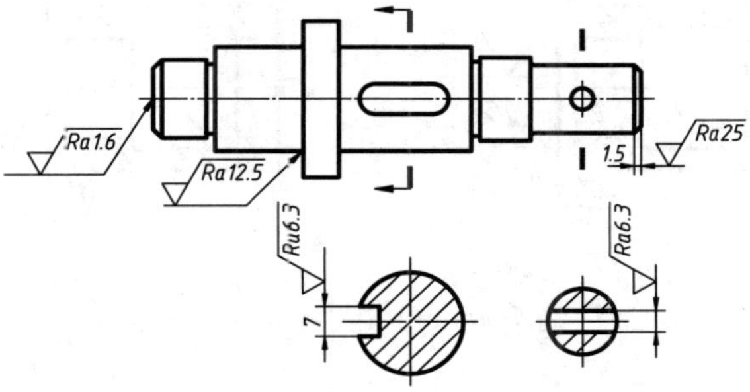

图 9–36 标注示例（三）

⑨齿轮、渐开线花键、螺纹等工作表面的表面粗糙度代（符）号，用图 9–37 所示的方式标注。

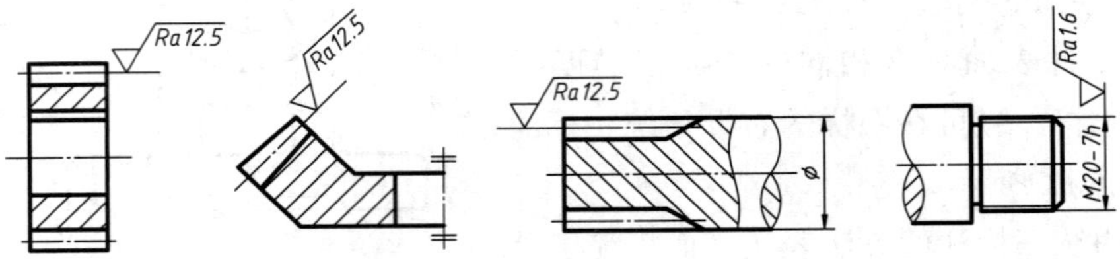

（a）直齿轮　（b）锥齿轮　（c）花键　（d）螺纹

图 9–37　标注示例（四）

⑩需要将零件局部热处理或局部镀（涂）覆时，应用粗点画线画出其范围并标注相应的尺寸，也可将其要求注写在表面粗糙度符号长边的横线上，如图 9–38 所示。

⑪需要规定表面粗糙度测量截面的方向时，其注法如图 9–39 所示。

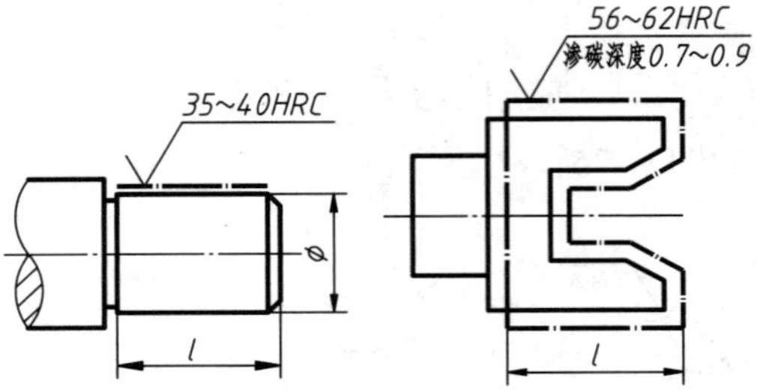

（a）　（b）

图 9–38　局部热处理或局部镀标注

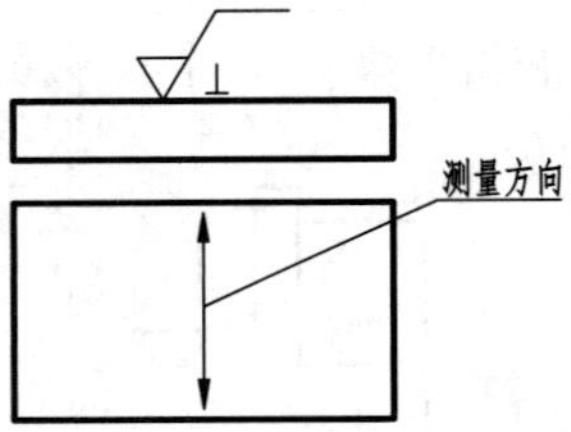

图 9–39　规定测量方向

⑫为了简化标注方法，或者当标注位置受到限制时，可以标注简化代（符）号，如图 9–40（a）所示。也可以采用省略的注法，如图 9–40（b）所示，但必须在标题栏附近说明这些简化代（符）号的意义。

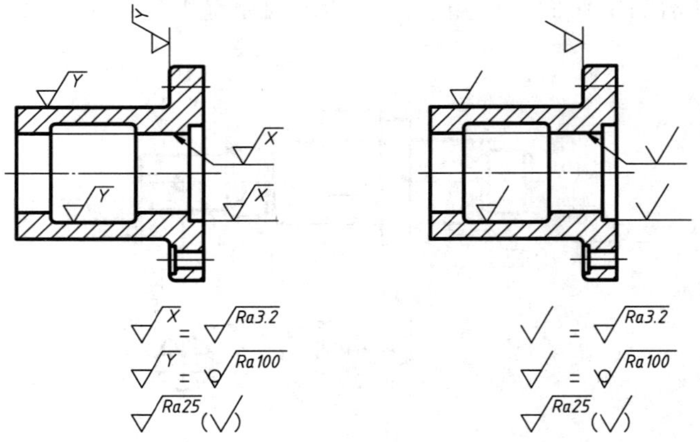

（a）　（b）

图 9–40　简化标注

9.5.2　极限与配合

在零件的批量生产中，要求零件具有互换性。互换性是指同一规格的一批零件或部件，任取其一，不需要任何挑选或附加修配就能装在机器上，达到规定的功能要求。这样的一批零件或部件称为具有互换性的零、部件，零、部件的这种性质称为互换性。零、部件具有互换性，不但给机器装配、修理带来方便，更重要的是为机器的现代化生产提供可能性。

由于一些难以避免的客观原因（如机床振动、刀具磨损、测量误差等），零件在生产制造时其尺寸实际上不可能做得绝对准确，应允许零件尺寸有一个变动范围，只要零件的实际尺寸在规定的范围内变动，这个零件在尺寸上就是合格的。为此，国家标准规定了极限与配合方面的技术要求，用以保证互换性的需要。

关于极限与配合的一些内容，国家标准 GB/T 1800.1—2009、GB/T 1800.2—2009、GB/T 1801—2009、GB/T 1804—2000 给出了具体标准。这一系列标准适用于具有圆柱型和两平行平面型的线性尺寸要素。

1. 极限的基本术语及定义

极限相关的术语之间的关系，如图 9-41 所示。

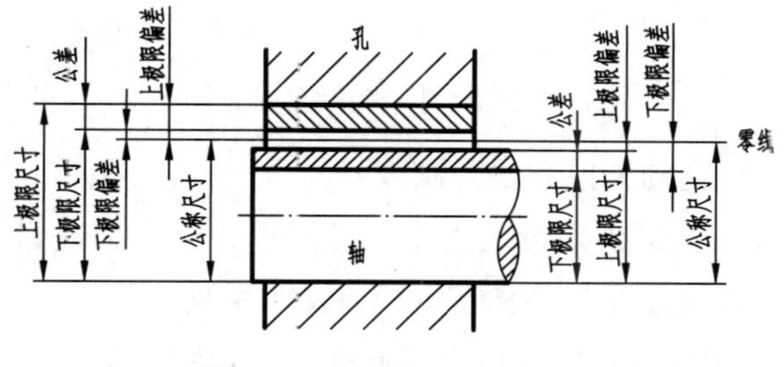

图 9-41　极限和配合示意图

（1）公称尺寸　由图样规范确定的理想形状要素的尺寸，即设计时所给定的尺寸。

（2）实际尺寸　通过实际测量所得到的尺寸。

（3）极限尺寸　尺寸要素允许的尺寸的两个极端。极限尺寸以公称尺寸为基数，也是设计时确定的，它可能大于、等于或小于公称尺寸。其中允许的最大尺寸为上极限尺寸，允许的最小尺寸为下极限尺寸。

（4）尺寸偏差（简称偏差）　某一尺寸减其公称尺寸所得的代数差。

（5）极限偏差　极限尺寸减其公称尺寸所得的代数差。

上极限偏差 = 上极限尺寸 – 公称尺寸；

下极限偏差 = 下极限尺寸 – 公称尺寸。

上、下极限偏差统称为极限偏差，可以为正、负值或零。孔的上、下极限偏差分别用大写字母 ES 和 EI 表示，轴的上、下极限偏差分别用小写字母 es 和 ei 表示。

（6）尺寸公差（简称公差） 指允许尺寸的变动量。即：

公差 = 上极限尺寸 – 下极限尺寸，

公差 = 上极限偏差 – 下极限偏差。

公差是一个没有负号的绝对值，且不为零。

（7）零线与公差带 在分析公差时，为了形象地表示公称尺寸、极限偏差和公差的关系，常用简图表示。为了简便，不画出孔和轴，一般只画出放大的极限和配合的图解，简称公差带图。

如图 9–42 所示，在公差带图中，表示公称尺寸的一条直线，以其为基准确定偏差和公差，称其为零线。零线上方为正偏差，下方为负偏差。

在公差带图中，由代表上、下极限偏差的两条直线所限定的区域称为公差带。公差带由公差大小和其相对于零线的位置来确定。

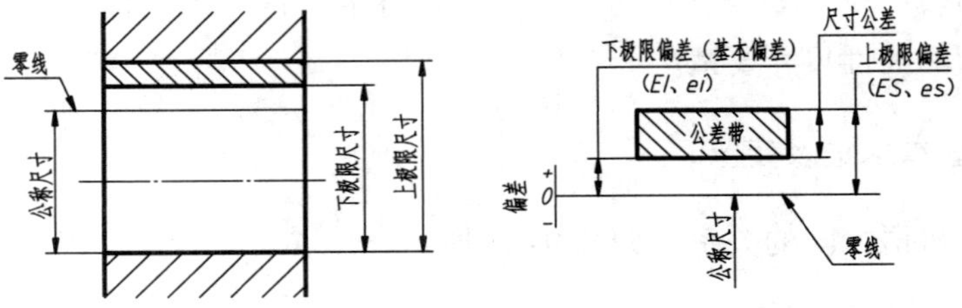

（a）　　（b）

图 9–42　尺寸公差及公差带图

（8）极限制 经标准化的公差和偏差制度。

公差带有两个参数：一是公差带的大小，即宽度；二是公差带相对于零线的位置。国标已将它们标准化，形成标准公差和基本偏差两个系列。

（9）标准公差 在极限与配合制中，国家标准规定的用以确定公差带大小的任一公差，用符号 IT 表示。标准公差等级代号由符号 IT 和数字组成，如 IT7；当其与代表基本偏差的字母一起组成公差代号时，省略字母 IT，如 h7。

标准公差分为 20 个等级，用以确定尺寸精确程度，即 IT01、IT0、IT1~IT18。同一公差等级，基本尺寸越大，公差带越大；同一基本尺寸，公差从 IT01 至 IT18 由小变大，精度依次降低。参数查询见附录。

（10）基本偏差 在极限与配合制中，用以确定公差带相对于零线位置的那个极限偏差。一般指靠近零线的那个偏差。若公差带位于零线之上，基本偏差为下极限偏差；若公差带位于零线之下，基本偏差为上极限偏差。国家标准规定了轴和孔各有 28 个基本偏差，用拉丁字母表示，如图 9–43 所示，大写字母代表孔，小写字母代表轴。

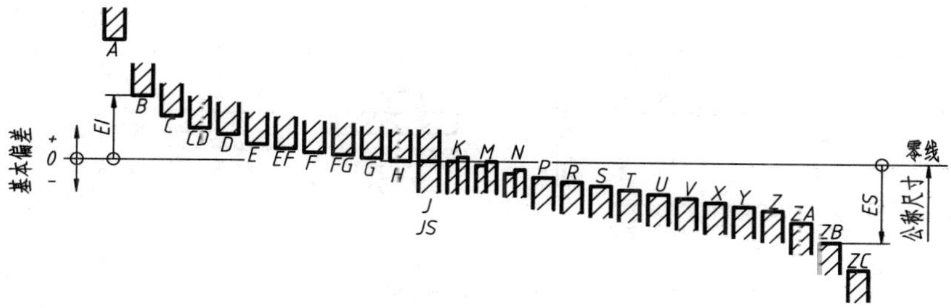

（a）孔

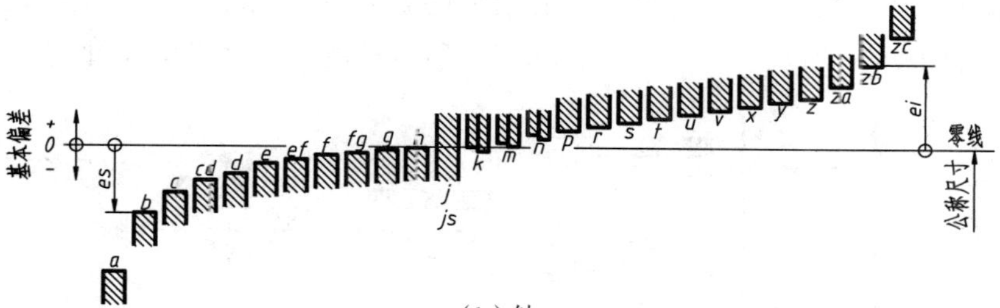

（b）轴

图 9-43　基本偏差系列示意图

2. 配合的基本术语及定义

（1）配合　配合指公称尺寸相同的，互相结合的孔、轴公差带之间的关系。

（2）间隙和过盈　在孔和轴的配合中，孔的尺寸减去轴的尺寸所得的代数差，当差值为正时是间隙，当差值为负时是过盈。由于轴和孔的实际尺寸不同，装配后可能产生“间隙”或“过盈”，如图 9-44 所示。

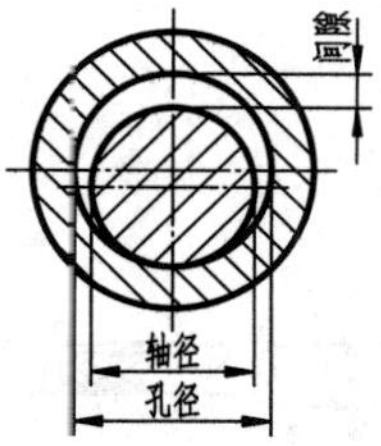

（a）间隙

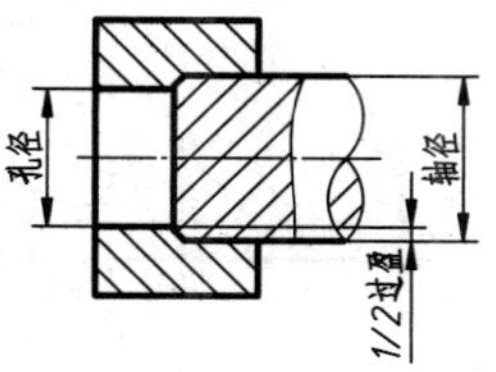

（b）过盈

图 9-44　间隙和配合

（3）配合种类　根据轴和孔结合时的松紧程度，国标规定有三种类型的配合。

①间隙配合　具有间隙的配合（包括最小间隙为零）。此时，孔的公差带在轴的公差带之上，如图 9-45 所示。对一批零件而言，所有孔的尺寸≥轴的尺寸。

当互相配合的两零件需相对运动或虽无相对运动但要求拆卸很方便时，采用间隙配合。装配时，间隙用来存储润滑油，补偿温度引起的尺寸变化，补偿弹性变形及制造与安装误差。

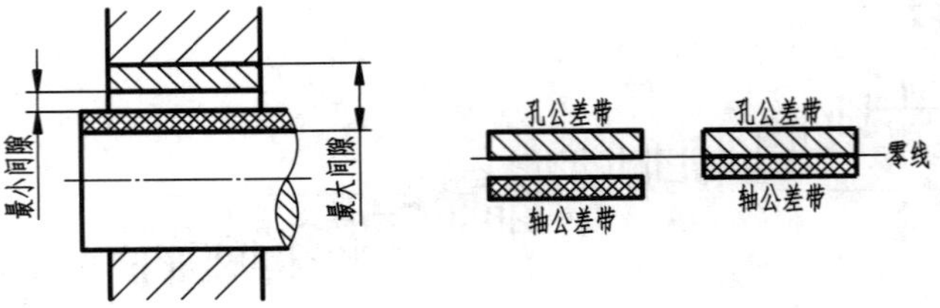

图 9-45　间隙配合

②过盈配合　具有过盈的配合（包括最小过盈为零）。此时，孔的公差带在轴的公差带之下，如图 9-46 所示。对一批零件而言，所有孔的尺寸≤轴的尺寸。

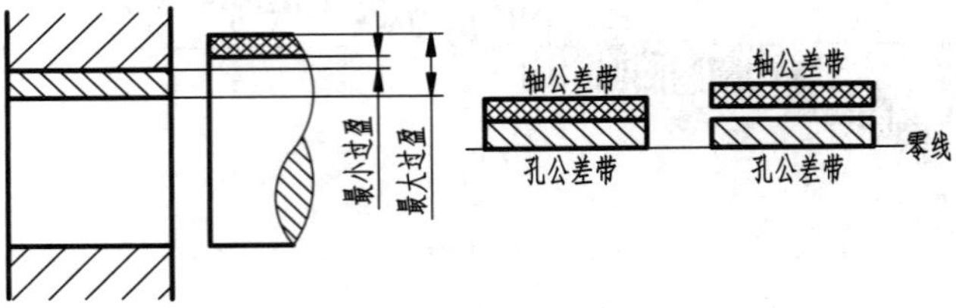

图 9-46　过盈配合

当互相配合的两零件需牢固连接、保证相对静止或传递动力时，采用过盈配合。装配时，需要施加压力，也可以用热胀冷缩法。

③过渡配合　可能具有间隙或过盈的配合。此时，孔的公差带与轴的公差带相互交叠，如图 9-47 所示。它是介于间隙配合与过盈配合之间的一类配合，但其间隙或过盈一般都较小。

过渡配合常用于不允许有相对运动，轴和孔对中要求高，但又需拆卸的两零件间的配合。

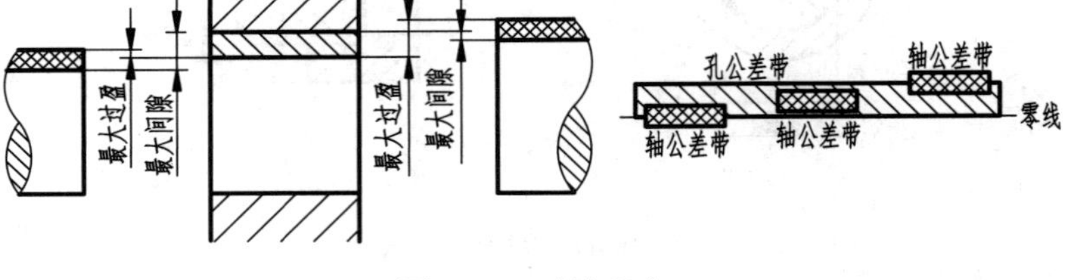

图 9-47　过渡配合

（4）配合制　指同一极限的孔和轴组成配合的一种制度。为了便于设计和制造，国家标准（GB/T 1800.1—2009）中规定了两种平行的配合制度：基孔制配合和基轴制配合。

①基孔制配合　指基本偏差为一定的孔的公差带，与不同基本偏差的轴的公差带形成各种配合的一种制度，如图 9-48（a）所示。

基孔制配合中的孔称为基准孔，它是配合的基准件，而轴为非基准件。标准规定，基准孔以下极限偏差 EI 为基本偏差，其数值为零，代号为 H。

在基孔制配合中，基本偏差从 a 到 h 的轴用于间隙配合，从 j 到 zc 的轴用于过渡和过盈配合。

②基轴制配合　指基本偏差为一定的轴的公差带，与不同基本偏差的孔的公差带形成各种配合的一种制度，如图 9–48（b）所示。

基轴制配合中的轴称为基准轴，它是配合的基准件，而孔为非基准件。标准规定，基准轴以上极限偏差 ei 为基本偏差，其数值为零，代号为 h。

在基轴制配合中，基本偏差从 A 到 H 的孔用于间隙配合，从 J 到 ZC 的孔用于过渡和过盈配合。

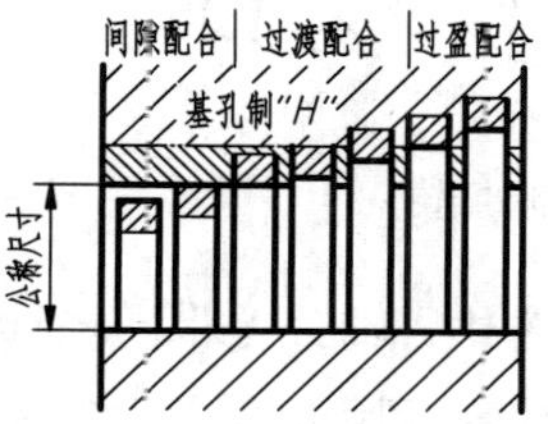

（a）基孔制

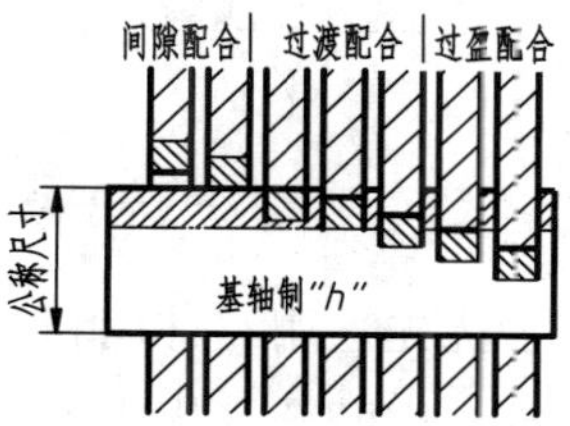

（b）基轴制

图 9–48　配合基准制

③基准制的选择　设计中选用哪种基准制，要从具体的结构、工艺要求及经济性等方面综合分析考虑。

国家标准规定，一般情况下优先选用基孔制配合。这样可以减少加工孔用的定值（公称尺寸和公差带）、刀具和量具的规格数量，减少加工量（轴比孔加工容易），降低成本。基轴制配合通常仅用于结构设计不适宜采用基孔制配合的情况，或者采用基轴制配合具有明显经济性的场合，图 9–49（a）所示的发动机活塞销轴与连杆铜套孔和活塞孔之间的配合制采用基轴制配合。

在采用标准件（部件）时，则应按标准件（部件）所用的基准制来确定。如图 9–49（b）所示，滚动轴承的外圈直径与轴承座孔处的配合应采用基轴制配合，而滚动轴承的内圈直径与轴的配合则为基孔制配合。

④非基准制配合的采用　为满足特殊配合的要求，允许选用非基准制的配合。非基准制的配合是指相互配合的两个零件既无基准孔 H，又无基准轴 h 的配合。当一个孔（或轴）与几个轴（或孔）相配合，其配合要求各不相同时，则有的配合要出现非基准制配合。如图 9–49（b）所示，由于滚动轴承的外圈直径与轴承座孔处的配合应采用基轴制配合，箱体孔的公差带代号为 J7，这时如果端盖与箱体孔配合也要坚持基轴制，则配合为 J/h，属于过渡配合。但轴承端盖需要经常拆卸，显然这种配合过于紧密，而应选用间

隙配合为好。端盖公差带不能用 h，只能选择非基准轴公差带，考虑端盖的性能和加工的经济性，最后选择端盖和箱体孔之间配合为非基准制配合 J7/f9。

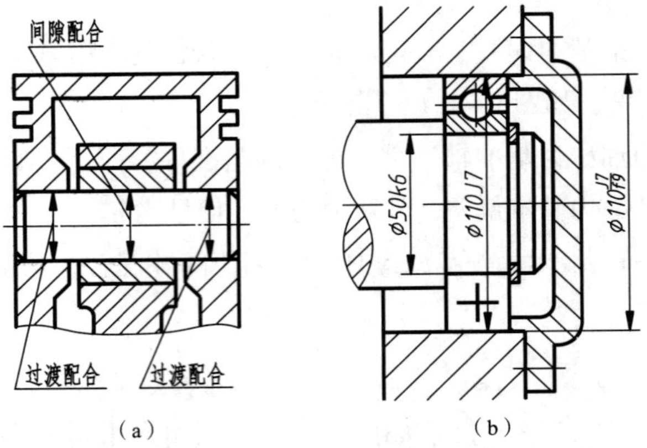

图 9-49　基准制的选择

国家标准规定了优先选用、常用和一般用途孔、轴公差带。国标还规定在孔、轴公差带中组合成基孔制常用配合、优先配合，基轴制常用配合、优先配合。应尽量选用优先配合和常用配合，详见附录。

3. 极限与配合在图样中的标注方法

（1）在装配图上的标注方法

在装配图上标注配合代号时，需在公称尺寸的后面用分数形式标出，分子为孔的公差带代号，分母为轴的公差带代号，如图 9-50（a）所示。必要时也可以按图 9-50（b）所示的形式标注。

当零件与标准件（如轴承）配合时，只需要标注零件（非标准件）的公差带代号，如图 9-51 所示。

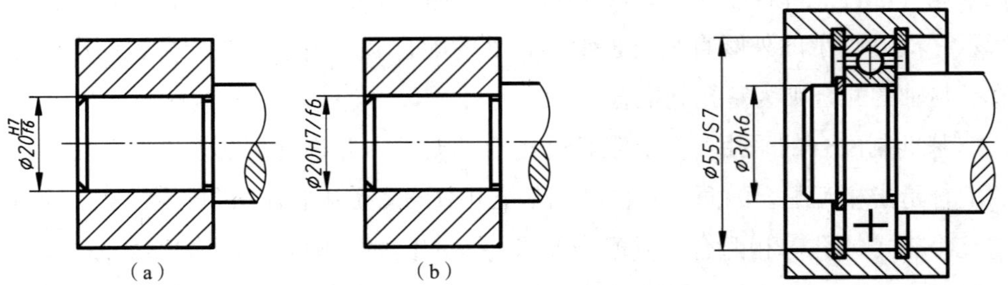

图 9-50　装配图中配合的标注（一）　　图 9-51　装配图中配合的标注（二）

当在装配图上标注相配合零件的极限偏差时，一般按图 9-52 的形式注出。

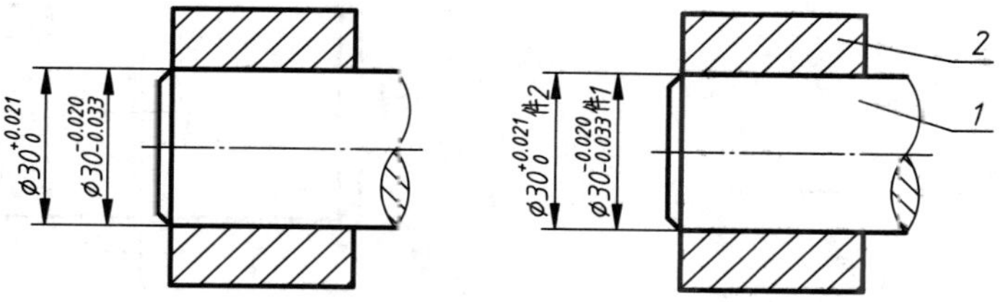

图 9–52　装配图中配合的标注（三）

（2）在零件图上的标注方法

在零件图上标注公差有三种形式：

①公称尺寸之后标注公差带代号，如图 9–53（a）所示，此时，公差带代号字高与公称尺寸字高相同，此种注法适用于大批量生产，便于与装配图对照；

②公称尺寸之后标注极限偏差数值，如图 9–53（b）所示，此种注法适用于单件、小批量生产，以便于加工、检验时对照；

③公称尺寸之后既标注公差带代号，又标注极限偏差数值，如图 9–53（c）所示，此时，在公差带代号之后注写极限偏差数值，且加上圆括号，此种注法适用于产量不定的情况，兼有前两种注法的优点。

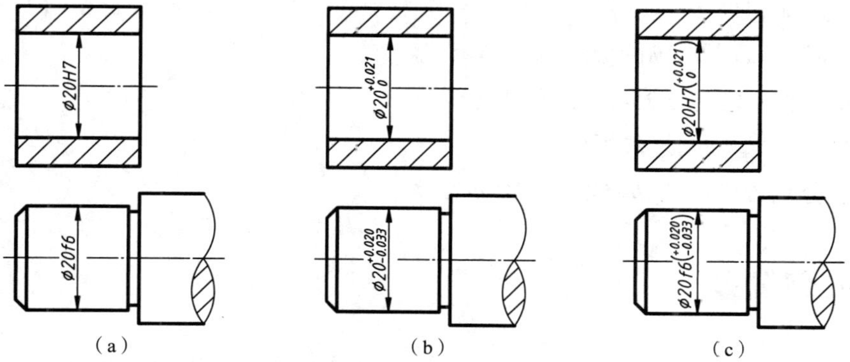

（a）　（b）　（c）

图 9–53　零件图中极限的标注

公称尺寸之后标注极限偏差数值时，上、下极限偏差绝对值若相同，则在公称尺寸之后标注"±"符号，只填写一个偏差数值，其数字高度与公称尺寸数字高度相同；上、下极限偏差绝对值不同时，上极限偏差标注在公称尺寸的右上方，下极限偏差应与公称尺寸标注在同一底线上，极限偏差数值字号比公称尺寸字号小一号，且上、下极限偏差的正负号必须标明，小数点对齐，小数点后右端的数值"0"一般不予注出，必要时可以补齐，某一极限偏差为"0"时，必须与另一极限偏差的个位数字对齐。上述几种标注情况如图 9–54 所示。

同一公称尺寸的表面具有不同的极限偏差要求时，应在图中用细实线分界，将分段界线标注清楚，各段分别标注极限偏差，如图 9–55 所示。

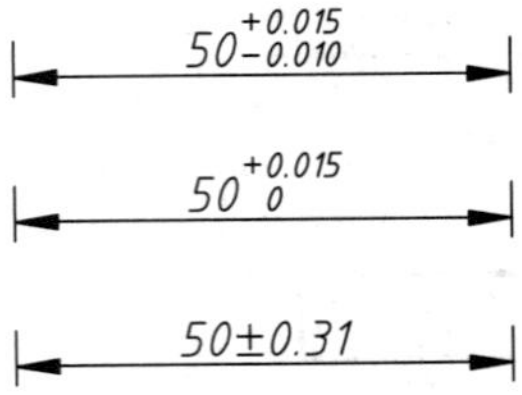

图 9–54 极限偏差标注的规则

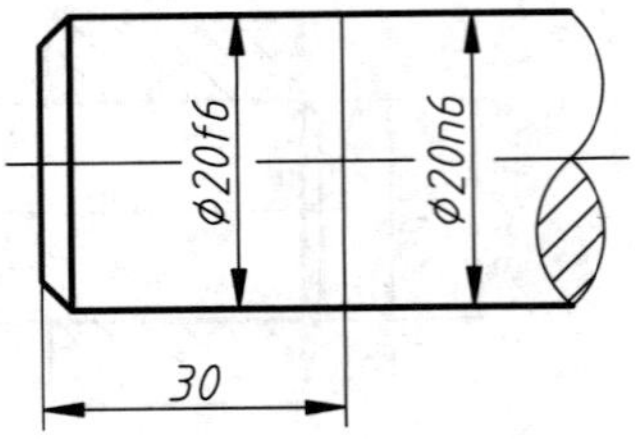

图 9–55 不同要求的极限标注

4. 极限偏差值的查表方法

根据轴和孔的公称尺寸、基本偏差和公差等级，可由附录中分别查得轴或孔优先及常用配合的极限偏差值。

例 9–1 查表确定 ϕ45H8/f7 的偏差值。

ϕ45H8/f7 为基孔制间隙配合。

ϕ45H8 查孔的极限偏差表，由公称尺寸大于 40~50 一行以及与公差带 H8 一列中查得 $^{+39}_{0}$ μm，但标注的单位必须是 mm，经换算后（1μm=1/1000mm）即得孔的极限偏差 $\phi 45^{+0.039}_{0}$。

ϕ45f7 查轴的极限偏差表，由公称尺寸大于 40~50 一行以及与公差带 f7 一列中查得$^{-25}_{-50}$ μm，经换算后即得轴的极限偏差 $\phi 45^{-0.025}_{-0.050}$。

例 9–2 查表确定 ϕ25P7/h6 的偏差值。

ϕ25P7/h6 为基轴制过盈配合。

由附表分别查得：孔 $\phi 25^{-0.014}_{-0.035}$，轴 $\phi 25^{0}_{-0.013}$。

9.5.3 几何公差

在零件的加工过程中，由于机床 – 夹具 – 刀具 – 工件所组成的工艺系统本身的制造、调整误差及受力变形、热变形、振动和磨损等影响，使加工后的零件不仅有尺寸误差，还不可避免地产生几何误差。几何误差包括形状误差、方向误差、位置误差和跳动误差。几何误差的大小是衡量产品质量的一项重要指标，为了满足零件装配后的功能要求，保证零件的互换性和经济性，必须对零件的几何误差加以限制，即对零件的几何要素规定相应的几何公差。

我国已经将几何公差标准化，可以根据要求参照 GB/T 1182—2008 等国家标准在零件图上标注相应的几何公差。这里只对常用的几何公差加以简介。

1. 几何公差的代号

国家标准 GB/T 1182—2008 规定用代号来标注几何公差。几何公差代号包括：几何公差几何特征符号、几何公差框格和指引线、几何公差数值和其他有关符号以及基准代号等。这些内容参见表 9-5、图 9-56 及相关说明。

表 9-5　几何公差特征及符号

公差类型	几何特征	符号	有无基准	公差类型	几何特征	符号	有无基准
形状公差	直线度	—	无	位置公差	位置度	⌖	有
	平面度	▱			同心度和同轴度	◎	
	圆度	○			对称度	⌯	
	圆柱度	⌭		跳动公差	圆跳动	↗	
方向公差	平行度	//	有		全跳动	⌰	
	垂直度	⊥		形状、方向、位置	线轮廓度	⌒	
	倾斜度	∠			面轮廓度	⌓	

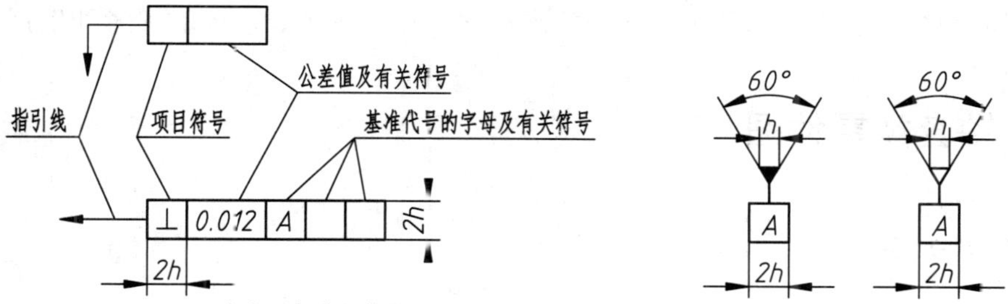

（a）几何公差代号　　（b）基准符号

图 9-56　几何公差框格和基准符号

2. 几何公差的标注

图 9-57 所示的气门阀杆零件图上标注几何公差的示例，可供标注时参考。

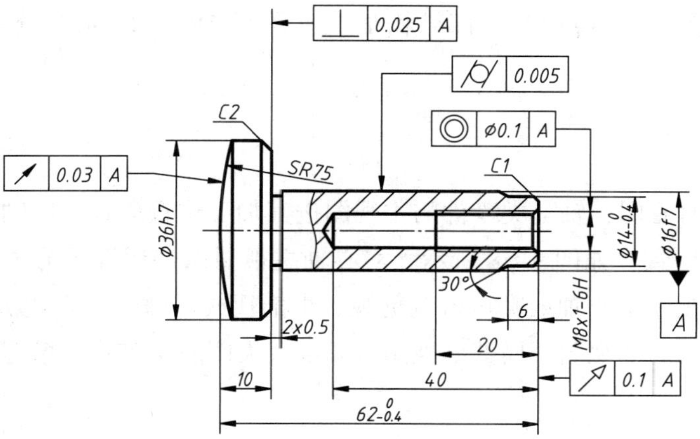

图 9-57　几何公差标注示例

从图中几何公差的标注可知：

（1）$SR75$ 的球面对于 $\phi16f7$ 轴线的圆跳动公差是 0.03；

（2）$\phi16f7$ 杆身的圆柱度公差是 0.005；

（3）M8 × 1-6H 的螺纹孔轴线对于 $\phi16f7$ 轴线的同轴度公差是 $\phi0.1$；

（4）右端面对于 $\phi16f7$ 轴线的圆跳动公差是 0.1；

（5）$\phi36h7$ 的右端面相对于 $\phi16f7$ 轴线的垂直度公差是 0.025。

9.6 典型零件的零件图分析

如前所述，按照零件的功能、结构特点、加工方法和视图特点综合考虑，可以将零件分类为轴套类、轮盘类、叉架类、箱壳类和其他类（如薄板弯制件、镶嵌件及注塑件等）。它们在视图表达、尺寸标注及技术要求方面虽有共同原则，但各有不同特点，通过对不同典型零件的零件图分析，从中找出规律，作为画图、读图的参考和依据。

9.6.1 轴套类零件图

1. 零件分析

轴套类零件分轴和套两种。轴的主要功能是安装、支撑传动件（如齿轮、链轮、带轮等），传递运动和动力。套类零件往往是安装在轴上或是其他零件的内孔中，起到定位、保护等作用。轴套类零件的主要结构是同轴回转体（圆柱体或圆锥体），轴向尺寸长，径向尺寸相对小，套类零件是空心的。根据需要，通常在不同轴段带有键槽、轴肩、螺纹、挡圈槽、退刀槽及端部的中心孔、倒角等局部结构。主要加工方法为车床车削和磨床磨削及局部结构加工。图 9-58 和图 9-59 分别为轴和套的零件图。

2. 表达方法

为便于加工时看图，轴套类零件的主视图按其加工位置放置，即轴线水平，与车削和磨削加工状态一致，如图 9-58 所示。实心轴主视图以外形视图为主，局部孔和槽等可采用小局部剖视（空心轴或套可取全剖视、半剖视或局部剖视表达）；其他视图一般采用移出断面图、局部视图、局部剖视图、局部放大图表达其孔、槽等局部结构和细小结构。

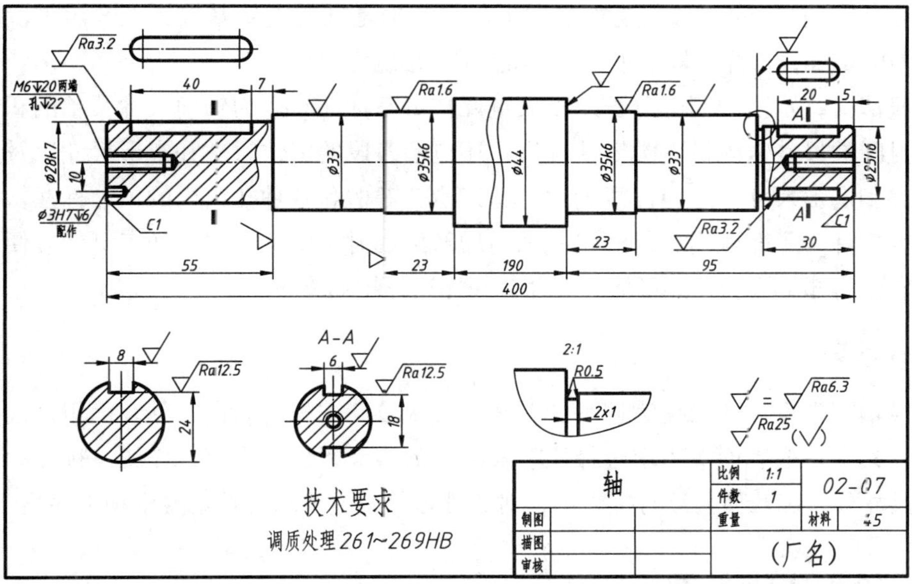

图 9-58　轴零件图

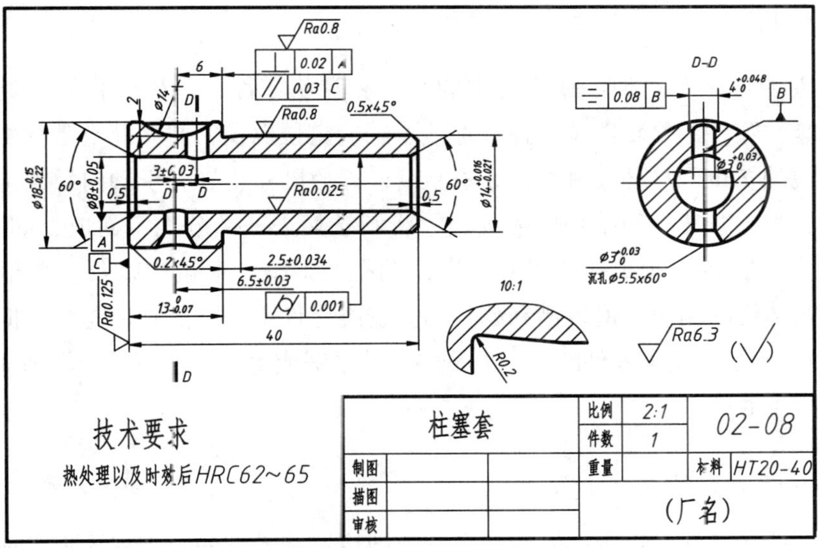

图 9-59　柱塞套零件图

3. 尺寸标注

轴套类零件一般都有两种尺寸基准，径向尺寸基准是轴线，轴向尺寸基准是重要端面、轴肩或加工面。按设计要求应直接标注功能尺寸，如图 9-58 中的 ϕ35k6、ϕ28k7、ϕ25h6 等和轴承、齿轮、带轮配合的径向尺寸，ϕ44 圆柱体的左、右轴肩，就是轴向尺寸的主要基准，由此注出长度尺寸 23、95 等保证装配定位的轴向尺寸。

图 9–59 中套筒的左端面是重要加工面，它也是轴向重要基准，$\phi 18^{-0.15}_{-0.22}$ 轴段的右端面则为辅助基准，标注轴段长度 $13^{\ 0}_{-0.07}$ 和上部凹槽的定位尺寸6。

一般情况，轴段中间部分长度不太重要，可不标注，作为轴向尺寸公差的积累，避免出现封闭的尺寸链。轴套类零件的尺寸还包括各段的定位尺寸和定形尺寸以及局部结构的定位和定形尺寸，还应注意倒角、退刀槽、键槽和各种孔结构的尺寸标注。当空心轴或套类零件为了兼顾内、外形状而采用局部剖视时，则从读图和加工测量方便的角度出发，应将内部结构和外部形体的尺寸分开标注并排列整齐。

4. 技术要求

一般轴套类零件表面均为切削加工面，要求较高的配合表面，其表面粗糙度数值直接注出，其余一般表面应力求选择比较经济性的表面粗糙度数值，作统一标注；需指定数值的尺寸公差和几何公差直接注出；对热处理等其他要求在技术要求项下注出。

9.6.2 轮盘类零件图

1. 零件分析

轮盘类零件常见有两种：圆形为主的圆轮和盘状零件、各种形状的盖类零件。圆形为主的轮盘类零件主要功能是支撑、连接、轴向定位以及密封。此类零件主体结构一般为同一轴线的多个圆柱体（和圆柱形孔腔），直径尺寸明显大于轴向尺寸（长度或厚度），有些零件根据安装和结构的需要，常将圆柱切去一部分加工而成，如图 9–60 所示。局部结构为安装用螺纹孔或光孔、定位销孔、键槽、弹簧槽以及润滑用油孔和油沟，还有工艺结构的倒角、退刀槽和越程槽。盖类零件不一定是圆形轮廓，但其结构相似，如图 9–61 所示。此类零件的加工方法多为铸、锻成毛坯后，再进行切削加工，切削加工以车、磨为主。

2. 表达方法

轮盘类零件一般都以过中心轴线的全剖视图或取旋转剖的全剖视图为主视图，轴线水平横放，如此使主视图与轮盘零件在车床和磨床上加工状态一致，便于加工看图；而盖类零件如不是回转体，则可按其形状特征或以工作位置原则选择主视图方向，一般也以主孔轴线位置取相应的剖视图，如图 9–61 所示。左视图（或左、右视图同时应用）作用是表达（均布的）孔（槽、沿）的分布（或形状）情况，也可以表达主体的形状特点，有时若需要右视图而不是左视图时，按照读图习惯常常把右视图作向视图处理，放在左视图的位置上，如图 9–61 所示。对于某些细小结构或两个主要视图表达不清楚的结构，需要一些局部视图、局部放大图以及断面图加以补充表达。

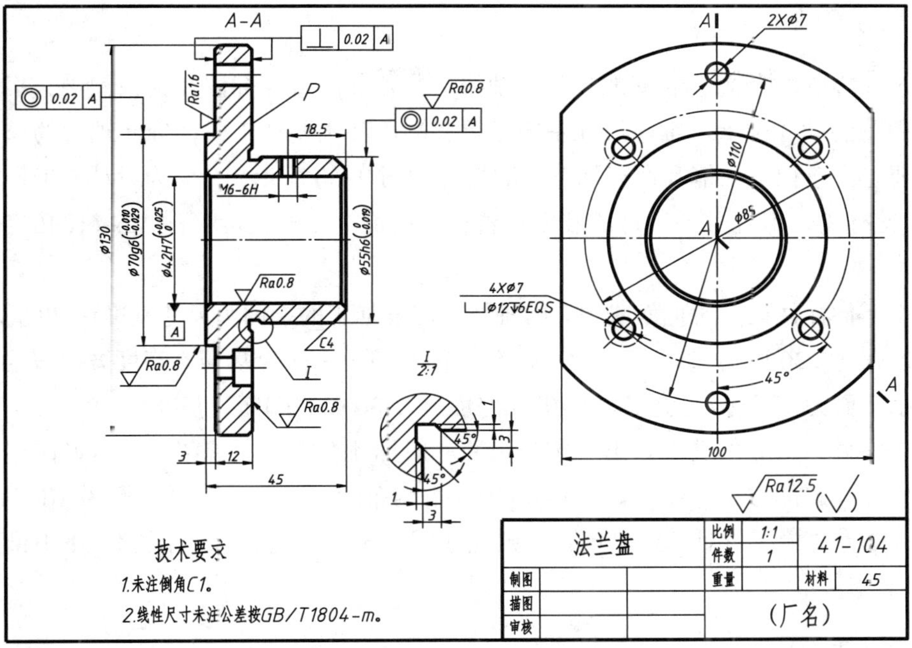

图 9–60　法兰盘零件图

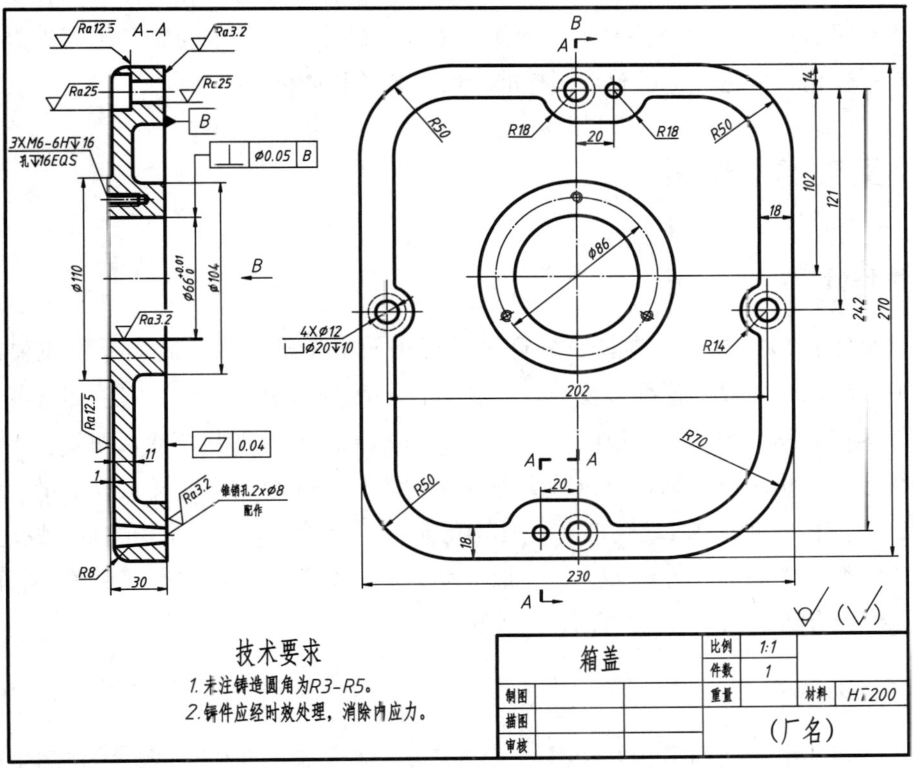

图 9–61　箱盖零件图

3. 尺寸标注

轮盘类零件的径向尺寸基准是其主轴线，各圆柱的直径标注在主视图中，不可注在左、右视图的同心圆上。轴向尺寸基准是重要端面和主要加工面，标注轴向的长度和厚度尺寸要有利于保证功能和便于加工、测量。如图 9–60 所示，*P* 面为设计基准，大盘厚度 12 由此标注，保证其他零件的装配位置；右端面为工艺基准标注 M6–6H 孔定位尺寸 18.5，便于控制和测量。

盖类零件往往取其对称面或主孔的轴线、需要加工的端面为尺寸基准。如图 9–61 所示，宽度尺寸 230 以通过主孔（$\phi 66^{+0.01}_{0}$ 孔）轴线的正平面为基准，高度方向以通过主孔轴线的水平面为基准标注定位尺寸 102，厚度尺寸 30 以右端面为基准。

对于零件上分布的孔的定形、定位尺寸一般标注在左、右视图中，尽量使用国标推荐的简化和注解的方法标注，如图 9–60 中 4 个均布的安装孔（$\phi 7$）及图 9–61 中 4 个安装孔（$\phi 12$）的标注。对于定位销孔，则应注明“装配时配作”，如图 9–61 中锥销孔的标注。

4. 技术要求

此类零件主要功能是支撑、定位和连接，故而圆柱表面与内孔表面有同轴度，大端面对轴线有垂直度等几何公差要求；表面粗糙度和尺寸公差要求与轴套类零件类似。轮类（齿轮、链轮、带轮等）还有常用标准结构参数的具体标注。

9.6.3 叉架类零件图

1. 零件分析

叉架类零件包括拨叉、连杆、杠杆等叉杆类及支架类零件。此类零件主要用在运动机构中，功能为操纵、连接或支撑。这类零件一般分为工作部分、安装部分和连接部分，如图 9–62 所示。因运动需要或空间限制，连接部分常有形状弯曲、扭斜，工作部分和安装部分亦形状多样、结构复杂，为保证零件既具有强度、刚度又减轻重量，多会有肋结构出现，其断面常为 L 形、T 形、H 形等形状，还会有凸台、凹坑、各种孔等常见结构。叉架类零件的加工方法多为铸、锻成坯，再经必要的机加工等多道工序，因此局部工艺结构会有铸造圆角、拔模斜度、倒角等。

2. 表达方法

叉架类零件由于结构形状复杂，加工工序多，工作状态变化，所以主视图主要考虑其工作位置和表示零件的形状结构特征的方向，便于加工者看图。一般需要两个或两个以上的基本视图，根据零件结构特征可能需要采用局部视图、斜视图和局部剖视图表达一些局部结构的内、外形状，用断面图表示杆、板、肋等断面形状，还可能用到断开缩短的简化画法。图 9–62 的主视图采用局部剖视，既表达了套筒的内形，又反映了肋的宽度；左视图着重表达叉、套筒的形状和弯杆的宽度；移出断面图表示弯杆的断面形状。

3. 尺寸标注

叉架类零件的形状不规则，通常以便于加工的原则选择基准，长、宽、高的主要基准为主要孔的轴线、中心线和安装基面等。如图 9–62 中，长度方向主要基准为套筒的左端面，标注螺纹孔（M10）长度方向的定位尺寸 15、套筒厚度 35 及零件总厚度 50 等尺寸；高度方向主要基准为套筒轴线，标注高度定位尺寸 $160^{0}_{-0.5}$、45 等尺寸；宽度方向主要基准为前后对称面，标注宽度方向各对称尺寸，如 26、8 等尺寸；功能尺寸直接标注，圆弧尺寸 $R38 \pm 0.025$、配合尺寸 $\phi 20N7$ 及 16b11、连接尺寸 M10 等直接标注。

标注尺寸时，要充分利用形体分析法标注出各部分的定形和定位尺寸，对由线段（圆弧、直线等）连接形成的轮廓曲线的标注做到不多、不少。

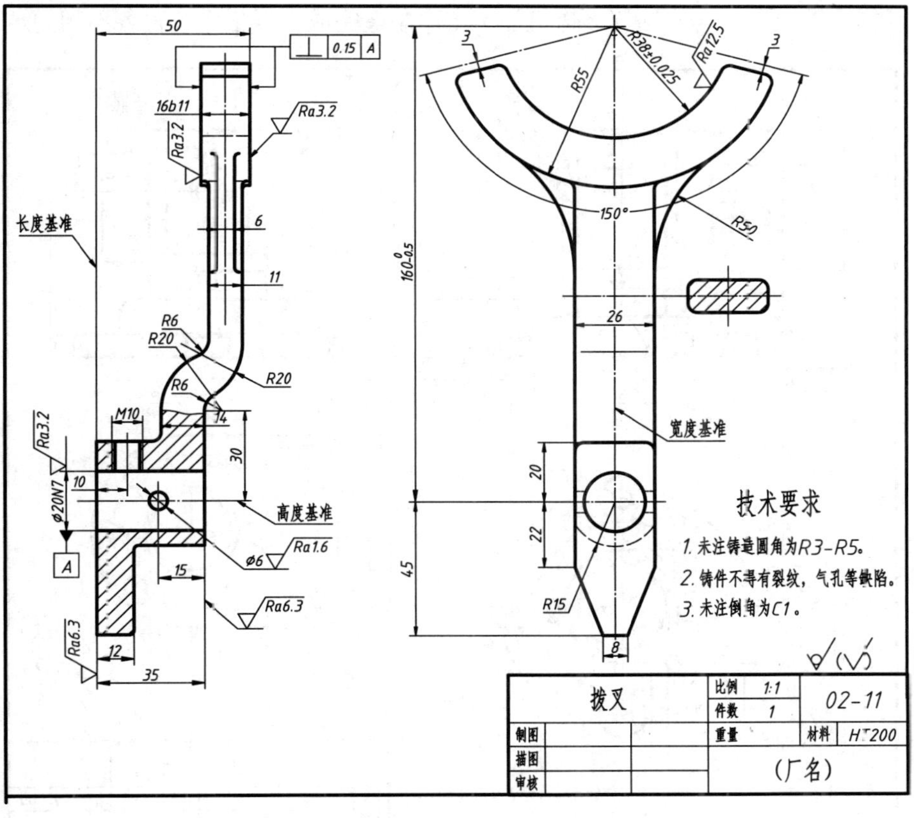

图 9–62　拨叉零件图

4. 技术要求

根据需要按规定标注即可。一般支架类零件的主要几何公差要求是主孔对底面的平行度要求和轴孔端面对孔轴线的垂直度要求，还有铸件的工艺要求（如铸造圆角等）。

9.6.4　箱壳类零件图

1. 零件分析

箱壳类零件是组成机器和部件的主要零件，分为箱体（形状主要为平面立体）、壳体（形状主要包含曲面立体）和座体（实心或空心的机座和底座），大多结构复杂、体积庞大。主要功能是包容、支撑、固定部件中其他零件，并作为部件基础与机架相连接。如图 9–63 所示，此类零件主体结构按功能需求不同差异很大，一般常包括较大的空腔体身、安装及支撑轴和轴承的轴孔、与机架相连的底板和与上盖相连的顶板或分体端面，局部结构会有肋板、凸台、凹坑、各种孔结构、定位或润滑用沟槽等。这类零件一般为铸造成坯后，经过刨、铣、镗、磨、钻等多道机加工工序制造完成，且工作位置各不相同。

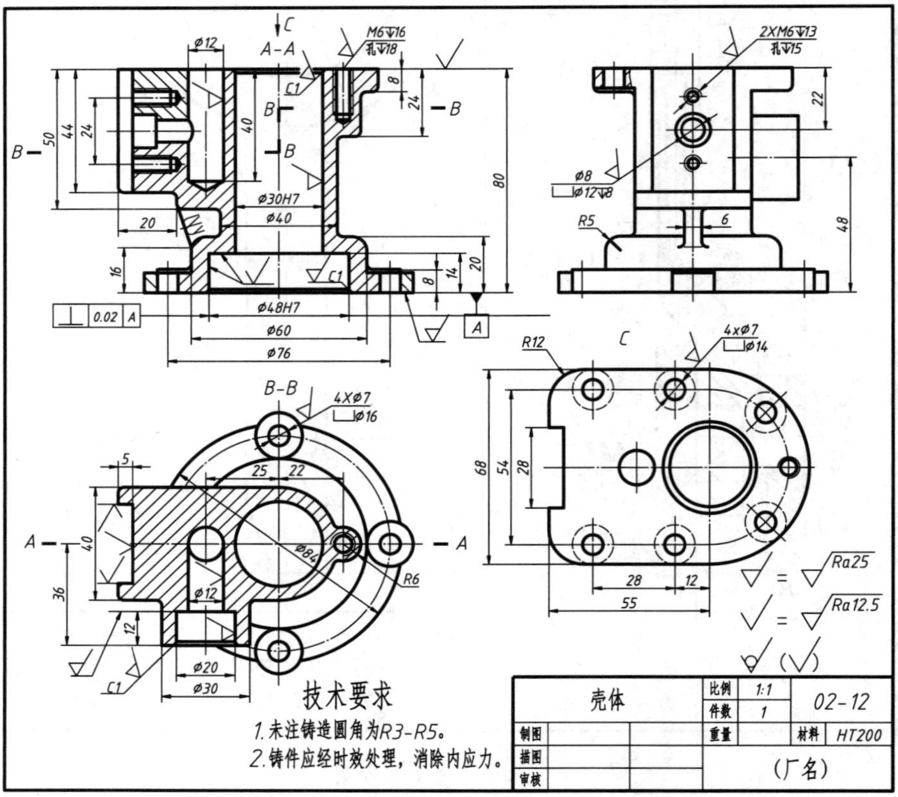

图 9–63　壳体零件图

2. 表达方法

由于箱壳类零件结构形状复杂，加工位置多样，通常按照工作位置和表示形状特征的方向选择主视图，一般需要三个及以上的基本视图来表达，并且需要综合运用各种表达方法。此类零件的包容功能决定了内腔的重要性，又因为往往存在内外相通的主体孔结构，所以主视图一般采用剖视画法（全剖、半剖或较大面积的局部剖视），兼顾内、外形的表达，往往需要对外形作视图、向视图处理，视图较多；为了把不同位置的孔完全剖切，常需要局部剖视、旋转剖视、阶梯剖、复合剖视表示，同时由内、外结构而产生的截交线、相贯线以及铸造表面形成的过渡线需要正确表达或简化画法；另外，一下细部结构需要局部放大图表达，为减少视图数量或辅助表达结构可以适当使用虚线。

图 9-63 中，采用三个基本视图（都采用剖视）和一个向视图表达零件的内、外形状结构。主视图采用单一剖切面获得全剖视图，表达内部结构；俯视图采用阶梯剖的全剖视图，同时表达内部和底板形状；采用局部剖的左视图和 C 向局部视图，主要表达外形和顶部分体安装端面的形状；对各个孔结构都予以剖视的表达。

3. 尺寸标注

箱壳类零件形状结构复杂，标注尺寸一定要使用形体分析法，先按照各部分的定形、定位尺寸标注，再考虑总体尺寸和合理标注的原则进行调整；还需要按设计要求直接标注功能尺寸。正确选择基准，一般长度、宽度方向基准选择通过主体孔（圆柱形状内腔）轴线的侧平面和正平面，高度基准通常是底面、分体安装端面。

图 9-63 中，以通过主体内腔和主孔（ϕ30H7）的正平面为基准，标注定形尺寸 36、40 以及上端面定形尺寸 68、28 和孔的定位尺寸 54；以通过内腔轴线的侧平面为基准，标注左侧进、出孔（ϕ12 孔）的定位尺寸 25；以内腔轴线为基准，标注主体结构的内、外定形尺寸 ϕ60、ϕ30H7、ϕ40、ϕ48H7 等尺寸；分别以底面和上端面为基准，标注各部分的定形、定位尺寸，如底板厚度 8、大直径内腔深度 14、左侧凸台定形尺寸 50、孔（ϕ8）定位尺寸 22 等尺寸。功能尺寸如内腔直径 ϕ30H7，进、出孔直径 ϕ12 等尺寸。

4. 技术要求

一般标注铸件相关技术要求（如铸造圆角、热处理等），机加工表面的表面粗糙度要求；底面和安装分体面的几何公差，如平面度、平行度以及安装孔的位置度公差等。

9.6.5 其他类零件图

除了上述常见四类零件外，还有一些电子通信、仪表工业中常见的薄板冲压零件、镶嵌零件和注塑零件等。下面简要介绍前两种的零件图表达特点，而注塑零件除了剖面符号采用非金属符号外，其余表达方法与一般零件相同。

1. 薄板冲压零件

在电信、仪表设备中，大多数的安装板、支架、罩壳等零件都是由板材用冲压和钣金工艺加工而成。这类零件一般不进行或少量进行切削加工，零件的折弯处一般有小圆角，以免冲压变形时断裂，零件的板面上有孔和槽口结构，一般都是通孔，这些只需要在反映圆的视图中画出，其他视图中只画出表示位置的中心线，如图 9-64 所示的支座零件图。

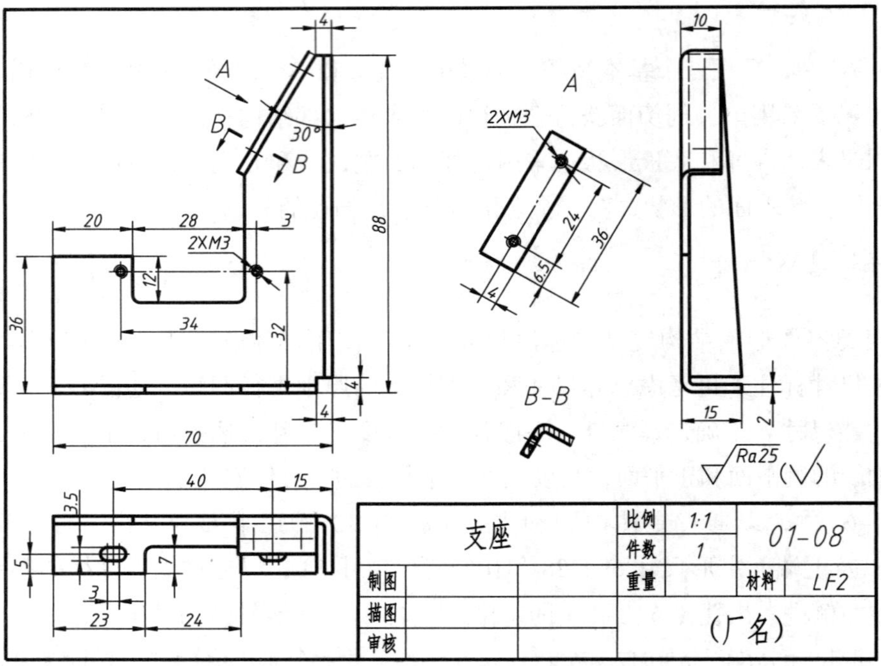

图 9-64　支座零件图

2. 镶嵌零件

这类零件把熔融的塑料压注在模具内，冷却后成形，或把金属材料与非金属材料镶嵌在一起成形，它们可以制成各种类型零件。因此，在视图表达和尺寸标注方面与前述相同。镶嵌零件是一个组件，零件图可按装配图编排零、部件序号，在明细栏内说明其组成零件的名称和材料等信息。注意注塑材料和镶嵌的金属材料在剖视图中剖面符号的区别和应用。图 9-65 是旋钮镶嵌零件的零件图。

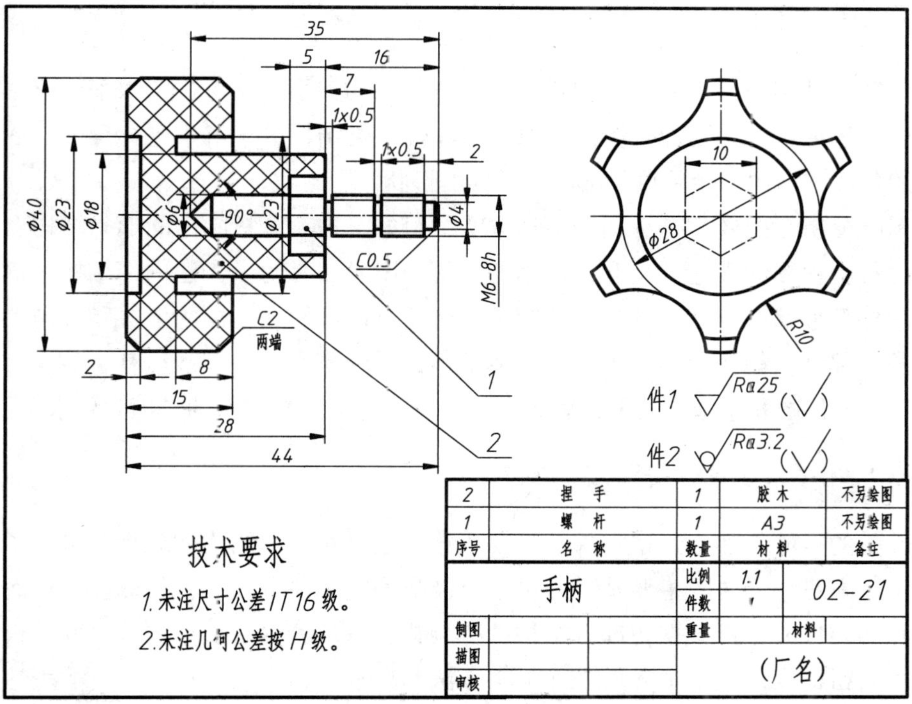

图 9–65　手柄零件图

9.7　读零件图

读零件图是和画零件图相反的过程，也是工程技术人员之间交流的必备能力。读零件图的目的是根据零件图提供的信息，想象出零件的形状结构，了解零件的尺寸和技术要求，以便在制造时制定和采用适当的加工方法，或者在此基础上进一步研究零件结构的合理性，以进行不断地改进和创新。

9.7.1　读零件图的方法和步骤

1. 概括了解

从标题栏里可以了解零件的名称、材料、比例和重量。从名称可以判断零件的种类，进而初步设想其可能的结构和功用，从比例和图形大小可估计零件的实际大小，从材料大致了解其加工方法。

2. 视图表达分析

先了解零件图中各个视图的配置以及视图之间的关系，从主视图入手，应用投影规律，结合形体分析法和线面分析法，以及对零件常见结构的了解来进行读图，逐个弄清楚零件的各部分结构，然后想象出整个零件的形状。

读图时分析绘图者每个视图和表达方法的目的，这对分析零件的形状结构有很大帮助，因为每个视图和表达都是有其作用的。剖视图必然是为了表达内部结构，普通视图必然表达外部形状，局部视图、向视图、斜视图可以从箭头给出的位置和方向看出其想要表达的局部结构等。读图要先分析主体结构，再读懂每一个细节。有时甚至可以把与其他相关的零件图联系起来读图，更容易搞清楚零件上每个结构的作用和要求。

3. 尺寸和技术要求分析

零件图的尺寸是加工制造零件的重要依据。通过对零件结构的分析，可以了解零件在长、宽、高三个方向的主要基准，再结合极限偏差标注和几何公差标注，从而找出主要尺寸和功能尺寸；再根据各部分结构的特点找出各部分的定形、定位尺寸。根据技术要求的表面粗糙度标注了解零件表面加工方法和要求，读懂其他技术要求的表达，进一步了解零件其他的结构和合理的加工方法、制造工艺等。

4. 综合归纳

最后，必须把零件的结构形状、尺寸标注和技术要求综合起来考虑，掌握零件的特点，以便在制造、加工时采取相应措施，保证零件的设计要求。不清楚的地方，必须查阅有关技术资料确认。如发现不合理或错误的地方，需协同有关部门及时解决，使其不断改进。

9.7.2 读零件图举例

读零件图，如图 9-66 所示的阀体零件图。

1. 概括了解

从标题栏信息可以知道零件名称是阀体，属于箱壳类零件，根据形状判断是球阀的阀体；材料为铸钢 ZG25，零件为铸造件；比例 1∶2，结合总体尺寸了解零件的大小；功能上应该是容纳球阀内部阀芯、阀杆、密封装置及密封材料等零件。

2. 视图表达

因为是箱壳类零件，视图较多，采用三个基本视图表达。主视图采用全剖视表示内部形状结构，有水平和铅锤两个方向的轴线及其系列孔、腔结构，各个孔、腔结构的位置和形状通过尺寸表达很明确；半剖视的左视图用以表达对称的方形凸缘（包括四个螺纹孔）和内部形状；再选用外形视图的俯视图，表达顶部 90° 限位凸块的形状和零件主体的外形。

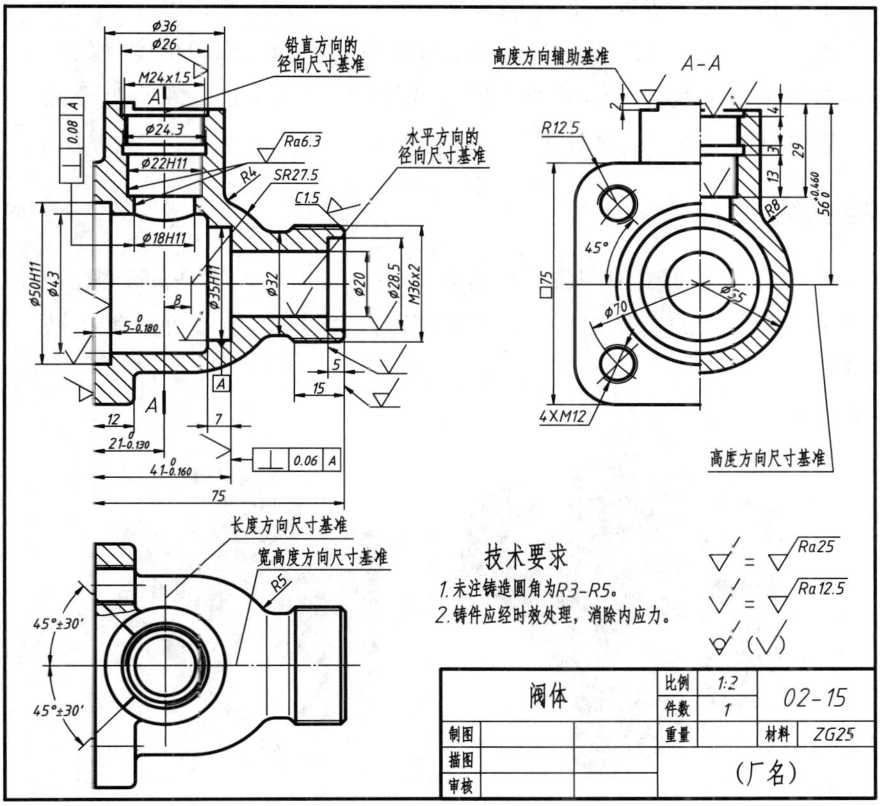

图 9-66　阀体零件图

如图 9-67 所示，通过读图和分析，基本可以读懂零件的内、外形结构。中部为圆柱体与半圆球体结合的主体，内部是沿轴线方向的各圆柱形内腔，用来安装阀体、密封圈等零件和流体通过的孔道；左侧相连接的是方形的凸缘，其上的螺纹孔用来与阀盖零件安装连接；右侧是圆柱形管道和小凸缘，带有外螺纹，可以与其他零件或管道安装连接；主体上部是圆柱形高凸台，内部是不同直径和深度的阶梯孔，用来安装阀杆、密封装置和密封材料等零件。

3. 尺寸和技术要求分析

此零件尺寸基准很明确，通过铅锤轴线的侧平面是长度方向主要基准，通过水平轴线的水平面是高度方向的主要基准，通过水平和铅锤两个方向轴线的正平面是宽度主要基准；而两条轴线又是各圆柱形孔、腔的径向尺寸基准；零件左、右两侧端面以及零件顶部端面又是标注部分尺寸的辅助基准。由各个基准出发标注各个部分的定形、定位尺寸；功能尺寸 ϕ20、M36 × 2 在图中直接标注；一些尺寸是与其他零件有配合关系的极限尺寸，如 ϕ50H11、ϕ35H11、ϕ18H11、ϕ22H11、$21_{-0.013}^{\ 0}$、$41_{-0.016}^{\ 0}$、$56_{\ 0}^{+0.460}$ 等尺寸。

技术要求分析主要是表面粗糙度的要求、几何公差要求和铸件工艺要求。外表面为铸造表面，铸造圆角给定 $R1 \sim R3$，其余加工表面具有不同表面粗糙度参数要求，几何公差主要是相对于水平轴线控制铅锤轴线和内部密封圈安装端面的垂直度要求，另外，在切削加工前需要对铸件进行时效处理。

4. 综合归纳

通过以上对零件图的读图和各方面分析，可以得出阀体零件的全貌，如图 9–67 所示，这是一个中等复杂的箱壳类零件，由毛坯铸件经过刨、镗、车、铣、钻、钳等多道工序而制成。

图 9–67　阀体立体图

第 10 章　装配图

表示机器或部件的图样称为装配图。装配图又分成表示整台机器的总装配图和表示部件的部件装配图。装配图表达了机器或部件的结构形状、装配关系、工作原理和技术要求等。

10.1　装配图的作用和内容

10.1.1　装配图的作用

装配图是了解机器或部件结构，分析其工作原理和功能的技术文件，也是制定工艺规程，进行机器装配、调整、检验、安装和维修的依据。

在产品设计时，一般先画出装配图草图，再根据装配草图完成零件设计并绘制零件图，最后再拼画出装配图。使用者也往往通过装配图了解机器或部件的性能、作用、原理和使用方法。

因此，装配图是表达设计思想，指导零（部）件装配和进行技术交流的重要技术文件。

10.1.2　装配图的内容

图 10–1 所示为机器润滑系统中常用的一种柱塞泵。图 10–2 所示为柱塞泵的装配图，由图可概括出装配图的内容如下。

1. 一组视图

视图使用各种恰当的表达方法，表达出组成机器或部件的所有零（组）件、机器或部件的工作原理和结构特点及各个组成零件的相互位置及装配和连接关系、与其他机座或部件的连接和安装关系、与工作原理有关的主要零件的结构和形状。

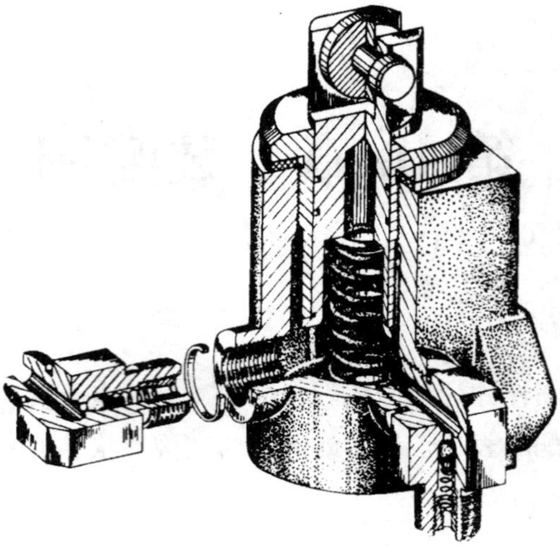

图 10–1 柱塞泵

2. 必要的尺寸

装配图中标注出的尺寸，需要反映机器或部件的规格、性能，零件之间的相对位置及装配关系，还有部件的外形及安装所需尺寸。

3. 技术要求

用文字或符号说明机器或部件的性能，在装配、安装、调试、检验、验收中应达到的要求和使用规则。

4. 零（组）、部件序号及明细栏

对各种零部件编写序号，并在明细栏中依次填写其相应的名称、图纸编号、数量、材料、规格等内容。

5. 标题栏

在图幅右下角填写部件或机器的名称、比例、图号及设计、审核人员签名等内容。

对于整机的总装图，其内容项目与部件装配图相同。不同之处在于它表示的是组成整机的各部件和它们之间的相对位置关系、安装关系，以及整机的工作原理。以此为目的，总装图的视图、尺寸、技术要求、序号和明细栏及标题栏的具体内容作相应的变化。

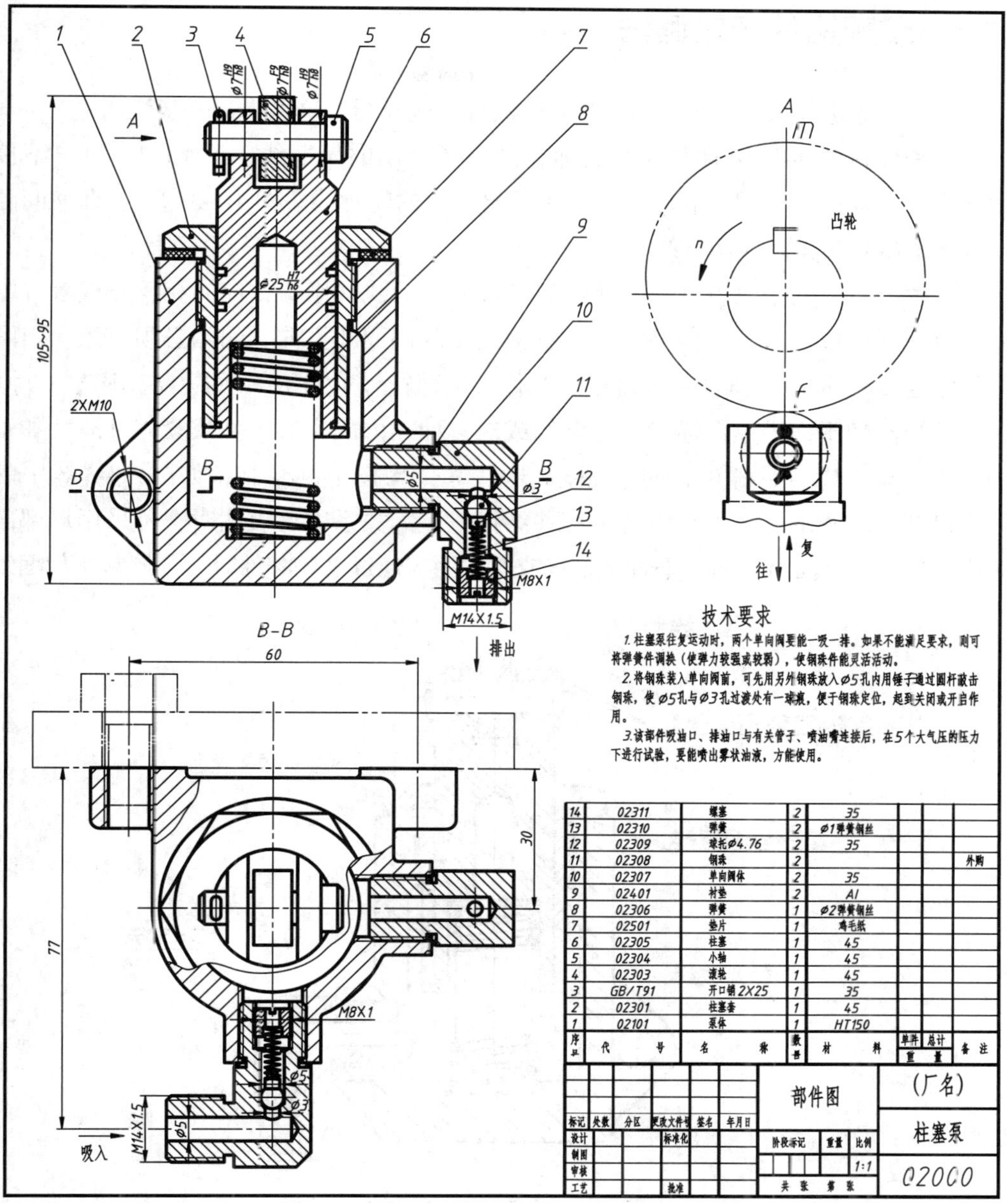

图 10–2　柱塞泵装配图

10.2　装配图的表达方法

在第 6 章关于机件的图样画法（如视图、剖视图、断面图等）既适用于零件图表达，也都适用于装配图的表达。本节介绍装配图特有的规定画法、特殊画法和简化画法。

10.2.1 装配图的规定画法

装配图的规定画法在第 8 章 8.2 节中已做过一些介绍，这里再进一步说明。

（1）相邻两零件的接触和配合表面，画一条公用的轮廓线（图 10-3 ①）；不接触和非配合（公称尺寸不同）表面，应分别画出各自的轮廓线（图 10-3 ②）。即使间隙很小，也必须将其夸大画成两条线。

（2）两个（或两个以上）相邻接金属零件的剖面线的倾斜方向应相反，或者方向相同但间隔不同，以示区分。同一零件在各视图中的剖面线方向、间隔必须一致。当图形中零件厚度≤ 2mm 时，剖切后允许以涂黑代替剖面符号［图 10-2 的衬垫（序号 9）］。

（3）当剖切平面沿纵向通过包括轴线或对称面在内的实心零件或紧固件时（如轴、手柄、键、销、螺钉、螺母、肋板等），这些零件均按不剖绘制，如图 10-3 ③中的小轴、开口销、球不剖开。如果零件上有些结构或装配关系需要表达时，可采用局部剖视的形式。当剖切平面沿横向（垂直于轴线或对称面）通过这些零件时，则照常画剖面线。

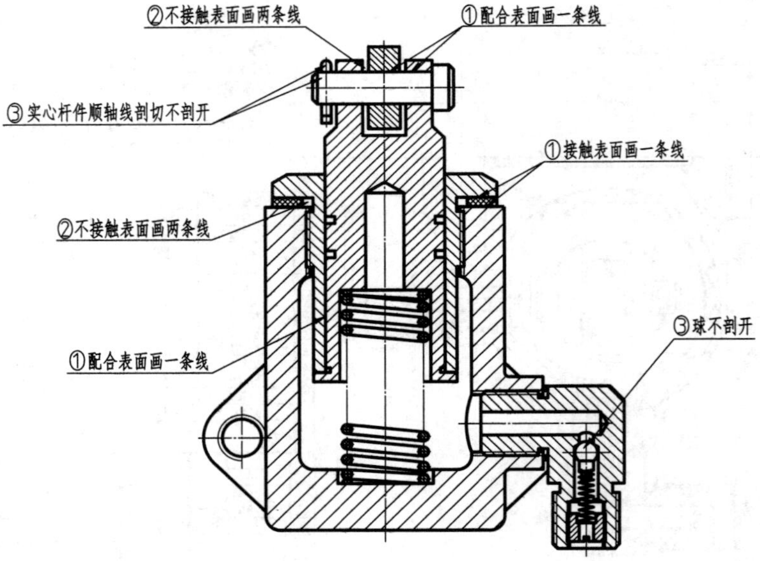

图 10-3　装配图的规定画法

10.2.2 装配图的特殊画法

1. 拆卸画法

在装配图中，当某些零件遮住了其他需要表达的零件或装配关系时，而这些零件又在其他视图中已经表达清楚了，可假想将某些零件拆卸后再绘制，并在视图上方加注

“拆去 ×× 等”，图 10–4 采用的是拆卸画法。但应注意不能随意动辄采用拆卸画法而影响对装配体整体形象和功能的表达。

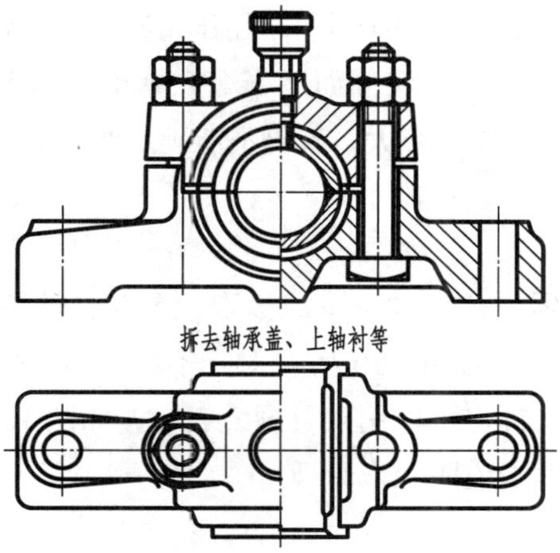

图 10–4 拆卸画法

2. 沿零件的结合面剖切画法

在装配图中，为了表达某些内部结构或装配关系，可假想沿零件的结合面剖切，画出相应的剖视图。如图 10–5 所示，转子泵的右视图 *A-A* 剖视图，是沿泵体和泵盖的结合面剖切并按箭头方向投射得到的。沿结合面剖切时，结合面上不画剖面线，被剖切断的零件画剖面线。

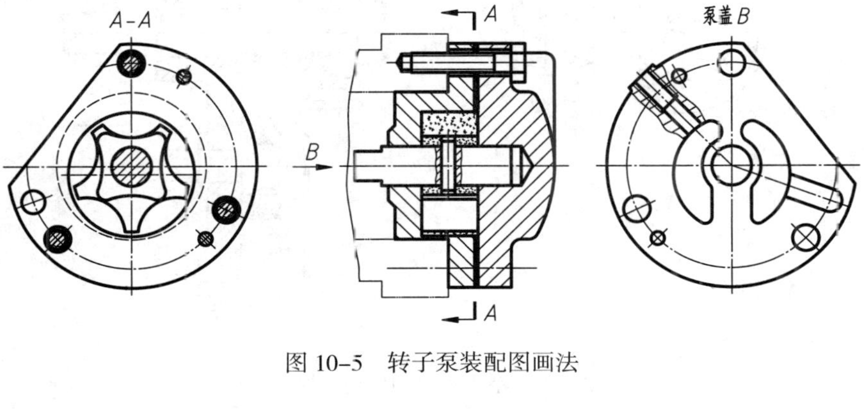

图 10–5 转子泵装配图画法

3. 单独表达某个零件画法

在装配图中，如果某个主要零件没有表达清楚，可以单独画出该零件的某个视图，但必须标注清楚该视图名称，在相应的视图附近标注清楚投射方向和图样的字母，如图 10–5 所示，单独画出了泵盖的 *B* 向视图。

4. 夸大画法

在装配图中，绘制的零件若是厚度很小的薄片，或具有直径很小的孔和小间隙以及较小的斜度和锥度等，如按实际尺寸画出不能清晰表达结构或造成图线密集难以区分。此时，允许把它们不按比例和真实尺寸而适当夸大画出，如图 10–5、图 10–7（a）所示的垫片（涂黑部分）的厚度就作了夸大。若仍不能满足要求需考虑用局部放大画法表达。

5. 假想画法

当需要表示某些运动零件的运动范围或极限位置时，该零件极限位置的轮廓线可用双点画线表示，如图 10–6 所示的手柄位置。对于不属于本部件，但与本部件有装配关系或连接关系的相邻零（部）件也可以用双点画线表示，如图 10–2 所示，用双点画线画出了凸轮、凸轮轴和键，有助于说明工作原理。

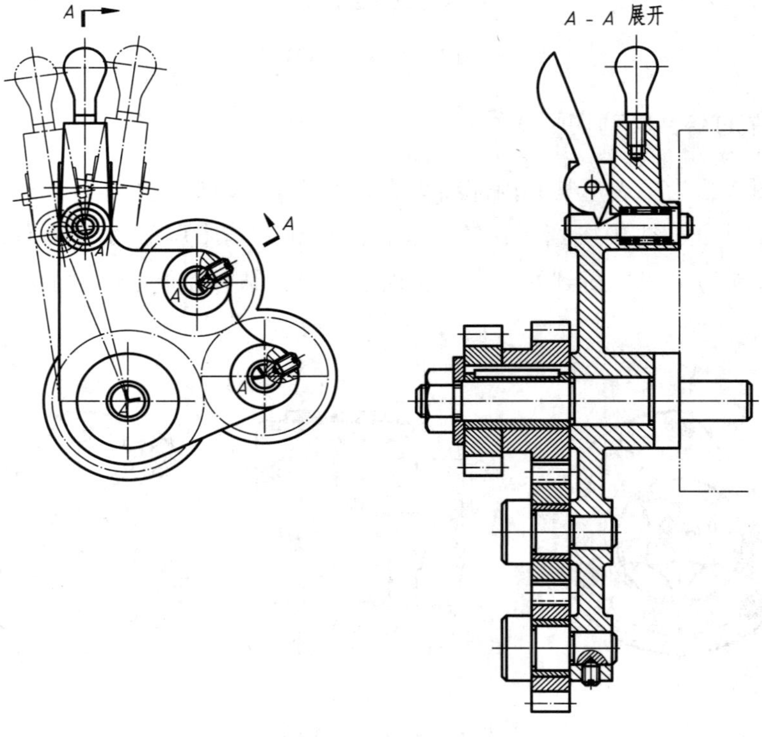

图 10–6　三星齿轮传动机构的展开画法

6. 展开画法

为了表示传动系统的传动路线和零件间的装配关系，可假想按照传动顺序沿着各轴线剖切，然后依次展开在同一平面上画出其剖视图，这种画法称为展开画法。用此画法时，必须在所得展开图上方标注“×–× 展开”字样。如图 10–6 所示，车床上三星齿轮传动机构采用展开画法。

10.2.3　装配图的简化画法

（1）在装配图中，零件的某些工艺结构（如倒角、圆角、凸台、凹坑、沟槽、滚花、刻线等）及其他细节可省略不画．如图 10–7（a）所示，轴肩的倒角、退刀槽等结构省略不画。

（2）在装配图中，当剖切平面通过某些标准产品的组合件，或该组合件已在其他视图上表示清楚时，可以只画出其外形图。如图 10–4 中的油杯和图 10–7（a）中的滚动轴承均可按简化画法绘制。

（3）在装配图中若干相同的零（组）件 、部件，可仅详细画出一处，其余只需用细点画线表示出其所在的装配位置即可，如图 10–7（a）所示螺钉和图 10–7（b）所示轴承座组的画法。

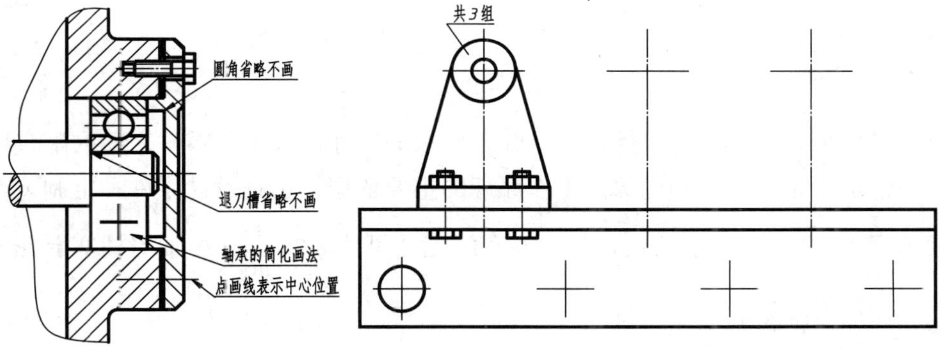

（a）　　　　　　　　　　　　（b）

图 10–7　装配图简化画法（一）

（4）在装配图中，装配关系已经表达清楚时，较大面积的剖切面可只沿着周边画出剖面符号或沿着周边涂色，如图 10–8（a）所示；在不至于引起误解的情况下，剖面符号可省略不画，如图 10–8（b）所示。

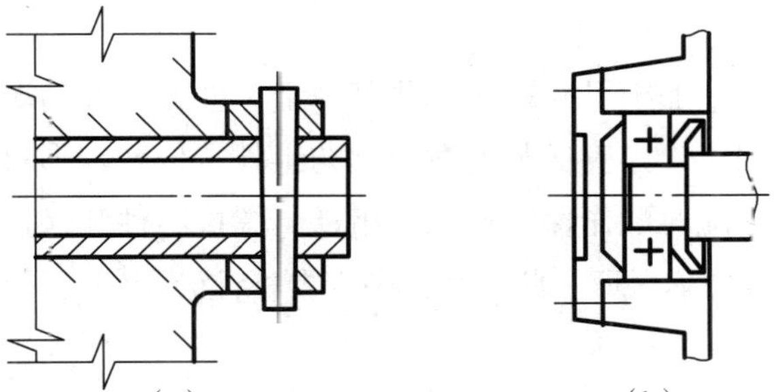

（a）　　　　　　　　　　　　（b）

图 10–8　装配图简化画法（二）

10.3 装配图中的尺寸标注和技术要求注写

10.3.1 装配图中的尺寸标注

装配图与零件图的作用不同，所以尺寸标注的目的和要求也不一样。零件图中必须标注零件的全部尺寸以确定零件大小和形状，进而保证其加工制造。在装配图中只需标注必要的尺寸，用以说明机器或部件的性能、各组成的装配关系、外轮廓大小及对外安装的情况即可。通常标注以下五类尺寸。

1. 性能（规格）尺寸

性能（规格）尺寸用以表明机器或部件的性能和规格的尺寸，它是设计和选用产品时的主要依据。如图 10–2 中柱塞泵的进、出油口的尺寸 $\phi 3$（在单向阀 10 内）决定了泵的流量。

2. 装配尺寸

（1）零件配合尺寸　是零件之间有配合要求的尺寸，表示了零件之间的配合性质和相对运动情况，是分析机器或部件工作原理的重要依据，也是设计零件和定制装配工艺的重要依据。如图 10–2 中的柱塞与柱塞套的配合尺寸 $\phi 25\dfrac{H7}{h6}$，小轴与柱塞上孔的配合尺寸 $\phi 7\dfrac{H9}{h8}$等均属此类。

（2）零件相对位置尺寸　是需要保证的相对位置尺寸，表示了零件或部件之间或它们与机座之间必须保证的相对位置尺寸，可以依靠制造某零件时保证，也可以在装配时靠调整获得。如图 10–2 中俯视图中泵整体和出油单向阀中心与机座（双点画线绘制）的相对位置尺寸 30 是靠泵体加工保证的；而进油单向阀与机座的相对位置尺寸 77 则需要靠装配时调整单向阀的安装情况和修刮泵体安装面和机座安装面得到，有时需要装配时靠增减垫片得到。

（3）零（组）件装配加工尺寸　是一些零（组）件的特殊情况，有些零（组）件装配在一起后才能进行加工，以确保装配在一起的组件定位或定形尺寸准确。如定位销孔的尺寸需与相关零件装配时配作保证；压接组件、焊接组件和铆接组件的定形尺寸需相关各部分装配一起后再加工保证。此时装配图上要标注装配加工尺寸。

3. 安装尺寸

安装尺寸表示部件之间或部件与机体之间，或机体与机座之间安装时所需的尺寸。

包括安装面大小，定位和紧固用的孔、槽的定形和定位尺寸。如图 10–2 中的泵体与机座（双点画线绘制）安装用的螺纹孔尺寸 2×M10 和孔的中心距尺寸 60，吸入、排出油单向阀端部的接口处安装油管用的螺纹尺寸 M14×1.5。

4. 外形尺寸

外形尺寸表示机器（或部件）的总长、总宽、总高尺寸，说明机器（或部件）所需空间，供安装、包装、运输时参考。当因部件中零件的运动而使某方向总体尺寸为变值时，应予以标明。如图 10–2 中柱塞泵的总高尺寸 105~95。

5. 其他重要尺寸

其他重要尺寸指设计中对产品的工作或主要零件的结构有重要影响的尺寸等。标注此类尺寸的目的在于确保零件上与部件实现其功能有直接关系的关键结构的大小和形状。如图 10–2 中的柱塞与柱塞套的配合尺寸 $\phi 25\frac{H7}{h6}$，表示了关键零件柱塞的规格。

上述各种尺寸并不是在每张装配图中一定都存在或彼此不关联，实际上某些尺寸往往同时兼备不同作用，应视具体情况而定。如图 10–2 中的柱塞与柱塞套的配合尺寸 $\phi 25\frac{H7}{h6}$，既是装配尺寸，又是其他重要尺寸。

10.3.2 装配图中的技术要求注写

除了图形中已用代号（如配合关系）表达的技术要求外，对机器（部件）在包装、运输、安装、调试以及使用过程中应满足和遵守的一些技术要求及注意事项等，通常用文字注写在标题栏、明细栏的上方或左边空白处。

10.4 装配图中的零（组）、部件序号和明细栏

在装配图中，应对所有零（组）、部件编写序号，并在明细栏中依据零（组）、部件的序号说明零件的名称、数量、材料等项。明细栏一般位于标题栏之上进行排列。

10.4.1 零（组）、部件序号

装配图中所有零（组）、部件必须编写序号。机械制图相关的国家标准规定：

（1）相同的零（组）、部件用一个序号，只标注一次，图中和明细栏中的序号必须

一致；

（2）序号注写在指引线的水平线上、圆内或端部附近，序号文字比该图尺寸数字大一号或两号，如图 10–9（a）所示；

（3）指引线自所指零（组）、部件的可见轮廓内引出，并在起始端画一圆点，如图 10–9（a）所示，若所指部分很薄，不宜画圆点时，可用箭头指向所指部分的轮廓，如图 10–9（b）所示；

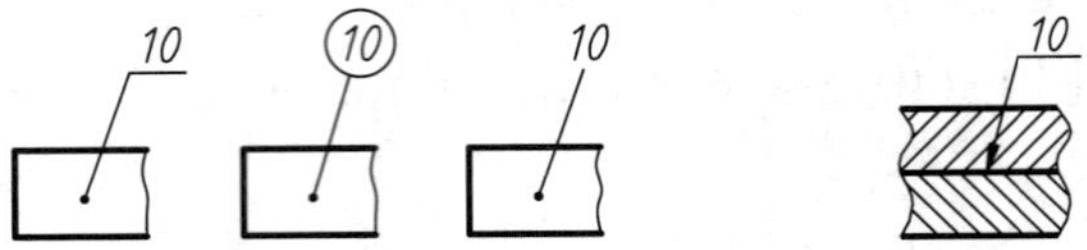

（a）　　（b）

图 10–9　序号的标注方式

（4）指引线可以画成折线，但只可曲折一次，且指引线相互不能相交，通过剖面线区域时，不能与剖面线平行；

（5）一组紧固件或装配关系清楚的零件组或部件，可以采用公共指引线，如图 10–10 所示；

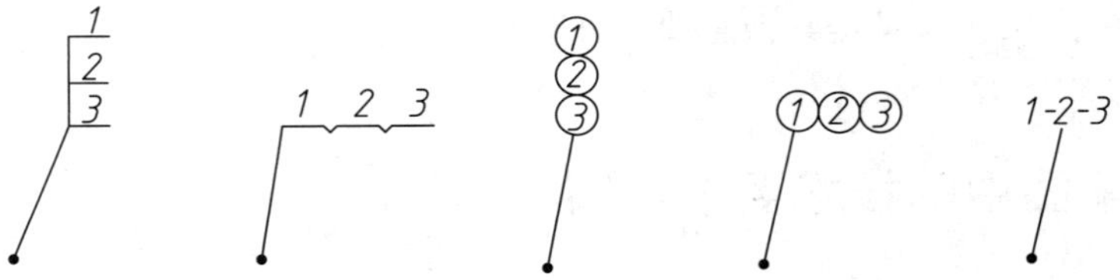

图 10–10　公共指引线的标注方式

（6）序号排列应按顺时针或逆时针方向在水平或垂直方向顺次排列整齐，优先采用不分视图的全图统一顺序排列，如图 10–2 所示，若无法连续，可只在每个水平和垂直方向顺次排列。

为确保无遗漏地顺序排列，可先引出指引线，画出末端的水平线或小圆，检查无误了，再统一写序号，最后填写明细栏。

10.4.2　明细栏

明细栏是全部零（组）、部件的详细目录，包括序号、代号、名称、数量、材料、重量、备注等内容，如图 10–2 所示的明细栏。

（1）明细栏中所填写的序号即是装配图中所编零（组）、部件序号，序号自下而上顺序填写。若一列延伸位置不够，可紧靠标题栏的左边自下而上延续，甚至延续多列。

（2）代号栏应填写各组成部分的代号，对于标准件和外购件应填写其对应的规定标记和产品代号。

（3）名称栏中，如是标准件除注写名称外，还应注写公称尺寸与规格。如“螺母 M12”“键 8×40”。

明细栏内容和形式国家标准已有规定，学习时可参考图 1–4 所示格式。标准中也规定“可按实际需要增加或减少”。

当装配图中不能在标题栏上方配置明细栏时，可作为装配图的续页按 A4 幅面单独给出。其顺序由上而下延伸，还可以连续加页，但应在明细栏下方配置与相应装配图完全相同的标题栏。

10.5 装配结构的合理性简介

在设计机器或部件和绘制其装配图的过程中，为保证机器或部件的性能要求以及零件加工和装配、拆卸的方便，应该考虑装配结构的合理性。下面仅就常见的装配结构问题做一些介绍，以供画装配图时参考。

1. 两个零件接触面的数量

两个零件接触时，在同一方向接触面最好只有一组，避免两组面同时接触，否则就要提高接触面处的尺寸精度，增加加工成本，如图 10–11 所示。

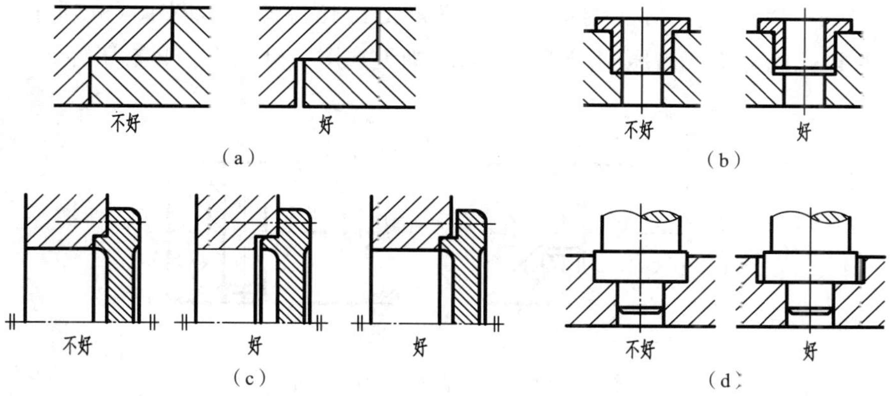

图 10–11 装配结构合理性（一）

2. 两零件接触处的结构

轴与孔的端面接触时，在孔边要倒角或轴根要切槽，或两者俱做，以保证两端面能紧密接触，如图 10–12 所示。

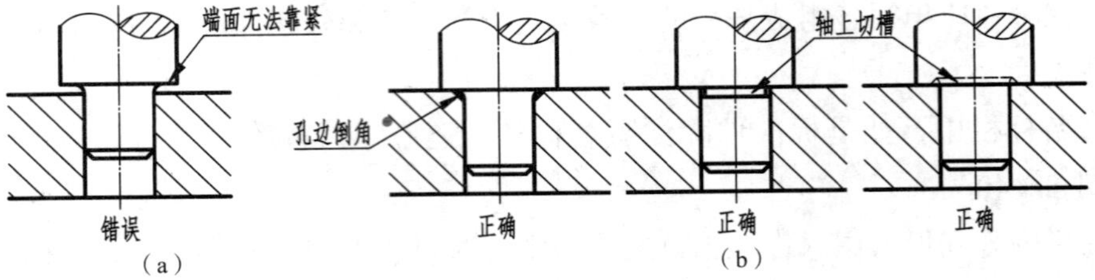

图 10–12　装配结构合理性（二）

3. 考虑维修、安装、拆卸的方便

很多零件在机器或部件维修时，需要拆卸和再次安装，应注意考虑其方便性。

（1）螺纹紧固件的安装、拆卸方便　安排螺纹紧固件的位置和空间时，要考虑装拆时扳手的活动和放入紧固件的空间，如图 10–13 所示。

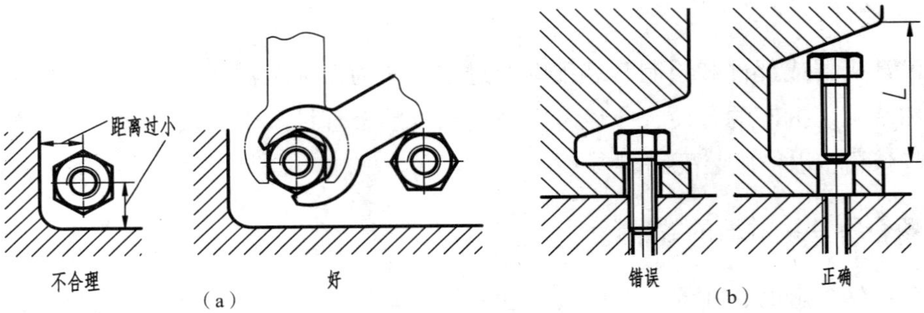

图 10–13　装配结构合理性（三）

（2）销的拆卸方便　可能的情况下，最好把销孔打通，如图 10–14 所示。若不打通，安装时盲孔内有空气被压缩闷死，拆卸时则无法用工具顶出，装拆不便。

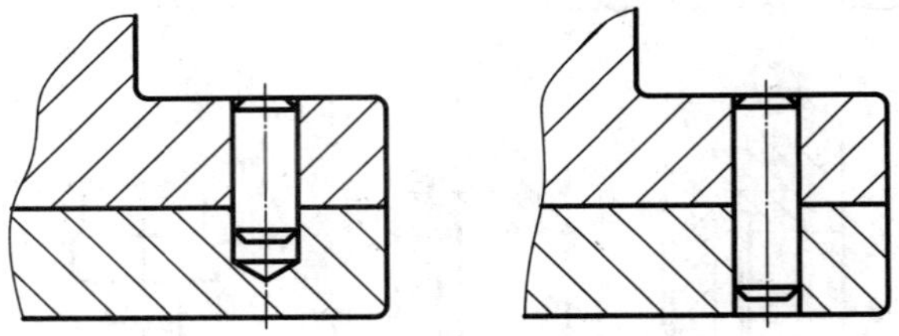

（a）不好　　（b）好

图 10–14　装配结构合理性（四）

（3）滚动轴承安装后的拆卸　在箱体孔及轴上安装滚动轴承，与外圈结合的箱体孔径及与内圈结合的轴肩直径应取适合的尺寸，以便于轴承的拆卸，如图 10–15 所示。

4. 防松装置

为了防止紧固件因机器或部件在工作时受振动或冲击而逐渐松退，以至影响工作性能甚至造成事故，常采用一些防松装置，如图 10-16 所示。

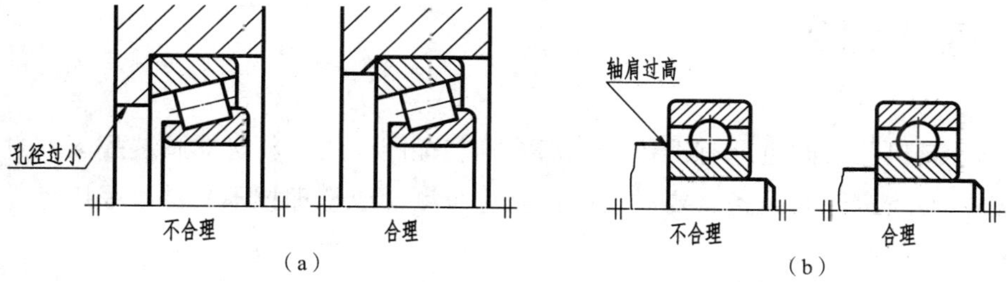

图 10-15　装配结构合理性（五）

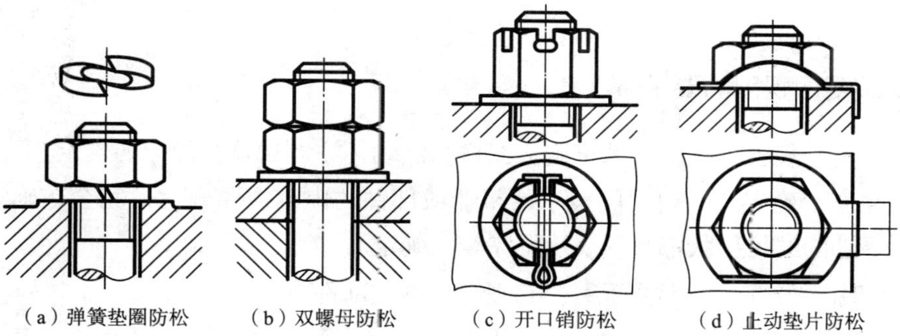

图 10-16　防松装置

5. 密封装置的结构

在一些部件或机器中，常需要密封装置，以防止液体外流或灰尘进入。如图 10-17（a）所示的密封装置是用在泵和阀上常见的填料密封结构；为保证密封要求和机器正常运转，应采用图 10-17（b）所示的毡圈密封结构；管道连接采用法兰密封、如图 10-17（c）所示的橡胶圈密封等。

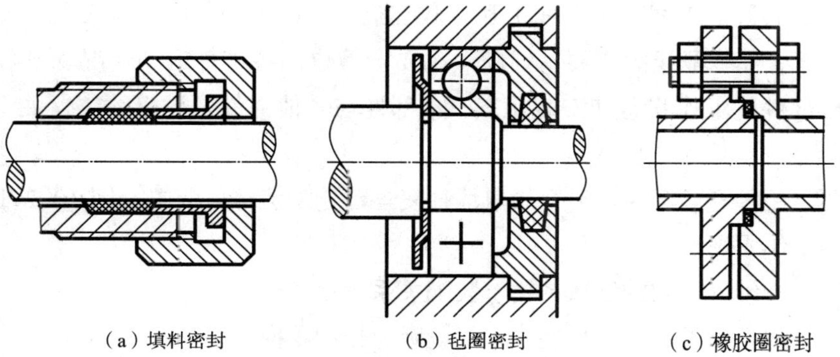

图 10-17　密封装置

10.6 画装配图

在设计新机器或改进原有设备时，都要画装配图。设计新机器画装配图的过程就是设计过程；而改进原有设备需要对已有机器进行测绘或整理技术文件，是用零件图“拼画”装配图。

10.6.1 装配图的视图选择

1. 对装配图视图的要求

（1）正确、规范　投影关系正确，图样画法和标注方法符合国标的规定。

（2）完全、确定　一组视图表示的机器或部件的内容需要表达得完全、确定，但并不是所有零件的结构形状都必须表示得完全、确定。

（3）清晰、合理　图形便于阅读和理解机器或部件。

（4）方便、简洁　图形应便于绘制和尺寸标注，装配图不同于零件图，表示目的是整个机器或部件的构成和工作原理。

2. 视图选择的步骤和方法

以柱塞泵（图 10–2）为例说明。

（1）部件分析

分析部件的功能、组成，各零件的相互位置、连接、装配关系，各零件的作用，部件中有几条装配线（为实现某一局部功能或动作装配在一起的一串零件，且大多情况下这串零件具有共同的轴线或中心线）和零散装配点（以单一装配关系装配在一起的极少数零件）。分清各装配线的主要、辅助（次要）地位，各零件运动情况和部件主要工作原理。分析部件的工作状态和安装状态，本部件与其他部件及机座的位置关系，安装、固定方式。

柱塞泵是一种利用圆柱形活塞做直线往复运动输送流体的装置。图 10–2 中已经显示了其功能和工作原理。

再进一步详细分析它的细致结构、装配关系、动作过程。

此泵共有四条装配线，即柱塞，小轮，吸、排油单向阀。

柱塞装配过程是先将件 8 弹簧装入件 1 泵体底部的凹坑中，将件 7 垫片放在泵体顶面，再将件 6 柱塞由下端装入件 2 柱塞套内。通过柱塞套上外螺纹和泵体上口处内螺纹旋合入泵体内，压紧垫片在柱塞套和泵体之间用来防漏，此时弹簧也受到一定预紧压缩。$\phi 25\frac{H7}{h6}$是柱塞与柱塞套的配合尺寸，表明它们之间的配合为间隙配合，以确保柱塞在柱塞套内上下滑动自如。这一装配最主要，是装配主干线。

小轮装配是在柱塞上端槽内装入件 4 小轮，并穿入件 5 小轴，插上件 3 开口销以防小轴脱出。小轴与小轮及柱塞孔的配合分别为 $\phi 7\frac{H9}{h8}$和 $\phi 7\frac{F9}{h8}$，都是间隙配合，而小轴与小轮配合较松，有利于小轮在小轴上转动。这一装配线零件较少，比较简单。

吸、排油单向阀结构一样，只是安装方向相反。它的装配是在件 10 单向阀体内依次装入件 11 钢珠、件 12 球托、件 13 弹簧，再旋入件 14 螺塞固定，最后再将单向阀装入泵体上的 M14 × 1.5 的螺孔内。此时应注意单向阀是以钢珠球面压着 $\phi 3$ 孔口单方向堵塞通路的，流体只能顶开钢珠单方向通过。因此，柱塞泵吸、排油口的单向阀结构虽然完全相同，与泵体的安装连接方法不同，千万不可装错，图 10–2 所示的安装才能得到图示的流向。件 9 衬垫材料为铝，材质较软，便于单向阀与泵体连接处的密封。这两处装配线零件不多，但决定了流体流动方向。

了解装配关系后，运动和工作原理即可分析清楚。件 8 弹簧安装后预紧受压而将柱塞顶起，柱塞下端边缘处被柱塞套阻挡，柱塞此时连同小轮处于图示的最高点。此时小轮与凸轮的最小半径处 f 点接触（见 A 向视图），泵体内腔容积最大；当凸轮旋转 180° 后，其最大半径处 m 点的凸轮柱面将小轮连同柱塞、弹簧压到最低点，泵体内腔流体受压经出口的单向阀排出。当凸轮旋转 180° ，柱塞又回到最高点，泵体内腔形成低压，将流体由入口处单向阀吸入泵体内，完成一个往复周期。凸轮不停旋转，柱塞泵即可连续输送流体。

从装配关系、运动和工作原理的部件分析可知四条装配线的重要性，还有泵体后面安装板及进、出口单向阀三处的部件对外安装关系。

以上这些分析都是表达的重点和关键之处。

（2）选择主视图

主视图应能反映部件的工作状态或安装状态，反映部件的整体形状特征，能表示主装配线零件的装配关系，表示部件主要的工作原理，表示较多零件的装配关系。主视图应尽可能满足这些内容，对机器或部件全貌进行表达，为形成其他视图奠定基础，若是部件装配图应便于与总装图对照阅读。

以上述原则和内容，分析柱塞泵主视图的选择。主视图采用全剖视图表达了大部分零件的装配和工作情况，同时表达了主要零件的结构形状；对四条装配线中的三条予以充分表达，其中包括柱塞主装配线；多数零件的装配关系明确表达。做到了表示对象信息量最多的视图——主视图。

（3）选择其他视图

主视图不能表达的内容（其他装配线、零散装配点、工作原理、对外安装关系、必要零件的结构和形状等），应选用其他视图（基本视图、辅助视图）补充，达到对部件表示的完全、确定。

主视图由于柱塞泵结构特点无法表达进口处的装配线，利用局部剖视的俯视图 *B–B* 剖视图充分表达了进口处单向阀的装配线情况及安装方向；同时俯视图显示了主要零件形状特征（如泵体形状，柱塞套外形，小轮与小轴所处的位置，进、出口的角度和位置等）；另外，结合主视图安装孔，更详细表达对外安装结构和尺寸。*A* 向局部视图利用假想画法表达了原动机械（凸轮）和泵小轮的传动情况和工作原理，表达方法简洁明了。

（4）检查、比较、调整、修改

检查零件是否表示完全，对照所有装配线和零散装配点，检查零件的位置和装配关系是否完全、确定，工作原理是否表示清楚以及相关零件关键结构和形状是否确定，有无其他表达方案进行比较，投影关系和画法是否正确和规范，修改错误和问题，确定最终视图和表达方案。

对柱塞泵的几个视图表达检查，对照所有装配线和安装关系、位置关系、工作原理及主要零件结构形状的表达，最后形成图 10–2 所示的视图表达方案。

10.6.2　画装配图的方法

画装配图按画图的顺序主要有两种方法。

1. 由外向内

先将起支撑和包容作用、体量较大、结构较复杂的壳体、箱体或支架类零件画出来，再按照装配线和装配关系逐个“由外向内”依次画出其他零件。此种方法的优点是画图过程与机器或部件装配过程类似，利于空间想象。

这种画图方法多用于根据已有零件图“组装”“拼画”装配图，是对已有机器或部件进行测绘和整理其技术文件。当需要首先设计出支撑和包容作用的箱壳、支架零件时，也宜于使用此方法设计绘图。

2. 由内向外

从各装配线的核心零件开始，“由内向外”按照装配关系逐层扩展画出各个零件，最后画外壳、箱体等支撑和包容零件。此种方法的优点是画图过程修改被遮挡的轮廓线较少，有利于提高绘图效率和清洁图面。

这种画图方法与大多数设计过程是一致的，在设计新机器或部件时多采用。当大部分零件图已有，且装配关系明确，同一装配线上以某一核心零件为基础，其他零件装配较多，装配图需要剖视表达，此时，也宜于采用此方法“组画”装配图。

两种画法不是绝对独立采用的，有时根据部件结构特点交叉运用两种方法画图，具体采用哪一种方法画装配图，应视具体情况而定。

两种画法都可以先画出装配草图，确定无误后再由草图抄画装配图、工作图。

10.6.3　画装配图的注意事项

（1）当部件中某些零件位置可变，具有不同状态时，在装配图中应根据部件工作要求画成工作状态或有调整余地的中间状态。如图 10–18（a）所示，填料密封结构中，填料压盖与阀盖间留有间隙，若填料磨损，密封效果不佳时尚可调整的状态，是正确画法。而图 10–18（b）所示的是调整到“尽头”的状态，是错误画法。

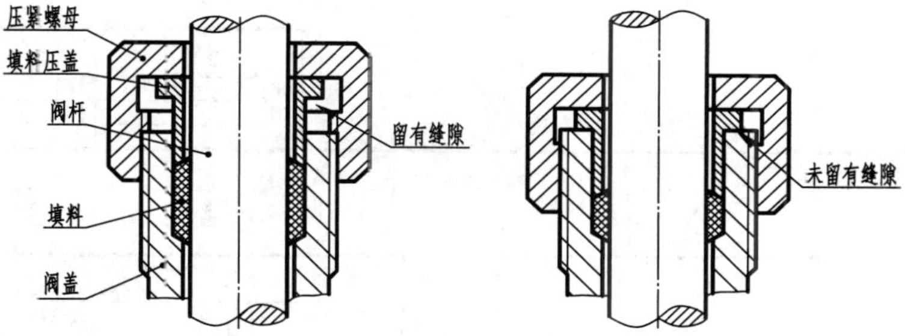

（a）正确　　（b）错误

图 10–18　填料密封结构

（2）装配线上零件较多，互相关联、影响，往往会出现“一错都错”的连锁反应。在画装配图时，要一边画一边检查装配关系、投影关系和图样画法等方面有无错误，发现问题，要及时修正。

（3）当各个视图所表示的装配线间相互关系不大时，亦可采用集中精力画完一个视图再画另一个视图的方法，而不必拘泥于“同时进行”。

（4）当进行机器或部件测绘时，在拆卸装配体的同时应画装配示意图，并辅以文字说明，以记录装配关系，为后面画装配图提供依据，图 10–20 所示的是铣刀头的装配示意图。

10.6.4　画装配图的步骤

以第二种方法为例，由已有零件图画装配图。以图 10–22 所示的铣刀头为例说明画装配图的步骤和方法。铣刀头的主要零件为轴（图 9–58）、端盖、皮带轮、座体、调整环等，零件图如图 10–19（a）~（d）所示。

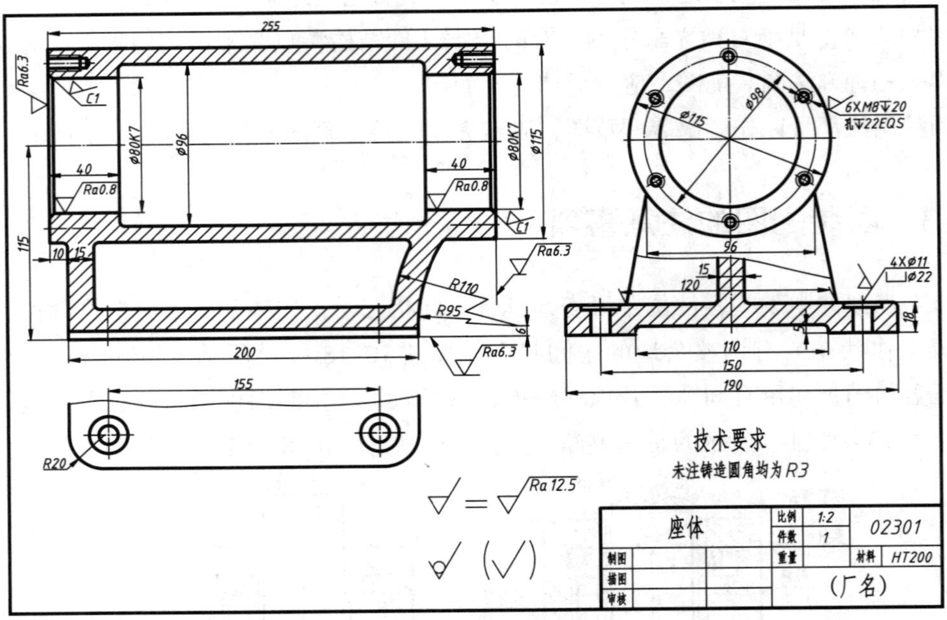

（a）座体零件图

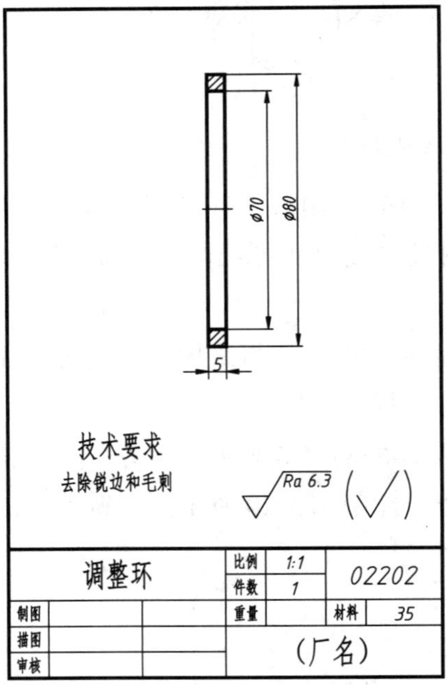

（b）调整环零件图

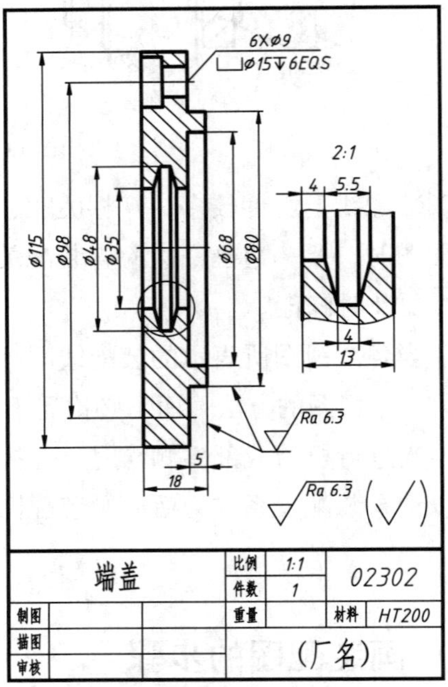

（c）端盖零件图

图 10–19　铣刀头主要零件图

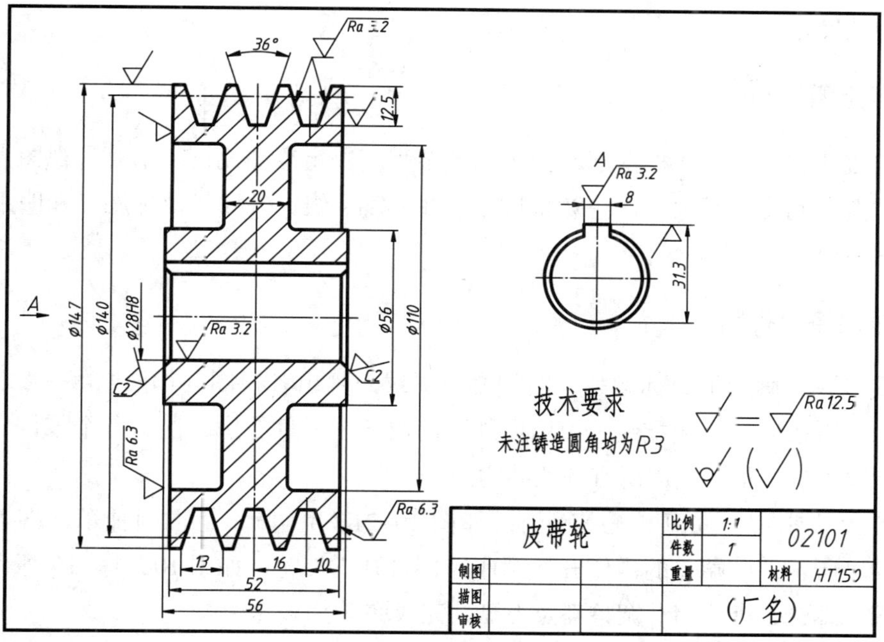

（d）皮带轮零件图

图 10–19　铣刀头主要零件图（续）

1. 部件分析和视图选择

画图前应首先了解和分析机器或部件的性能、用途、工作原理、结构特征和零件之间的装配关系。可以先画装配示意图，明确各零件的装配关系和位置，如图 10–20 所示。

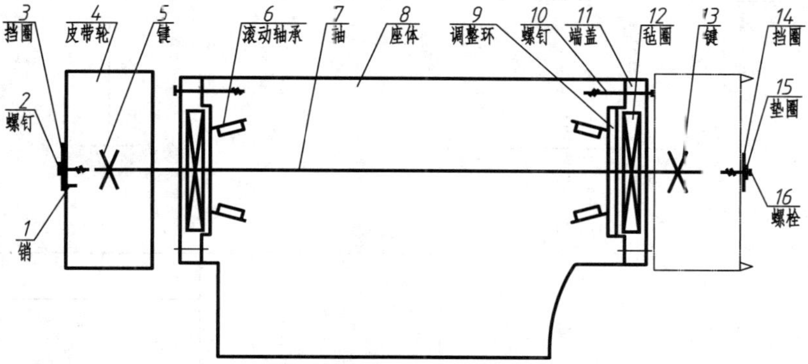

图 10–20　铣刀头装配示意图

按照 10.6.1 所述，选择视图表达方案。

主视图以轴线所在正平面剖切整个部件，用全剖视图表现装配线上的各个组成零件的装配关系和位置关系。辅以局部剖视的左视图采用拆卸画法，表达部件的外形和对外安装结构及尺寸。

2. 确定图幅和比例

拟定表达方案后，要根据部件大小和复杂程度决定绘图比例。估算各视图大小，确定视图位置，确定图幅大小。注意将尺寸标注、零（组）件序号及标题栏和明细栏所用位置考虑在内。

3. 画出各个视图

画底稿，先画图框、标题栏、明细栏边界线，画出各视图的作图基线，如图 10–21（a）所示，再按照各个装配线“由内向外”画出各个零件轮廓，注意各个零件之间的接触面位置要准确，最后完成所有细致结构。

对铣刀头来说，先画核心零件轴，如图 10–21（b）所示、再画轴承、端盖，如图 10–21（c）所示；由端盖的内侧开始画座体，再画皮带轮，如图 10–21（d）所示；最后画出挡圈、螺钉、键、销、调整环及刀盘，完成底稿。

4. 检查、描深、完成全图

底稿完成后，进行检查复核和修改，确认无误后描深，标注尺寸，编写序号，填写标题栏、明细栏和技术要求，完成全图，如图 10–22 所示的铣刀头装配图。

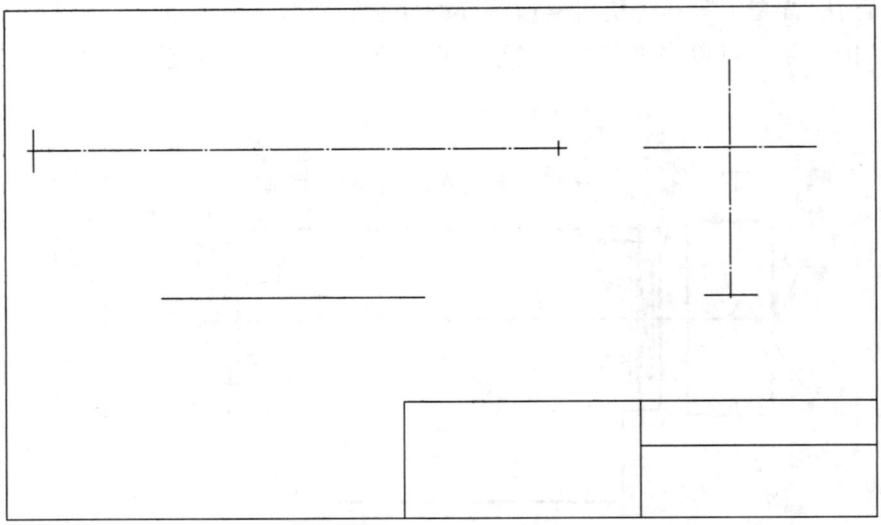

（a）画图框、标题栏、明细栏边界线，画出各视图的作图基线

图 10–21　装配图绘图步骤

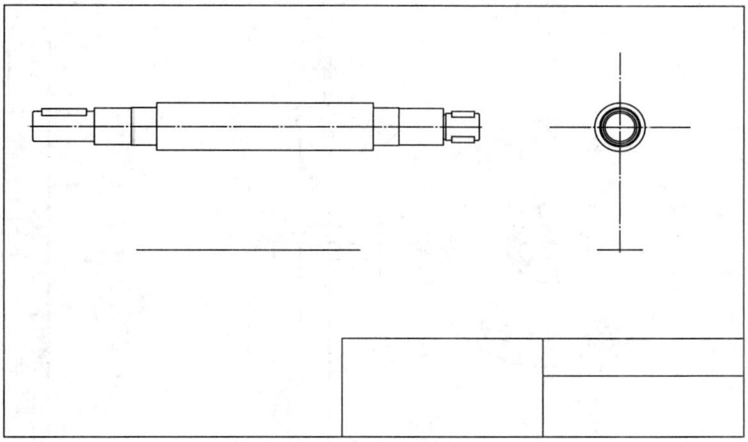

（b）画核心零件轴

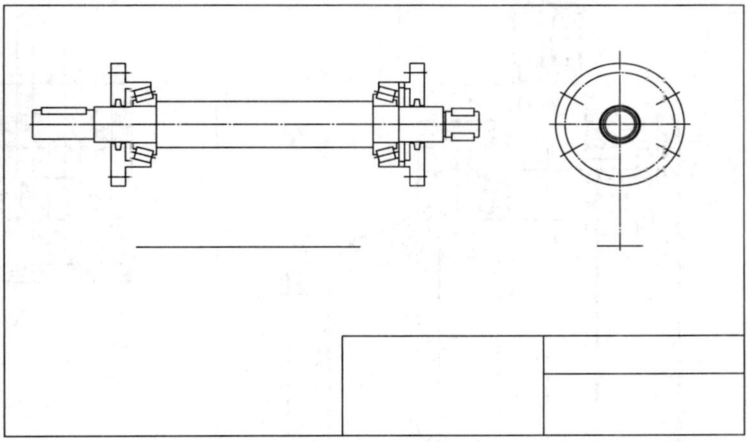

（c）画轴承、端盖

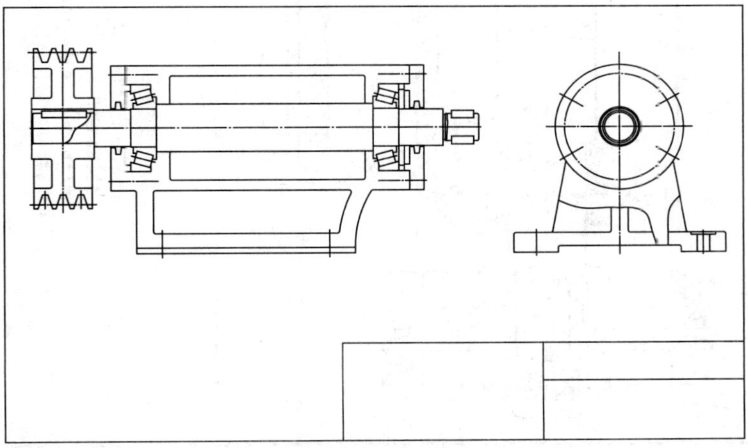

（d）由轴端盖的内侧开始画座体，再画皮带轮

图 10–21　装配图绘图步骤（续）

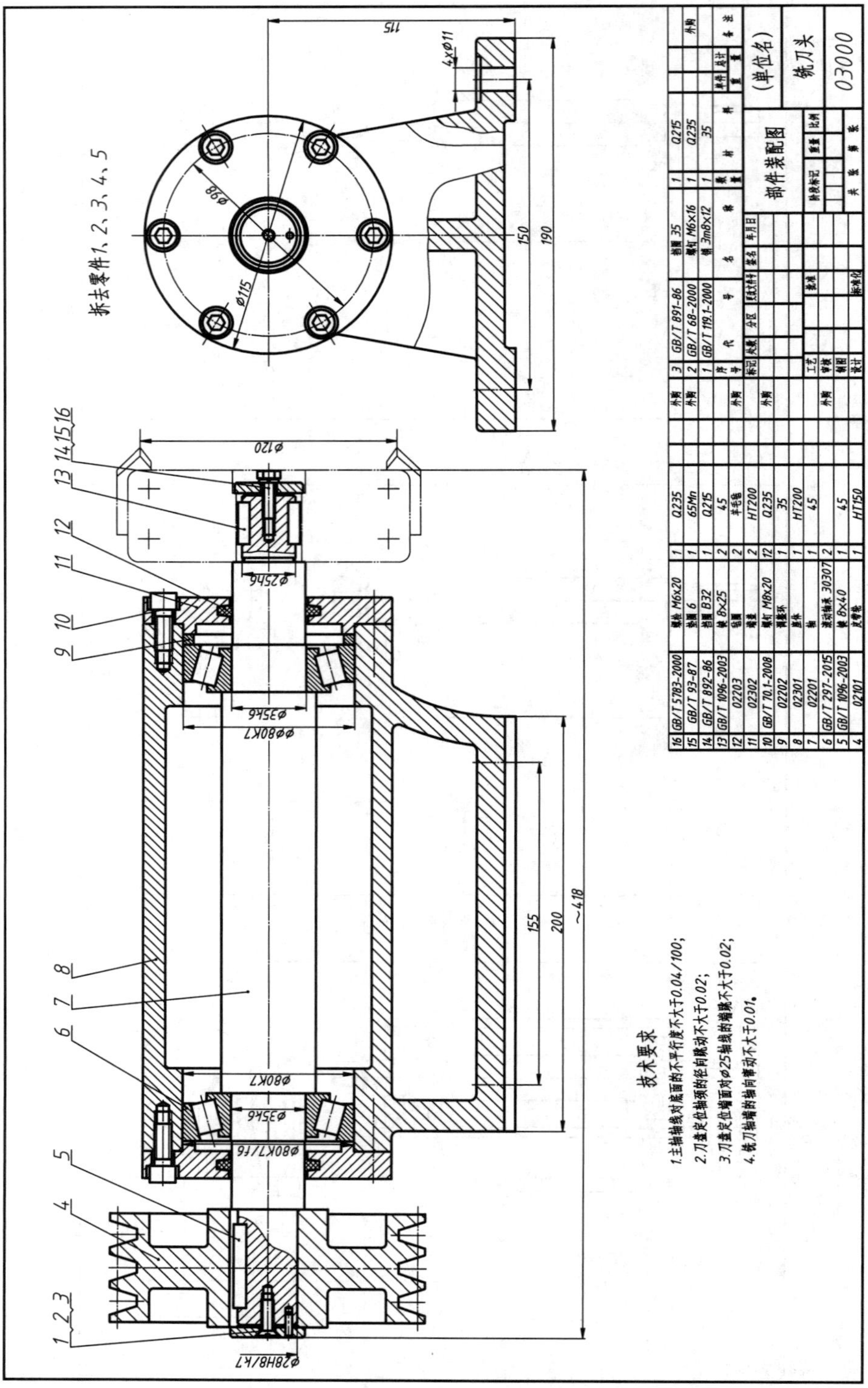

图 10–22　铣刀头装配图

10.7　读装配图和拆画零件图

作为工程技术人员，在生产过程中从机器的设计到制造、技术交流、使用和维修，都需要能够熟练地阅读装配图，这是应该具备的一项基本功。

读图的目的：明确机器或部件的性能、功用和工作原理；明确机器或部件的结构，搞清楚零件间的装配关系和相对位置、连接方式及拆装顺序；看懂零件的主要结构形状和作用；了解机器或部件的使用和调节方法。达到这些目的，有时还需要阅读相关的其他技术文件。

10.7.1　读装配图的方法和步骤

1. 概括了解

（1）从标题栏和有关资料中了解部件的名称、用途和大小。

（2）从明细表中了解各零件的名称、数量和材料等，了解零件的情况（哪些是自行设计零件，哪些是标准件和常用件），通过在图中查找对应的位置，了解它们的作用。

（3）了解视图，从主视图着手弄清楚各视图所表达的重点，找出剖视图的剖切位置及向视图、局部视图和斜视图的投影方向和表达的部位及表达意图；了解全图共表达了几条装配线和几个零散装配点。

2. 深入分析机器或部件的工作原理，读懂装配关系

（1）找出所有装配线和零散装配点。

（2）看懂每个装配线包含的零件，分清各零件的轮廓范围。可以利用剖视图中各零件的剖面线方向和间隔的不同、装配图的规定画法、零件序号和指引线等方法区分零件。

（3）由图中标注的配合尺寸和代号，了解零件间装配关系、固定和运动情况，零件的作用。

（4）具体深入分析各装配线和零散装配点的位置关系，接触、连接及传动关系，明确机器或部件的工作原理。

3. 分析零件

读懂机器或部件的工作原理和装配关系后，开始分析零件。通过对零件的分析，进

一步搞清楚每个零件的形状，零件间的装配关系、连接方法、配合关系及运动情况。

分析零件时，应从主要零件开始，首先要分离零件，需借助于零件的序号，同一零件在不同视图上剖面线方向、间距应一致的原则，将每个零件的投影找到；根据常见结构的表达方法来识别零件，利用一般零件结构具有对称性的特点，以及相互连接两零件的接触面应大致相同的特点，想象和看懂零件的结构形状。

对照明细栏，找出对应零件的数量、材料、规格，帮助了解零件作用和零件在装配图中的位置和范围，确定零件的功用。

4. 归纳总结、看懂全图

在搞清工作原理，看懂零件结构形状的基础上，结合技术要求和全部尺寸进行研究，进一步了解机器或部件的设计意图和装配工艺性，分析整体的拆装顺序。对机器或部件进行归纳总结，形成对部件整体的全面认识，最终达到完全读懂装配图的目的。

以图 10–23 所示气缸的装配图为例，介绍读装配图的方法和步骤。

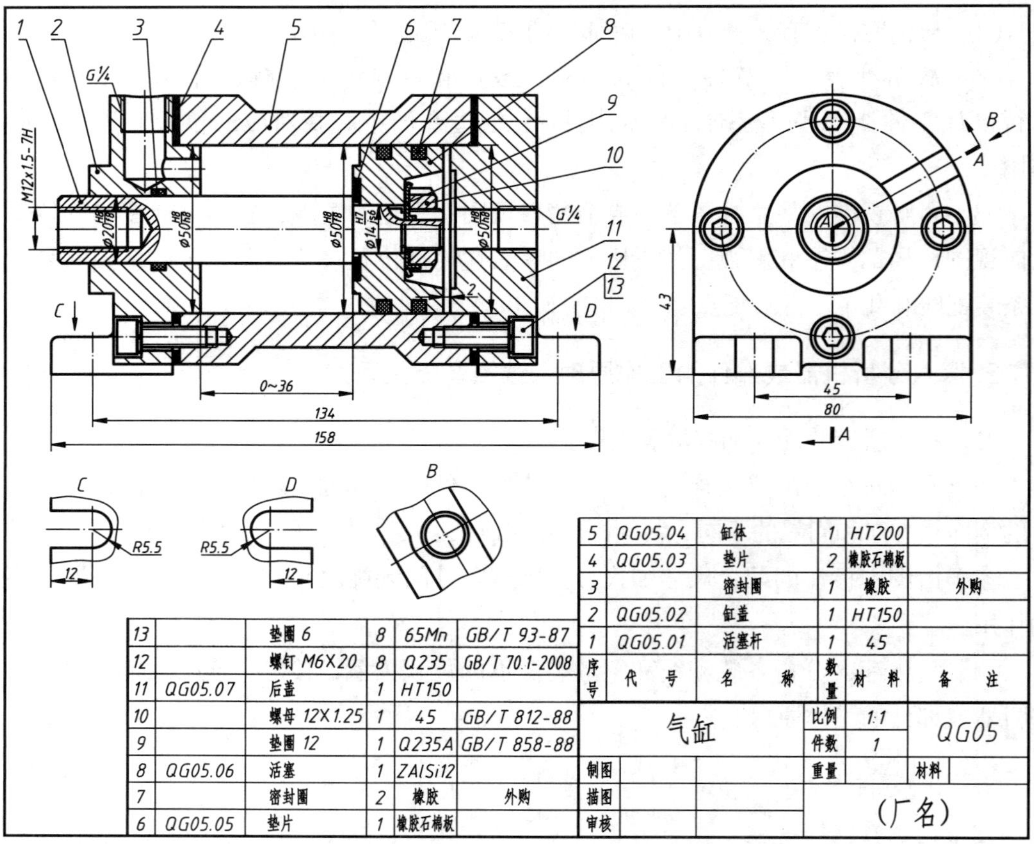

序号	代号	名称	数量	材料	备注
13		垫圈 6	8	65Mn	GB/T 93-87
12		螺钉 M6X20	8	Q235	GB/T 70.1-2008
11	QG05.07	后盖	1	HT150	
10		螺母 12X1.25	1	45	GB/T 812-88
9		垫圈 12	1	Q235A	GB/T 858-88
8	QG05.06	活塞	1	ZAlSi12	
7		密封圈	2	橡胶	外购
6	QG05.05	垫片	1	橡胶石棉板	
5	QG05.04	缸体	1	HT200	
4	QG05.03	垫片	2	橡胶石棉板	
3		密封圈	1	橡胶	外购
2	QG05.02	缸盖	1	HT150	
1	QG05.01	活塞杆	1	45	

气缸		比例	1:1	QG05	
		件数	1		
制图		重量		材料	
描图		（厂名）			
审核					

图 10–23　气缸装配图

由标题栏、明细栏以及其他相关专业知识可知：气缸是由一定的气体推动活塞使活塞杆做直线运动，从而带动与之相连的工作装置进行工作的。该气缸由 13 种零件组成，其中 5 种为标准件，其余为非标准件，专业零件是缸体、缸盖、活塞和活塞杆。

气缸装配图采用两个基本视图，两个局部视图和一个斜视图。其中主视图为沿着部件主轴线的旋转剖视图，此视图基本上表达清楚了各零件的装配关系和连接方式。左视图主要表达了气缸的形状及连接螺钉的分布情况。*C* 向和 *D* 向局部视图分别表示了安装槽的形状，*B* 向斜视图主要表达了进气口（或出气口）的形状。

装配线只有以部件主轴线为基准的一条，零散装配点即是 8 个螺钉连接。可以看出装配线上缸体 5 通过螺钉 12 分别与缸盖 2 和后盖 11 相连接形成一封闭的圆柱形内腔，在内腔中活塞杆 1 通过螺母 10 和垫圈 9 与活塞 8 连接在一起。

从主视图可以看出：当压缩空气从左侧缸盖 2 的进气口进入，活塞 8 会带动活塞杆 1 向右侧移动，同时空气从后盖 11 的出气口排出。在活塞 8 上密封圈 7 密封活塞左、右两侧高低压腔体，而垫片 4 和密封圈 3 密封活塞左、右两侧腔体与外部大气隔绝。活塞杆 1 与活塞 8 通过螺母 10 和垫圈 9 连接，活塞杆 1 通过螺纹孔 M12 × 1.5–7H 与部件之外的其他工作部件相连，从而将活塞杆的运动和力传递给工作装置。

分析部件中的主要零件为活塞、活塞杆、缸体、缸盖和后盖。活塞是轮盘类零件，外形为回转体形状，其上有安装密封圈的密封沟槽以及连接活塞杆的阶梯孔等结构；活塞杆为一轴类零件，有连接用内、外螺纹；缸体是壳体类零件，内、外形基本为圆柱筒形结构，端面均匀分布连接用螺纹孔；缸盖形状较为复杂，既是盘盖类零件中的盖类零件，又具有叉架类零件的安装结构，还加工有进气口结构，后续课程中详细讲解；后盖形状结构与缸盖类似。

注意图中几个配合关系比较重要，由于活塞杆和活塞是运动零件，几个间隙配合确保了活塞与缸体内腔、活塞杆与缸盖内孔顺畅移动；而活塞杆与活塞孔的过渡配合确保它们安装定位准确。最后读懂整个部件的结构和工作原理。

10.7.2 由装配图拆画零件图

由装配图拆画零件图是设计工作中一个重要环节，简称拆图。拆图过程是在完成装配图的设计和绘制或读懂现有装配图的基础上进行的，往往是完成设计零件的过程。

下面以拆画图 10–23 气缸中的缸盖为例，说明拆画零件图的一般步骤和方法。

1. 分离和拆画零件，确定零件的结构形状

在完成绘制或读懂装配图基础上，将要拆画的零件从装配图中分离出来，画出其在装配图中的已有轮廓，对所缺的被遮挡轮廓进行构形设计和补画确定。需要构形设计的

原则是保证零件的功能并便于制作，适当注意美观。

注意在装配图中简化了的零件的工艺结构（如倒角、圆角、沟槽等），要在零件图中补画出来，符合国标规定。

从气缸装配图中，根据剖面线及相邻零件的关系分离出缸盖的部分，同时注意与左视图的投影关系。而左视图中，除去螺钉 12 和活塞杆 1 的部分就是缸盖的外形特征。分离出的缸盖主视图和左视图如图 10–24 所示。由此可以看出缸盖的主要形状为一上圆下方的结构，左、右各一个圆柱凸台，中间为通孔，左下方前、后各有一连接底板，底板上有连接用半圆形长槽，形状如装配图的 *C* 向局部视图所示，前方有一气体通路，其入口有管螺纹用以连接外部管道，另外，为了形成通路，在缸盖外部有一和内孔一致同轴的圆柱形凸起，具体形状如局部斜视图 *B* 所示。图 10–26 所示为缸盖的形状结构。

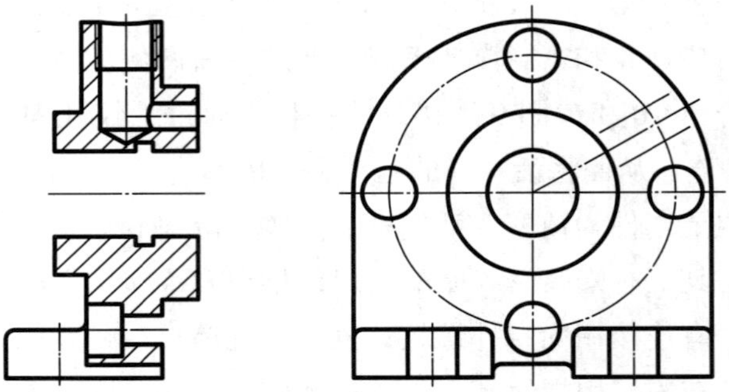

图 10–24　分离出缸盖

2. 确定零件图的表达方案

对零件视图的选择，应按照前面所述零件图部分，根据零件结构形状的类型来确定零件图的表达方案。由于零件图和装配图表达目的和方法有所不同，决不能完全照抄装配图的视图表达方案。

一般装配图中对零件的表达不会是完全充分的，需要在拆画零件图时依据零件的种类特点适当补充相应的视图，使零件图表达正确、完整。

虽然名称为“缸盖”，除了具有盘盖类零件特点，同时更具备了叉架类零件的安装结构和箱壳类零件的内腔特征，故其主视图与装配图类似，除主视图外，图样还有左视图以及 *B* 向斜视图和 *C* 向局部视图辅助表达各部分结构，如图 10–25 所示的表达方案。

3. 确定并标注零件的尺寸

装配图中尺寸只是针对机器或部件的必要尺寸标注，对零件来说肯定不是其全部尺寸，需要进一步补充完整。应根据机器或部件的性能和工作要求，分析零件各部分尺寸的作用和对整体的影响，首先确定主要尺寸和尺寸基准。对装配图中已有的该零件相关尺寸（包括公差），应直接标注在零件图上；与标准件或标准结构相关的尺寸，可从明细栏及相应标准中查到标注；有些尺寸需要进行计算确定（如齿轮的齿顶圆、分度圆直径等尺寸）；其他非功能性的结构尺寸在装配图中很少，甚至没有标注的，可在装配图中按比例量取或按照零件加工和功能需要确定，一般取整数。

气缸装配图中尺寸不多，和缸盖相关的尺寸为两个配合尺寸 $\phi 20\frac{H8}{f8}$ 和 $\phi 50\frac{H8}{h8}$ 比较重要，直接摘抄到缸盖的零件图中为 ϕ20H8 和 ϕ50h8，通路接口尺寸 $G^{1}/_{4}$ 直接标注，根据明细栏里标准件螺钉 12 的结构和参数 M6 × 20，确定缸盖上 4 个安装孔的尺寸 4 × ϕ6.6 以及螺钉埋头孔结构尺寸 ϕ12 深 8，根据装配图中 C 向局部视图和左视图中的安装尺寸确定缸盖连接底板结构的尺寸。其他尺寸通过在装配图中测量圆整并设计补充完整，如图 10–25 所示。

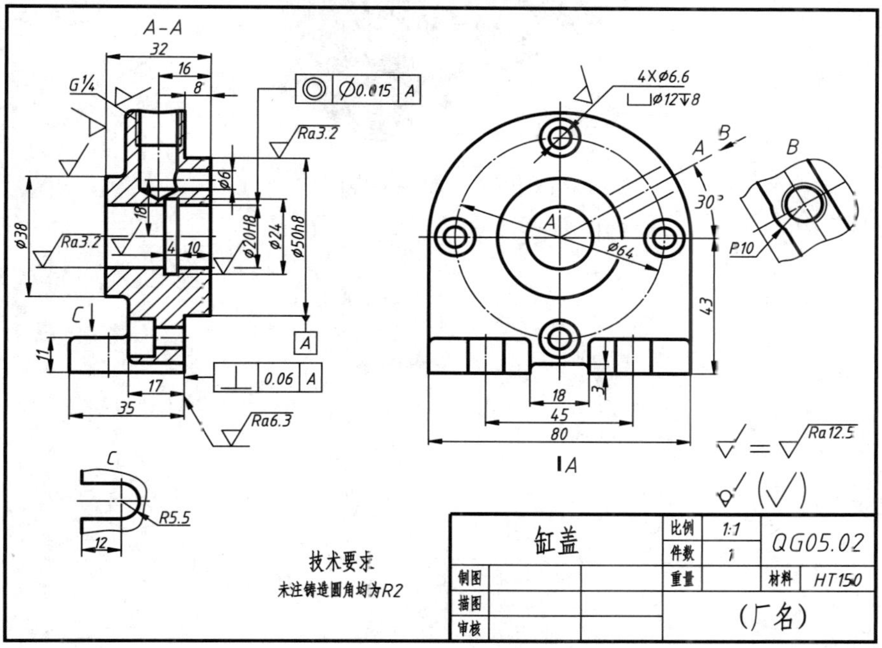

图 10–25　缸盖零件图

4. 确定零件的技术要求

零件图中技术要求除了在装配图中已经明确标注的（如尺寸公差）可直接用于零件图外，其他内容（如表面粗糙度、几何公差等）应根据零件的功用和加工工艺要求（如铸造圆角）确定和标注。

按照气缸的运动、装配等要求确定缸盖的几个主要表面的粗糙度、几何公差等，如图 10–25 所示。

5. 填写标题栏

标题栏中所填写的名称、材料、数量、重量等内容要与装配图中明细栏内容一致。

最后，完成以上所有内容，形成缸盖完整的零件图，如图 10–25 所示，其对应的零件立体形状结构如图 10–26 所示。

图 10–26　缸盖立体图

附　　录

一、常用螺纹

1. 普通螺纹（GB/T 193—2003，GB/T 196—2003）

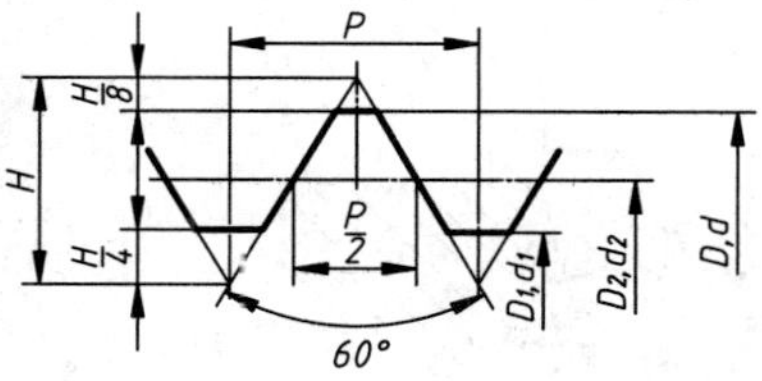

$$D_2 = D - 2 \times \frac{3}{8}H = D - 0.6459P$$

$$d_2 = d - 2 \times \frac{3}{8}H = d - 0.6459P$$

$$D_1 = D - 2 \times \frac{5}{8}H = D - 1.0825P$$

$$d_1 = d - 2 \times \frac{5}{8}H = d - 1.0825P$$

其中：$H = \frac{\sqrt{3}}{2}P$

附表 1

mm

公称直径 D、d		螺距 P		粗牙小径 D_1、d_1	公称直径 D、d		螺距 P		粗牙小径 D_1、d_1
第一系列	第二系列	粗牙	细牙		第一系列	第二系列	粗牙	细牙	
3		0.5	0.35	2.459	20		2.5	2、1.5、1、（0.75）、（0.5）	17.294
	3.5	（0.6）		2.850		22	2.5	2、1.5、1、（0.75）、（0.5）	19.294
4		0.7	0.5	3.242	24		3	2、1.5、1、（0.75）	20.752
	4.5	（0.75）		3.688		27	3		23.752
5		0.8		4.134	30		3.5	（3）、2、1.5、1	26.211
6		1	0.75	4.917		33	3.5	（3）、2、1.5	29.211
	7	1		5.917	36		4	3、2、1.5、（1）	31.670
8		1.25	1、0.75、（0.5）	6.647		39	4		34.670

续表

公称直径 D、d		螺距 P		粗牙小径 D_1、d_1	公称直径 D、d		螺距 P		粗牙小径 D_1、d_1
第一系列	第二系列	粗牙	细牙		第一系列	第二系列	粗牙	细牙	
10		1.5	1.25、1、0.75	8.376	42		4.5	(4)、3、2、1.5、(1)	37.129
12		1.75	1.5、1.25、1、(0.75)、(0.5)	10.106		45	4.5		40.129
	14	2	1.5、(1.25)、1、(0.75)、(0.5)	11.835	48		5		42.587
16		2	1.5、1、(0.75)、(0.5)	13.835		52	5		46.587
	18	2.5	2、1.5、1、(0.75)、(0.5)	15.294	56		5.5	4、3、2、1.5、(1)	50.046

注：①优先选用第一系列；括号内尺寸尽可能不用；第三系列未列入。

②中径（D_2、d_2）未列入。

③ M14×1.25 仅用于发动机的火花塞。

2. 梯形螺纹公称尺寸（GB/T 5796.2—2005、GB/T 5796.3—2005）

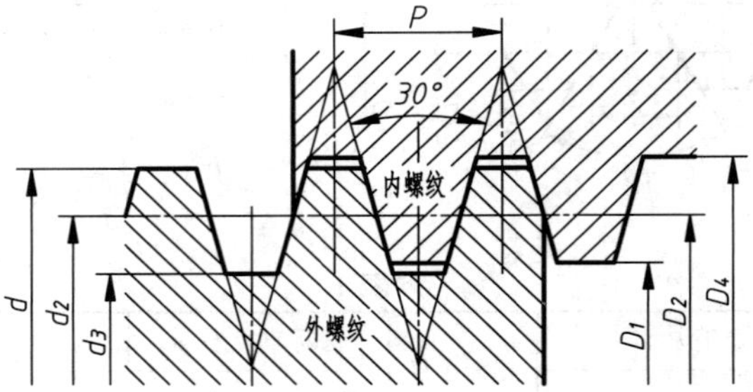

附表 2

mm

公称直径 d		螺距 P	中径 $d_2=D_2$	大径 D_4	小径		公称直径 d		螺距 P	中径 $d_2=D_2$	大径 D_4	小径	
第一系列	第二系列				d_3	D_1	第一系列	第二系列				d_3	D_1
8		1.5*	7.25	8.3	6.2	6.5		26	3	24.5	26.5	22.5	23
	9	1.5	8.25	9.3	7.2	7.5			5*	23.5	26.5	20.5	21
		2*	8	9.5	6.5	7			8	22	27	17	18
10		1.5	9.25	10.3	8.2	8.5	28		3	26.5	28.5	24.5	25
		2*	9	10.5	7.5	8			5*	25.5	28.5	22.5	23
	11	2*	10	11.5	8.5	9			8	24	29	19	20
		3	9.5	11.5	7.5	8		30	3	28.5	30.5	26.5	29
12		2	11	12.5	9.5	10			6*	27	31	23	24
		3*	10.5	12.5	8.5	9			10	25	31	19	20

续表

公称直径 d		螺距 P	中径 $d_2=D_2$	大径 D_4	小径		公称直径 d		螺距 P	中径 $d_2=D_2$	大径 D_4	小径	
第一系列	第二系列				d_3	D_1	第一系列	第二系列				d_3	D_1
	14	2	13	14.5	11.5	12	32		3	30.5	32.5	28.5	29
		3*	12.5	14.5	10.5	11			6*	29	33	25	26
16		2	15	16.5	13.5	14			10	27	33	21	22
		4*	14	16.5	11.5	12		34	3	32.5	34.5	30.5	31
	18	2	17	18.5	15.5	16			6*	31	35	27	28
		4*	16	18.5	13.5	14			10	29	35	23	24
20		2	19	20.5	17.5	18	36		3	34	36.5	32.5	33
		4*	18	20.5	15.5	16			6*	33	37	29	30
	22	3	20.5	22.5	18.5	19			10	31	37	25	26
		5*	19	22.5	16.5	17		38	3	36.5	38.5	34.5	35
		8	18	23	13	14			7	34.5	39	30	31
24		3	22.5	24.5	20.5	21			10*	33	39	27	28
		5*	21.5	24.5	18.5	19	40		3	38.5	40.5	36.5	37
		8	20	25	15	16			7*	31	41	32	33
									10	35	41	29	30

注：①优先选用第一系列，其次选用第二系列；第三系列未列入。

②公称直径 d=42~300 未列入。

③优先选用表中 * 标记的螺距。

3. 55° 非螺纹密封的管螺纹（GB/T 7307—2001）

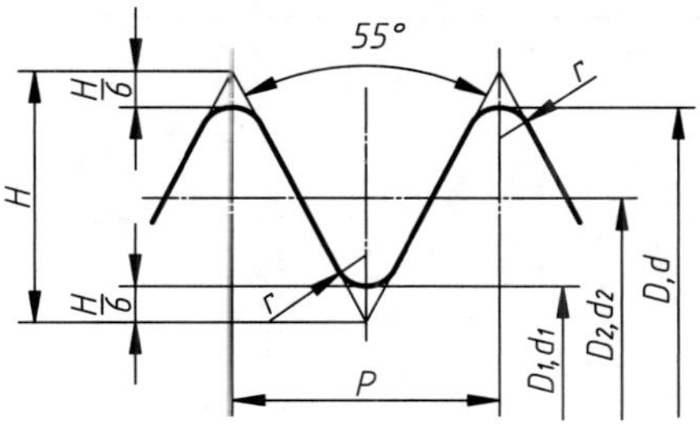

附表 3

尺寸代号	每 25.4mm 内的牙数 n	螺距 P/mm	牙高 h/mm	圆弧半径 $r\approx$ /mm	基面上的基本直径		
					大径 d 、D/mm	中径 d_2 、D_2/mm	小径 d_1 、D_1/mm
1/16	28	0.907	0. 581	0.125	7.723	7.142	6.561
1/8	28	0.907	0. 581	0.125	9.728	9.147	8.566
1/4	19	1.337	0.856	0.184	13.157	12 301	11.445
3/8	19	1.337	0.856	0.184	16.662	15 806	14.950
1/2	14	1 814	1.162	0.249	20.955	19.793	18.631
5/8	14	1 814	1.162	0.249	22.911	21.749	20.587

续表

尺寸代号	每 25.4mm 内的牙数 n	螺距 P/mm	牙高 h/mm	圆弧半径 $r\approx$ /mm	基面上的基本直径		
					大径 d 、D/mm	中径 d_2 、D_2/mm	小径 d_1 、D_1/mm
3/4	14	1.814	1.162	0.249	26.441	25.279	24.117
7/8	14	1.814	1.162	0.249	30.201	29.039	27.877
1	11	2.309	1.479	0.317	33.249	31.770	30.291
1　1/8	11	2.309	1.479	0.317	37.897	36.418	34.939
1　1/4	11	2.309	1.479	0.317	41.910	40.431	38.952
1　1/2	11	2.309	1.479	0.317	47.803	46.324	44.845
1　3/4	11	2.309	1.479	0.317	53.746	52.267	50.788
2	11	2.309	1.479	0.317	59.614	58.135	56.656
2　1/4	11	2.309	1.479	0.317	65.710	64.231	62.752
2　1/2	11	2.309	1.479	0.317	75.184	73.705	72.226
2　3/4	11	2.309	1.479	0.317	81.534	80.055	78.576
3	11	2.309	1.479	0.317	87.884	86.405	84.926
3　1/2	11	2.309	1.479	0.317	100.330	98.851	97.372
4	11	2.309	1.479	0.317	113.030	111.531	110.072
4　1/2	11	2.309	1.479	0.317	125.730	124.251	122.772
5	11	2.309	1.479	0.317	138.430	136.951	135.472
5　1/2	11	2.309	1.479	0.317	151.130	149.651	148.172
6	11	2.309	1.479	0.317	163.830	162.351	160.872

注：本标准适用于管接头、旋塞、阀门及其附件。

二、螺纹紧固件

1. 六角头螺栓

六角头螺栓 -C 级（GB/T 5780—2016）

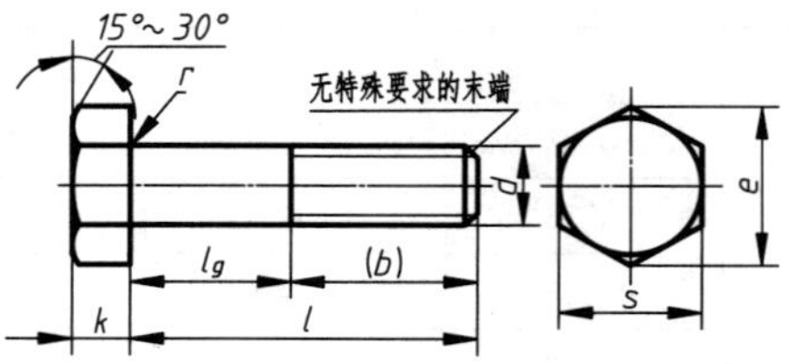

六角头螺栓 -A 和 B 级（GB/T 5782—2016）

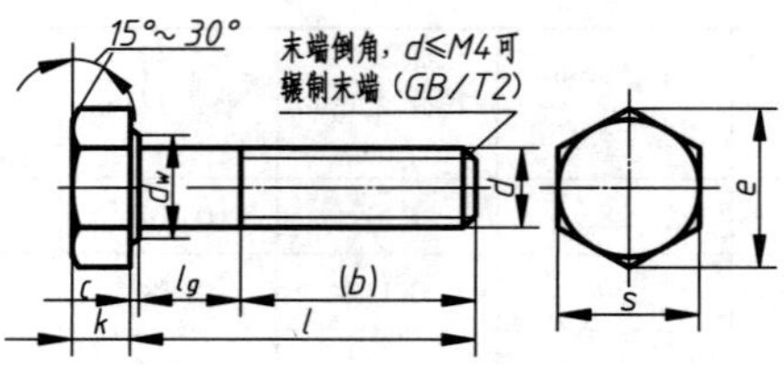

标记示例

螺纹规格 d=M12、公称长度 l=80、性能等级为 8.8 级、表面氧化、产品等级为 A 级的六角头螺栓：

螺栓 GB/T 5782 M12 × 80

附表 4

mm

螺纹规格 d		M3	M4	M5	M6	M8	M10	M12	M16	M20	M24	M30	M36	M42
b 参考	$l \leq 125$	12	14	16	18	22	26	30	38	46	54	66	—	—
	$125<l \leq 200$	18	20	22	24	28	32	36	44	52	60	72	84	96
	$l>200$	31	33	35	37	41	45	49	57	65	73	85	97	109
c max		0.4	0.4	0.5	0.5	0.6	0.6	0.6	0.8	0.8	0.8	0.8	0.8	1
k 公称		2	2.8	3.5	4	5.3	6.4	7.5	10	12.5	15	18.7	22.5	26
r min		0.1	0.2	0.2	0.25	0.4	0.4	0.6	0.6	0.8	0.8	1	1	1.2
s 公称		5.5	7	8	10	13	16	18	24	30	36	46	55	65
e min	A	6.01	7.66	8.79	11.05	14.38	17.77	20.03	26.75	33.53	39.98	—	—	—
	B、C	5.88	7.50	8.63	10.89	14.2	17.59	19.85	26.17	32.95	39.55	50.85	60.79	72.02
d_w min	A	4.57	5.88	6.88	8.88	11.63	14.63	16.63	22.49	28.19	33.61	—	—	—
	B、C	4.45	5.74	6.74	8.74	11.47	14.47	16.47	22	27.7	33.25	42.75	51.11	59.95
l（商品规格范围）		20~30	25~40	25~50	30~60	40~80	45~100	50~120	65~160	80~200	90~240	110~300	140~360	160~440
l 系列		12、16、18、20、25、30、35、40、45、50、55、60、65、70、80、90、100、110、120、130、140、150、160、180、200、220、240、260、280、300、320、340、360、380、400、420、440、460、480、500												

注：① A 级用于 d=1.6~24 和 $l \leq 10d$ 或 $l \leq 150$（按较小值）的螺栓；

B 级用于 d>24 和 l>10d 或 l>150（按较小值）的螺栓。

②螺纹规格 d 范围：GB/T 5780 为 M5~M64；GB/T 5782 为 M1.6~M64。

③公称长度范围：GB/T 5780 为 25~500；GB/T 5782 为 12~500。

④末端按 GB/T 2—2016 规定。

2. 双头螺柱

双头螺柱 $-b_m$=1d（GB/T 897—1988）

双头螺柱 $-b_m$=1.25d（GB/T 898—1988）

双头螺柱 $-b_m$=1.5d（GB/T 899—1988）

双头螺柱 $-b_m$=2d（GB/T 900—1988）

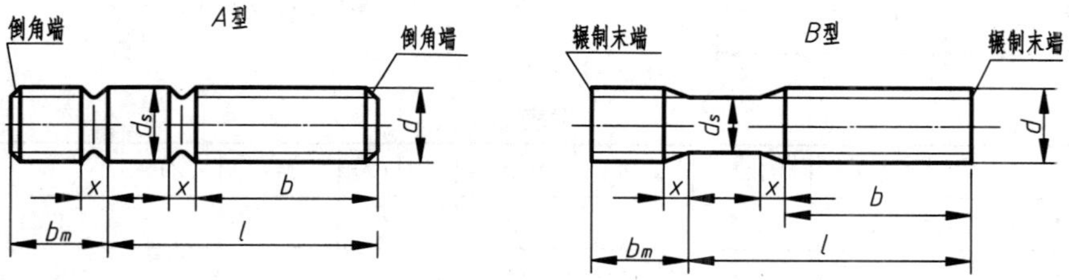

标记示例

两端均为粗牙普通螺纹、d=10、l=50、性能等级为 4.8 级、B 型、b_m=1d 的双头螺柱：

螺柱 GB/T 897 M10 × 50

旋入机体一端为粗牙普通螺纹、旋螺母一端为螺距 1 的细牙普通螺纹、d=10、l=50、性能等级为 4.8 级、A 型、b_m=1d 的双头螺柱：

螺柱 GB/T 897 AM10—M10 × 1 × 50

附表 5 mm

螺纹规格 d		M5	M6	M8	M10	M12	M16	M20	M24	M30	M36	M42
b_m	GB/T 897	5	6	8	10	12	16	20	24	30	36	42
	GB/T 898	6	8	10	12	15	20	25	30	38	45	52
	GB/T 899	8	10	12	15	18	24	30	36	45	54	65
	GB/T 900	10	12	16	20	24	32	40	48	60	72	84
d_s（max）		A 型 d_s= 螺纹大径　B 型 d_s ≈ 螺纹中径										
x（max）		1.5P										
$\frac{b}{l}$		16~22/10	20~22/10	20~22/12	25~28/14	25~30/16	30~38/20	35~40/25	45~50/30	60~65/40	65~75/45	65~80/50
		25~50/16	25~30/14	25~30/16	30~38/16	32~40/20	40~55/30	45~65/35	55~75/45	70~90/50	80~110/60	85~110/70
			32~75/18	32~90/22	40~120/26	45~120/30	60~120/38	70~120/46	80~120/54	95~120/60	120/78	120/90
					130/32	130~180/36	130~200/44	130~200/52	130~200/60	130~200/72	130~200/84	130~200/96
										210~250/85	210~300/91	210~300/109
l 系列		16、（18）、20、（22）、25、（28）、30、（32）、35、（38）、40、45、50、（55）、60、（65）、70、（75）、80、（85）、90、（95）、100、110、120、130、140、150、160、170、180、190、200、210、220、230、240、250、260、280、300										

注：① b_m=d，一般用于钢对钢；b_m=（1.25~1.5）d，一般用于钢对铸铁；b_m=2d，一般用于钢对铝合金。

②括号内规格尽可能不采用。

③ P 为粗牙螺纹的螺距。

3. 开槽圆柱头螺钉（GB/T 65—2016）

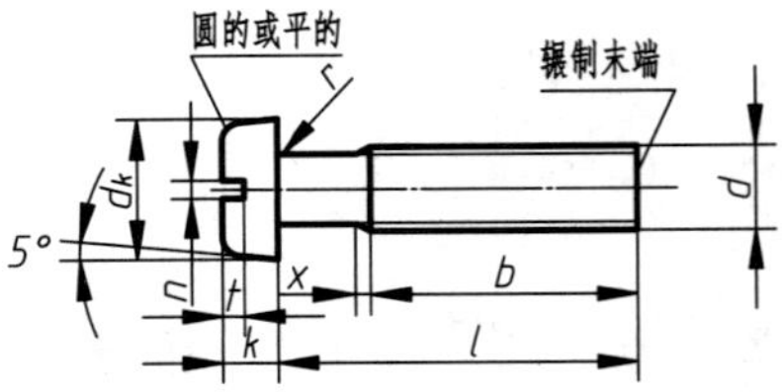

标记示例

螺纹规格 d=M5、公称长度 l=20、性能等级为 4.8 级、不经表面处理的 A 级开槽圆柱头螺钉：

螺钉 GB/T 65 M5 × 20

附表 6 mm

螺纹规格 d	M1.6	M2	M2.5	M3	（M3.5）	M4	M5	M6	M8	M10
P（螺距）	0.35	0. 4	0. 45	0.5	0.6	0.7	0.8	1	1. 25	1.5
b　min	25				38					
n　nom	0.4	0.5	0.6	0.8	1	1.2	1.2	1.6	2	2.5
x　max	0.9	1	1.1	1.25	1.5	1.75	2	2.5	3.2	3.8
d_k　max	3.0	3.8	4.5	5.5	6	7	8.5	10	13	16
k　max	1.1	1.4	1.8	2.0	2.4	2.6	3.3	3.9	5	6
t　min	0. 45	0.6	0.7	0.85	1	1.1	1.3	1.6	2	2.4

续表

螺纹规格 d	M1.6	M2	M2.5	M3	（M3.5）	M4	M5	M6	M8	M10
r min	0.1					0.2		0.25	0.4	
l 长度范围	2~16	3~20	3~25	4~30	5~35	5~40	6~50	8~60	10~80	12~80
全螺纹时最大长度	30				40					
l 长度系列	2、2.5、3、4、5、6、8、10、12、（14）、16、20、25、30、35、40、45、50、（55）、60、（65）、70、（75）、80									

注：① M1.6~M3 的螺钉，公称长度 $l \leqslant 30$ 的，制出全螺纹；M4~M10 的螺钉，公称长度 $l \leqslant 40$ 的，制出全螺纹。

② 括号内的规格尽可能不采用。

③ 螺纹规格 d=M1.6~M10；公称长度 l=2~80。

4. 开槽盘头螺钉（GB/T 67—2016）

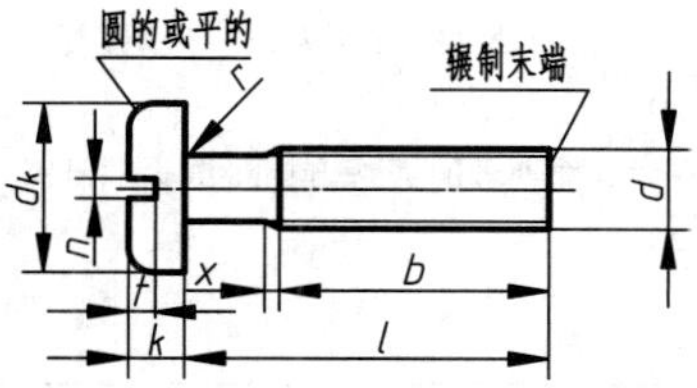

标记示例

螺纹规格 d=M5、公称长度 l=20、性能等级为 4.8 级、不经表面处理的 A 级开槽盘头螺钉：

螺钉 GB/T 67 M5 × 20

附表 7

mm

螺纹规格 d	M1.6	M2	M2.5	M3	（M3.5）	M4	M5	M6	M8	M10
P（螺距）	0.35	0. 4	0. 45	0.5	0.6	0.7	0.8	1	1. 25	1.5
b min	25				38					
n nom	0.4	0.5	0.6	0.8	1	1.2	1.2	1.6	2	2.5
x max	0.9	1	1.1	1.25	1.5	1.75	2	2.5	3.2	3.8
d_k max	3.2	4	5	5.6	7	8	9.5	12	16	20
k max	1	1.3	1.5	1.8	2.1	2.4	3	3.6	4.8	6
t min	0.35	0.5	0.6	0.7	0.8	1	1.2	1.4	1.9	2.4
r min	0.1					0.2		0.25	0.4	
l 长度范围	2~16	2.5~20	3~25	4~30	5~35	5~40	6~50	8~60	10~80	12~80
全螺纹时最大长度	30				40					
l 长度系列	2、2.5、3、4、5、6、8、10、12、（14）、16、20、25、30、35、40、45、50、（55）、60、（65）、70、（75）、80									

注：① 括号内的规格尽可能不采用。

② M1.6~M3 的螺钉，公称长度 $l \leqslant 30$ 的，制出全螺纹。

③ M4~M10 的螺钉，公称长度 $l \leqslant 40$ 的，制出全螺纹。

5. 开槽沉头螺钉（GB/T 68—2016）和开槽半沉头螺钉（GB/T 69—2016）

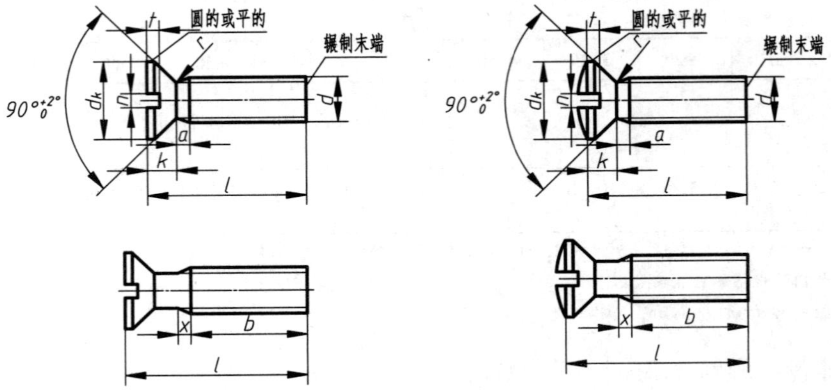

标记示例

螺纹规格 d=M5、公称长度 l=20、性能等级为 4.8 级、不经表面处理的 A 级开槽沉头螺钉：

螺钉 GB/T 68 M5 × 20

螺纹规格 d=M5、公称长度 l=20、性能等级为 4.8 级、不经表面处理的 A 级开槽半沉头螺钉：

螺钉 GB/T 69 M5 × 20

附表 8　　mm

螺纹规格 d	M1.6	M2	M2.5	M3	（M3.5）	M4	M5	M6	M8	M10
P（螺距）	0.35	0. 4	0. 45	0.5	0.6	0.7	0.8	1	1. 25	1.5
a max	0.7	0.8	0.9	1	1.2	1.4	1.6	2	2.5	3
b min	25				38					
n nom	0.4	0.5	0.6	0.8	1	1.2	1.2	1.6	2	2.5
x max	0.9	1	1.1	1.25	1.5	1.75	2	2.5	3.2	3.8
d_k max	3	3.8	4.7	5.5	7.3	8.4	9.3	11.3	15.8	18.3
k max	1	1.2	1.5	1.65	2.35	2.7		3.3	4.65	5
t min GB/T 68	0.32	0.4	0.5	0.6	0.9	1	1.1	1.2	1.8	2
t min GB/T 69	0.64	0.8	1	1.2	1.4	1.6	2	2.4	3.2	3.8
r min	0.1					0.2		0.25	0.4	
l 长度范围	2.5~16	3~20	4~25	5~30	6~35	6~40	8~50	8~60	10~80	12~80
全螺纹时最大长度	30				40					
l 长度系列	2、2.5、3、4、5、6、8、10、12、（14）、16、20、25、30、35、40、45、50、（55）、60、（65）、70、（75）、80									

注：① 尽可能不采用括号内的规格。

② M1.6~M3 的螺钉，公称长度 $l \leqslant 30$ 的，制出全螺纹。

③ M4~M10 的螺钉，公称长度 $l \leqslant 45$ 的，制出全螺纹。

6. 内六角圆柱头螺钉（GB/T 70.1—2008）

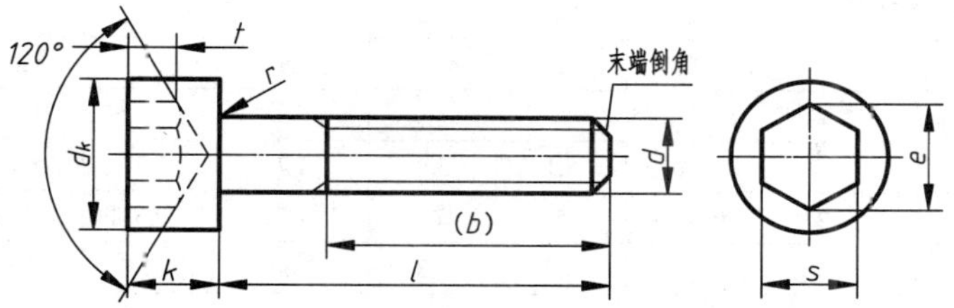

标记示例

螺纹规格 d=M5、公称长度 l=20、性能等级为 8.8 级，表面氧化的 A 级内六角圆柱头螺钉：

螺钉 GB/T 70.1 M5 × 20

附表 9

mm

螺纹规格 d	M3	M4	M5	M6	M8	M10	M12	M16	M20
P（螺距）	0.5	0.7	0.8	1	1.25	1.5	1.75	2	2.5
b 参考	18	20	22	24	28	32	36	44	52
d_k max	5.5	7	8.5	10	13	16	18	24	30
k max	3	4	5	6	8	10	12	16	20
t min	1.3	2	2.5	3	4	5	6	8	10
s 公称	2.5	3	4	5	6	8	10	14	17
e min	2.87	3.44	4.58	2.87	3.44	4.58	5.72	6. 68	9. 15
r min	0.1	0.2	0.2	0.25	0.4	0.4	0.6	0.6	0.8
l 长度范围	5~30	6~40	8~50	10~60	12~80	16~100	20~120	25~160	30~200

注：螺纹规格 d=M1.6~M64。

7. 十字槽盘头螺钉（GB/T 818—2016）

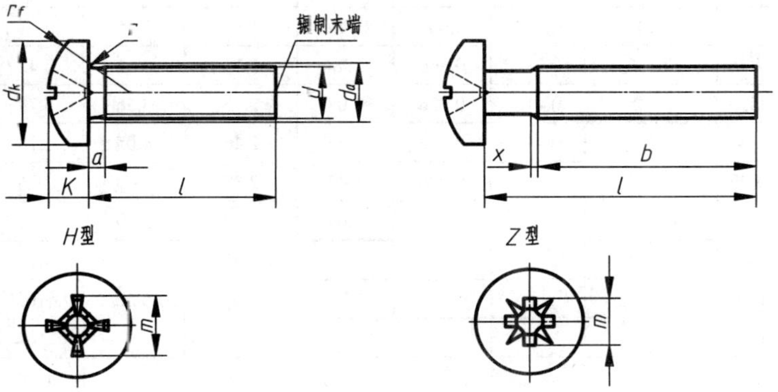

标记示例

螺纹规格 d=M5、公称长度 l=20、性能等级为 4.8 级、不经表面处理的十字槽盘头螺钉：

螺钉 GB/T 818 M5 × 20

附表 10　　　　mm

螺纹规格 d			M1.6	M2	M2.5	M3	M4	M5	M6	M8	M10
P（螺距）			0.35	0.4	0.45	0.5	0.7	0.8	1	1.25	1.5
a max			0.7	0.8	0.9	1	1.4	1.6	2	2.5	3
b min			25				38				
d_a max			2	2.6	3.1	3.6	4.7	5.7	6.8	9.2	11.2
d_k max	max		3.2	4	5	5.6	8	9.5	12	16	20
	min		2.9	3.7	4.7	5.3	7.64	9.14	11.57	15.57	19.48
k	max		1.3	1.6	2.1	2.4	3.1	3.7	4.6	6	7.5
	min		1.16	1.46	1.96	2.26	2.92	3.52	4.3	5.7	7.14
r min			0.1	0.1	0.1	0.1	0.2	0.2	0.25	0.4	0.4
r_f ≈			2.5	3.2	4	5	6.5	8	10	13	16
x max			0.9	1	1.1	1.25	1.75	2	2.5	3.2	3.8
十字槽	槽号		0		1		2		3	4	
	H形	m参考	1.7	1.9	2.7	3	4.4	4.9	6.9	9	10.1
		插入深度 max	0.95	1.2	1.55	1.8	2.4	2.9	3.6	4.6	5.8
		插入深度 min	0.7	0.9	1.15	1.4	1.9	2.4	3.1	4	5.2
	Z形	m参考	1.6	2.1	2.6	2.8	4.3	4.7	6.7	8.8	9.9
		插入深度 max	0.9	1.42	1.5	1.75	2.34	2.74	3.46	4.5	5.69
		插入深度 min	0.65	1.17	1.25	1.5	1.89	2.29	3.03	4.05	5.24
l 长度范围											
公称	min	max									
3	2.8	3.2	0.099	0.178	0.336						
4	3.76	4.24	0.111	0.196	0.366	0.544					
5	4.76	5.24	0.123	0.215	0.396	0.588	1.3				
6	5.76	6.24	0.134	0.223	0.462	0.632	1.38	2.32			
8	7.71	8.29	0.157	0.27	0.486	0.72	1.53	2.57	4.37		
10	9.71	10.29	0.18	0.307	0.546	0.808	1.69	2.81	4.72	9.96	
12	11.65	12.35	0.203	0.344	0.606	0.896	1.84	3.06	5.07	10.6	19.8
（14）	13.65	14.35	0.226	0.381	0.666	0.984	2	3.31	5.42	11.2	20.8
16	15.65	16.35	0.245	0.418	0.726	1.07	2.15	3.56	5.78	11.9	21.8
20	19.58	20.42		0.492	0.836	1.25	2.46	4.05	6.48	13.2	23.8
25	24.58	25.42			0.996	1.47	2.85	4.67	7.36	14.8	26.3
30	29.58	30.42				1.69	3.23	5.29	8.24	16.4	28.8
35	34.5	35.5					3.62	5.91	9.12	18	31.3
40	39.5	40.5					4.01	6.52	10	19.6	33.9
45	44.5	45.5							10.9	21.2	36.4
50	49.5	50.5							11.8	22.8	38.9
（55）	54.05	55.95							12.6	24.4	41.4
60	59.05	60.95							13.5	26	43.9

注：① 在阶梯实线间为优选长度。

② 公称长度在阶梯虚线以上的螺钉，制出全螺纹（$b=l-a$）。

8. 十字槽沉头螺钉（GB/T 819.1—2016）

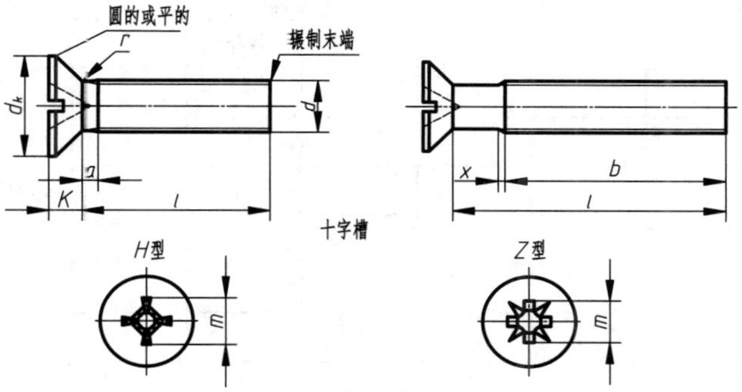

标记示例

螺纹规格 d=M5、公称长度 l=20、性能等级为 4.8 级、不经表面处理的十字槽沉头螺钉：

螺钉 GB/T 819.1 M5 × 20

附表 11

mm

螺纹规格 d			M1.6	M2	M2.5	M3	M4	M5	M6	M8	M10
P			0.35	0.4	0.45	0.5	0.7	0.8	1	1.25	1.5
a max			0.7	0.8	0.9	1	1.4	1.6	2	2.5	3
b min			25				38				
d_k	理论值	max	3.6	4.4	5.5	6.3	9.4	10.4	12.6	17.3	20
	实际值	max	3	3.8	4.7	5.5	8.4	9.3	11.3	15.8	18.3
		min	2.7	3.5	4.4	5.2	8	8.9	10.9	15.4	17.8
k max			1	1.2	1.5	1.65	2.7		3.3	4.65	5
r max			0.4	0.5	0.6	0.8	1	1.3	1.5	2	2.5
x max			0.9	1	1.1	1.25	1.75	2	2.5	3.2	3.8
十字槽	槽号 No.		0		1		2		3	4	
	H形	m 参考	1.6	1.9	2.9	3.2	4.6	5.2	6.8	8.9	10
	H形 插入深度	max	0.9	1.2	1.8	2.1	2.6	3.2	3.5	4.6	5.7
		min	0.6	0.9	1.4	1.7	2.1	2.7	3	4	5.1
	Z形	m 参考	1.6	1.9	2.8	3	4.4	4.9	6.6	8.8	9.8
	Z形 插入深度	max	0.95	1.2	1.75	2	2.5	3.05	3.45	4.6	5.65
		min	0.7	0.95	1.45	1.6	2.05	2.6	3	4.15	5.2
l 长度范围											
公称	min	max									
3	2.8	3.2									
4	3.7	4.3									
5	4.7	5.3									
6	5.7	6.3									
8	7.7	8.3									
10	9.7	10.3			商品						
12	11.6	12.4									
（14）	13.6	14.4									

续表

螺纹规格 d			M1.6	M2	M2.5	M3	M4	M5	M6	M8	M10
16	15.6	16.4					规格				
20	19.6	20.4									
25	24.6	25.4									
30	29.6	30.4							范围		
35	34.5	35.5									
40	39.5	40.5									
45	44.5	45.5									
50	49.5	50.5									
(55)	54.4	55.6									
60	59.4	60.6									

注：①尽可能不采用括号内的规格。

② P——螺距。

③ d_k 的理论值按 GB/T 5279 规定。

④公称长度在虚线以上的螺钉，制出全螺纹［$b=l-(k+a)$］。

9. 紧定螺钉

开槽锥端紧定螺钉（GB/T 71—2018）　开槽平端紧定螺钉（GB/T 73—2017）　开槽长圆柱端紧定螺钉（GB/T 75—2018）

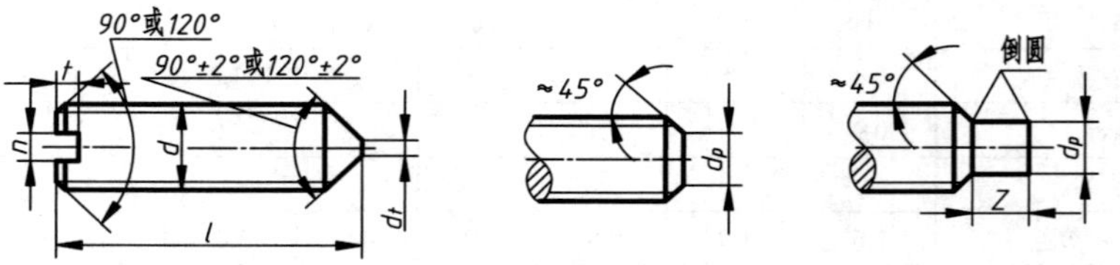

标记示例

螺纹规格 d=M5、公称长度 l=12、性能等级为 14H 级、表面氧化的开槽锥端紧定螺钉：

螺钉 GB/T 71 M5 × 12

螺纹规格 d=M5、公称长度 l=12、性能等级为 14H 级、表面氧化的开槽平端紧定螺钉：

螺钉 GB/T 73 M5 × 12

螺纹规格 d=M5、公称长度 l=12、性能等级为 14H 级、表面氧化的开槽长圆柱端紧定螺钉：

螺钉 GB/T 75 M5 × 12

附表 12

mm

螺纹规格 d	M1.6	M2	M2.5	M3	M4	M5	M6	M8	M10	M12
P（螺距）	0.35	0. 4	0. 45	0.5	0.7	0.8	1	1. 25	1.5	1.75
n	0.25	0.25	0.4	0.4	0.6	0.8	1	1.2	1.6	2
t	0.74	0.84	0.95	1.05	1.42	1.63	2	2.5	3	3.6
d_t	0.16	0.2	0.25	0.3	0.4	0.5	1.5	2	2.5	3

续表

螺纹规格 d		M1.6	M2	M2.5	M3	M4	M5	M6	M8	M10	M12
d_p		0.8	1	1.5	2	2.5	3.5	4	5.5	7	8.5
z		1.05	1.25	1.5	1.75	2.25	2.75	3.25	4.3	5.3	6.3
l	GB/T 71—2018	2~8	3~10	3~12	4~16	6~20	8~26	8~30	10~40	12~50	14~60
	GB/T 73—2017	2~8	2~10	2.5~12	3~16	4~20	5~25	6~30	8~40	10~50	12~60
	GB/T 75—2018	2.5~8	3~10	4~12	5~16	6~20	8~25	8~30	10~40	12~50	14~60
l 系列		2、2.5、3、4、5、6、8、10、12、（14）、16、20、25、30、35、40、45、50、（55）、60、（65）、70、（75）、80									

注：① 螺纹公差：6g；机械性能等级：14H、22H；产品等级：A。

②括号内规格尽可能不采用。

③ l 为公称长度。

10. 六角螺母

1 型六角螺母 –C 级

（GB/T 41—2016）

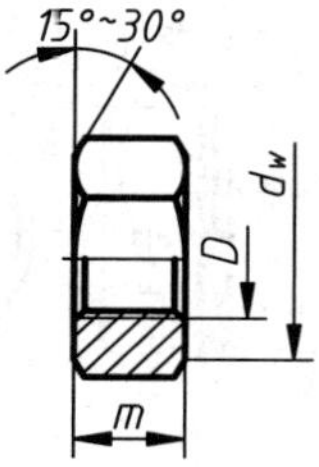

1 型六角螺母 –A 和 B 级

（GB/T 6170—2015）

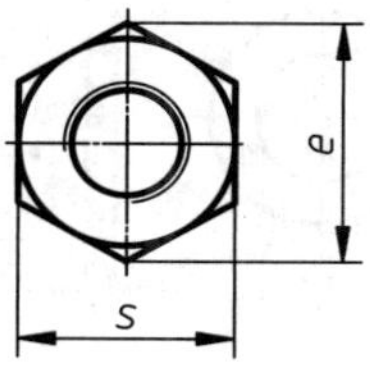

六角薄螺母

（GB/T 6172.1—2016）

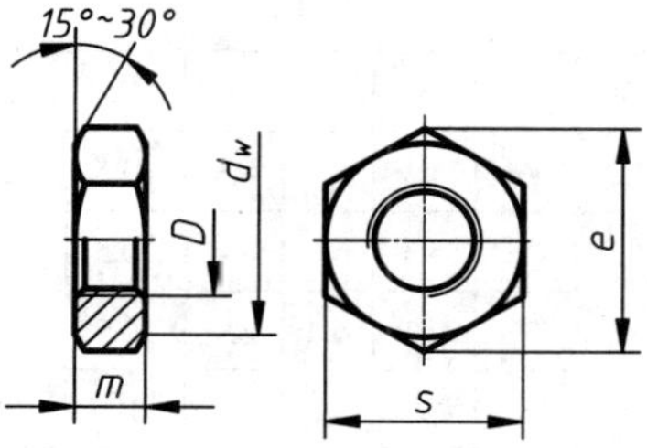

标记示例

螺纹规格 D=M12、性能等级为 5 级、不经表面处理、产品等级为 C 级的 1 型六角螺母：

螺母 GB/T 41 M12

螺纹规格 D=M12、性能等级为 8 级、不经表面处理、产品等级为 A 级的 1 型六角螺母：

螺母 GB/T 6170 M12

附表 13

mm

螺纹规格 D		M3	M4	M5	M6	M8	M10	M12	M16	M20	M24	M30	M36	M42
e	GB/T 41	—	—	8.63	10.89	14.2	17.59	19.85	26.17	32.95	39.55	50.85	60.79	72.02
	GB/T 6170	6.01	7.66	8.79	11.05	14.38	17.77	20.03	26.75	32.95	39.55	50.85	60.79	72.02
	GB/T 6172.1	6.01	7.66	8.79	11.05	14.38	17.77	20.03	26.75	32.95	39.55	50.85	60.79	72.02
m	GB/T 41	—	—	5.6	6.4	7.9	9.5	12.2	15.9	19	22.3	26.4	31.9	34.9
	GB/T 6170	2.4	3.2	4.7	5.2	6.8	8.4	10.8	14.8	18	21.5	25.6	31	34
	GB/T 6172.1	1.8	2.2	2.7	3.2	4	5	6	8	10	12	15	18	21
s	GB/T 41	—	—	8	10	13	16	18	24	30	36	46	55	65
	GB/T 6170	5.5	7	8	10	13	16	18	24	30	36	46	55	65
	GB/T 6172.1	5.5	7	8	10	13	16	18	24	30	36	46	55	65

注：A 级用于 $D \leqslant 16$ 的螺母；B 级用于 $D>16$ 的螺母。

11. 平垫圈

小垫圈 -A 级（GB/T 848—2002）

平垫圈 -A 级（GB/T 97.1—2002）

平垫圈 倒角型 -A 级（GB/T 97.2—2002）

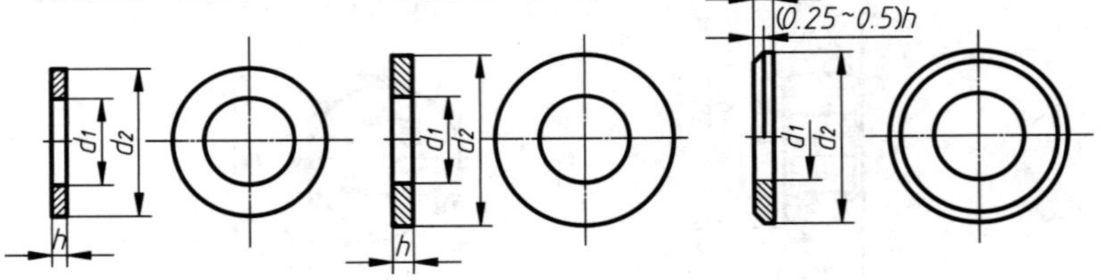

标记示例

标准系列、公称尺寸 d=8、性能等级为 140HV 级、不经表面处理的平垫圈：

垫圈 GB/T 97.1 8

附表 14

mm

螺纹规格 d		1.6	2	2.5	3	4	5	6	8	10	12	14	16	20	24	30	36
d_1	GB/T 848	1.7	2.2	2.7	3.2	4.3	5.3	6.4	8.4	10.5	13	15	17	21	25	31	37
	GB/T 97.1	1.7	2.2	2.7	3.2	4.3	5.3	6.4	8.4	10.5	13	15	17	21	25	31	37
	GB/T 97.2	—	—	—	—	—	5.3	6.4	8.4	10.5	13	15	17	21	25	31	37
d_2	GB/T 848	3.5	4.5	5	6	8	9	11	15	18	20	24	28	34	39	50	60
	GB/T 97.1	4	5	6	7	9	10	12	16	20	24	28	30	37	44	56	66
	GB/T 97.2	—	—	—	—	—	10	12	16	20	24	28	30	37	44	56	66
h	GB/T 848	0.3	0.3	0.5	0.5	0.5	1	1.6	1.6	1.6	2	2.5	2.5	3	4	4	5
	GB/T 97.1	0.3	0.3	0.5	0.5	0.8	1	1.6	1.6	2	2.5	2.5	3	3	4	4	5
	GB/T 97.2	—	—	—	—	—	1	1.6	1.6	2	2.5	2.5	3	3	4	4	5

注：GB/T 97.2 规格 d 为 5~36。

12. 弹簧垫圈

标准型弹簧垫圈（GB/T 93—1987）　　　轻型弹簧垫圈（GB/T 859—1987）

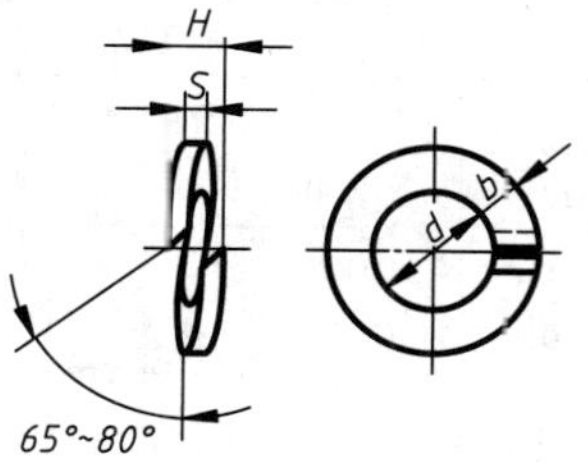

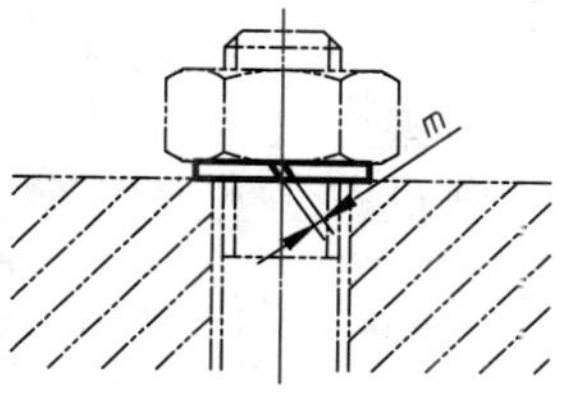

标记示例

规格 16、材料为 65Mn、表面氧化的标准型弹簧垫圈：

垫圈 GB/T 93 16

附表 15

mm

规格（螺纹大径）		3	4	5	6	8	10	12	（14）	16	（18）	20	（22）	24	（27）	30
d		3.1	4.1	5.1	6.1	8.1	10.2	12.2	14.2	16.2	18.2	20.2	22.5	24.5	27.5	30.5
S（*b*）	GB/T 93	0.8	1.1	1.3	1.6	2.1	2.6	3.1	3.6	4.1	4.5	5	5.5	6	6.8	7.5
S	GB/T 859	0.6	0.8	1.1	1.3	1.6	2	2.5	3	3.2	3.6	4	4.5	5	5.5	6
m ⩽	GB/T 93	0.4	0.55	0.65	0.8	1.05	1.3	1.55	1.8	2.05	2.25	2.5	2.75	3	3.4	3.75
	GB/T 859	0.3	0.4	0.55	0.65	0.8	1	1.25	1.5	1.6	1.8	2	2.25	2.5	2.75	3
H	GB/T 93	1.6	2.2	2.6	3.2	4.2	5.2	6.2	7.2	8.2	9	10	11	12	13.6	15
	GB/T 859	1.2	1.6	2.2	2.6	3.2	4	5	6	6.4	7.2	8	9	10	11	12
b	GB/T 859	[illegible]	1.2	1.5	2	2.5	3	3.5	4	4.5	5	5.5	6	7	8	9

注：① 括号内的规格尽可能不采用。

② *m* 应大于零。

三、常用键与销

1. 键

（1）普通平键键槽的剖面尺寸与公差（GB/T 1095—2003）

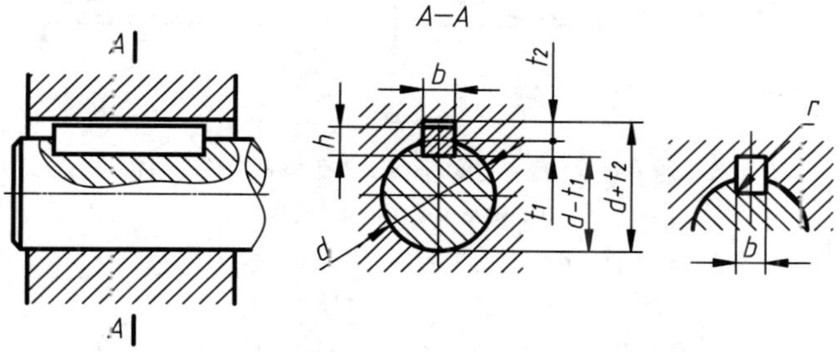

附表 16 mm

公称直径 d	键槽												
	宽度 b							深度				半径 r	
	公称尺寸 $b \times h$	极限偏差						轴 t_1		毂 t_2			
		公称尺寸	正常连结		紧密连结	松连结		公称尺寸	极限偏差	公称尺寸	极限偏差		
			轴 N9	毂 JS9	轴和毂 P9	轴 H9	毂 D10					最小	最大
自 6~8	2×2	2	−0.004 −0.029	+0.0125	−0.006 −0.031	+0.025 0	+0.060 +0.020	1.2	+0.1 0	1.0	+0.1 0	0.08	0.16
>8~10	3×3	3						1.8		1.4			
>10~12	4×4	4	0 −0.030	±0.015	−0.012 −0.042	+0.030 0	+0.078 +0.030	2.5		1.8			
>12~17	5×5	5						3.0		2.3		0.16	0.25
>17~22	6×6	6						3.5		2.8			
>22~30	8×7	8	0 −0.036	±0.018	−0.015 −0.051	+0.036 0	+0.098 +0.040	4.0	+0.2 0	3.3	+0.2 0		
>30~38	10×8	10						5.0		3.3		0.25	0.40
>38~44	12×8	12	0 −0.043	±0.0215	−0.018 −0.061	+0.043 0	+0.120 +0.050	5.0		3.3			
>44~50	14×9	14						5.5		3.8			
>50~58	16×10	16						6.0		4.3			
>58~65	18×11	18						7.0		4.4			
>65~75	20×12	20	0 −0.052	±0.026	−0.022 −0.074	+0.052 0	+0.149 +0.065	7.5		4.9		0.4	0.6
>75~85	22×14	22						9.0		5.4			
>85~95	25×14	25						9.0		5.4			
>95~110	28×16	28						10		6.4			
>110~130	32×18	32	0 −0.062	±0.031	−0.026 −0.088	+0.062 0	+0.180 +0.080	11		7.4			
>130~150	36×20	36						12	+0.3 0	8.4	+0.3 0	0.7	1.0
>150~170	40×22	40						13		9.4			
>170~200	45×25	45						15		10.4			

注：平键槽的长度公差带用 H14。

（2）普通平键的形式尺寸与公差（GB/T 1096—2003）

A型　B型　C型

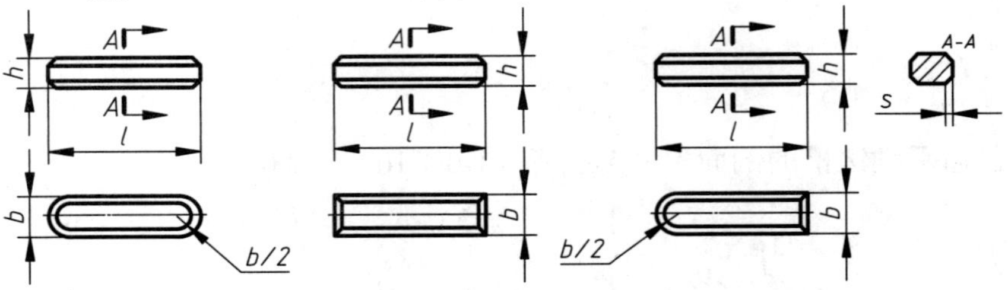

标记示例

圆头普通平键（A 型）宽度 b=18、高度 h=11、长度 l=100：

GB/T 1096　键 18×11×100

方头普通平键（B 型）宽度 b=18、高度 h=11、长度 l=100：

GB/T 1096　键 B18×11×100

单圆头普通平键（C 型）宽度 b=18、高度 h=11、长度 l=100：

GB/T 1096　键 C18×11×100

附表 17 mm

宽度 b 公称尺寸	2	3	4	5	6	8	10	12	14	16	18	20	22	25
高度 h 公称尺寸	2	3	4	5	6	7	8	8	9	10	11	12	14	14
倒角或倒圆 s	0.16~0.25			0.25~0.40			0.40~0.60					0.60~0.80		
l	6~20	6~36	8~45	10~56	14~70	18~90	22~110	28~140	36~160	45~180	50~200	56~220	63~250	70~280
l 系列	6、8、10、12、14、16、18、20、22、25、28、32、36、40、45、50、56、63、70、80、90、100、110、125、140、160、180、200、220、250、280													

（3）半圆键键槽的剖面尺寸与公差（GB/T 1098—2003）

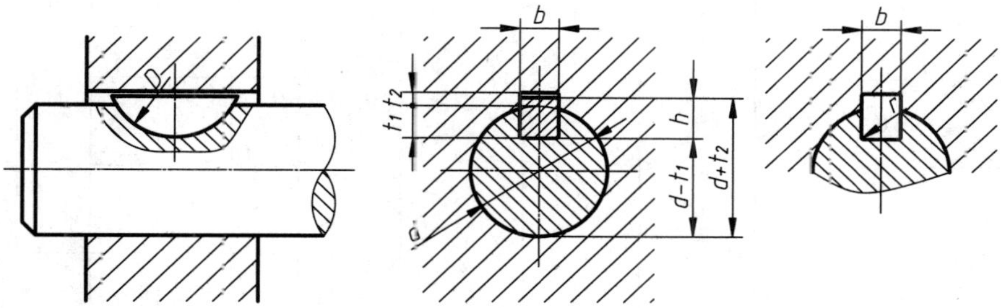

附表 18 mm

键尺寸 $b \times h \times D$	键槽											
	宽度 b						深度				半径 r	
	公称尺寸	极限偏差					轴 t_1		毂 t_2			
		正常连接		紧密连接	松连接							
		轴 N9	毂 JS9	轴和毂 P9	轴 H9	毂 D10	公称尺寸	极限偏差	公称尺寸	极限偏差	最大	最小
1.0 × 1.4 × 4 1.0 × 1.1 × 4	1.0						1		0.6			
1.5 × 2.6 × 7 1.5 × 2.1 × 7	1.5						2		0.8			
2.0 × 2.6 × 7 2.0 × 2.1 × 7	2.0						1.8	+0.1 0	1			
2.0 × 3.7 × 10 2.0 × 3.0 × 10	2.0	−0.004 −0.029	± 0.0125	−0.006 −0.031	+0.025 0	+0.060 +0.020	2.9		1	+0.1 0	0.16	0.08
2.5 × 3.7 × 10 2.5 × 3.0 × 10	2.5						2.7		1.2			
3.0 × 5.0 × 13 3.0 × 4.0 × 13	3.0						3.8	+0.2 0	1.4			
3.0 × 6.5 × 16 3.0 × 5.6 × 16	3.0						5.3		1.4			

续表

<table>
<tr><td rowspan="5">键尺寸
$b \times h \times D$</td><td colspan="12">键槽</td></tr>
<tr><td colspan="6">宽度 b</td><td colspan="4">深度</td><td colspan="2" rowspan="3">半径 r</td></tr>
<tr><td rowspan="3">公称尺寸</td><td colspan="5">极限偏差</td><td colspan="2" rowspan="2">轴 t_1</td><td colspan="2" rowspan="2">毂 t_2</td></tr>
<tr><td colspan="2">正常连接</td><td colspan="2">紧密连接</td><td>松连接</td></tr>
<tr><td>轴 N9</td><td>毂 JS9</td><td>轴和毂 P9</td><td>轴 H9</td><td>毂 D10</td><td>公称尺寸</td><td>极限偏差</td><td>公称尺寸</td><td>极限偏差</td><td>最大</td><td>最小</td></tr>
<tr><td>4.0 × 6.5 × 16
4.0 × 5.2 × 16</td><td>4.0</td><td rowspan="7">0
−0.03</td><td rowspan="7">± 0.015</td><td rowspan="7">−0.012
−0.042</td><td rowspan="7">+0.030
0</td><td rowspan="7">+0.078
+0.030</td><td>5</td><td rowspan="4">+0.2
0</td><td>1.8</td><td rowspan="6">+0.1
0</td><td rowspan="7">0.25</td><td rowspan="7">0.16</td></tr>
<tr><td>4.0 × 7.5 × 19
4.0 × 6.0 × 19</td><td>4.0</td><td>6</td><td>1.8</td></tr>
<tr><td>5.0 × 6.5 × 19
5.0 × 5.2 × 19</td><td>5.0</td><td>4.5</td><td>2.3</td></tr>
<tr><td>5.0 × 7.5 × 19
5.0 × 6.0 × 19</td><td>5.0</td><td>5.5</td><td>2.3</td></tr>
<tr><td>5.0 × 9.0 × 22
5.0 × 7.2 × 22</td><td>5.0</td><td>7</td><td rowspan="5">+0.3
0</td><td>2.3</td></tr>
<tr><td>6.0 × 9.0 × 22
6.0 × 7.2 × 22</td><td>6.0</td><td>6.5</td><td>2.8</td></tr>
<tr><td>6.0 × 10.0 × 25
6.0 × 8.0 × 25</td><td>6.0</td><td>7.5</td><td>2.8</td><td rowspan="3">+0.2
0</td></tr>
<tr><td>8.0 × 11.0 × 28
8.0 × 8.8 × 28</td><td>8.0</td><td rowspan="2">0
−0.036</td><td rowspan="2">± 0.018</td><td rowspan="2">−0.015
−0.051</td><td rowspan="2">+0.036
0</td><td rowspan="2">+0.098
+0.040</td><td>8</td><td>3.3</td><td rowspan="2">0.4</td><td rowspan="2">0.25</td></tr>
<tr><td>10.0 × 13.0 × 32
10.0 × 10.4 × 32</td><td>10.0</td><td>10</td><td>3.3</td></tr>
</table>

注：键尺寸中的公称直径 D 即为键槽直径最小值。

（4）普通半圆键的尺寸与公差（GB/T 1099.1—2003）

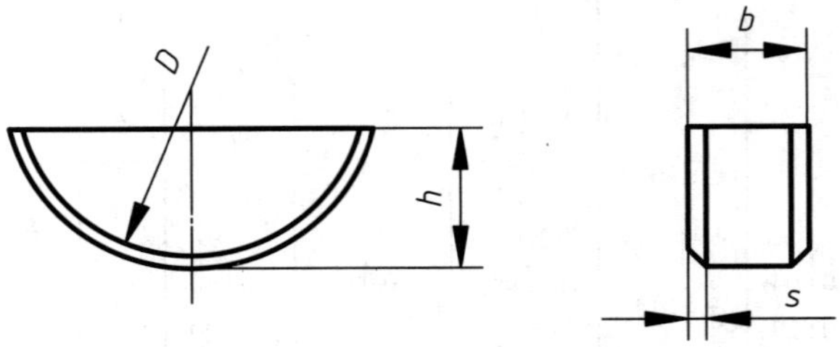

标记示例

普通型半圆键 b=6、h=10、D=25：

GB/T 1099.1　键 6 × 10 × 25

附表 19

mm

<table>
<tr><th rowspan="2">键尺寸
$b \times h \times D$</th><th colspan="2">键宽 b</th><th colspan="2">高度 h</th><th colspan="2">直径 D</th><th colspan="2">倒角或倒圆 s</th></tr>
<tr><th>公称尺寸</th><th>极限偏差</th><th>公称尺寸</th><th>极限偏差</th><th>公称尺寸</th><th>极限偏差</th><th>最小</th><th>最大</th></tr>
<tr><td>1.0 × 1.4 × 4</td><td>1.0</td><td rowspan="16">0
−0.025</td><td>1.4</td><td rowspan="3">0
−0.01</td><td>4</td><td>0
−0.12</td><td rowspan="7">0.16</td><td rowspan="7">0.25</td></tr>
<tr><td>1.5 × 2.6 × 7</td><td>1.5</td><td>2.6</td><td>7</td><td rowspan="4">0
−0.15</td></tr>
<tr><td>2.0 × 2.6 × 10</td><td>2.0</td><td>2.6</td><td>7</td></tr>
<tr><td>2.0 × 3.7 × 10</td><td>2.0</td><td>3.7</td><td rowspan="3">0
−0.12</td><td>10</td></tr>
<tr><td>2.5 × 3.7 × 10</td><td>2.5</td><td>3.7</td><td>10</td></tr>
<tr><td>3.0 × 5.0 × 13</td><td>3.0</td><td>5</td><td>13</td><td rowspan="3">0
−0.18</td></tr>
<tr><td>3.0 × 6.5 × 16</td><td>3.0</td><td>6.5</td><td rowspan="8">0
−0.15</td><td>16</td></tr>
<tr><td>4.0 × 6.5 × 19</td><td>4.0</td><td>6.5</td><td>16</td><td rowspan="7">0.25</td><td rowspan="7">0.4</td></tr>
<tr><td>4.0 × 7.5 × 19</td><td>4.0</td><td>7.5</td><td>19</td><td>0
−0.21</td></tr>
<tr><td>5.0 × 6.5 × 16</td><td>5.0</td><td>6.5</td><td>16</td><td>0
−0.18</td></tr>
<tr><td>5.0 × 7.5 × 19</td><td>5.0</td><td>7.5</td><td>19</td><td rowspan="5">0
−0.21</td></tr>
<tr><td>5.0 × 9.0 × 22</td><td>5.0</td><td>9</td><td>22</td></tr>
<tr><td>6.0 × 9.0 × 22</td><td>6.0</td><td>9</td><td>22</td></tr>
<tr><td>6.0 × 10.0 × 25</td><td>6.0</td><td>10</td><td>25</td></tr>
<tr><td>8.0 × 11.0 × 28</td><td>8.0</td><td>11</td><td rowspan="2">0
−0.18</td><td>28</td><td rowspan="2">0.4</td><td rowspan="2">0.6</td></tr>
<tr><td>10.0 × 13.0 × 32</td><td>10.0</td><td>13</td><td>32</td><td>0
−0.25</td></tr>
</table>

2. 销

（1）圆柱销（GB/T 119.1—2000）——不淬硬钢和奥氏体不锈钢

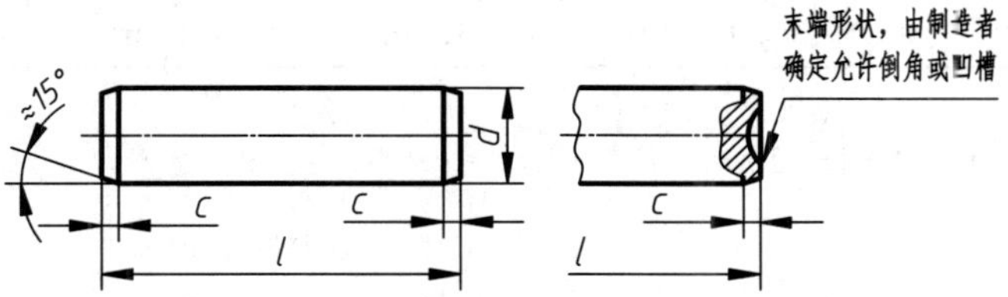

标记示例

公称直径 d=6、公差 m6、公称长度 l=30、材料为钢、不经淬火、不经表面处理的圆柱销：

销 GB/T 119.1　6m6 × 30

附表 20

mm

公称直径 d（m6/h8）	0.6	0.8	1	1.2	1.5	2	2.5	3	4	5
$c \approx$	0.12	0.16	0.20	0.25	0.30	0.35	0.4	0.5	0.63	0.8
l（商品规格范围公称长度）	2~6	2~8	4~10	4~12	4~16	6~20	6~24	8~30	8~40	10~50

续表

公称直径 d（m6/h8）	6	8	10	12	16	20	25	30	40	50
$c\approx$	1.2	1.6	2	2.5	3	3.5	4.0	5.0	6.3	8.0
l（商品规格范围公称长度）	12~60	14~80	18~95	22~140	26~180	35~200	50~200	60~200	80~200	95~200
l 系列	2、3、4、5、6、8、10、12、14、16、18、20、22、24、26、28、30、32、35、40、45、50、55、60、65、70、75、80、85、90、95、100、120、140、160、180、200									

注：①材料用钢的强度要求为 125~245HV30，用奥氏体不锈钢 A1（GB/T 3098.6）时硬度要求为 210~280HV30。

②公差 m6：$Ra \leqslant 0.8\mu m$；公差 m8：$Ra \leqslant 1.6\mu m$。

（2）圆锥销（GB/T 117—2000）

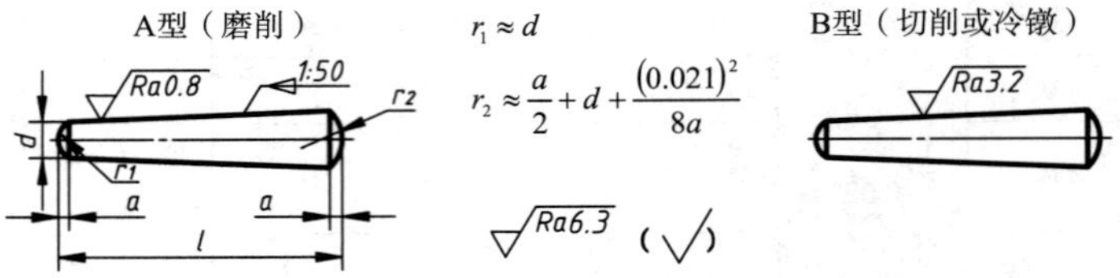

$r_1 \approx d$

$r_2 \approx \frac{a}{2} + d + \frac{(0.021)^2}{8a}$

标记示例

公称直径 d=6、公称长度 l=30、材料为 35 钢、热处理硬度 28~38HRC、表面氧化处理的 A 型圆锥销：

销 GB/T 117　6 × 30

附表 21　　mm

d（公称）	0.6	0.8	1	1.2	1.5	2	2.5	3	4	5
$a\approx$	0.08	0.1	0.12	0.16	0.2	0.25	0.3	0.4	0.5	0.63
l（商品规格范围公称长度）	4~8	5~12	6~16	6~20	8~24	10~35	10~35	12~45	14~65	18~60
d（公称）	6	8	10	12	16	20	25	30	40	50
$a\approx$	0.8	1	1.2	1.6	2	2.5	3	4	5	6.3
l（商品规格范围公称长度）	22~90	22~120	26~160	32~180	40~200	45~200	50~200	55~200	60~200	65~200
l 系列	2、3、4、5、6、8、10、12、14、16、18、20、22、24、26、28、30、32、35、40、45、50、55、60、65、70、75、80、85、90、95、100、120、140、160、180、200									

（3）开口销（GB/T 91—2000）

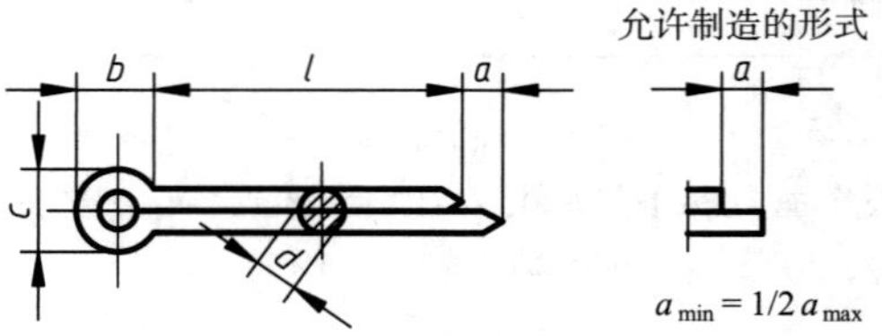

$a_{min} = 1/2\, a_{max}$

标记示例

公称规格为 d=5、长度 l=50、材料为低碳钢、不经表面处理的开口销：

销 GB/T 91　5 × 50

附表 22

mm

公称		0.6	0.8	1	1.2	1.6	2	2.5	3.2	4	5	6.3	8	10	13
d	max	0.5	0.7	0.9	1	1.4	1.8	2.3	2.9	3.7	4.6	5.9	7.5	9.5	12.4
	min	0.4	0.6	0.8	0.9	1.3	1.7	2.1	2.7	3.5	4.4	5.7	7.3	9.3	12.1
c	max	1	1.4	1.8	2	2.8	3.6	4.6	5.8	7.4	9.2	11.8	15	19	24.8
	min	0.9	1.2	1.6	1.7	2.4	3.2	4	5.1	6.5	8	10.3	13.1	16.6	21.7
b ≈		2	2.4	3	3	3.2	4	5	6.4	8	10	12.6	16	20	26
a max		1.6	1.6	1.6	2.5	2.5	2.5	2.5	3.2	4	4	4	4	6.3	6.3
l（商品规格范围公称长度）		4~12	5~16	6~20	8~26	8~32	10~40	12~50	14~65	18~80	22~100	30~120	40~160	45~200	70~200
l 系列		4、5、6、8、10、12、14、16、18、20、22、25、28、32、36、40、45、50、56、63、71、80、90、100、120、140、160、180、200													

注：公称规格等于开口销孔直径。对销孔直径推荐的公差为：公称规格≤ 1.2：H13；公称规格 >1.2：H14。

四、常用滚动轴承

1. 深沟球轴承（GB/T 276—2013）

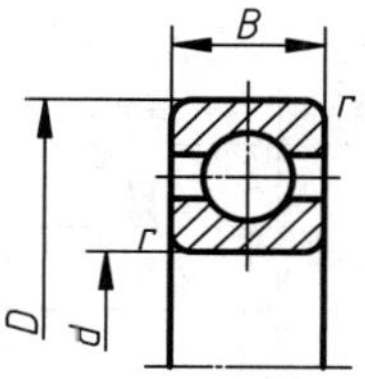

外形尺寸

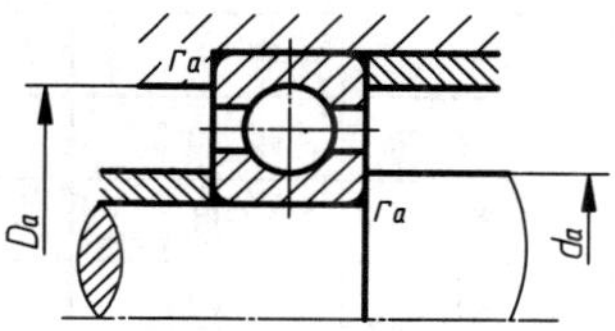

安装尺寸

标记示例

内径 *d*=20 的 60000 型深沟球轴承，尺寸系列为 02，组合代号为 62：

滚动轴承 6204 GB/T 276—2013

附表 23

mm

轴承代号	外形尺寸				安装尺寸		
	d	*D*	*B*	r_s min	d_a min	D_a max	r_{as} max
01 尺寸系列							
6000	10	26	8	0.3	12.4	23.6	0.3
6001	12	28	8	0.3	14.4	25.6	0.3
6002	15	32	9	0.3	17.4	29.6	0.3
6003	17	35	10	0.3	19.4	32.6	0.3
6004	20	42	12	0.6	25	37	0.6
6005	25	47	12	0.6	30	42	0.6
6006	30	55	13	1	36	49	1

续表

轴承代号	外形尺寸				安装尺寸		
	d	D	B	r_s min	d_a min	D_a max	r_{as} max
6007	35	62	14	1	41	56	1
6008	40	68	15	1	46	62	1
6009	45	75	16	1	51	69	1
6010	50	80	16	1	56	74	1
6011	55	90	18	1.1	62	83	1
6012	60	95	18	1.1	67	88	1
6013	65	100	18	1.1	72	93	1
6014	70	110	20	1.1	77	103	1
6015	75	115	20	1.1	82	108	1
6016	80	125	22	1.1	87	118	1
6017	85	130	22	1.1	92	123	1
6018	90	140	24	1.5	99	131	1.5
6019	95	145	24	1.5	104	136	1.5
6020	100	150	24	1.5	109	141	1.5
02 尺寸系列							
6200	10	30	9	0.6	15	25	0.6
6201	12	32	10	0.6	17	27	0.6
6202	15	35	11	0.6	20	30	0.6
6203	17	40	12	0.6	22	35	0.6
6204	20	47	14	1	26	41	1
6205	25	52	15	1	31	46	1
6206	30	62	16	1	36	56	1
6207	35	72	17	1.1	42	65	1
6208	40	80	18	1.1	47	73	1
6209	45	85	19	1.1	52	78	1
6210	50	90	20	1.1	57	83	1
6211	55	100	21	1.5	64	91	1.5
6212	60	110	22	1.5	69	101	1.5
6213	65	120	23	1.5	74	111	1.5
6214	70	125	24	1.5	79	116	1.5
6215	75	130	25	1.5	84	121	1.5
6216	80	140	26	2	90	130	2
6217	85	150	28	2	95	140	2
6218	90	160	30	2	100	150	2

续表

轴承代号	外形尺寸				安装尺寸		
	d	D	B	r_s min	d_a min	D_a max	r_{as} max
6219	95	170	32	2.1	107	158	2.1
6220	100	180	34	2.1	112	168	2.1
03 尺寸系列							
6300	10	35	11	0.6	15	30	0.6
6301	12	37	12	1	18	31	1
6302	15	42	13	1	21	36	1
6303	17	47	14	1	23	41	1
6304	20	52	15	1.1	27	45	1
6305	25	62	17	1.1	32	55	1
6306	30	72	19	1.1	37	65	1
6307	35	80	21	1.5	44	71	1.5
6308	40	90	23	1.5	49	81	1.5
6309	45	100	25	1.5	54	91	1.5
6310	50	110	27	2	60	100	2
6311	55	120	29	2	65	110	2
6312	60	130	31	2.1	72	118	2.1
6313	65	140	33	2.1	77	128	2.1
6314	70	150	35	2.1	82	138	2.1
6315	75	160	37	2.1	87	148	2.1
6316	80	170	39	2.1	92	158	2.1
6317	85	180	41	3	99	166	2.5
6318	90	190	43	3	104	176	2.5
6319	95	200	45	3	109	186	2.5
6320	100	215	47	3	114	201	2.5
04 尺寸系列							
6403	17	62	17	1.1	24	55	1
6404	20	72	19	1.1	27	65	1
6405	25	80	21	1.5	34	71	1.5
6406	30	90	23	1.5	39	81	1.5
6407	35	100	25	1.5	44	91	1.5
6408	40	110	27	2	50	100	2
6409	45	120	29	2	55	110	2
6410	50	130	31	2.1	62	118	2.1
6411	55	140	33	2.1	67	128	2.1

续表

轴承代号	外形尺寸				安装尺寸		
	d	D	B	r_s min	d_a min	D_a max	r_{as} max
6412	60	150	35	2.1	72	138	2.1
6413	65	160	37	2.1	77	148	2.1
6414	70	180	42	3	84	166	2.5
6415	75	190	45	3	89	176	2.5
6416	80	200	48	3	94	186	2.5
6417	85	210	52	4	103	192	3
6418	90	225	54	4	108	207	3
6420	100	250	58	4	118	232	3

注：① r_{smin} 为 r 的单向最小倒角尺寸；r_{asmax} 为 r_{as} 的单向最大倒角尺寸。

②表中安装尺寸参照 GB/T 5868—2003（做了相应调整）。

2. 圆锥滚子轴承（GB/T 297—2015）

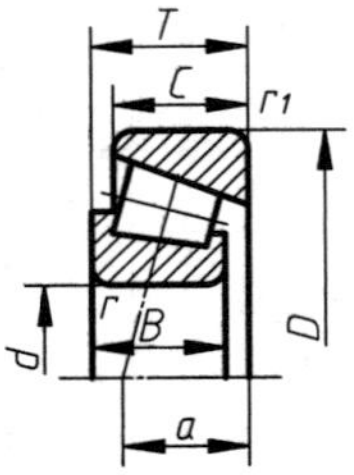

公称尺寸

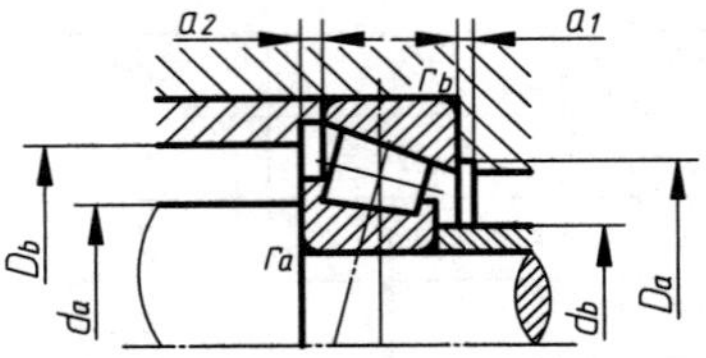

安装尺寸

标记示例

内径 d=20、尺寸系列代号为 02 的圆锥滚子轴承；

滚动轴承 30204　GB/T 297—2015

附表 24　　mm

轴承代号	外形尺寸								安装尺寸								
	d	D	T	B	C	r_s min	r_{1s} min	a ≈	d_a min	d_b max	D_a min	D_a max	D_b min	a_1 min	a_2 min	r_{as} max	r_{bs} max
02 尺寸系列																	
30203	17	40	13.25	12	11	1	1	9.9	23	23	34	34	37	2	2.5	1	1
30204	20	47	15.25	14	12	1	1	11.2	26	27	40	41	43	2	3.5	1	1
30205	25	52	16.25	15	13	1	1	12.5	31	31	44	46	48	2	3.5	1	1
30206	30	62	17.25	16	14	1	1	13.8	36	37	53	56	58	2	3.5	1	1
30207	35	72	18.25	17	15	1.5	1.5	15.3	42	44	62	65	67	3	3.5	1.5	1.5
30208	40	80	19.75	18	16	1.5	1.5	16.9	47	49	69	73	75	3	4	1.5	1.5
30209	45	85	20.75	19	16	1.5	1.5	18.6	52	53	74	78	80	3	5	1.5	1.5
30210	50	90	21.75	20	17	1.5	1.5	20	57	58	79	83	86	3	5	1.5	1.5
30211	55	100	22.75	21	18	2	1.5	21	64	64	88	91	95	4	5	2	1.5

续表

轴承代号	外形尺寸								安装尺寸								
	d	D	T	B	C	r_s min	r_{1s} min	a ≈	d_a min	d_b max	D_a min	D_a max	D_b min	a_1 min	a_2 min	r_{as} max	r_{bs} max
30212	60	110	23.75	22	19	2	1.5	22.3	69	69	96	101	103	4	5	2	1.5
30213	65	120	24.75	23	20	2	1.5	23.8	74	77	106	111	114	4	5	2	1.5
30214	70	125	26.25	24	21	2	1.5	25.8	79	81	110	116	119	4	5.5	2	1.5
30215	75	130	27.25	25	22	2	1.5	27.4	84	85	115	121	125	4	5.5	2	1.5
30216	80	140	28.25	26	22	2.5	2	28.1	90	90	124	130	133	4	6	2.1	2
30217	85	150	30.5	28	24	2.5	2	30.3	95	96	132	140	142	5	6.5	2.1	2
30218	90	160	32.5	30	26	2.5	2	32.3	100	102	140	150	151	5	6.5	2.1	2
30219	95	170	34.5	32	27	3	2.5	34.2	107	108	149	158	160	5	7.5	2.5	2.1
30220	100	180	37	34	29	3	2.5	36.4	112	114	157	168	169	5	8	2.5	2.1
03 尺寸系列																	
30302	15	42	14.25	13	11	1	1	9.6	21	22	36	36	38	2	3.5	1	1
30303	17	47	15.25	14	12	1	1	10.4	23	25	40	41	43	3	3.5	1	1
30304	20	52	16.25	15	13	1.5	1.5	11.1	27	28	44	45	48	3	3.5	1.5	1.5
30305	25	62	18.25	17	15	1.5	1.5	13	32	34	54	55	58	3	3.5	1.5	1.5
30306	30	72	20.75	19	16	1.5	1.5	15.3	37	40	62	65	66	3	5	1.5	1.5
30307	35	80	22.75	21	18	2	1.5	16.8	44	45	70	71	74	3	5.5	2	1.5
30308	40	90	25.25	23	20	2	1.5	19.5	49	52	77	81	84	3	5.5	2	1.5
30309	45	100	27.25	25	22	2	1.5	21.3	54	59	86	91	94	3	6.5	2	1.5
30310	50	110	29.25	27	23	2.5	2	23	60	65	95	100	103	4	6.5	2	2
30311	55	120	31.5	29	25	2.5	2	24.9	65	70	104	110	112	4	7.5	2.5	2
30312	60	130	33.5	31	26	3	2.5	26.6	72	76	112	118	121	5	7.5	2.5	2.1
30313	65	140	36	33	28	3	2.5	28.7	77	83	122	128	131	5	8	2.5	2.1
30314	70	150	38	35	30	3	2.5	30.7	82	89	130	138	141	5	8	2.5	2.1
30315	75	160	40	37	31	3	2.5	32	87	95	139	148	150	5	9	2.5	2.1
30316	80	170	42.50	39	33	3	2.5	34.4	92	102	148	158	160	5	9.5	2.5	2.1
30317	85	180	44.50	41	34	4	3	35.9	99	107	156	166	168	6	10.5	3	2.5
30318	90	190	46.50	43	36	4	3	37.5	104	113	165	176	178	6	10.5	3	2.5
30319	95	200	49.50	45	38	4	3	40.1	109	118	172	186	185	6	11.5	3	2.5
30320	100	215	51.50	47	39	4	3	42.2	114	127	184	201	199	6	12.5	3	2.5
22 尺寸系列																	
32206	30	62	21.25	20	17	1	1	15.6	36	36	52	56	58	3	4.5	1	1
32207	35	72	24.25	23	19	1.5	1.5	17.9	42	42	61	65	68	3	5.5	1.5	1.5
32208	40	80	24.75	23	19	1.5	1.5	18.9	47	48	68	73	75	3	6	1.5	1.5

续表

轴承代号	外形尺寸								安装尺寸								
	d	D	T	B	C	r_s min	r_{1s} min	a ≈	d_a min	d_b max	D_a min	D_a max	D_b min	a_1 min	a_2 min	r_{as} max	r_{bs} max
32209	45	85	24.75	23	19	1.5	1.5	20.1	52	53	73	78	81	3	6	1.5	1.5
32210	50	90	24.75	23	19	1.5	1.5	21	57	57	78	83	86	3	6	1.5	1.5
32211	55	100	26.75	25	21	2	1.5	22.8	64	62	87	91	96	4	6	2	1.5
32212	60	110	29.75	28	24	2	1.5	25	69	68	95	101	105	4	6	2	1.5
32213	65	120	32.75	31	27	2	1.5	27.3	74	75	104	111	115	4	6	2	1.5
32214	70	125	33.25	31	27	2	1.5	28.8	79	79	108	116	120	4	6.5	2	1.5
32215	75	130	33.25	31	27	2	1.5	30	84	84	115	121	126	4	6.5	2	1.5
32216	80	140	35.25	33	28	2.5	2	31.4	90	89	122	130	135	5	7.5	2.1	2
32217	85	150	38.5	36	30	2.5	2	33.9	95	95	130	140	143	5	8.5	2.1	2
32218	90	160	42.5	40	34	2.5	2	36.8	100	101	138	150	153	5	8.5	2.1	2
32219	95	170	45.5	43	37	3	2.5	39.2	107	106	145	158	163	5	8.5	2.5	2.1
32220	100	180	49	46	39	3	2.5	41.9	112	113	154	168	172	5	10	2.5	2.1
23 尺寸系列																	
32303	17	47	20.25	19	16	1	1	12.3	23	24	39	41	43	3	4.5	1	1
32304	20	52	22.25	21	18	1.5	1.5	13.6	27	26	43	45	48	3	4.5	1.5	1.5
32305	25	62	25.25	24	20	1.5	1.5	15.9	32	32	52	55	58	3	5.5	1.5	1.5
32306	30	72	28.75	27	23	1.5	1.5	18.9	37	38	59	65	66	4	6	1.5	1.5
32307	35	80	32.75	31	25	2	1.5	20.4	44	43	66	71	74	4	8.5	2	1.5
32308	40	90	35.25	33	27	2	1.5	23.3	49	49	73	81	83	4	8.5	2	1.5
32309	45	100	38.25	36	30	2	1.5	25.6	54	56	82	91	93	4	8.5	2	1.5
32310	50	110	42.25	40	33	2.5	2	28.2	60	61	90	100	102	5	9.5	2	2
32311	55	120	45.5	43	35	2.5	2	30.4	65	66	99	110	111	5	10	2.5	2
32312	60	130	48.5	46	37	3	2.5	32	72	72	107	118	122	6	11.5	2.5	2.1
32313	65	140	51	48	39	3	2.5	34.3	77	79	117	128	131	6	12	2.5	2.1
32314	70	150	54	51	42	3	2.5	36.5	82	84	125	138	141	6	12	2.5	2.1
32315	75	160	58	55	45	3	2.5	39.4	87	91	133	148	150	7	13	2.5	2.1
32316	80	170	61.5	58	48	3	2.5	42.1	92	97	142	158	160	7	13.5	2.5	2.1
32317	85	180	63.5	60	49	4	3	43.5	99	102	150	166	168	8	14.5	3	2.5
32318	90	190	67.5	64	53	4	3	46.2	104	107	157	176	178	8	14.5	3	2.5
32319	95	200	71.5	67	55	4	3	49	109	114	166	186	187	8	16.5	3	2.5
32320	100	215	77.5	73	60	4	3	52.9	114	122	177	201	201	8	17.5	3	2.5

注：① r_{smin} 等含义同附表 23。

②表中安装尺寸参照 GB/T 5868—2003（做了相应调整）。

3. 推力球轴承（摘自 GB/T 301—2015）

51000 型　　52000 型

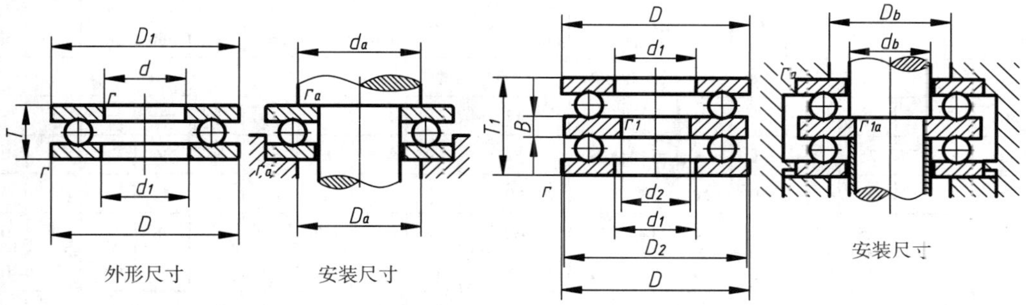

外形尺寸　安装尺寸　外形尺寸　安装尺寸

标记示例

内径 d=20、51000 型的推力球轴承、12 尺寸系列：

滚动轴承　51310　GB/T 301—2015

附表 25　　mm

轴承代号		外形尺寸											安装尺寸					
		d	d_2	D	T	T_1	d_1 min	D_1 max	D_2 max	B	r_s min	r_{1s} min	d_a min	D_a max	D_b min	d_b max	r_{as} max	r_{1as} max
12（51000 型）、22（52000 型）尺寸系列																		
51200	—	10	—	26	11	—	12	26	—	—	0.6	—	20	16		—	0.6	—
51201	—	12	—	28	11	—	14	28	—	—	0.6	—	22	18		—	0.6	—
51202	52202	15	10	32	12	22	17	32	32	5	0.6	0.3	25	22		15	0.6	0.3
51203	—	17	—	35	12	—	19	35	—	—	0.6	—	28	24		—	0.6	—
51204	52204	20	15	40	14	26	22	40	40	6	0.6	0.3	32	28		20	0.6	0.3
51205	52205	25	20	47	15	28	27	47	47	7	0.6	0.3	38	34		25	0.6	0.3
51206	52206	30	25	52	16	29	32	52	52	7	0.6	0.3	43	39		30	0.6	0.3
51207	52207	35	30	62	18	34	37	62	62	8	1	0.3	51	46		35	1	0.3
51208	52208	40	30	68	19	36	42	68	68	9	1	0.6	57	51		40	1	0.6
51209	52209	45	35	73	20	37	47	73	73	9	1	0.6	62	56		45	1	0.6
51210	52210	50	40	78	22	39	52	78	78	9	1	0.6	67	61		50	1	0.6
51211	52211	55	45	90	25	45	57	90	90	10	1	0.6	76	69		55	1	0.6
51212	52212	60	50	95	26	46	62	95	95	10	1	0.6	81	74		60	1	0.6
51213	522013	65	55	100	27	47	67	100		10	1	0.6	86	79	79	65	1	0.6
51214	52214	70	55	105	27	47	72	105		10	1	1	91	84	84	70	1	1
51215	52215	75	60	110	27	47	77	110		10	1	1	96	89	89	75	1	1
51216	52216	80	65	115	28	48	82	115		10	1	1	101	94	94	80	1	1
51217	52217	85	70	125	31	55	88	125		12	1	1	109	101	109	85	1	1
51218	52218	90	75	135	35	62	93	135		14	1.1	1	117	108	108	90	1	1
51220	52220	100	85	150	38	67	103	150		15	1.1	1	130	120	120	100	1	1

续表

轴承代号		外形尺寸											安装尺寸						
		d	d_2	D	T	T_1	d_1 min	D_1 max	D_2 max	B	r_s min	r_{1s} min	d_a min	D_a max	D_b min	d_b max	r_{as} max	r_{1as} max
13（51000 型）、23（52000 型）尺寸系列																			
51304	—	20	—	47	18	—	22	47		—	1	—	36	31	—	—	1	—
51305	52305	25	20	52	18	34	27	52		8	1	0.3	41	36	36	25	1	0.3
51306	52306	30	25	60	21	38	32	60		9	1	0.3	48	42	42	30	1	0.3
51307	52307	35	30	68	24	44	37	68		10	1	0.3	55	48	48	35	1	0.3
51308	52308	40	30	78	26	49	42	78		12	1	0.6	63	55	55	40	1	0.6
51309	52309	45	35	85	28	52	47	85		12	1	0.6	69	61	61	45	1	0.6
51310	523010	50	40	95	31	58	52	95		14	1.1	0.6	77	68	68	50	1	0.6
51311	52311	55	45	105	35	64	57	105		15	1.1	0.6	85	75	75	55	1	0.6
51312	52312	60	50	110	35	64	62	110		15	1.1	0.6	90	80	80	60	1	0.6
51313	52313	65	55	115	36	65	67	115		15	1.1	0.6	95	85	85	65	1	0.6
51314	52314	70	55	125	40	72	72	125		16	1.1	1	103	92	92	70	1	1
51315	52315	75	60	135	44	79	77	135		18	1.5	1	111	99	99	75	1.5	1
51316	52316	80	65	140	44	79	82	140		18	1.5	1	116	104	104	80	1.5	1
51317	52317	85	70	150	49	87	88	150		19	1.5	1	124	114	114	85	1.5	1
51318	52318	90	75	155	50	88	93	155		19	1.5	1	129	116	116	90	1.5	1
51320	52320	100	85	170	55	97	103	170		21	1.5	1	142	128	128	100	1.5	1
14（51000 型）、24（52000 型）尺寸系列																			
51405	52405	25	15	60	24	45	27	60		11	1	0.6	46	39		25	1	0.6
51406	52406	30	20	70	28	52	32	70		12	1	0.6	54	46		30	1	0.6
51407	52407	35	25	80	32	59	37	80		14	1.1	0.6	62	53		35	1	0.6
51408	52408	40	30	90	36	65	42	90		15	1.1	0.6	70	60		40	1	0.6
51409	52409	45	35	100	39	72	47	100		17	1.1	0.6	78	67		45	1	0.6
51410	52410	50	40	110	43	78	52	110		18	1.5	0.6	86	74		50	1.5	0.6
51411	52411	55	45	120	48	87	57	120		20	1.5	0.6	94	81		55	1.5	0.6
51412	52412	60	50	130	51	93	62	130		21	1.5	0.6	102	88		60	1.5	0.6
51413	52413	65	50	140	56	101	68	140		23	2	1	110	95		65	2.0	1
51414	52414	70	55	150	60	107	73	150		24	2	1	118	102		70	2.0	1
51415	52415	75	60	160	65	115	78	160	160	26	2	1	125	75		75	2.0	1
51416	—	80	—	170	68	—	83	170	—	—	2.1	—	133	117		—	2.1	—
51417	52417	85	65	180	72	128	88	177	179.5	29	2.1	1.1	141	124		85	2.1	1
51418	52418	90	70	190	77	135	93	187	189.5	30	2.1	1.1	149	131		90	2.1	1
51420	52420	100	80	210	85	150	103	205	209.5	33	3	1.1	165	145		100	2.5	1

注：① r_{smin} 等含义同附表 23。

②表中安装尺寸参照 GB/T 5868—2003（做了相应调整）。

五、常用零件工艺结构要素

1. 零件倒角与倒圆（摘自 GB/T 6403.4—2008）

附表 26　　mm

形式	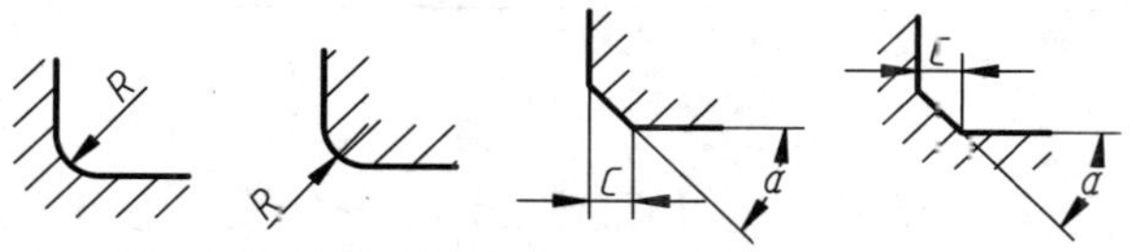												
R、C 尺寸系列	0.1	0.2	0.3	0.4	0.5	0.6	0.8	1.0	1.2	1.6	2.0	2.5	3
	4.0	5.0	6.0	8.0	10	12	16	20	25	32	40	50	
装配形式	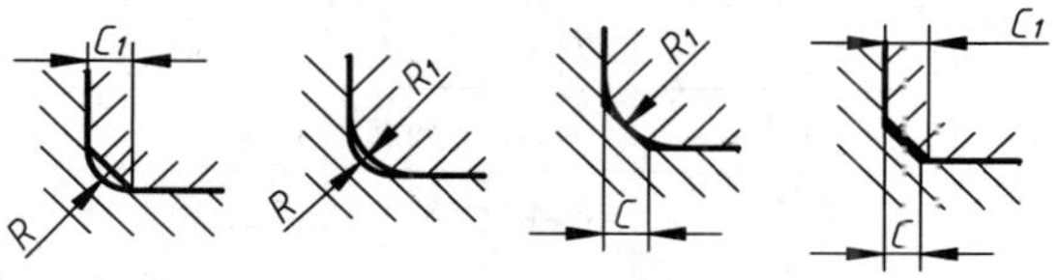 $C_1>R$　$R_1>R$　$C<0.58R_1$　$C_1>C$												
C_{max} 与 R_1 的关系（$C<0.58R_1$）	R_1	0.1	0.2	0.3	0.4	0.5	0.6	0.8	1.0	1.2	1.6	2.0	
	C_{max}	—	0.1	0.1	0.2	0.2	0.3	0.4	0.5	0.6	0.8	1.0	
	R_1	2.5	3.0	4.0	5.0	6.0	8.0	10	12	16	20	25	
	C_{max}	1.2	1.6	2.0	2.5	3.0	4.0	5.0	6.0	8.0	10	12	

与零件直径 ϕ 相应的倒角 C、倒圆 R 的推荐值　　mm

ϕ	≤ 3	>3~6	>6~10	>10~18	>18~30	>30~50	>50~80	>80~120	>120~180
R 或 C	0.2	0.4	0.6	0.8	1.0	1.6	2.0	2.5	3.0
ϕ	>180~250	>250~320	>320~400	>400~500	>500~630	>630~800	>800~1000	>1000~1250	>250~1600
R 或 C	4.0	5.0	6.0	8.0	10	12	16	20	25

注：① α 一般为 45°，也采用可 30° 或 60°。

②内角、外角分别为倒圆、倒角（倒角为 45°）时，R_1、C_1 为正偏差，R、C 为负偏差。

2. 砂轮越程槽（摘自 GB/T 6403.5—2008）

附表 27　　mm

形式	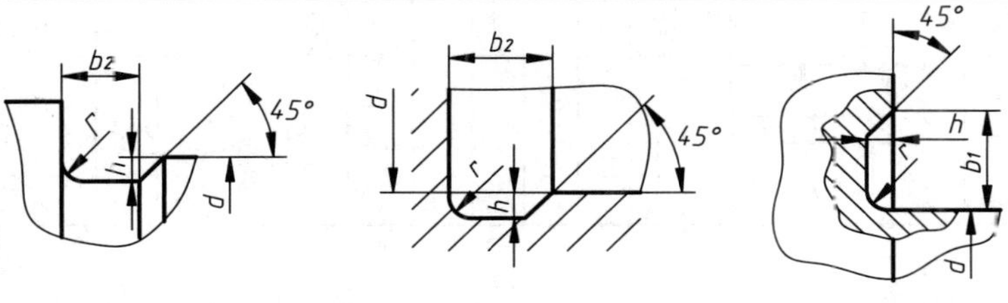 （a）磨外圆　（b）磨内圆　（c）磨外端面

续表

尺寸	b_1	0.6	1.0	1.6	2.0	3.0	4.0	5.0	8.0	10
	b_2	2.0	3.0		4.0		5.0		8.0	10
	h	0.1	0.2		0.3	0.4		0.6	0.8	1.2
	r	0.2	0.5		0.8	1.0		1.6	2.0	3.0
	d	~10			>10~50		>50~100		>100	

注：① 越程槽内两直线相交处，不允许产生尖角。

② 越程槽深度 h、圆弧半径 r，要满足 $r \leqslant 3h$。

3. 紧固件通孔及沉孔尺寸（GB/T 5277—1985、GB/T 152.1~152.4）

附表 28

mm

螺栓或螺钉直径 d			3	3.5	4	5	6	8	10	12	14	16	20	24	30	36	42	48
通孔直径 d_h（GB/T 5277—1985）	精装配		3.2	3.7	4.3	5.3	6.4	8.4	10.5	13	15	17	21	25	31	37	43	50
	中等装配		3.4	3.9	4.5	5.5	6.6	9	11	13.5	15.5	17.5	22	26	33	30	45	52
	粗装配		3.6	4.2	4.8	5.8	7	10	12	1.5	16.5	18.5	24	28	35	12	48	56
六角头螺栓和六角螺母用沉孔（GB/T 152.4—1988）	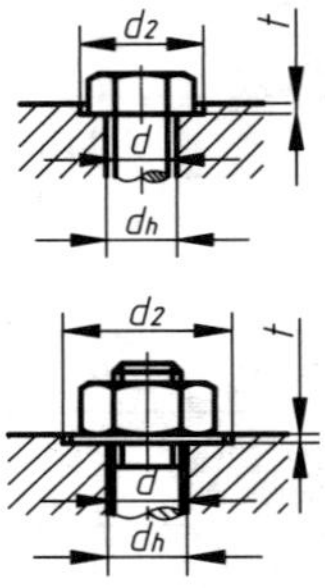	d_2	9	—	10	11	13	18	22	26	30	33	40	48	61	71	82	98
		t	只要能制出与通孔轴线垂直的圆平面即可															
沉头螺钉用沉孔（GB/T 152.2—2014）	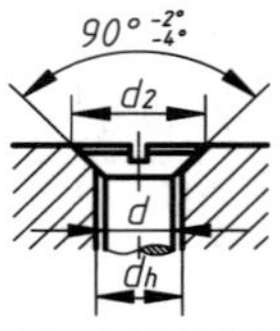	d_2	6.4	8.4	9.6	10.6	12.8	17.6	20.3	24.4	28.4	32.4	40.4	—	—	—	—	—
开槽圆柱头用的圆柱头沉孔（GB/T 152.3—1988）	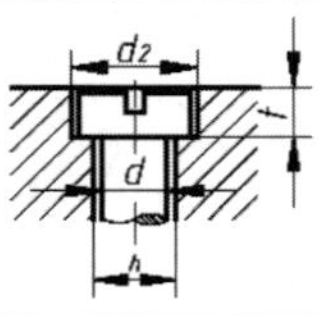	d_2	—	—	8	10	11	15	18	20	24	26	33	—	—	—	—	—
		t	—	—	3.2	4	4.7	6	7	8	9	10.5	12.5	—	—	—	—	—
内六角圆柱头用的圆柱头沉孔（GB/T 152.3—1988）	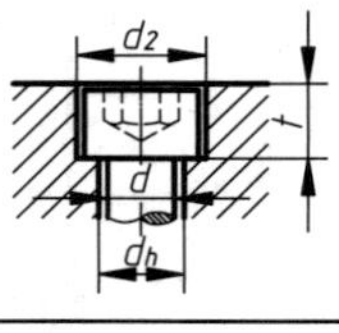	d_2	6		8	10	11	15	18	20	24	26	33	40	48	57	—	—
		t	3.4	—	4.6	5.7	6.8	9	11	13	15	17.5	21.5	25.5	32	38	—	—

六、极限与配合

1. 标准公差数值（GB/T 1800.1–2020）

附表 29

公称尺寸/mm		标准公差等级																			
		IT01	IT0	IT1	IT2	IT3	IT4	IT5	IT6	IT7	IT8	IT9	IT10	IT11	IT12	IT13	IT14	IT15	IT16	IT17	IT18
大于	至	μm													mm						
—	3	0.3	0.5	0.8	1.2	2	3	4	6	10	14	25	40	60	0.1	0.14	0.25	0.4	0.5	1	1.4
3	6	0.4	0.6	1	1.5	2.5	4	5	8	12	18	30	48	75	0.12	0.18	0.3	0.48	0.75	1.2	18
6	10	0.4	0.6	1	1.5	2.5	4	6	9	15	22	36	58	90	0.15	0.22	0.36	0.58	0.9	1.5	2.2
10	18	0.5	0.8	1.2	2	3	5	8	11	18	27	43	70	110	0.18	0.27	0.43	0.7	1.1	1.8	2.7
18	30	0.6	1	1.5	2.5	4	6	9	13	21	33	52	84	130	0.21	0.33	0.52	0.84	1.3	2.1	3.3
30	50	0.6	1	1.5	2.5	4	7	11	16	25	39	62	100	160	0.25	0.39	0.62	1	1.5	2.5	3.9
50	80	0.8	1.2	2	3	5	8	13	19	30	46	74	120	190	0.3	0.46	0.74	1.2	1.9	3	4.6
80	120	1	1.5	2.5	4	6	10	15	22	35	54	87	140	220	0.35	0.54	0.87	1.4	2.2	3.5	5.4
120	180	1.2	2	3.5	5	8	12	18	25	40	63	100	160	250	0.4	0.63	1	1.6	2.5	4	6.3
180	250	2	3	4.5	7	10	14	20	29	46	72	115	185	290	0.46	0.72	1.15	1.85	2.9	4.6	7.2
250	315	2.5	4	6	8	12	16	23	32	52	81	130	210	320	0.52	0.81	1.3	2.1	3.2	5.2	8.1
315	400	3	5	7	9	13	18	25	36	57	89	140	230	360	0.57	0.89	1.4	2.3	3.6	5.7	8.9
400	500	4	6	8	10	15	20	27	40	63	97	155	250	400	0.63	0.97	1.55	2.5	4	6.3	9.7

2. 常用及优先公差带极限偏差

（1）轴

附表 30 常用及优先轴公差带极限偏差（摘自 GB/T 1800.2—2020） μm

公称尺寸/mm		常用及优先公差带（带圈者为优先公差带）												
		a	b		c			d				e		
大于	至	11	11	12	9	10	⑪	8	⑨	10	11	7	8	9
—	3	−270	−140	−140	−60	−60	−60	−20	−20	−20	−20	−14	−14	−14
		−330	−200	−240	−85	−100	−120	−34	−45	−60	−80	−24	−28	−39
3	6	−270	−140	−140	−70	−70	−70	−30	−30	−30	−30	−20	−20	−20
		−345	−215	−260	−100	−118	−145	−48	−60	−78	−105	−32	−38	−50
6	10	−280	−150	−150	−80	−80	−80	−40	−40	−40	−40	−25	−25	−25
		−370	−240	−300	−116	−138	−170	−62	−76	−98	−130	−40	−47	−61
10	14	−290	−150	−150	−95	−95	−95	−50	−50	−50	−50	−32	−32	−32
14	18	−400	−260	−330	−138	−165	−205	−77	−93	−120	−160	−50	−59	−75
18	24	−300	−160	−160	−110	−110	−110	−65	−65	−65	−65	−40	−40	−40
24	30	−430	−290	−370	−162	−194	−240	−98	−117	−149	−195	−61	−73	−92

续表

公称尺寸/mm		常用及优先公差带（带圈者为优先公差带）												
		a	b		c			d				e		
大于	至	11	11	12	9	10	⑪	8	⑨	10	11	7	8	9
30	40	-310 -470	-170 -330	-170 -420	-120 -182	-120 -220	-120 -280	-80	-80	-80	-80	-50	-50	-50
40	50	-320 -480	-180 -340	-180 -430	-130 -192	-130 -230	-130 -290	-119	-142	-180	-240	-75	-89	-112
50	65	-340 -530	-190 -380	-190 -490	-140 -214	-140 -260	-140 -330	-100	-100	-100	-100	-60	-60	-60
65	80	-360 -550	-200 -390	-200 -500	-150 -224	-150 -270	-150 -340	-146	-174	-220	-290	-90	-106	-134
80	100	-380 -600	-220 -440	-220 -570	-170 -257	-170 -310	-170 -390	-120	-120	-120	-120	-72	-72	-72
100	120	-410 -630	-240 -460	-240 -590	-180 -267	-180 -320	-180 -400	-174	-207	-260	-340	-107	-126	-159
120	140	-460 -710	-260 -510	-260 -660	-200 -300	-200 -360	-200 -450	-145	-145	-145	-145	-85	-85	-85
140	160	-520 -770	-280 -530	-280 -680	-210 -310	-210 -370	-210 -460							
160	180	-580 -830	-310 -560	-310 -710	-230 -330	-230 -390	-230 -480	-208	-245	-305	-395	-125	-148	-185
180	200	-660 -950	-340 -630	-340 -800	-240 -355	-240 -425	-240 -530	-170	-170	-170	-170	-100	-100	-100
200	225	-740 -1030	-380 -670	-380 -840	-260 -375	-260 -445	-260 -550							
225	250	-820 -1110	-420 -710	-420 -880	-280 -395	-280 -465	-280 -570	-242	-285	-355	-460	-146	-170	-215
250	280	-920 -1240	-480 -800	-480 -1000	-300 -430	-300 -510	-300 -620	-190	-190	-190	-190	-110	-110	-110
280	315	-1050 -1370	-540 -860	-540 -1060	-330 -460	-330 -540	-330 -650	-271	-320	-400	-510	-162	-191	-240
315	355	-1200 -1560	-600 -960	-600 -1170	-360 -500	-360 -590	-360 -720	-210	-210	-210	-210	-125	-125	-125
355	400	-1350 -1710	-680 -1040	-680 -1250	-400 -540	-400 -630	-400 -760	-299	-350	-440	-570	-182	-214	-265
400	450	-1500 -1900	-760 -1160	-760 -1390	-440 -595	-440 -690	-440 -840	-230	-230	-230	-230	-135	-135	-135
450	500	-1650 -2050	-840 -1240	-840 -1470	-480 -635	-480 -730	-480 -880	-327	-385	-480	-630	-198	-232	-290

注：公称尺寸小于1mm时，各级的a和b均不采用。

续表

公称尺寸 /mm		常用及优先公差带（带圈者为优先公差带）															
		f					g			h							
大于	至	5	6	⑦	8	9	5	⑥	7	5	⑥	⑦	8	⑨	10	⑪	12
—	3	−6	−6	−6	−6	−6	−2	−2	−2	0	0	0	0	0	0	0	0
		−10	−12	−16	−20	−31	−6	−8	−12	−4	−6	−10	−14	−25	−40	−60	−100
3	6	−10	−10	−10	−10	−10	−4	−4	−4	0	0	0	0	0	0	0	0
		−15	−18	−22	−28	−40	−9	−12	−16	−5	−8	−12	−18	−30	−48	−75	−120
6	10	−13	−13	−13	−13	−13	−5	−5	−5	0	0	0	0	0	0	0	0
		−19	−22	−28	−35	−49	−11	−14	−20	−6	−9	−15	−22	−36	−58	−90	−150
10	14	−16	−16	−16	−16	−16	−6	−6	−6	0	0	0	0	0	0	0	0
14	18	−24	−27	−34	−43	−59	−14	−17	−24	−8	−11	−18	−27	−43	−70	−110	−180
18	24	−20	−20	−20	−20	−20	−7	−7	−7	0	0	0	0	0	0	0	0
24	30	−29	−33	−41	−53	−72	−16	−20	−28	−9	−13	−21	−33	−52	−84	−130	−210
30	40	−25	−25	−25	−25	−25	−9	−9	−9	0	0	0	0	0	0	0	0
40	50	−36	−41	−50	−64	−87	−20	−25	−34	−11	−16	−25	−39	−62	−100	−160	−250
50	65	−30	−30	−30	−30	−30	−10	−10	−10	0	0	0	0	0	0	0	0
65	80	−43	−49	−60	−76	−104	−23	−29	−40	−13	−19	−30	−46	−74	−120	−190	−300
80	100	−36	−36	−36	−36	−36	−12	−12	−12	0	0	0	0	0	0	0	0
100	120	−51	−58	−71	−90	−123	−27	−34	−47	−15	−22	−35	−54	−87	−140	−220	−350
120	140	−43	−43	−43	−43	−43	−14	−14	−14	0	0	0	0	0	0	0	0
140	160																
160	180	−61	−68	−83	−106	−143	−32	−39	−54	−18	−25	−40	−63	−100	−160	−250	−400
180	200	−50	−50	−50	−50	−50	−15	−15	−15	0	0	0	0	0	0	0	0
200	225																
225	250	−70	−79	−96	−122	−165	−35	−44	−61	−20	−29	−46	−72	−115	−185	−290	−460
250	280	−56	−56	−56	−56	−56	−17	−17	−17	0	0	0	0	0	0	0	0
280	315	−79	−88	−108	−137	−186	−40	−49	−69	−23	−32	−52	−81	−130	−210	−320	−520
315	355	−62	−62	−62	−62	−62	−18	−18	−18	0	0	0	0	0	0	0	0
355	400	−87	−98	−119	−151	−202	−43	−54	−75	−25	−36	−57	−89	−140	−230	−360	−570
400	450	−68	−68	−68	−68	−68	−20	−20	−20	0	0	0	0	0	0	0	0
		−95	−108	−131	−165	−223	−47	−60	−83	−27	−40	−63	−97	−155	−250	−400	−630

续表

公称尺寸 /mm		常用及优先公差带（带圈者为优先公差带）														
		js			k			m			n			p		
大于	至	5	6	7	5	⑥	7	5	6	7	5	⑥	7	5	⑥	7
—	3	±2	±3	±5	4 0	6 0	10 0	6 2	8 2	12 2	8 4	10 4	14 4	10 6	12 6	16 6
3	6	±2.5	±4	±6	6 1	9 1	13 1	9 4	12 4	16 4	13 8	16 8	20 8	17 12	20 12	24 12
6	10	±3	±4.5	±7	7 1	10 1	16 1	12 6	15 6	21 6	16 10	19 10	25 10	21 15	24 15	30 15
10 14	14 18	±4	±5.5	±9	9 1	12 1	19 1	15 7	18 7	25 7	20 12	23 12	30 12	26 18	29 18	36 18
18 24	24 30	±4.5	±6.5	±10	11 2	15 2	23 2	17 8	21 8	29 8	24 15	28 15	36 15	31 22	35 22	43 22
30 40	40 50	±5.5	±8	±12	13 2	18 2	27 2	20 9	25 9	34 9	28 17	33 17	42 17	37 26	42 26	51 26
50 65	65 80	±6.5	±9.5	±15	15 2	21 2	32 2	24 11	30 11	41 11	33 20	39 20	50 20	45 32	51 32	62 32
80 100	100 120	±7.5	±11	±17	18 3	25 3	38 3	28 13	35 13	48 13	38 23	45 23	58 23	52 37	49 37	72 37
120 140 160	140 160 180	±9	±12.5	±20	21 3	28 3	43 3	33 15	40 15	55 15	45 27	52 27	67 27	61 43	68 43	83 43
180 200 225	200 225 250	±10	±14.5	±23	24 4	33 4	50 4	37 17	46 17	63 17	51 31	60 31	77 31	70 50	79 50	96 50
250 280	280 315	±11.5	±16	±26	27 4	36 4	56 4	43 20	52 20	72 20	57 34	66 34	86 34	79 56	88 56	108 56
315 355	355 400	±12.5	±18	±28	29 4	40 4	61 4	46 21	57 21	78 21	62 37	73 37	94 37	87 62	98 62	119 62
400 450	450 500	±13.5	±20	±31	32 5	45 5	68 5	50 23	63 23	86 23	67 40	80 40	103 40	95 68	108 68	131 68

续表

公称尺寸/mm		常用及优先公差带（带圈者为优先公差带）														
		r			s			t			u		v	x	y	z
大于	至	5	6	7	5	⑥	7	5	6	7	⑥	7	6	6	⑥	6
—	3	14 10	16 10	20 10	18 14	20 14	24 14	—	—	—	24 18	28 18	—	26 20	—	32 26
3	6	20 15	23 15	27 15	24 19	27 19	31 19	—	—	—	31 23	35 23	—	36 28	—	42 35
6	10	25 19	28 19	34 19	29 23	32 23	38 23	—	—	—	37 28	43 28	—	43 34	—	51 42
10	14	31 23	34 23	41 23	36 28	39 28	46 28	—	—	—	44 33	51 33	—	51 40	—	61 50
14	18							—	—	—			50 39	56 45	—	71 60
18	24	37 28	41 28	49 28	44 35	48 35	56 35	—	—	—	54 41	62 41	60 47	67 54	76 63	86 73
24	30							50 41	54 41	62 41	61 48	69 48	68 55	77 64	88 75	101 88
30	40	45 34	50 34	59 34	54 43	59 43	68 43	59 48	64 48	73 48	76 60	85 60	84 68	96 80	110 94	128 112
40	50							65 54	70 54	79 54	86 70	95 70	97 81	113 97	130 114	152 136
50	65	54 41	60 41	71 41	66 53	72 53	83 53	79 66	85 66	96 66	106 87	117 87	121 102	141 122	163 144	191 172
65	80	56 43	62 43	73 43	72 59	78 59	89 59	88 75	94 75	105 75	121 102	132 102	139 120	165 146	193 174	229 210
80	100	66 51	73 51	86 51	86 71	93 71	106 71	106 91	113 91	126 91	146 124	159 124	168 146	200 178	236 214	280 258
100	120	69 54	76 54	89 54	94 79	101 79	114 79	119 104	126 104	139 104	166 144	179 144	194 172	232 210	276 254	332 310
120	140	81 63	88 63	103 63	110 92	117 92	132 92	140 122	147 122	162 122	195 170	210 170	227 202	273 248	325 300	390 365
140	160	83 65	90 65	105 65	118 100	125 100	140 100	152 134	159 134	174 134	215 190	230 190	253 228	305 280	365 340	440 415
160	180	86 68	93 68	108 68	126 108	133 108	148 108	164 146	171 146	186 146	235 210	250 210	277 252	335 310	405 380	490 465
180	200	97 77	106 77	123 77	142 122	151 122	168 122	186 166	195 166	212 166	265 236	282 236	313 284	379 350	454 425	549 520

续表

公称尺寸/mm		常用及优先公差带（带圈者为优先公差带）														
		r			s			t			u		v	x	y	z
大于	至	5	6	7	5	⑥	7	5	6	7	⑥	7	6	6	⑥	6
200	225	100	109	126	150	159	176	200	209	226	287	304	339	414	499	604
		80	80	80	130	130	130	180	180	180	258	258	310	385	470	575
225	250	104	113	130	160	169	186	216	225	242	313	330	369	454	549	669
		84	84	84	140	140	140	196	196	196	284	284	340	425	520	640
250	280	117	126	146	181	190	210	241	250	270	347	367	417	507	612	742
		94	94	94	158	158	158	218	218	218	315	315	385	475	580	710
280	315	121	130	150	193	202	222	263	272	292	382	402	457	557	682	822
		98	98	98	170	170	170	240	240	240	350	350	425	525	650	790
315	355	133	144	165	215	226	247	293	304	325	426	447	511	626	766	936
		108	108	108	190	190	190	268	268	268	390	390	475	590	730	900
355	400	139	150	171	233	244	265	319	330	351	471	492	566	696	856	1036
		114	114	114	208	208	208	294	294	294	435	435	530	660	820	1000
400	450	153	166	189	259	272	295	357	370	393	530	553	635	780	960	1140
		126	126	126	232	232	232	330	330	330	490	490	595	740	920	1100
450	500	159	172	195	279	292	315	387	400	423	580	603	700	860	1040	1290
		132	132	132	252	252	252	360	360	360	540	540	660	820	1000	1250

（2）孔

附表 31　常用及优先孔公差带的极限偏差（摘自 GB/T 1800.2—2020）　μm

公称尺寸/mm		常用及优先公差带（带圈者为优先公差带）													
		A	B		C	D				E		F			
大于	至	11	11	12	⑪	8	⑨	10	11	8	9	6	7	⑧	9
—	3	330	200	240	120	34	45	60	80	28	39	12	16	20	31
		270	140	140	60	20	20	20	20	14	14	6	6	6	6
3	6	345	215	260	145	48	60	78	105	38	50	18	22	28	40
		270	140	140	70	30	30	30	30	20	20	10	10	10	10
6	10	370	240	300	170	62	76	98	130	47	61	22	28	35	49
		280	150	150	80	40	40	40	40	25	25	13	13	13	13
10	14	400	260	330	205	77	93	120	160	59	75	27	34	43	59
14	18	290	150	150	95	50	50	50	50	32	32	16	16	16	16
18	24	430	290	370	240	98	117	149	195	73	92	33	41	53	72
24	30	300	160	160	110	65	65	65	65	40	40	20	20	20	29
30	40	470	330	420	280	119	142	180	240	89	112	41	50	64	87
		310	170	170	120										

续表

公称尺寸/mm		常用及优先公差带（带圈者为优先公差带）													
		A	B		C	D				E		F			
大于	至	11	11	12	⑪	8	⑨	10	11	8	9	6	7	⑧	9
40	50	480 320	340 180	430 180	290 130	80	80	80	80	50	50	25	25	25	25
50	65	530 340	380 190	490 190	330 140	146	174	220	290	106	134	49	60	76	104
65	80	550 360	390 200	500 200	340 150	100	100	100	100	60	60	30	30	30	30
80	100	600 380	440 220	570 220	390 170	174	207	260	340	126	159	58	71	90	123
100	120	630 410	460 240	590 240	400 180	120	120	120	120	72	72	36	36	36	36
120	140	710 460	510 260	660 260	450 200	208	245	305	395	148	185	68	83	106	143
140	160	770 520	530 280	680 280	460 210										
160	180	830 580	560 310	710 310	480 230	145	145	145	145	85	85	43	43	43	43
180	200	950 660	630 340	800 340	530 240	242	285	355	460	172	215	79	96	122	165
200	225	1030 740	670 380	840 380	550 260										
225	250	1110 820	710 420	880 420	570 280	170	170	170	170	100	100	50	50	50	50
250	280	1240 920	800 480	1000 480	620 300	271	320	400	510	191	240	88	108	137	186
280	315	1370 1050	860 540	1060 540	650 330	190	190	190	190	110	110	56	56	56	56
315	355	1560 1200	960 600	1170 600	720 360	299	350	440	570	214	265	98	119	151	202
355	400	1710 1350	1040 680	1250 680	760 400	210	210	210	210	125	125	62	62	62	62
400	450	1900 1500	1160 760	1390 760	840 440	327	385	480	630	232	290	108	131	165	223
450	500	2050 1650	1240 840	1470 840	880 480	230	230	230	230	135	135	68	68	68	68

注：公称尺寸小于 1mm 时，各级的 A 和 B 均不采用。

续表

公称尺寸/mm		常用及优先公差带（带圈者为优先公差带）																	
		G		H							Js			K			M		
大于	至	6	⑦	6	⑦	⑧	⑨	10	⑪	12	6	7	8	6	⑦	8	6	7	8
—	3	8 2	12 2	6 0	10 0	14 0	25 0	40 0	60 0	100 0	±3	±5	±7	0 −6	0 −10	0 −14	−2 −8	−2 −12	−2 −16
3	6	12 4	16 4	8 0	12 0	18 0	30 0	48 0	75 0	120 0	±4	±6	±9	2 −6	3 −9	5 −13	−1 −9	0 −12	2 −16
6	10	14 5	20 5	9 0	15 0	22 0	36 0	58 0	90 0	150 0	±4.5	±7	±11	2 −7	5 −10	6 −16	−3 −12	0 −15	1 −21
10 14	14 18	17 6	24 6	11 0	18 0	27 0	43 0	70 0	110 0	180 0	±5.5	±9	±13	2 −9	6 −12	8 −19	−4 −15	0 −18	2 −25
18 24	24 30	20 7	28 7	13 0	21 0	33 0	52 0	84 0	130 0	210 0	±6.5	±10	±16	2 −11	6 −15	10 −23	−4 −17	0 −21	4 −29
30 40	40 50	25 9	34 9	16 0	25 0	39 0	62 0	100 0	160 0	250 0	±8	±12	±19	3 −13	7 −18	12 −27	−4 −20	0 −25	5 −34
50 65	65 80	29 10	40 10	19 0	30 0	46 0	74 0	120 0	190 0	300 0	±9.5	±15	±23	4 −15	9 −21	14 −32	−5 −24	0 −30	5 −41
80 100	100 120	34 12	47 12	22 0	35 0	54 0	87 0	140 0	220 0	350 0	±11	±17	±27	8 −18	10 −25	16 −38	−5 −28	0 −35	6 −48
120 140 160	140 160 180	39 14	54 14	25 0	40 0	63 0	100 0	160 0	250 0	400 0	±12.5	±20	±31	4 −21	12 −28	20 −43	−8 −33	0 −40	8 −55
180 200 225	200 225 250	44 15	61 15	29 0	46 0	72 0	115 0	185 0	290 0	460 0	±14.5	±23	±36	5 −24	13 −33	22 −50	−8 −37	0 −46	9 −63
250 280	280 315	49 17	69 17	32 0	52 0	81 0	130 0	210 0	320 0	520 0	±16	±26	±40	5 −27	16 −36	25 −56	−9 −41	0 −52	9 −72
315 355	355 400	54 18	75 18	36 0	57 0	89 0	140 0	230 0	360 0	570 0	±18	±28	±44	7 −29	17 −40	28 −61	−10 −46	0 −57	11 −78
400 450	450 500	60 20	83 20	40 0	63 0	97 0	155 0	250 0	400 0	630 0	±20	±31	±48	8 −32	18 −45	29 −68	−10 −50	0 −63	11 −86

续表

公称尺寸 / mm		常用及优先公差带（带圈者为优先公差带）												
		N			P		R			S		T		U
大于	至	6	⑦	8	6	⑦	6	7	8	6	⑦	6	7	⑦
—	3	-4 -10	-4 -14	-4 -18	-6 -12	-6 -16	-10 -16	-10 -20	-10 -24	-14 -20	-14 -24	—	—	-18 -28
3	6	-5 -13	-4 -16	-2 -20	-9 -17	-8 -20	-12 -20	-11 -23	-15 -33	-16 -24	-15 -27	—	—	-19 -31
6	10	-7 -16	-4 -19	-3 -25	-12 -21	-9 -24	-16 -25	-13 -28	-19 -41	-20 -29	-17 -32	—	—	-22 -37
10	14	-9 -20	-5 -23	-3 -30	-15 -26	-11 -29	-20 -31	-16 -34	-23 -50	-25 -36	-21 -39	—	—	-26 -44
14	18													
18	24	-11 -24	-7 -28	-3 -36	-18 -31	-14 -35	-24 -37	-20 -41	-28 -61	-31 -44	-27 -48	—	—	-33 -54
24	30											-37 -50	-33 -54	-40 -61
30	40	-12 -28	-8 -33	-3 -42	-21 -37	-17 -42	-29 -45	-25 -50	-34 -73	-38 -54	-34 -59	-43 -59	-39 -64	-51 -76
40	50											-49 -65	-45 -70	-61 -86
50	65	-14 -33	-9 -39	-4 -50	-26 -45	-21 -51	-35 -54	-30 -60	-41 -87	-47 -66	-42 -72	-60 -79	-55 -85	-76 -106
65	80						-37 -56	-32 -62	-43 -89	-53 -72	-48 -78	-69 -88	-64 -94	-91 -121
80	100	-16 -38	-10 -45	-4 -58	-30 -52	-24 -59	-44 -66	-38 -73	-51 -105	-64 -86	-58 -93	-84 -106	-78 -113	-111 -146
100	120						-47 -69	-41 -76	-54 -108	-72 -94	-66 -101	-97 -119	-91 -126	-131 -166
120	140	-20 -45	-12 -52	-4 -67	-36 -61	-28 -68	-56 -81	-48 -88	-63 -126	-85 -110	-77 -117	-115 -140	-107 -147	-155 -195
140	160						-58 -83	-50 -90	-65 -128	-93 -118	-85 -125	-127 -152	-119 -159	-175 -215
160	180						-61 -86	-53 -93	-68 -131	-101 -126	-93 -133	-139 -164	-131 -171	-195 -235
180	200	-22 -51	-14 -60	-5 -77	-41 -70	-33 -79	-68 -97	-60 -106	-77 -149	-113 -142	-105 -151	-157 -186	-149 -195	-219 -265
200	225						-71 -100	-63 -109	-80 -152	-121 -150	-113 -159	-171 -200	-163 -209	-241 -287
225	250						-75 -104	-67 -113	-84 -156	-131 -160	-123 -169	-187 -216	-179 -225	-267 -313

续表

公称尺寸/mm		常用及优先公差带（带圈者为优先公差带）												
		N			P		R			S		T		U
大于	至	6	⑦	8	6	⑦	6	7	8	6	⑦	6	7	⑦
250	280	-25 -57	-14 -66	-5 -86	-47 -79	-36 -88	-85 -117	-74 -126	-94 -175	-149 -181	-138 -190	-209 -241	-198 -250	-295 -347
280	315						-89 -121	-78 -130	-98 -179	-161 -193	-150 -202	-231 -263	-220 -272	-330 -382
315	355	-26 -62	-16 -73	-5 -94	-51 -87	-41 -98	-97 -133	-87 -144	-108 -197	-179 -215	-169 -226	-257 -293	-247 -304	-369 -426
355	400						-103 -139	-93 -150	-114 -203	-197 -233	-187 -244	-283 -319	-273 -330	-414 -471
400	450	-27 -67	-17 -80	-6 -103	-55 -95	-45 -108	-113 -153	-103 -166	-126 -223	-219 -259	-209 -272	-317 -357	-307 -370	-467 -530
450	500						-119 -159	-109 -172	-132 -229	-239 -279	-229 -292	-347 -387	-337 -400	-517 -580

3. 优先和常用配合（摘自 GB/T 1800.1—2020）

（1）公称尺寸至 500mm 的基孔制优先和常用配合

附表 32

基孔制	轴																				
	a	b	c	d	e	f	g	h	js	k	m	n	p	r	s	t	u	v	x	y	z
	间隙配合								过渡配合			过盈配合									
H6						H6/f5	H6/g5	H6/h5	H6/js5	H6/k5	H6/m5	H6/n5	H6/p5	H6/r5	H6/s5	H6/t5					
H7						H7/f6	◤H7/g6	◤H7/h6	H7/js6	◤H7/k6	H7/m6	H7/n6	◤H7/p6	H7/r6	◤H7/s6	H7/t6	◤H7/u6	H7/v6	H7/x6	H7/y6	H7/z6
H8					H8/e7	◤H8/f7	H8/g7	◤H8/h7	H8/js7	H8/k7	H8/m7	H8/n7	H8/p7	H8/r7	H8/s7	H8/t7	H8/u7				
				H8/d7	H8/e7	H8/f7		H8/h7													
H9			H9/c9	◤H9/d9	H9/e9	H9/f9		◤H9/h9													
H10			H10/c10	H10/d10				H10/h10													
H11	H11/a11	H11/b11	◤H11/c11	H11/d11				◤H11/h11													
H12		H12/b12						H12/h12													

注：方框中的配合符号◤为优先配合。

（2）公称尺寸至 500mm 的基轴制优先和常用配合

附表 33

基轴制	孔																				
	A	B	C	D	E	F	G	H	JS	K	M	N	P	R	S	T	U	V	X	Y	Z
	间隙配合								过渡配合			过盈配合									
h5						$\frac{F6}{h5}$	$\frac{G6}{h5}$	$\frac{H6}{h5}$	$\frac{JS6}{h5}$	$\frac{K6}{h5}$	$\frac{M6}{h5}$	$\frac{N6}{h5}$	$\frac{P6}{h5}$	$\frac{R6}{h5}$	$\frac{S6}{h5}$	$\frac{T6}{h5}$					
h6						$\frac{F7}{h6}$	◤$\frac{G7}{h6}$	◤$\frac{H7}{h6}$	$\frac{JS7}{h6}$	◤$\frac{K7}{h6}$	$\frac{M7}{h6}$	◤$\frac{N7}{h6}$	◤$\frac{P7}{h6}$	$\frac{R7}{h6}$	◤$\frac{S7}{h6}$	$\frac{T7}{h6}$	◤$\frac{U7}{h6}$				
h7					$\frac{E8}{h7}$	◤$\frac{F8}{h7}$		◤$\frac{H8}{h7}$	$\frac{JS8}{h7}$	$\frac{K8}{h7}$	$\frac{M8}{h7}$	$\frac{N8}{h7}$									
h8				$\frac{D8}{h8}$	$\frac{E8}{h8}$	$\frac{F8}{h8}$		$\frac{H8}{h8}$													
h9				◤$\frac{D9}{h9}$	$\frac{E9}{h9}$	$\frac{F9}{h9}$		◤$\frac{H9}{h9}$													
h10				$\frac{D10}{h10}$				$\frac{H10}{h10}$													
h11	$\frac{A11}{h11}$	$\frac{B11}{h11}$	◤$\frac{C11}{h11}$	$\frac{D11}{h11}$				◤$\frac{H11}{h11}$													
h12		$\frac{B12}{h12}$						$\frac{H12}{h12}$													

注：标注◤的配合为优先配合。

（3）配合的应用

附表 34　优先配合特性及应用举例

基孔制	基轴制	优先配合特性及应用举例
$\frac{H11}{c11}$	$\frac{C11}{h11}$	间隙非常大，用于很松的转动很慢的动配合，或要求大公差与大间隙的外露组件，或要求装配方便的、很松的配合
$\frac{H9}{d9}$	$\frac{D9}{h9}$	间隙很大的自由转动配合用于精度非主要要求时，或有大的温度交动、高转速或大的轴颈压力时
$\frac{H8}{f7}$	$\frac{F8}{h7}$	间隙不大的转动配合，用于中等转速与中等轴颈压力的精确转动，也用于装配较易的中等定位配合
$\frac{H7}{g6}$	$\frac{G7}{h6}$	间隙很小的滑动配合，用于不希望自由转动，但可自由移动和滑动并精密定位时，也可用于要求明确的定位配合
$\frac{H7}{h6}$ $\frac{H8}{h7}$ $\frac{H9}{h9}$ $\frac{H11}{h11}$	$\frac{H7}{h6}$ $\frac{H8}{h7}$ $\frac{H9}{h9}$ $\frac{H11}{h11}$	均为间隙定位配合，零件可自由装拆，而工作时一般相对静止不动。在最大实体条件下的间隙为零，在最小实体条件下的间隙由公差等级决定
$\frac{H7}{k6}$	$\frac{K7}{h6}$	过渡配合，用于精密定位
$\frac{H7}{n6}$	$\frac{N7}{h6}$	过渡配合，允许有较大过盈的更精密定位
$\frac{H7^{*}}{p6}$	$\frac{P7}{h6}$	过盈定位配合，即小过盈配合，用于定位精度特别重要时，能以最好的定位精度达到部件的刚性及对中性要求，而对内孔承受压力无特殊要求，不依靠配合的紧固性传递摩擦负荷

续表

基孔制	基轴制	优先配合特性及应用举例
$\frac{H7}{s6}$	$\frac{S7}{h6}$	中等压入配合，适用于一般钢件，或用于薄壁件的冷缩配合，用于铸铁件可得到最紧的配合
$\frac{H7}{u6}$	$\frac{U7}{h6}$	压入配合，适用于可以承受大压入力的零件或不宜承受大压入力的冷缩配合

注：* 公称尺寸小于或等于 3mm 为过渡配合。

七、常用金属材料及热处理

1. 金属材料

（1）铸铁

灰铸铁（GB/T 9439—2010）

球墨铸铁（GB/T 1348—2019）

可锻铸铁（GB/T 9440—2010）

附表 35

名称	牌号	应用举例	说明
灰铸铁	HT100 HT150	用于低强度铸件，如盖、手轮、支架等 用于中强度铸件，如底座、刀架、轴承座、胶带、轮盖等	“HT”表示灰铸铁，后面的数字表示抗拉强度值（N/mm^2）
	HT200 HT250	用于高强度铸件，如床身、机座、齿轮、凸轮、气缸泵体、联轴器等	
	HT300 HT350	用于高强度耐磨铸件，如齿轮、凸轮、重载荷床身、高压泵、阀壳体、锻模、冷冲压模等	
球墨铸铁	QT800–2 QT700–2 QT600–2	具有较高强度，但塑性低，用于曲轴、凸轮轴、齿轮、气缸、缸套、轧辊、水泵轴、活塞环、摩擦片等零件	“QT”表示球墨铸铁，其后第一组数字表示抗拉强度值（N/mm^2），第二组数字表示伸长率（%）
	QT500–5 QT420–10 QT400–17	具有较高的塑性和适当的强度，用于承受冲击负荷的零件	
可锻铸铁	KTH300–06 KTH330–08* KTH350–10 KTH370–12*	黑心可锻铸铁，用于承受冲击振动的零件：汽车、拖拉机、农机铸件	“KT”表示可锻铸铁，“H”表示黑心，“B”表示白心，第一组数字表示抗拉强度值（N/mm^2），第二组数字表示伸长率（%）；KTH300–06 适用于气密性零件；有 * 号者为推荐牌号
	4 KTB350–04 KTB380–12 KTB400–05 KTB450–07	白心可锻铸铁，韧性较低，但强度高，耐磨性、加工性好。可代替低、中碳钢及低合金钢的重要零件，如曲轴、连杆、机床附件等	

（2）钢

普通碳素结构钢（GB/T 700—2006）

优质碳素结构钢（GB/T 699—2015）

合金结构钢（GB/T 3077—2015）

一般工程用铸造碳钢（GB/T 11352—2009）

附表 36

名称	牌号	应用举例	说明
普通碳素结构钢	Q215 A 级 B 级	金属结构件、拉杆、套圈、铆钉、螺栓、短轴、心轴、凸轮（载荷不大的）、垫圈；渗碳零件及焊接件	“Q”为碳素结构钢屈服点“屈”字的汉语拼音首位字母，后面数字表示屈服点数值，如 Q235 表示碳素结构钢屈服点为 235N/mm²
	Q235 A 级 B 级 C 级 D 级	金属结构件，心部强度要求不高的渗碳或氰化零件，吊钩、拉杆、套圈、气缸、齿轮、螺栓，螺母、连杆、轮轴、楔、盖及焊接件	
	Q275	轴、轴销、刹车杆、螺母、螺栓、垫圈、连杆、齿轮以及其他强度较高的零件	
优质碳素结构钢	08F 10 15 20 25 30 35 40 45 50 55 60 65	可塑性要求高的零件，如管子、垫圈、渗碳件、氰化件等 拉杆、卡头、垫圈、焊件 渗碳件、紧固件、冲模锻件、化工储器 杠杆、轴套、钩、螺钉、渗碳件与氰化件 轴、辊子、连接器，紧固件中的螺栓、螺母 曲轴、转轴、轴销、连杆、横梁、星轮 曲轴、摇杆、拉杆、键、销、螺栓 齿轮、齿条、链轮、凸轮、轧辊、曲柄轴 齿轮、轴、联轴器、衬套、活塞销、链轮 活塞杆、轮轴、齿轮、不重要的弹簧 齿轮、连杆、扁弹簧、轧辊、偏心轮、轮圈、轮缘 偏心轮、弹簧圈、垫圈、调整片、偏心轴等 叶片弹簧、螺旋弹簧	牌号的两位数字表示平均含碳量，称为碳的质量分数；45 号钢即表示碳的质量分数为 0.45%，表示平均含碳量为 0.45% 碳的质量分数≤ 0.25% 的碳钢属低碳钢（渗碳钢） 碳的质量分数在 0.25%~0.6% 之间的碳钢属中碳钢（调质钢） 碳的质量分数≥ 0.6% 的碳钢属高碳钢 在牌号后加符号“F”表示沸腾钢
	15Mn 20Mn 30Mn 40Mn 45Mn 50Mn 60Mn 65Mn	活塞销、凸轮轴、拉杆、铰链、焊管、钢板 螺栓、传动螺杆、制动板、传动装置、转换拨叉 万向联轴器、分配轴、曲轴、高强度螺栓、螺母 滑动滚子轴 承受磨损零件、摩擦片、转动滚子、齿轮、凸轮 弹簧、发条 弹簧环、弹簧垫圈	锰的质量分数较高的钢，须加注化学元素符号“Mn”

续表

名称	牌号	应用举例	说明
铬钢	15Cr 20Cr 30Cr 40Cr 45Cr 50Cr	渗碳齿轮、凸轮、活塞销、离合器 较重要的渗碳件 重要的调质零件，如轮轴、齿轮、摇杆、螺栓等 较重要的调质零件，如齿轮、进气阀、辊子、轴等 强度及耐磨性高的轴、齿轮、螺栓等 重要的轴、齿轮、螺旋弹簧、止推环	钢中加入一定量的合金元素，提高了钢的力学性能和耐磨性，也提高了钢在热处理时的淬透性，保证金属在较大截面上获得好的力学性能 铬钢、铬锰钢和铬锰钛钢都是常用的合金结构钢（GB/T 3077—2015）
铬锰钢	15CrMn 20CrMn 40CrMn	垫圈、汽封套筒、齿轮、滑键拉钩、卤杆、偏心轮 轴、轮轴、连杆、曲柄轴及其他高耐磨零件 轴、齿轮	
铬锰钛钢	18CrMnTi 30CrMnTi 40CrMnTi	汽车上重要渗碳件，如齿轮等 汽车、拖拉机上强度特高的渗碳齿轮 强度高、耐磨性高的大齿轮、主轴等	
碳素工具钢	T7 T7A	能承受振动和冲击的工具，硬度适中时有较大的韧性；用于制造凿子、钻软岩石的钻头、冲击式打眼机钻头、大锤等	用“碳”或“T”后附以平均含碳量的千分数表示，有T7~T13；高级优质碳素工具钢须在牌号后加注“A”平均含碳量约为0.7%~1.3%
	T8 T8A	有足够的韧性和较高的硬度，用于制造能承受振动的工具，如钻中等硬度等岩石的钻头、简单换子、冲头等	
一般工程用铸造碳钢	ZG200–400	各种形状的机件，如机座、箱壳	ZG230–450表示：工程用铸钢，屈服点为230N/mm^2，抗拉强度为450N/mm^2
	ZG230–450	铸造平坦的零件，如机座、机盖、箱体、铁砧台，工作温度在450℃以下的管路附件等，焊接性良好	
	ZG270–500	各种形状的铸件，如飞轮、机架、联轴器等，焊接性能尚可	
	ZG310–570	各种形状的机件，如齿轮、齿圈、重负荷机架等	
	ZG340–640	起重、运输机中的齿轮、联轴器等重要的机件	

注：①钢随着平均含碳量的上升，抗拉强度及硬度增加，延伸率降低。

②在GB/T 5613—2014中铸钢用“ZG”后跟名义万分碳含量表示，如ZG25、ZG45等。

（3）有色金属及其合金

普通黄铜（GB/T 5231—2012）

铸造铜合金（GB /T 1176—2013）

铸造铝合金（GB/T 1173—2013）

铸造轴承合金（GB/T 1174—1992）

硬铝（GB/T 3190—2008）

附表 37

合金牌号	合金名称（或代号）	应用举例	说明
普通黄铜（GB/T 5231—2012）及铸造铜合金（GB/T 1176—2013）			
H62	普通黄铜	散热器、垫圈、弹簧、各种网、螺钉等	“H”表示黄铜，后面数字表示平均含铜量的百分数
ZCuSn5Pb5Zn5	5–5–5 锡青铜	较高负荷中速下工作的耐磨、耐蚀件，如轴瓦、衬套、缸套及蜗轮等	“Z”为铸造汉语拼音的首位字母，各化学元素后面的数字表示该元素含量的百分数
ZCuSn10P1	10–1 锡青铜	较高负带（20MPa 以下）和高滑动速度（8m/s）下工作的耐磨件，如连杆、衬套、轴瓦、蜗轮等	
ZCuSn10Pb5	10–5 锡青铜	耐蚀、耐酸及破碎机村套、轴瓦等	
ZCuPb17Sn4Zn4	17–4–4 铅青铜	一般耐磨件、轴承等	
ZCuAl10Fe3	10–3 铝青铜	要求强度高、耐磨、耐蚀的零件，如轴套、螺母、蜗轮、齿轮等	
ZCuAl10Fe3Mn2	10–3–2 铝青铜		
ZCuZn38	38 黄铜	一般结构件和耐蚀件，如法兰、阀座、螺母	
ZCuZn40Pb2	40–2 铅黄铜	一般用途的耐磨、耐蚀件，如轴套、齿轮等	
ZCuZn38Mn2Pb2	38–2–2 锰黄铜	一般用途的结构件，如套筒、衬套、轴瓦、滑块 等耐磨零件	
ZCuZn16Si4	16–4 硅黄铜	接触海水工作的管配件以及水泵、叶轮等	
铸造铝合金（GB/T 1173—2013）			
ZAlSi12	ZL102 铝硅合金	气缸活塞以及高温工作的承受冲击载荷的复杂薄壁零件	ZL102 表示含硅 10%~13%，余量为铝的铝硅合金
ZAlSi9Mg	ZL104 铝硅合金	形状复杂的高温静载荷或受冲击作用的大型零件，如扇风机叶片、水冷气缸头	
ZAlMg5Si1	ZL303 铝镁合金	高耐蚀性或在高温度下工作的零件	
ZAlZn11Si7	ZL401 铝锌合金	铸造性能较好，可不热处理，用于形状复杂的大型薄壁零件，耐蚀性差	

续表

合金牌号	合金名称（或代号）	应用举例	说明
铸造轴承合金（GB/T 1174—1992）			
ZSnSb12Pb10Cu4 ZSnSb11Cu6 ZSnSb8Cu4	锡基轴承合金	汽轮机、压缩机、机车、发电机、球磨机、轧机减速器发动机等各种机器的滑动轴承衬	各化学元素后面的数字表示该元素含量的百分数
ZPbSb16Snl 6Cu2 ZPbSb15Sn10 ZPbSb15Sn5	铅基轴承合金		
硬铝（GB/T 3190—2008）			
LY13	硬铝	适用于中等强度的零件，焊接性能好	含铜、镁和锰的合金

注：铸造方法代号，S—砂型铸造；J—金属型铸造；Li—离心铸造；La—连续铸造；R—熔模铸造；K—壳型铸造；B—变质处理。

2. 常用热处理工艺

附表 38

名词	代号	说明	应用
退火	5111	将钢件加热到临界温度以上（一般是710~715℃，个别合金钢800~900℃）30~50℃，保温一段时间，然后缓慢冷却（一般在炉中冷却）	用来消除铸、锻、焊零件的内应力，降低硬度，便于切削加工，细化金属晶粒，改善组织，增加韧性
正火	5121	将钢件加热到临界温度以上，保温一段时间，然后用空气冷却，冷却速度比退火快	用来处理低碳和中碳结构钢及渗碳零件，使其组织细化，增加强度与韧性，减少内应力，改善切削性能
淬火	5131	将钢件加热到临界温度以上，保温一段时间，然后在水、盐水或油中（个别材料在空气中）急速冷却，使其得到高硬度	用来提高钢的硬度和强度极限；但淬火会引起内应力使钢变脆，所以淬火后必须回火
淬火和回火	5141	回火是将淬硬的钢件加热到临界点以上的温度，保温一段时间，然后在空气中或油中冷却下来	用来消除淬火后的脆性和内应力，提高钢的塑性和冲击韧性
调质	5151	淬火后在450~650 ℃进行高温回火，称为调质	用来使钢获得高的韧性和足够的强度；重要的齿轮、轴及丝杆等零件是调质处理的
表面淬火和回火	5210	用火焰或高频电流将零件表面迅速加热至临界温度以上，急速冷却	使零件表面获得高硬度，而心部保持一定的韧性，使零件既耐磨又能承受冲击；表面淬火常用来处理齿轮等
渗碳	5310	在渗碳剂中将钢件加热到900~950℃，停留一定时间，将碳渗入钢表面，深度约为0.5~2mm，再淬火后回火	增加钢件的耐磨性能，表面硬度、抗拉强度及疲劳极限 适用于低碳、中碳（$C<0.40\%$）结构钢的中小型零件

续表

名词	代号	说明	应用
渗氮	5330	渗氮是在500~600℃通入氨的炉子内加热，向钢的表面渗入氮原子的过程。氮化层为0.025~0.8mm，氮化时间需40~50h	增加钢件的耐磨性能、表面硬度、疲劳极限和抗蚀能力 适用于合金钢、碳钢、铸铁件，如机床主轴、丝杆以及在潮湿碱水和燃烧气体介质的环境中工作的零件
氰化	Q59（氰化淬火后，回火至56~62HRC）	在820~860℃炉内通入碳和氮，保温1~2h，使钢件的表面同时渗入碳、氮原子，可得到0.2~0.5mm的氰化层	增加表面硬度、耐磨性、疲劳强度和耐蚀性 用于要求硬度高、耐磨的中、小型及薄片零件和刀具等
时效	时效处理	低温回火后，精加工之前，加热到100~160℃，保持10~40h。对铸件也可用天然时效（放在露天中一年以上）	使工件消除内应力和稳定形状，用于量具、精密丝杆、床身导轨、床身等
发蓝发黑	发蓝或发黑	将金属零件放在很浓的碱和氧化剂溶液中加热氧化，使金属表面形成一层氧化铁所组成的保护性薄膜	防腐蚀、美观。用于一般连接的标准件和其他电子类零件
镀镍	镀镍	用电解方法在钢件表面镀一层镍	防腐蚀、美化
镀铬	镀铬	用电解方法，在钢件表面镀层铬	提高表面硬度、耐磨性和耐蚀能力，也用于修复零件上磨损了的表面
硬度	HB（布氏硬度）	材料抵抗硬的物体压入其表面的能力称“硬度”；根据测定的方法不同，可分布氏硬度、洛氏硬度和维氏硬度，硬度的测定总检验材料经热处理后的机械性能——硬度	用于退火、正火、调质的零件及铸件的硬度检验
	HRC（洛氏硬度）		用于经淬火、回火及表面渗碳、渗氮等处理的零件硬度检验
	HVv（维氏硬度）		用于薄层硬化零件的硬度检验

注：热处理工艺代号尚可细分，如空冷淬火代号为5131a，油冷淬火代号为5131e，水冷淬火代号为5131w等。本附录不再罗列，详情请查阅GB/T 12603—2005。

参考文献

[1] 成大先. 机械设计手册（单行本）连接与紧固. 1 版. 北京：化学工业出版社，2004.

[2] 成大先. 机械设计手册（单行本）机械制图. 极限与配合. 1 版. 北京：化学工业出版社，2004.

[3] 国家质量监督检验检疫. 机械制图：GB/T 4458. 北京：中国标准出版社 .

[4] 杨裕根，诸世敏. 现代工程图学. 4 版. 北京：北京邮电大学出版社，2017.

[5] 刘朝儒，等. 机械制图. 5 版. 北京，高等教育出版社，2007.

[6] 丛伟. 工程制图. 北京：机械工业出版社，2012.